（第2版）

微积分教程 上

韩云瑞 扈志明 张广远 编著

清华大学出版社

北京

内 容 简 介

  本书是编者总结多年的教学经验和教学研究成果、参考国内外若干优秀教材,对《微积分教程》进行认真修订而成的. 本书概念和原理的表述科学、准确、清晰、平易,语言流畅. 例题和习题重视基础训练,丰富且有台阶、有跨度. 为了方便教学与自学,在附录中给出了习题答案与补充题的提示与解答,并且补充了微积分概念和术语的索引. 另外,在附录 A 中,按照"发现—猜测—验证—证明"的模式,指导读者以数学软件 Mathematica 为辅助工具,通过理论、数值和图形各方面的分析研究寻找问题的解答. 这些问题紧密结合微积分教学和训练的基本要求,有助于培养学生分析和解决问题的能力.

  本书分为上、下两册. 上册包括实数和函数的基本概念和性质,极限理论和连续函数,一元函数微积分学,数项级数与函数项级数. 下册包括多元函数微分学及其应用,重积分,曲线和曲面积分,向量场初步以及常微分方程初步等. 本书可作为大学理工科非数学专业微积分(高等数学)课程的教材.

图书在版编目(CIP)数据

  微积分教程.上册/韩云瑞,扈志明,张广远编著. —2 版. —北京:清华大学出版社,2006.8(2023.8 重印)
  ISBN 978-7-302-12985-1

  Ⅰ. 微⋯ Ⅱ.①韩⋯ ②扈⋯ ③张⋯ Ⅲ. 微积分-高等学校-教材 Ⅳ.O172

  中国版本图书馆 CIP 数据核字(2006)第 046382 号

责任编辑:刘 颖 王海燕
责任印制:杨 艳

出版发行:清华大学出版社
    网   址:http://www.tup.com.cn, http://www.wqbook.com
    地   址:北京清华大学学研大厦 A 座   邮   编:100084
    社 总 机:010-83470000   邮   购:010-62786544
    投稿与读者服务:010-62776969, c-service@tup.tsinghua.edu.cn
    质量反馈:010-62772015, zhiliang@tup.tsinghua.edu.cn
印 装 者:天津鑫丰华印务有限公司
经 销:全国新华书店
开 本:140mm×203mm 印 张:13.875   字 数:361 千字
版 次:2006 年 8 月第 2 版   印 次:2023 年 8 月第 12 次印刷
定 价:39.80 元

产品编号:020978-05

第 2 版前言

《微积分教程》面世以来,在教学使用中取得了良好的效果,受到许多读者的好评.但是,近年来国内高校的微积分(高等数学)教学的思想与水平都发生了许多变化,本书编者在近几年结合教学实践,从教育数学和数学教学两个方面对于微积分的体系和内容进行了较为深入的分析,同时也广泛地阅读了国内外的有关教材.为了体现当前微积分课程教学的特点与要求,体现编者有关的教学研究成果,使本教材更加适应于微积分课程的教学,同时也为了克服本教材存在的若干不足,编者对原教材进行了较大幅度的修订.

修订后的《微积分教程》有以下几个特点:

1. 编者从教育数学的观点对微积分的内容进行深入研究,所以本书的逻辑结构简约而清晰,概念和原理的表述科学、准确、平易.定理证明思路自然、清楚.语言准确、流畅,层次清楚,逻辑性强,表述清楚,易教易学.因此本书为学生和教师提供了一本在教学和学习方面都有参考价值的教科书和教学参考书.

2. 概念、定理与例题配置和谐,例题和习题重视基础训练,同时又丰富且有台阶、有跨度.有许多激发学习兴趣、提高数学水平的独具特色的习题.

3. 对于微积分课程中的某些难点(例如极限概念、多元函数微分概念和曲面积分等),本书不追求完全形式化的抽象,而是以较为直观的、平易的方式适当地改变表述形式,在不失科学性的前提下降低教学难度.

4. 本书的上、下册都有一个名为"探索与发现"的附录.读者需要以数学软件 Mathematica 为辅助工具,通过理论分析和数值、图形分析才能找到解决问题的思路和解答方法.这些问题紧密结合微积分教学和训练的基本要求,既能培养学生运用数学理论分析问题的能力,又能提高学生运用数学软件作为辅助工具来分析、发现和解决问题的能力.这些问题的求解过程体现了"发现—猜测—验证—证明"的模式,有助于学生的创造能力和应用能力的培养.

5.为了便于教学和自学,本书增加了习题答案与各章补充题的提示.

施学瑜、刘智新、马连荣、刘庆华、章梅荣和谭泽光等教授都曾以不同形式对本书第 1 版做出了贡献,借此机会,编著者向他们表示敬意.

由于编者的水平所限,可能会有一些错误和不妥之处,敬请读者给予批评和指正.

韩云瑞

2006 年 5 月

第1版前言

本书是清华大学理工科各系一年级"微积分"课程的教材,它的前身是同名讲义.该讲义从1991年以来经过三次修改,并在清华大学各系使用多年,已经成为清华大学"微积分"课程的主要教材之一.清华大学应用数学系先后有十余位教师参与过原讲义的编写与修改工作.现在的这部教材是在原有讲义的基础上再次进行较大的修改而写成的.

随着科学技术的发展与教学改革的深入,近年来清华大学"微积分"课程的教学思想与内容要求发生了很大变化,这部微积分教材从一个侧面反映了清华大学"微积分"课程教学的发展趋势和教学水平.

由于近代数学以及许多有应用价值的数学知识不断地被充实到大学数学的教学内容中来,经典微积分的课时不断地被压缩,在这种情况下,更应当重视"微积分"课程在大学数学课程体系中的基础地位,在适当精简教学内容的同时,应当更好地把握微积分的基本要求,在较短的时间内,使学生掌握微积分的基本思想与基本方法.在为其他数学课程与各专业课程奠定良好的基础的同时,使学生的数学素养和能力得到扎实的提高.这是本书编写的主要指导思想.

在"微积分"课程的教材中,使分析的概念和原理与代数的运算相结合,将现代数学的观点和语言融入经典的微积分素材之中已经是一种趋势,在这方面,本书编者已经做过反复的探索.但是,经典微积分的思想与方法仍然是基础数学与应用数学的非常重要的基础."微积分"课程教学的主要任务,是使大学生掌握经典微积分的基本思想与基本方法.大学生们可以通过学习后续数学课程了解现代数学的内容与方法.鉴于这些考虑,在引进现代数学的原理和语言方面,本书只作了适量的努力.

尽管本书与传统的微积分教材没有体系上的重大区别,但是它的内容与叙述方法却有许多变化.例如,多元函数微积分与常微分方程的材料处理尽可能地使用线性代数语言,第二型线、面积分与向量场有机地结合起来,并更加重视物理背景,多元函数微分的分析概念更好地与几何直观相结合等.

教材中尽可能地将微积分发展中若干重要思想有机地融会于教学内容之中,向读者介绍了微积分的重要原理的产生背景与发展过程,展示一代代数学大师的光辉思想与巨大贡献.使学生在学习微积分知识的同时,在微积分前进的历史足迹中,受到启迪,吸取力量.

施学瑜教授对于本书的编写给予了热情的关心和指导,他认真阅读了教材全部内容,提出了许多有价值的意见和建议.吴洁华副教授也对教材提出了非常中肯的意见,他们的许多建议都已经为编者所采纳.孙念增教授曾经认真审阅过原讲义下册,并提出了具体的指导意见.马连荣博士、吕志博士、刘智新博士、杨和平博士、卢旭光博士、章梅荣教授、胡金德教授都曾经参加过原讲义的编写工作,许甫华副教授、王燕来副教授、刘庆华副教授都曾为本教材的形成作出过贡献.除此之外,谭泽光教授、白峰杉教授为本教材的编写提供了多方面的支持和鼓励.借此机会,向他们一一致谢.

由于编者水平所限,错误与疏漏在所难免,敬请读者批评指正.

编　者

1998 年 11 月于清华大学

目　录

第 1 章　实数与函数

这一章的内容包括实数以及函数的概念和性质.微积分课程的主要内容是以微分学和积分学为工具研究函数.而这些研究都是在实数范围中开展的.所以,在研究微分学和积分学之前,我们需要对实数有一些基本的认识,对函数进行比较详细的研究.

1.1　集合与符号

1.1.1　集合概念和运算

一个集合(set)S 是某些个体的总和,这些个体或者符合某种规定,或者具有某些可以识别的相同属性.集合 S 中的每一个体 a 称为 S 的元素(element),记为 $a \in S$,读作"a 属于 S";如果 a 不是 S 的元素,则记为 $a \notin S$,读作"a 不属于 S".

一般情况下,集合有两种表示方法,通过下面的例子来说明.

例 1.1.1　考察由下列元素
$$0,1,2,3,4,5,6,7,8,9$$
组成的集合 S,我们可以将其表示成
$$S = \{0,1,2,3,4,5,6,7,8,9\}.$$
这种将集合 S 中的所有元素都列举出来的表示方法称为列举法.

集合 S 也可以用下面的方式表示:
$$S = \{n \mid n \text{ 是小于 10 的非负整数}\}.$$
在这里我们用一个命题"n 是小于 10 的非负整数"来描述集合 S 中所有元素 n 的属性.这种表示集合的方式称为描述法.

在数学中经常用描述法来表示一个集合,即用 $\{x \mid p(x)\}$ 表示所有满足命题 $p(x)$ 的实数 x 组成的集合.例如,$\{x \mid x^2 + 1 = 2\}$ 表

示所有满足等式 $x^2+1=2$ 的实数 x 构成的集合；$[a,b]=\{x\,|\,a\leqslant x\leqslant b\}$ 表示所有满足不等式 $a\leqslant x\leqslant b$ 的实数 x 构成的集合.

现在考察下面两个集合：
$$A=\{1,2\},\quad B=\{1,2,3,4\}.$$

可以看出，A 中的每一个元素都属于 B. 一般情形，如果集合 A 中的所有元素都属于集合 B，则称 A 包含于 B，并且记作 $A\subseteq B$. 例如，

$$\{2\}\subseteq\{1,2\},\quad \{3,5\}\subseteq\{1,2,3,4,5\},\quad (0,1)\subseteq[0,1].$$

当 $A\subseteq B$ 时，称 A 是 B 的一个子集. 如果 $A\subseteq B$ 与 $B\subseteq A$ 同时成立，则称 $A=B$.

空集是不包含任何元素的集合，空集的记号是 $\varnothing$.

例如，集合 $\{x\,|\,x^2+1=0,x\in\mathbb{R}\}$ 就是空集. 空集不含任何元素，因此空集是任何集合的子集. 今后在提到一个集合时，如果不加特别声明，一般都是非空集合.

设 A,B 是两个集合，由这两个集合中的所有元素组成的集合称为 A 与 B 的并集，记作 $A\cup B$，即
$$A\cup B=\{x\,|\,x\in A \text{ 或 } x\in B\}.$$

A 和 B 的所有公共元素构成的集合称为 A 与 B 的交集，记作 $A\cap B$，即
$$A\cap B=\{x\,|\,x\in A \text{ 且 } x\in B\}.$$

例如，
$$\{1,2,3,4,5\}\cup\{1,3,5,7,9\}=\{1,2,3,4,5,7,9\};$$
$$\{1,2,3,4,5\}\cap\{1,3,5,7,9\}=\{1,3,5\}.$$

今后我们经常要考虑实数集 $\mathbb{R}$ 的子集，要接触各种区间. 它们是：

开区间：$(a,b)=\{x\,|\,a<x<b\}$；

闭区间：$[a,b]=\{x\,|\,a\leqslant x\leqslant b\}$；

半开半闭区间：$[a,b)=\{x\,|\,a\leqslant x<b\}$，$(a,b]=\{x\,|\,a<x\leqslant b\}$；

无穷区间：$[a,+\infty)=\{x\,|\,x\geqslant a\}$,

$\qquad\qquad (a,+\infty)=\{x\,|\,x>a\}, (-\infty,+\infty)=\mathbb{R}$.

通常用大写英文字母 I(interval 的第一个字母)表示区间.

这里需要说明的是，$+\infty, -\infty$ 以及 ∞ 只是一种符号而不是实数，它们不能参与四则运算.

例 1.1.2 利用区间表示集合 $S=\{x\,|\,x^2+x-12>0\}$.

解 不等式左边分解因式，将不等式化成等价的形式：

$$(x-3)(x+4)>0.$$

等式左端是两个因子的乘积，为了使这个乘积为正数，必需且只需它们的符号相同，即 $x-3>0, x+4>0$，或者 $x-3<0, x+4<0$. 即 $x>3$ 与 $x>-4$ 同时成立，或者 $x<3$ 与 $x<-4$ 同时成立. 前一种情形意味着 $x\in(3,+\infty)$，后一种情形意味着 $x\in(-\infty,-4)$. 也就是说不论 $x\in(3,+\infty)$，还是 $x\in(-\infty,-4)$，都满足不等式 $x^2+x-12>0$. 因此有

$$S=\{x\,|\,x^2+x-12>0\}=(-\infty,-4)\bigcup(3,+\infty).$$

1.1.2 邻域

今后经常提到"邻域(neighbourhood)"这样一个术语.

设 δ 是任意一个正数，集合 $\{x\,|\,x_0-\delta<x<x_0+\delta\}$ 称为点 x_0 的一个**邻域**，并且记作 $N(x_0,\delta)$. 这是一个以点 x_0 为中心，长度等于 2δ 的开区间 $(x_0-\delta,x_0+\delta)$；这个集合中所有的点 x 与 x_0 的距离 $|x-x_0|$ 都小于 δ.

如果在邻域 $(x_0-\delta,x_0+\delta)$ 中除去点 x_0，则得集合 $\{x\,|\,0<|x-x_0|<\delta\}$，称这个集合为点 x_0 的一个空心邻域，并记作 $N^*(x_0,\delta)$. 它是两个开区间的并集：$N^*(x_0,\delta)=(x_0-\delta,x_0)\bigcup(x_0,x_0+\delta)$.

今后如果说到点 x_0 的一个邻域，就是指某个开区间 $(x_0-\delta,x_0+\delta)$；如果说到点 x_0 的一个空心邻域，就是指某个 $(x_0-\delta,x_0)\bigcup$

$(x_0, x_0 + \delta)$, 其中 δ 是某个确定的正数. 但有时可能只需说明是点的某个邻域或空心邻域, 而不需要说明这个正数 δ 的具体数值, 则可以写成 $N(x_0)$ 或者 $N^*(x_0)$.

1.1.3　符号"∀"与"∃"

数学的特点之一, 是有一套系统的符号体系. 数学符号的使用极大地增强了数学叙述的简洁性和确定性. 著名数学史和数学教育家 M. 克莱因说:"如果没有符号体系, 数学将迷失在文字的荒原中."

在逻辑推理过程中最常用的两个逻辑记号是"∀"和"∃".

"∀"表示"任取", 或者"任意给定". 例如, $\forall a > 0$ 表示任意取一个正数 a, 或者任意给定一个正数 a. 又如, $f(x) < 1, \forall x \in [a, b]$, 表示对于区间 $[a, b]$ 中所有的 x 都有 $f(x) < 1$.

"∃"表示"存在", "至少存在一个", 或者"能够找到".

例如, 考察下面这段话:"对于任意的正数 M, 都能在区间 $[a, +\infty)$ 中找到一个数 x, 满足 $x > M$."如果用逻辑符号 ∀ 与 ∃, 这一段话的意思可以用更加简明的方式叙述:"$\forall M > 0, \exists x \in [a, +\infty)$, 满足 $x > M$."

又如实数的阿基米德(Archmed)公理是这样叙述的:"任意给定两个正的实数 a, b, 都存在一个自然数 n, 使得 $na > b$."用逻辑符号 ∀ 与 ∃, 可以将阿基米德公理改写成:"$\forall a, b > 0, \exists n \in \mathbb{Z}^+$, 使得 $na > b$."

符号"$\overset{\text{def}}{=\!=}$"表示"定义"或者"规定". 例如定义实数的绝对值为

$$|x| \overset{\text{def}}{=\!=} \begin{cases} x, & x \geqslant 0, \\ -x, & x < 0. \end{cases}$$

符号"⇒"表示"蕴含", 或者"推出". 如果 A 与 B 是两个命题, 那么"$A \Rightarrow B$"表示:"若命题 A 成立, 则命题 B 也成立". 即命题 A

是命题 B 的充分条件. 例如,a 是整数$\Rightarrow a$ 是有理数.

符号"$\Leftrightarrow$"表示"等价",或者"充分必要". 若 A 与 B 是两个命题,那么"$A\Leftrightarrow B$"表示命题 A 与命题 B 互相等价,即互为充分必要条件. 例如,$x^2>4\Leftrightarrow|x|>2$.

1.2 实数和实数集

1.2.1 实数

微积分主要是在实数(real number)范围中研究问题,因此需要对实数有一些基本的认识. 下面对实数作简单介绍. 对实数更为深入的研究将在后面适当地展开.

1. 数轴

数轴是实数的坐标系,是描述和研究实数的重要工具. 有关实数的许多性质,都可以通过数轴直观地表现出来.

在一条直线上取一个定点 O,称其为原点. 取直线的一个方向为正向,并用箭头表示. 再取一个单位长度,那么这条直线就称为数轴.

数轴上的任意一点 P 都惟一地对应着一个实数 x. 对应方法是这样的:假定 P 与原点重合,则 $x=0$. 假定 P 与原点不重合,则用单位长度去度量线段$\overline{OP}$. 如果 P 位于原点右侧,则 $x=|\overline{OP}|$(OP的长度);如果 P 位于原点左侧,则 $x=-|\overline{OP}|$. 反之,对于任意一个实数 x,都可以在数轴上找到惟一的一点 P,使得点 P 对应的实数为 x. 因此,数轴上的点与全体实数构成的集合建立了一个一一对应的关系. 因此,也可以将实数称为点.

实数 x 在数轴上对应的点称为 x 的坐标. 图 1.1 中标出了实数 $\dfrac{1}{2}$, $-\dfrac{3}{2}$, $\sqrt{2}$ 所对应的点.

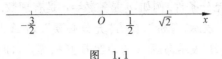

图　1.1

2. 有理数和无理数

人们对于数的认识是逐步发展的. 首先认识的是自然数（natural number）和整数（integer）；然后是有理数（rational number）；最后是无理数（irrational number）.

无理数的发现是数学史上的一个重要事件. 古希腊人从可公度问题出发，发现了无理数.

在数轴上，原点 O 到点 1 的距离为单位长度. 对于数轴上任意一点 $x(x>0)$，如果线段 $\overline{Ox}$ 的长度能够表示为 $\dfrac{m}{n}$（其中 m 和 n 为正整数），则称线段 $\overline{Ox}$ 是可公度的. 古希腊的毕达哥拉斯学派惊人地发现：边长等于 1 的正方形的对角线是不可公度的. 这个问题可以解释如下.

用 x 表示边长等于 1 的正方形的对角线的长度，则根据勾股定理得到

$$x^2 = 1^2 + 1^2 = 2.$$

如果这条对角线是可公度的，则存在不可约的正整数 m 和 n，使得 $x=\dfrac{m}{n}$. 两端平方后可得到 $m^2=2n^2$. 由此立即看出 m^2 为偶数，进而推出 m 为偶数. 令 $m=2k$，则得到 $4k^2=2n^2$，或者 $2k^2=n^2$. 因此又得到 n 也是偶数，从而 m 和 n 都是偶数. 由于 m 和 n 是不可约的，这就导致冲突. 于是不可能存在正整数 m 和 n，使得 $x=\dfrac{m}{n}$. 即边长等于 1 的正方形的对角线是不可公度的，也就是说 x 不是有理数.

用 $\sqrt{2}$ 表示上述对角线的长度. 以原点为中心、以这条对角线

的长度为半径作圆,则圆周与数轴正半轴的交点 x 就不是有理点.

无理数的发现揭示了这样的事实:有理点不能充满整个数轴.在数轴上,除了有理点之外,还有许多空隙.这些空隙所表示的点都是无理数点.表示无理数的点称为无理点.

有理点在数轴上只是很少的一部分,但是有理点在数轴上是处处稠密的(everywhere dense).也就是说在任意一个非空的开区间 $(a,b)(a<b)$ 中,包含无穷多个有理点.

为了证明这个结论,我们先介绍实数的一条重要性质.

定理 1.2.1(阿基米德公理) 对于任意两个正数 p,q,存在正整数 N,使得

$$Np > q \geqslant (N-1)p.$$

下面证明有理数在实数中的稠密性.

取一个正整数 m,使得 $(a,b) \subset [-m,m]$.根据阿基米德公理,存在正整数 N,满足不等式

$$\frac{m}{N} < \frac{1}{2}(b-a). \tag{1.2.1}$$

将 $[-m,m]$ 分成 $2N$ 个长度相等的闭区间:

$$\left[-m,-m+\frac{m}{N}\right], \left[-m+\frac{m}{N},-m+\frac{2m}{N}\right], \cdots, \left[m-\frac{m}{N},m\right].$$

则由式(1.2.1)推出,其中一定有一个闭区间完全落在开区间 (a,b) 内.这个区间的两个端点都是有理点.于是开区间 (a,b) 内至少存在两个有理点.这两个有理数的平均值仍然是有理数.从而 (a,b) 内至少存在三个有理点.以此类推,很容易知道 (a,b) 内存在无穷多个有理点.

由有理数在实数中的稠密性容易得到下述结论.

假设 x_0 是任意无理点,δ 是任意正数.无论 δ 多么小,在区间 $(x_0-\delta,x_0+\delta)$ 中有无穷多个有理点.

任意有理数都能表示为分数.有理数可以化为有限小数或者无限循环小数.无理数可以表示为无限不循环小数.经常用有理数作为无理数的近似值.例如,$\sqrt{2}\approx 1.4142136, \pi = 3.1415927$ 等.

无理数集在实数集中也是稠密的.

有理数集与无理数集虽然都是稠密的,但不是连续的.实数集具有连续性(continuity).连续性的严格概念将在后面讨论.不过这里可以对连续性作一个直观的描述:如果一个质点在数轴上连续运动,它在任一时刻经过的位置都是一个实数.但是有理数集不具有这个性质.

在本教材中,分别用 $\mathbb{N}$, $\mathbb{Q}$ 和 $\mathbb{R}$ 表示自然数集、有理数集和实数集.

1.2.2　实数集的界与确界

设 E 是实数集的一个非空子集.如果存在 $b\in\mathbb{R}$,使得对所有的 $x\in E$,都有 $x\leqslant b$,则称实数 b 是集合 E 的一个**上界**.此时称集合 E 有上界;如果存在 $a\in\mathbb{R}$,使得对所有的 $x\in E$,都有 $x\geqslant a$,则称实数 a 是集合 E 的一个**下界**.此时称集合 E 有下界.

如果实数的子集 E 既有上界,又有下界,则称 E 为**有界集**(bounded set).

容易看出:集合 E 有界的充分必要条件是:存在正数 M ,使得所有的 $x\in E$,都有 $|x|\leqslant M$.

设 E 是实数集的一个非空子集.如果存在 $p\in E$,使得所有的 $x\in E$,都有 $x\leqslant p$,则称 p 是集合 E 的**最大值**.集合 E 的最大值记作 $\max E$.如果存在 $q\in E$,使得所有的 $x\in E$,都有 $x\geqslant q$,则称 q 是集合 E 的**最小值**.集合 E 的最小值记作 $\min E$.

例如,区间 $[0,1]$ 的最大值为 1,最小值为 0.正整数集的最小值为 1,但是没有最大值.区间 $(0,1)$ 是有界集,但是既无最大值,也无最小值.

假设集合 E 有上界 b，则 $b+1, b+2, \cdots$ 也是 E 有上界。因此，有上界的集合一定有无穷多个上界，并且不存在最大的上界。同样，有下界的集合一定有无穷多个下界，并且不存在最小的下界。

考虑这样的问题：假设集合 E 有上界，那么，所有上界中有没有最小的数？假设集合 E 有下界，那么，所有下界中有没有最大的数？

定义 1.2.1

（1）设集合 E 有上界，如果所有上界中有一个最小的数，则称这个最小的上界为集合 E 的**上确界**，记作 $\sup E$；

（2）设集合 E 有下界，如果所有下界中有一个最大的数，则称这个最大的下界为集合 E 的**下确界**，记作 $\inf E$.

定理 1.2.2（确界的存在性）

（1）若非空数集 E 有上界，则必有上确界；

（2）若非空数集 E 有下界，则必有下确界。

由于篇幅的原因，我们略去这个定理的证明。

注 非空有界集存在确界的性质称为实数集的连续性。

为了便于理解和应用确界这个概念，下面叙述确界的一个充分必要条件。

定理 1.2.3 设 E 为非空集合，a, b 为实数。则有

（1）$b = \sup E$ 的充分必要条件是下列两个条件同时满足：

① b 是 E 的一个上界；

② 对于任意满足 $c < b$ 的实数 c，$\exists x \in E$，使得 $x > c$.

（2）$a = \inf E$ 的充分必要条件是下列两个条件同时满足：

① a 是 E 的一个下界；

② 对于任意满足 $c > a$ 的实数 c，$\exists x \in E$，使得 $x < c$.

证明 这里只证结论（1）。而结论（2）的证明留给读者。

必要性证明。设 $b = \sup E$. 根据定义，b 必然是 E 的一个上界。其次，由于 $b = \sup E$ 是集合 E 的最小上界，所以当 $c < b$ 时，c 不是集合 E 的上界。于是至少存在一个 $x \in E$，使得 $x > c$.

充分性证明.b 是集合 E 的一个上界.为了证明 $b=\sup E$,只需要证明:当 $c<b$ 时,c 都不是 E 的上界.而这一点可以由条件② 推出.

最后,简单地说明 $\sup E(\inf E)$ 和 $\max E(\min E)$ 之间的关系.两者的关系可以概括为下面的两点:

(1) 如果非空集合 E 有上(下)界,则必存在 $\sup E(\inf E)$,但是未必存在 $\max E(\min E)$;

(2) 如果非空集合 E 存在 $\max E(\min E)$,则 $\sup E=\max E$($\inf E=\min E$).

习 题 1.2

1. 对于实数集 A,$\sup A(\inf A)$ 与 $\max A(\min A)$ 有什么联系和区别?下列集合中哪些有上、下确界和最大、最小值?

(1) 自然数集 $\mathbf{Z}^+$;

(2) $(0,1)$ 中所有有理数;

(3) 有限个数构成的集合 $\{a_1,a_2,\cdots,a_n\}$;

(4) $\{x\in\mathbf{R}\mid x$ 为有理数,且 $x^2<2\}$;

(5) $[0,1]$ 与 $(0,1)$;

(6) $\{x\in\mathbf{R}\mid x^2-2x-3<0\}$,$\{x\in\mathbf{R}\mid x^2-2x-3\leqslant 0\}$.

2. 设 $a_1,a_2,\cdots,a_n,\cdots$ 是一列实数,A 是一个确定的实数,$\forall\varepsilon>0$,令 $G_\varepsilon=\{n\in\mathbf{Z}^+\mid |a_n-A|<\varepsilon\}$.

(1) 若 $0<\varepsilon_1<\varepsilon_2$,求证 $G_{\varepsilon_1}\subseteq G_{\varepsilon_2}$;

(2) $\bigcup\limits_{\varepsilon>0}G_\varepsilon$ 是什么集合?

(3) $\bigcap\limits_{\varepsilon>0}G_\varepsilon$ 何时非空?

其中 $\bigcup\limits_{\varepsilon>0}G_\varepsilon$ 与 $\bigcap\limits_{\varepsilon>0}G_\varepsilon$ 表示所有集合 $G_\varepsilon(\varepsilon>0)$ 的并集与交集.

3. 设 $S=\{x\in\mathbf{R}\mid x^2<2\}$,求证 $\sup S=\sqrt{2}$.

4. 若 A, B 为 $\mathbb{R}$ 中的非空有界集,则 $A \bigcup B$ 与 $A \bigcap B$ 也是有界集,并且

$$\inf(A \bigcup B) = \min\{\inf A, \inf B\}, \quad \sup(A \bigcup B) = \max\{\sup A, \sup B\},$$

$$\inf(A \bigcap B) \geqslant \max\{\inf A, \inf B\}, \quad \sup(A \bigcap B) \leqslant \min\{\sup A, \sup B\}.$$

(后面两式仅当 $A \bigcap B \neq \varnothing$ 时成立)

5. 设 a, b 为任意两个实数,求证:

$$\max\{a, b\} = \frac{a + b + |a - b|}{2}, \quad \min\{a, b\} = \frac{a + b - |a - b|}{2}.$$

1.3 函 数

1.3.1 函数概念

函数是最重要的数学概念之一. 微积分学就是研究各类函数(包括初等函数和非初等函数,显函数与隐函数等)的各种性质,特别是函数的分析性质,例如函数的导数和积分等.

在研究自然的、社会的,以及工程技术的某个过程时,经常会遇到各种不同的量. 例如时间、速度、质量、温度、成本和利润等. 这些量一般可以分成两类. 一类量在所研究过程中保持不变,这样的量称为常量;另一类量在所研究过程中是变化的,这样的量称为变量. 由于物质的运动是绝对的,而静止是相对的,因此常量也是相对的. 在某些问题中,有些量虽然是变化的,但变化幅度很小,为了简化问题,可以将这些量作为常量处理.

例如,在自由落体过程中,物体垂直下落的距离与时间的关系为

$$S = \frac{1}{2}gt^2,$$

其中 t 为时间,g 为重力加速度. 在这个过程中,时间 t 和距离 S 为变量,重力加速度 g 为常量. 但严格地说,g 也应当是一个变量. 因为每一点的重力加速度 g 与该点所处的位置和地心之间的距离

有关.然而,如果在一个运动过程中,物体垂直下落的距离不是很大,那么重力加速度 g 的变化就很小,因而可以近似地将 g 看作常数.

在同一个过程中,往往有几个变量同时变化,但是它们的变化不是孤立的,而是按照一定的规律互相联系着,其中一个量的变化会引起另一个量的变化,当前者的值确定时,后者的值按照某种关系就可随之确定.下面我们要介绍的函数概念,其本质就是变量之间的互相依赖关系.

人们对于函数的认识是随着科学技术的进步以及人们对客观世界的认识的深化而不断发展的.17 世纪出现的大部分函数,是当作曲线研究的.直到 18 世纪,占统治地位的思想仍然认为函数是由一个公式表示的.这样的认识基本上局限于初等函数.然而由于科学技术的发展,不断地出现新类型的函数关系.数学家们必须为函数下一个一般的定义,这样的定义应当包括人们已知的所有类型的函数.不论是对于数学的理论,还是对于数学的应用,这都是一件非常重要的事情.数学家们为此探索了几个世纪,直至 1837 年,德国数学家狄利克雷(Dirichlet,1805—1859)才对函数给出了一个与现代十分接近的定义.他说:如果对于给定区间上的每一个 x 的值,有惟一的 y 值与其对应,则 y 就是 x 的一个函数.狄利克雷还强调指出,在整个区间上,y 是按一种或是多种规律依赖于 x,以及 y 依赖于 x 的方式能否用数学公式来表达,都是无关紧要的.

对于一个自变量的函数(即一元函数),我们按照狄利克雷的方式给出下述定义.

定义 1.3.1　设 $D\subseteq\mathbb{R}$ 为非空集.如果按照某种确定的法则(或关系)f,对于每个 $x\in D$,都有惟一的一个实数 y 与其对应,并且将与 x 对应的 y 记作 $y=f(x)$,则称这个对应关系 f 为定义在

D 上的**函数**(function),称 x 为自变量,y 为因变量.

$f(x)$ 称为当自变量为 x 时,这个函数的函数值. 称自变量 x 的取值范围 D 为函数 f 的**定义域**(domain),函数 f 的定义域用 $D(f)$ 表示. 当自变量 x 在定义域 $D(f)$ 上任意变动时,函数值 $y=f(x)$ 的变化范围称为函数 f 的**值域**(range),f 的值域记作 $R(f)$.

按照上述定义,f 与 $f(x)$ 的含义是有区别的. f 表示自变量与因变量的对应关系(或法则);而 $f(x)$ 则是与自变量 x 对应的函数值,因此,对于任意的 x,$f(x)$ 是一个实数. 但是,出于叙述的方便,有时也将 $f(x)$ 说成是函数,在一个问题中,$f(x)$ 到底是指一个函数关系,还是指一个函数值,可以结合上下文理解.

如果 x_0 是一个确定的点(即事先指明的点),则 $f(x_0)$ 表示当自变量 x 等于 x_0 时的函数值. 如果用 y 表示因变量,即 $y=f(x)$,也可以用 $y(x_0)$ 或者 $y|_{x=x_0}$ 表示 $f(x_0)$.

函数的对应关系和定义域是函数的两个要素. 在给出一个函数时,必须同时说明这个函数的定义域和对应关系,这样才能构成一个完整的函数. 函数的定义域是自变量的取值范围,也是函数关系成立的范围.

那么应当如何确定一个函数的定义域? 在纯数学的研究中,一个函数经常是由一个公式来表示的,公式中总是涉及一定的数学运算,函数的定义域就是由那些能使有关的运算得以成立的实数构成的集合. 这样的定义域称为函数的自然定义域.

例如,指数函数 $y=a^x(a>0)$,$x\in(-\infty,+\infty)$ 的定义域是 $D(f)=(-\infty,+\infty)$.

又如 $y=\sqrt{x}$ 的定义域是 $[0,+\infty)$,因为负数不能开偶次方. 又如 $y=\log_a x(a>0)$ 的定义域是 $(0,+\infty)$,因为零和负数的对数没有意义.

但是由实际问题得到的函数,其定义域需要由问题本身的意义来确定.例如,在自由落体运动中,垂直下落的距离 S 是时间 t 的函数,即 $S=\dfrac{1}{2}gt^2$.从纯数学的角度看,这个函数的定义域是 $(-\infty,+\infty)$,但是实际上,运动是在某个时刻 t_0 开始的,并且在另一时刻 t_1 结束(落地时刻),因此定义域应当是 $[t_0,t_1]$.

1.3.2　函数的一些重要属性

1. 偶函数与奇函数

设函数 f 的定义域 $D(f)$ 是一个对称于原点的集合,即对于任意的 $x\in D(f)$,有 $-x\in D(f)$.如果对于所有的 $x\in D(f)$,都有 $f(-x)=f(x)$,则称 f 为**偶函数**(even function);如果对于所有的 $x\in D(f)$,都有 $f(-x)=-f(x)$,则称 f 为**奇函数**(odd function).

例如,函数 $y=\cos x,y=\sqrt{1-x^2}$ 是偶函数,$y=x^3,y=\sin x$ 是奇函数.对于幂函数,当 n 为偶数时,$y=x^n$ 是偶函数;当 n 为奇数时,$y=x^n$ 是奇函数.

偶函数的图形关于 y 轴是对称的,即如果点 (x,y) 在函数图形上,那么点 $(-x,y)$ 也在函数图形上.奇函数的图形关于坐标原点是对称的,即如果点 (x,y) 在函数图形上,则点 $(-x,-y)$ 也在函数图形上(图 1.2,图 1.3).

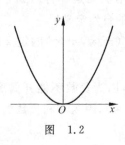

图　1.2

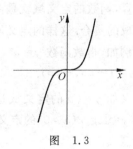

图　1.3

奇函数和偶函数仅仅是函数中的一类特殊的函数,多数情形下,函数并不具有奇偶性,但是每一个定义在 $(-\infty, +\infty)$ 上的函数都可以表示成一个偶函数与一个奇函数之和.事实上,令

$$f_1(x) = \frac{f(x) + f(-x)}{2}, \quad f_2(x) = \frac{f(x) - f(-x)}{2},$$

则容易验证,$f_1(x)$ 是偶函数,$f_2(x)$ 是奇函数,并且

$$f(x) = f_1(x) + f_2(x).$$

2. 单调函数

假定 f 是定义在集合 D 上的函数,如果对于任意的 $x_1, x_2 \in D$,由 $x_1 < x_2$ 可以推出 $f(x_1) < f(x_2)$,则称 f 在 D 上为**单调增加函数**(monotony increasing function);如果由 $x_1 < x_2$ 可以推出 $f(x_1) > f(x_2)$,则称 f 在 D 上为**单调减少函数**(monotony decreasing function).

如果由 $x_1 < x_2$ 可以推出 $f(x_1) \leqslant f(x_2)$,则称 f 在 D 上为**单调非减函数**;如果由 $x_1 < x_2$ 可以推出 $f(x_1) \geqslant f(x_2)$,则称 f 在 D 上为**单调非增函数**.

单调增加(非减)函数和单调减少(非增)函数统称为**单调函数**.

例如,$y = \sin x$ 在区间 $\left(-\dfrac{\pi}{2}, \dfrac{\pi}{2}\right)$ 上单调增加;在区间 $\left(\dfrac{\pi}{2}, \dfrac{3\pi}{2}\right)$ 上单调减少.函数 $y = \cos x$ 在区间 $(0, \pi)$ 上单调减少;在区间 $(-\pi, 0)$ 上单调增加.$y = \tan x$ 在 $\left(-\dfrac{\pi}{2}, \dfrac{\pi}{2}\right)$ 上单调增加,等等.

又如,当 $\mu > 0$ 时,幂函数 $y = x^\mu$ 在 $(0, +\infty)$ 单调增加;当 $\mu < 0$ 时,$y = x^\mu$ 在 $(0, +\infty)$ 单调减少.当 $a > 1$ 时,指数函数 $y = a^x$ 在 $(-\infty, +\infty)$ 单调增加;当 $0 < a < 1$ 时,指数函数 $y = a^x$ 在 $(-\infty, +\infty)$ 单调减少.当 $a > 1$ 时,对数函数 $y = \log_a x$ 在 $(0, +\infty)$ 单调增加,等等.

3. 周期函数

设 f 是一个函数,如果存在正数 T,使得 $\forall x \in D(f)$,都有 $f(x+T)=f(x)$,则称 f 是以 T 为周期的**周期函数**(period function). 如果 f 以 T 为周期,那么对于任意的自然数 n,nT 也是 f 的周期. 这就是说,周期函数一定有无穷多个正周期,并且没有最大周期,我们规定,当 f 以 T 为周期时,一般是指 T 是 f 的最小正周期. 例如,$2\pi, 4\pi, \cdots, 2n\pi(n \in \mathbb{Z}^+)$ 都是函数 $\sin x$ 的周期,但是,我们通常只说 $\sin x$ 是以 2π 为周期的函数.

例 1.3.1　试证 $y=\sin(at+b)$ 是以 $T=\dfrac{2\pi}{a}$ 为周期的函数,其中 $a>0$,b 为任意实数.

一般情况下,如果 $f(x)$ 是以 T 为周期的周期函数,则 $f(ax)$ $(a>0)$ 是以 $\dfrac{T}{a}$ 为周期的周期函数.

证明　因为 $f(x)$ 以 T 为周期,所以对于任意的 x 有
$$f(ax + T) = f(ax).$$
于是,有
$$f\left(a\left(x+\frac{T}{a}\right)\right) = f(ax).$$
这就是说,$f(ax)$ 是以 $\dfrac{T}{a}$ 为周期.

但是并不是所有的周期函数都有最小周期,例如狄利克雷函数:
$$\varphi(x) = \begin{cases} 1, & x \text{ 是有理数}, \\ 0, & x \text{ 是无理数}. \end{cases}$$

容易验证,任意正的有理数都是它的周期. 但是,这个函数没有最小周期.

4. 有界函数

假设函数 f 在集合 D 上有定义,如果存在正数 M,使得
$$|f(x)| \leqslant M, \quad \forall x \in D,$$

则称函数在 D 上是**有界的**,或者称 f 是 D 上的**有界函数**.

例如,$\sin x$ 在 $(-\infty,+\infty)$ 上是有界函数,$\dfrac{1}{x}$ 在 $[1,+\infty)$ 上是有界函数. 但是函数 $\dfrac{1}{x}$ 在 $(0,+\infty)$ 上是无界函数. 这一点可以从图 1.4 看出,当动点 x 趋近于点 $x_0=0$ 时,函数值 $\dfrac{1}{x}$ 无限变大趋向于无穷.

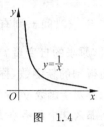

图　1.4

函数 f 在一个区间 I 上无界的含义是:$\forall M>0$,$\exists x\in I$,使得 $|f(x)|>M$. 因此,如果要给出 $\dfrac{1}{x}$ 在 $(0,+\infty)$ 上无界的一个严格证明,可以这样写:

$$\forall M>0,\exists x=\frac{1}{2M}\in(0,+\infty),此时就有\frac{1}{x}=2M>M,因此$$

$\dfrac{1}{x}$ 在 $(0,+\infty)$ 上无界.

当函数 f 在集合 D 上有界时,函数值集合 $\{f(x)\,|\,x\in D\}$ 是一个有界集,从而 $\sup\{f(x)\,|\,x\in D\}$ 与 $\inf\{f(x)\,|\,x\in D\}$ 都存在. 但是,一般说来,$\max\{f(x)\,|\,x\in D\}$ 和 $\min\{f(x)\,|\,x\in D\}$ 不一定存在. 例如,函数 $\dfrac{1}{x}$ 在区间 $(1,+\infty)$ 上的上、下确界分别为

$$\sup\left\{\frac{1}{x}\,\middle|\,1<x<+\infty\right\}=1,\inf\left\{\frac{1}{x}\,\middle|\,1<x<+\infty\right\}=0,但是函数\frac{1}{x}$$

在 $(1,+\infty)$ 上没有最大值与最小值.

1.3.3 反函数与复合函数

1. 反函数

在自由落体运动过程中,距离 S 表示为时间 t 的函数:$S=\dfrac{1}{2}gt^2$. 在时间的变化范围中,任意确定一个时刻 t,由上述公式

就可以得到相应的距离 S. 如果将问题反过来提,即已知下落的距离 S,求时间 t,则有 $t=\sqrt{\dfrac{2S}{g}}$. 在这里,原来的因变量 S 成了自变量,原来的自变量 t 成了因变量. 这种交换自变量和因变量的位置而得到的新函数,称为原有函数的反函数.

对于函数 $y=f(x)$,如果不同的自变量 x 的值对应不同的函数值 y,那么这个函数在其定义域 $D(f)$ 和值域 $R(f)$ 之间建立了一一对应的关系. 这时,对于每一个 $y\in R(f)$,都有惟一的 $x\in D(f)$ 满足 $y=f(x)$. 这个 x 是由 y 惟一确定的,所以可以将 x 看作是 y 的函数,这个函数是将原来的函数中的自变量与因变量颠倒过来而构成的函数关系,所以把这个函数称为 $y=f(x)$ 的**反函数**(inverse function). 并且记作 $x=f^{-1}(y)$. 即若 $y=f(x)$,则 $x=f^{-1}(y)$.

由反函数的定义可以看出,如果 $y=f(x)$ 有反函数 $x=f^{-1}(y)$,则反函数 f^{-1} 的定义域 $D(f^{-1})$ 就是函数 f 的值域 $R(f)$. 反函数 f^{-1} 的值域 $R(f^{-1})$ 就是函数 f 的定义域 $D(f)$.

现在考虑这样的问题:什么样的函数有反函数?

为此,考察函数 $y=\sin x$,在这个函数中,角度 x(弧度)是自变量,正弦 y 是因变量. 能否将角度 x 表示成正弦 y 的函数,即能否由角度 x 的正弦 y 确定角度 x?

假设某个角度 x 的正弦 $y=0$,则可以得到 $x=0,\pm\pi,\pm2\pi,\cdots$,即有许多不同的角度 x 都满足 $\sin x=0$. 这样,我们无法根据 y 的值确定 x,也就是说,如果不对 x 的取值范围加以限制,$y=\sin x$ 的反函数是不存在的.

如果将 x 的取值范围限制在 $\left[-\dfrac{\pi}{2},\dfrac{\pi}{2}\right]$,由于 $y=\sin x$ 在这个区间上是单调增加的,所以,自变量 x 和函数值 y 是一一对应的,并且 y 的取值范围是 $[-1,1]$. 于是,如果在 $[-1,1]$ 中任意给定一个 y,有且只有一个 $x\in\left[-\dfrac{\pi}{2},\dfrac{\pi}{2}\right]$ 满足 $y=\sin x$,也就是说,

由 y 可以惟一地确定 x. 这样，$y=\sin x$ 在 $\left[-\dfrac{\pi}{2},\dfrac{\pi}{2}\right]$ 上就存在反函数，这个反函数正是反正弦 $x=\arcsin y\,(-1\leqslant y\leqslant 1)$.

在上述例子中，函数 $y=\sin x$ 在区间 $\left[-\dfrac{\pi}{2},\dfrac{\pi}{2}\right]$ 上的单调性对于反函数 $x=\arcsin y$ 的存在性起了关键作用. 一般情况下，如果函数 $y=f(x)$ 在区间 I 上单调（增加或减少），并且它的值域是区间 J，则这个函数就存在反函数 $x=f^{-1}(y)$. 反函数的定义域是函数 $y=f(x)$ 的值域 J；反函数的值域是函数 $y=f(x)$ 的定义域 I. 如果函数 $y=f(x)$ 在区间 I 上单调增加（或单调减少），则反函数 $x=f^{-1}(y)$ 在区间 J 上也单调增加（或单调减少）.

但是要注意，单调性并非是反函数存在的必要条件.

对于函数 $y=f(x)$ 和它的反函数 $x=f^{-1}(y)$，分别以自变量为横轴、因变量为纵轴画出它们的图形如图 1.5.

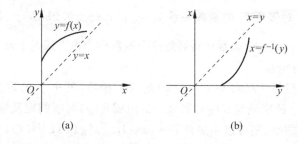

图　1.5

容易看出这两条曲线关于直线 $y=x$ 是对称的. 如果将这两条曲线放到同一个坐标系中，即在反函数中用 x 表示自变量、用 y 表示因变量，那么在 xOy 坐标系中，曲线 $y=f^{-1}(x)$ 与 $y=f(x)$ 关于直线 $y=x$ 是对称的.

例如，在图 1.6 和图 1.7 中，曲线 $y=x^{2}$ 与 $y=\sqrt{x}$ 关于直线 $y=x$ 对称；曲线 $y=x^{3}$ 与 $y=\sqrt[3]{x}$ 关于直线 $y=x$ 对称.

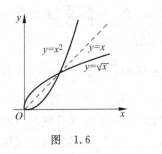

图 1.6

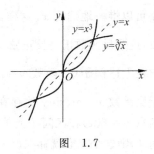

图 1.7

2. 复合函数

球的体积 V 是其半径 r 的函数：$V = \dfrac{4}{3}\pi r^3$. 由于热胀冷缩, 球的半径又随着温度 T 变化, 假定 r 随 T 变化的规律是 $r = r_0(1 + 0.017T)$, 其中 r_0 为常数. 将 $r = r_0(1 + 0.017T)$ 代入 $V = \dfrac{4}{3}\pi r^3$, 就得到 V 对温度 T 的函数关系 $y = \dfrac{4}{3}\pi[r_0(1 + 0.017T)]^3$. 将一个函数代入另一个函数而得到的这个函数称为由上述两个函数构成的复合函数.

假设 $y = f(u)$ 与 $u = g(x)$ 是两个函数, 其中 f 的定义域是 $D(f)$, g 的值域是 $R(g)$. 如果 g 的值域 $R(g)$ 与 f 的定义域 $D(f)$ 的交集非空, 则可以在集合 $D = \{x \in D(g) \mid g(x) \in D(f)\}$ 上确定一个函数 $y = f(g(x))$, 称这个函数为由 f 与 g 构成的**复合函数** (composite function), 并用记号 $f \circ g$ 表示由 f 与 g 构成的复合函数关系, 即 $f \circ g(x) = f(g(x))$.

实际上, 复合函数就是将一个函数代入另一个函数而得到的新函数. 例如, 由 $y = a^x$ 和 $x = \sin t$ 构成的复合函数为 $y = a^{\sin t}$; 由 $y = u^2$ 和 $u = \dfrac{x-1}{x+1}$ 构成的复合函数为 $y = \left(\dfrac{x-1}{x+1}\right)^2$, 等等.

在复合函数的定义中, 为什么要求 g 的值域 $R(g)$ 与 f 的定

义域 $D(f)$ 的交集非空?

这是因为,如果所有的函数值 $g(x)$ 都不在 $D(f)$ 中,那么 $y=f(g(x))$ 的定义域就是空集,因而复合函数 $y=f(g(x))$ 就不存在了.只有当 g 的值域 $R(g)$ 与 f 的定义域 $D(f)$ 的交集非空时,才能由 $y=f(u)$ 和 $u=g(x)$ 构成复合函数 $y=f(g(x))$.

例如, $y=\arcsin u$ 的定义域是 $[-1,1]$, $u=\lg x$ 的值域是 $(-\infty,+\infty)$,因此 $y=\arcsin u$ 与 $u=\lg x$ 能构成复合函数 $y=\arcsin(\lg x)$,即复合函数 $y=\arcsin(\lg x)$ 有意义.

但是函数 $y=\arcsin u$ 与 $u=e^x+1$ 不能构成复合函数,这是因为 $u=e^x+1$ 的值域是 $(1,+\infty)$,它与函数 $y=\arcsin u$ 的定义域的交集为空集,因此对于任意的 x, $y=\arcsin(e^x+1)$ 都没有意义.

可以由多个函数构成一个复合函数,例如 $y=\lg\tan\dfrac{x}{2}$ 是由 $y=\lg u$, $u=\tan t$ 和 $t=\dfrac{x}{2}$ 三个函数构成的一个复合函数.

如果由 $y=f(u)$ 和 $u=g(x)$ 能构成复合函数 $y=f(g(x))$,那么,一般情况下,复合函数 $y=f(g(x))$ 的定义域要比 $u=g(x)$ 的定义域小一些.例如, $\tan\dfrac{x}{2}$ 的定义域(只考虑一个周期)是 $(-\pi,\pi)$, $\ln\tan\dfrac{x}{2}$ 的定义域是 $(0,\pi)$.

一般情况下,复合函数 $f\circ g$ 与 $g\circ f$ 是不相同的.例如,对于上述两个函数 $y=\arcsin u$ 与 $u=\ln x$,我们有 $f\circ g(x)=f(g(x))=\arcsin(\ln x)$;但是 $g\circ f(x)=g(f(x))=\ln(\arcsin x)$.

1.3.4　函数的平移和伸缩

假设函数 $f(x)$ 在 $(-\infty,+\infty)$ 上有定义. a 是一个正数.函数 $f(x-a)$ 和 $f(x+a)$ 称为 $f(x)$ 的平移.由图 1.8 可以看出,函数 $y=f(x)$ 的图形分别向右、向左平移 a 个单位,就得到函数 $y=f(x-a)$ 和 $y=f(x+a)$ 的图形.

当 $0 < a < 1$ 时,函数 $y = f(ax)$ 的图形是 $y = f(x)$ 的图形向原点方向"拉伸" a 倍;当 $a > 1$ 时,则函数 $y = f(ax)$ 的图形是 $y = f(x)$ 的图形向原点两侧"压缩" a 倍.图 1.9 分别是 $a = \dfrac{1}{2}$ 和 $a = 2$ 时 $f(x)$ 和 $f(ax)$ 的图形.

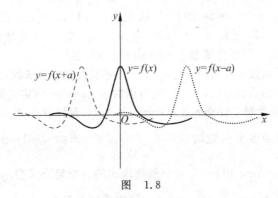

图 1.8

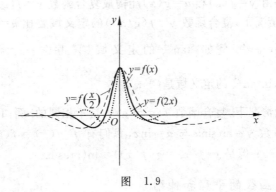

图 1.9

1.3.5 映射

映射是数学中一个常见的概念,它是函数概念的直接推广.1.3.3 节考察的各种函数,它们的定义域和值域都是实数集;本书下册将要研究的多元函数,它们的定义域是 n 维空间中的集合,其值域仍然是实数集.如果定义域和值域都是任意非空集合,就得到映射的概念.

定义 1.3.2 设 X,Y 是两个非空集合,如果按照某种确定的法则 f,使得对于每个 $x\in X$,都有惟一的一个 $y\in Y$ 与其对应,则称这个对应关系 f 为定义于 X 取值于 Y 的一个**映射**(mapping),并且记为

$$f: X \to Y.$$

对于每个 $x\in X$,与 x 对应的 $y\in Y$ 记作 $y=f(x)$. 称 $y=f(x)$ 为 x 的像,根据映射的定义,每个 $x\in X$ 的像是惟一的.

称 X 为映射 f 的定义域,并且记之为 $D(f)$. 所有 $x\in D(f)$ 的像所构成的集合称为映射 f 的值域,f 的值域记作 $R(f)$,即有 $R(f)=\{y\in Y\mid \exists\, x\in X,$ 使得 $y=f(x)\}$,一般情形,$R(f)$ 是 Y 的一个子集,即 $R(f)\subset Y$.

例 1.3.2 设 X,Y 是两个任意的非空集合,任取 $x\in X$ 和 $y\in Y$ 构成一个有序组 (x,y),所有这种有序元素组 (x,y) 构成的集合称为 X 与 Y 的**直积**(direct product),记为 $X\times Y$,即 $X\times Y=\{(x,y)\mid x\in X, y\in Y\}$. 实数集 $\mathbb{R}$ 与 $\mathbb{R}$ 的直积 $\mathbb{R}\times\mathbb{R}$ 也称为实数集 $\mathbb{R}$ 的二次幂,记为 $\mathbb{R}^2$,即 $\mathbb{R}^2=\{(x,y)\mid x,y\in\mathbb{R}\}$. 设 π 为一平面,如果在 π 上建立一个直角坐标系 xOy,对于 π 上任意一点 P,向两个坐标轴分别作投影得到两个数 x 和 y. 用有序组 (x,y) 表示点 P,我们就得到一个由平面 π 到 $\mathbb{R}^2$ 的映射:$P\to(x,y)$. 反之,任意给定两个实数 x 和 y,可以在平面 π 上找到惟一的一个点 P,使得 P 在两个坐标轴上的投影等于 x 和 y. 于是我们又得到一个由 $\mathbb{R}^2$ 到平面 π 的映射:$(x,y)\to P$. 这两个映射都是一一对应,且互为逆映射.因此在平面 π 与 $\mathbb{R}^2$ 之间建立了一一对应的关系,于是可以将 $\mathbb{R}^2$ 中任一元素,即由任意两个实数 x 和 y 构成的有序数组 (x,y) 看作是平面 π 上的一个点,反之亦然(图 1.10).

例 1.3.3 考察椭圆的参数方程

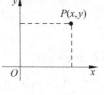

图　1.10

$$x = a\cos t, \quad y = b\sin t, \quad 0 \leqslant t < 2\pi.$$

这是 $[0,2\pi) \to \mathbb{R}^2$ 的映射. 它的定义域是 $\mathbb{R}$ 中的区间 $[0,2\pi)$,值域是 $\mathbb{R}^2$ 中的一条曲线,即椭圆圆周.

定义 1.3.3　设 X,Y 是非空集合,$f: X \to Y$ 是定义于 X,取值于 Y 的映射.

(1) 如果对于任意的 $x_1, x_2 \in X$,由 $x_1 \neq x_2$ 可以推出 $f(x_1) \neq f(x_2)$,则称 f 是一个**单射**(injective).

(2) 如果 $R(f) = Y$,即对于任意的 $y \in Y$,都存在 $x \in X$,使得 $y = f(x)$,则称 f 是一个**满射**(surjective).

(3) 如果映射 f 既是单射,又是满射,则称 f 是一个**双射**(bijective).

定义 1.3.4　设 X,Y 是非空集合,$f: X \to Y$ 是一个双射. 此时,对于每个 $y \in Y$,都存在惟一的 $x \in X$,满足 $y = f(x)$. 于是,由每一个 $y \in Y$ 惟一地确定了一个 $x \in X$. 由此就产生了一个定义于 Y,取值于 X 的映射. 称这个映射为 f 的**逆映射**(inverse mapping). 函数与反函数是映射和逆映射的特殊例子.

例 1.3.4　$y = \tan \dfrac{\pi}{2} x$ 是 $(-1,1)$ 到 $(-\infty, +\infty)$ 的一个双射,它的逆映射是 $x = \dfrac{2}{\pi} \arctan y$.

习　题　1.3

1. 设 $f(x) = \begin{cases} x+1, & x \geqslant 0, \\ 0, & x < 0, \end{cases}$ $g(x) = \begin{cases} 0, & x > 0, \\ 2, & x \leqslant 0. \end{cases}$ 求 $f \circ g$ 与 $g \circ f$,验证是否有 $f \circ g = g \circ f$.

2. 已知 $f(x+1) = 2x^2 - x + 1$, $g\left(x + \dfrac{1}{x}\right) = x^2 + \dfrac{1}{x^2}$ $(x \neq 0)$,写出 $f(x), g(x)$ 的表达式.

3. 设 $f(x)$ 是以 2 为周期的奇函数,并且当 $0 \leqslant x \leqslant 1$ 时,$f(x) = x(1-x)$. 试写出 $f(x)$ 的表达式,并画出图像.

4. 设 f 是定义在 $(-\infty, +\infty)$ 上的函数,并且满足 $f(2x) = 2f(x)$. 试证:如果 f 在 $(-\infty, +\infty)$ 上有界,则 $f(x) \equiv 0$.

5. 两个单调增加的函数的复合函数是否一定单调增加?它们的乘积又如何?

6. 证明:函数 $\sin|x|$, $\sin x^2$ 不是周期函数.

7. 设 $f(x)$ 在 $[0, +\infty)$ 上非负. 试证:如果 $f(f(x))$ 在 $[0, +\infty)$ 上无上界,则 $f(x)$ 在 $[0, +\infty)$ 上也无上界.

8. 设 $f(x)$ 是周期等于 1 的周期函数,且当 $0 \leqslant x < 1$ 时,$f(x) = x^2$. 试写出 $f(x)$ 在 $(-\infty, +\infty)$ 上的表达式,并作图.

9. 若已知函数 $y = f(x)(-\infty < x < +\infty)$ 的图形,试画出 $y = f(x-a)$, $y = f(ax)$, $y = f(x) - a$, $y = af(x)$ 的图形(自己举一个具体的例子).

10. 设 $f(x) = \begin{cases} x^2, & x \geqslant 0, \\ -x^2, & x < 0. \end{cases}$ 试证 f 是 $\mathbb{R} \to \mathbb{R}$ 的一个双射,并求它的逆映射.

11. 设 $f: X \to Y, g: Y \to Z$ 都是双射. 求证 $g \circ f: X \to Z$ 也是双射,并且 $(g \circ f)^{-1} = f^{-1} \circ g^{-1}$.

12. 试写出一个从 $(0,1)$ 到 $(-\infty, +\infty)$ 的双射;写出一个自然数集到整数集的双射.

1.4 初 等 函 数

能用公式表示的函数有两类. 一类是初等函数,另一类是非初等函数. 有 6 类函数称为**基本初等函数**,它们是常值函数(constant function),**幂函数**(power function),**指数函数**(exponential function),**对数函数**(logarithm function),**三角函数**(trigonometric function),**反三角函数**(inverse trigonometric function).

1. 常值函数

如果当自变量在某个集合 D 上任意变化时,函数值 $f(x)$ 恒等于一个常数 C,即

$$f(x) = C, \quad x \in D,$$

则称这个函数为定义在 D 上的**常值函数**,定义在 $(-\infty, +\infty)$ 上的常值函数的图像是平面上与 x 轴平行的一条直线.

2. 幂函数

形如

$$f(x) = x^{\mu}$$

的函数称为**幂函数**,其中 μ 为任意常数.

当 μ 为正整数或零时(规定 $x^0 \equiv 1$),幂函数的定义域是 $(-\infty, +\infty)$. 当 μ 为负整数时,定义域是 $(-\infty, 0) \bigcup (0, +\infty)$. 对于所有的实数 μ,幂函数 $f(x) = x^{\mu}$ 的公共定义域是 $(0, +\infty)$. 对于任意实数 μ,曲线 $y = x^{\mu}$ 都通过平面上的点 $(1,1)$.

当 μ 为偶数时,$f(x) = x^{\mu}$ 为偶函数;当 μ 为奇数时,$f(x) = x^{\mu}$ 为奇函数. 当 $\mu > 0$ 时,$f(x) = x^{\mu}$ 在 $(0, +\infty)$ 上单调增加;当 $\mu < 0$ 时,$f(x) = x^{\mu}$ 在 $(0, +\infty)$ 上单调减少.

当 μ 取不同值时,幂函数的图形见图 1.11 和图 1.12.

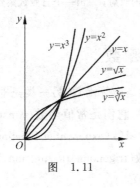

图 1.11

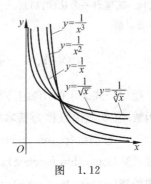

图 1.12

3. 指数函数

形如

$$f(x) = a^x, \quad -\infty < x < +\infty$$

的函数称为**指数函数**,其中 $a > 0$ 且 $a \neq 1$. 指数函数有下列性质:

① $a^x \cdot a^t = a^{x+t}$;

② $\dfrac{a^x}{a^t} = a^{x-t}$;

③ $(a^x)^t = a^{xt}$.

当 $a > 1$ 时,指数函数 $y = a^x$ 单调增加,a 的值越大,函数增长速度越快.

当 $0 < a < 1$ 时,指数函数 $y = a^x$ 单调减少,a 的值越小,函数减少速度越快.

图 1.13 和图 1.14 分别描绘了 a 取不同值时,指数函数 $y = a^x$ 的图形.

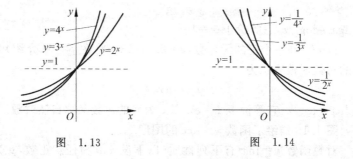

图 1.13　　　　　　　图 1.14

考察函数 $y = Aa^x$,其中 A 为任意实数. 当 $A > 0$ 时,在自变量的任意一个值 x 处,自变量每增加一个单位值 1,函数值总是增加(现有值的)一个固定倍数(a 倍). 这是因为,对于任意的 x,恒有

$$\frac{Aa^{x+1}}{Aa^x} = a.$$

实事上,自变量每增加一个固定的量,函数值总是增加现有值的一个固定的倍数,这是指数函数的一个基本特征.

4. 对数函数

设 a 为不等于 1 的正数, 我们已经知道, 指数函数 $y=a^x(x\in(-\infty,+\infty))$ 表示 a 的 x 次幂. 这里 x 是自变量, y 是函数值. 任意给定 x 的一个值, 就得到 y 的一个值. 如果将这个问题反过来提: 任意给定 y 的一个值 $(y>0)$, 求 x. 即问 a 的多少次幂等于 y? 在这里, 我们将 y 看作自变量, 将 x 看作函数值, 这就得到对数函数. 对数函数表示为

$$x = \log_a y.$$

它的含义是: x 是 y(以 a 为底)的对数. 不过在教科书中, 习惯于用 x 表示自变量, 用 y 表示函数. 所以对数函数一般表示为

$$y = \log_a x,$$

即 y 是 x(以 a 为底)的对数. 它等价于 $x=a^y$. 当 $a>1$ 时, 对数函数的定义域是 $(0,+\infty)$, 在整个定义域内, 对数函数是单调增加的.

以 10 为底的对数函数表示为

$$y = \lg x,$$

即 $\lg x=\log_{10}x$, 它等价于 $x=10^y$.

以 e(e 是一个正的无理数, $e=2.71828\cdots$ 将在下一章介绍)为底的对数函数表示为

$$y = \ln x,$$

即 $\ln x=\log_e x$, 它等价于 $x=e^y$. 以 e 为底的对数又称**自然对数**.

图 1.15 描绘了函数 $y=\ln x$ 的图形.

对数函数 $y=\ln x$ 有下列性质(以下设 a,b 为任意正数, p 为任意实数):

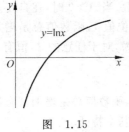

图　1.15

① $\ln(a \cdot b)=\ln a+\ln b$;

② $\ln\left(\dfrac{a}{b}\right)=\ln a-\ln b$, $\ln\dfrac{1}{a}=-\ln a$;

③ $\ln(a^p)=p\ln a$;

④ $e^{\ln x}=x(x>0)$, $\ln e^x=x$;

⑤ $e^0=1$, $\ln 1=0$;

以任意正数 a 为底的对数函数 $y=\log_a x$ 同样具有上述性质①～⑤,此外还有

⑥ $\log_a b = \dfrac{1}{\log_b a}$;

⑦ $\log_a x = \log_a b \cdot \log_b x$;

⑧ $\log_a x = \log_a e \cdot \ln x = \dfrac{\ln x}{\ln a}$.

5. 三角函数

三角函数起源于对三角形的研究,这一点从它们的名称可以看出. 不过在教科书中,三角函数是用单位圆来描述的(图 1.16),其中自变量的单位是弧度.

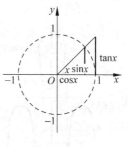

图 1.16

三角函数有 $\sin x,\cos x,\tan x,\cot x,$ $\sec x$ 和 $\csc x$. 它们都是周期函数,在自然界中许多现象都具有周期性,例如天体运动,机械振动,血液循环和交流电等. 三角函数,特别是正弦函数 $\sin x$,余弦函数 $\cos x$ 是最简单的周期函数,许多周期运动的描述都涉及三角函数,因此三角函数在数学和其他科学技术中有着广泛的应用.

三角函数的图形见图 1.17～图 1.22.

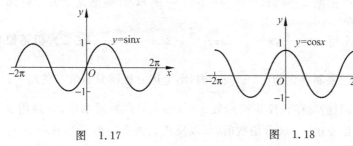

图 1.17

图 1.18

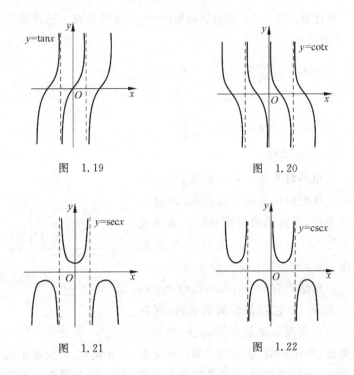

图　1.19

图　1.20

图　1.21

图　1.22

6. 反三角函数

对于正弦函数 $y=\sin x$ 而言, 是给定角度 x, 求其正弦 y. 但是在有些情况下, 问题是反过来提的, 即已知某角度 x 的正弦值 y, 求这个角度 x. 例如, 已知 $y=\sin x=\dfrac{1}{2}$, 求 x. 显然这个方程有无穷多个解: $x=\dfrac{\pi}{6}, \pi-\dfrac{\pi}{6}, 2k\pi+\dfrac{\pi}{6}, (2k+1)\pi-\dfrac{\pi}{6}(k\in\mathbb{Z})$. 但是如果将 x 限制在区间 $\left[-\dfrac{\pi}{2}, \dfrac{\pi}{2}\right]$ 内, 则上述方程就只有惟一的解 $\dfrac{\pi}{6}$. 这样, 我们就得到反正弦函数 $x=\arcsin y$. 在教科书中, 一般用 x 表示自变量, y 表示函数值, 所以反正弦函数记作 $y=\arcsin x$. 它

的定义域是 $[-1,1]$,值域是 $\left[-\dfrac{\pi}{2},\dfrac{\pi}{2}\right]$.

同样的方法可以定义反余弦函数 $y=\arccos x$. 反余弦函数的定义域是 $[-1,1]$,值域是 $[0,\pi]$.

反正切函数记作 $y=\arctan x$. 它的定义域是 $(-\infty,+\infty)$,值域是 $\left(-\dfrac{\pi}{2},\dfrac{\pi}{2}\right)$.

反余切函数记作 $y=\operatorname{arccot} x$,它的定义域是 $(-\infty,+\infty)$,值域是 $(0,\pi)$.

以上反三角函数的图形见图 1.23～图 1.26.

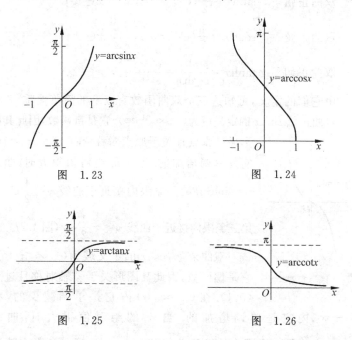

图　1.23　　　　　　　　　图　1.24

图　1.25　　　　　　　　　图　1.26

基本初等函数经过有限次的四则运算和有限次复合所得到的函数称为**初等函数**.一般说来,初等函数在其定义域内有一个统一的表达式. 例如, $y = \ln\tan\frac{1}{2}\sqrt{x}$ $(x \geqslant 0)$ 是由 $y = \ln u$, $u = \tan t$, 和

$t = \frac{1}{2}\sqrt{x}$ 复合而成的初等函数. $y = \arcsin(2^x - x^2)$ 是由 $y = \arcsin u$

和 $u = 2^x - x^2$ 复合而成的初等函数.

7. 双曲函数

双曲函数是一类特殊的初等函数, 在许多工程问题中有着广泛的应用.

常用的几个双曲函数有如下定义:

双曲正弦 $\sinh x = \frac{1}{2}(e^x - e^{-x})$, $x \in \mathbb{R}$;

双曲余弦 $\cosh x = \frac{1}{2}(e^x + e^{-x})$, $x \in \mathbb{R}$;

双曲正切 $\tanh x = \frac{\sinh x}{\cosh x} = \frac{e^x - e^{-x}}{e^x + e^{-x}}$, $x \in \mathbb{R}$.

由它们的定义, 可知这三个双曲函数有以下的简单性质.

双曲正弦 $\sinh x$ 的定义域为 $(-\infty, +\infty)$. 它是奇函数, 因此其图

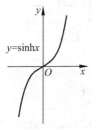

$y = \sinh x$

形通过原点且关于原点对称. 在 $(-\infty, +\infty)$ 内它是单调增加的. 当 x 的绝对值很大时, 曲线 $y = \sinh x$ 在第一象限内接近于曲线 $y = \frac{1}{2}e^x$, 在

第三象限内接近于曲线 $y = -\frac{1}{2}e^{-x}$ (图 1.27).

双曲余弦 $\cosh x$ 的定义域为 $(-\infty, +\infty)$. 它是偶函数, 因此其图形关于 y 轴对称且过点 $(0, 1)$. 在 $(-\infty, 0)$ 内它是单调减少的, 在

图 1.27

$(0, +\infty)$ 内它是单调增加的. 当 x 的绝对值很大时, 曲线 $y = \cosh x$ 在第一象限内接近于曲线 $y = \frac{1}{2}e^x$, 在第二象限内接近于曲线 $y = \frac{1}{2}e^{-x}$ (图 1.28).

双曲正切 $\tanh x$ 的定义域为 $(-\infty, +\infty)$. 它是奇函数. 在 $(-\infty, +\infty)$ 内它是单调增加的. 曲线 $y=\tanh x$ 夹在两条直线 $y=1$ 与 $y=-1$ 之间, 且当 x 的绝对值很大时, 在第一象限内接近于直线 $y=1$, 在第三象限内接近于直线 $y=-1$ (图 1.29).

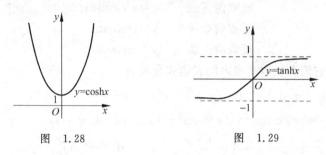

图 1.28   图 1.29

根据双曲函数的定义, 易知它们满足以下的几个恒等式:
$$\sinh(x \pm y) = \sinh x \cosh y \pm \cosh x \sinh y;$$
$$\cosh(x \pm y) = \cosh x \cosh y \pm \sinh x \sinh y.$$

由这两个等式出发, 不难得到下面的几个公式:

$$\cosh^2 x - \sinh^2 x = 1; \qquad 1 - \tanh^2 x = \frac{1}{\cosh^2 x};$$

$$\sinh 2x = 2\sinh x \cosh x; \qquad \cosh 2x = \cosh^2 x + \sinh^2 x;$$

$$\sinh^2 x = \frac{1}{2}(\cosh 2x - 1); \qquad \cosh^2 x = \frac{1}{2}(\cosh 2x + 1).$$

双曲函数的这些恒等关系与三角函数的相应恒等式有些类似, 读者可对其作些比较.

另外, 与三角函数一样, 双曲函数中也有双曲余切、双曲正割、双曲余割这三个函数, 它们的定义如下:

双曲余切 $\coth x = \dfrac{\cosh x}{\sinh x};$

双曲正割 $\operatorname{sech} x = \dfrac{1}{\cosh x};$

$$双曲余割 \quad \text{csch}x = \frac{1}{\sinh x}.$$

关于这三个双曲函数的简单性质,作为练习,由读者自己给出.

双曲函数 $y=\sinh x, y=\cosh x, y=\tanh x$ 的反函数分别记为:

反双曲正弦 $\quad y=\text{arcsinh}x$;

反双曲余弦 $\quad y=\text{arccosh}x$;

反双曲正切 $\quad y=\text{arctanh}x$.

它们在主值范围内的表达式分别为

$$y=\text{arcsinh}x=\ln(x+\sqrt{1+x^2}), \quad x\in(-\infty,+\infty);$$

$$y=\text{arccosh}x=\ln(x+\sqrt{x^2-1}), \quad x\in[1,+\infty);$$

$$y=\text{arctanh}x=\frac{1}{2}\ln\frac{1+x}{1-x}, \quad x\in(-1,1).$$

由此不难得到反双曲函数的一些简单性质. 例如反双曲正弦 $y=\text{arccosh}x$ 的定义域是 $(-\infty,+\infty)$,它是奇函数,在 $(-\infty,+\infty)$ 内为单调增加等. 类似地,大家可以自己分析其他两个反双曲函数的简单性质. 反双曲函数的图形见图 1.30~图 1.32.

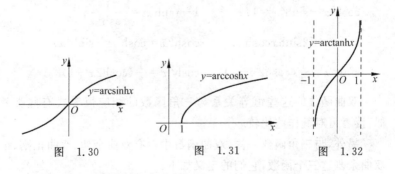

图 1.30 图 1.31 图 1.32

习 题 1.4

1. 求下列函数的定义域:

(1) $y=\sqrt{x^2-x} \cdot \arcsin x$;

(2) $y=\lg(\lg(\lg x))$;

（3）$y = \arccos e^{2x}$； （4）$y = \sqrt{\lg(x^2 - 1)}$.

2. 设 $f(x)$ 是定义在 $(-\infty, +\infty)$ 上的奇函数，在 $(0, +\infty)$ 上的表达式为 $f(x) = x - x^2$. 求 $f(x)$ 在 $(-\infty, 0)$ 上的表达式.

3. 验证 $y = \ln(\sqrt{x^2 + 1} + x)$ 是奇函数. 求这个函数的反函数.

4. 设 $f(x)$ 是定义在 $(-\infty, +\infty)$ 的函数. 对于任意两个实数 x, y，满足 $f(x+y) = f(x) + f(y)$. 求证存在常数 a，使得对于所有的有理数 x，都有 $f(x) = ax$.

1.5 非初等函数

在微积分中大量出现的是初等函数，但是也经常会遇到一些非初等函数. 常见的非初等函数有分段函数、隐函数、用参数式确定的函数，以及用积分和级数表示的函数等.

1.5.1 分段函数

例 1.5.1 符号函数

$$y = \mathrm{sgn}\, x \stackrel{\text{def}}{=\!=} \begin{cases} -1, & x < 0, \\ 0, & x = 0, \\ 1, & x > 0. \end{cases}$$

它的图形见图 1.33.

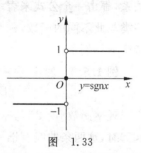

图 1.33

例 1.5.2 取整函数

$$y = [x] \stackrel{\text{def}}{=\!=} n, \quad n \leqslant x < n+1; n \in \mathbb{Z}.$$

由取整函数的定义可以看出，记号 $[x]$ 表示不超过 x 的最大整数. 例如，$[4.7] = 4, [0.7] = 0, [-7.3] = -8$ 等. 读者自己可以验证，对于任意的实数 x，有

$$[x] \leqslant x < [x] + 1.$$

取整函数的图形见图 1.34.

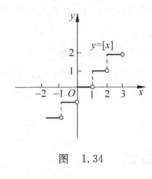

图　1.34

分段函数的一般形式是区间 I 被分成若干个子区间 $I_1,I_2,\cdots,I_m$,在每个子区间上函数有不同的表达式.

分段函数的一种特殊情况是阶梯函数,即区间 I 被分成若干个子区间 $I_1,I_2,\cdots,I_m$,在每个子区间上函数取不同的常数值:

$$f(x)=C_k,\quad x\in I_k,\quad k=1,2,\cdots,m.$$

1.5.2　其他非初等函数

除了分段函数以外,在隐函数中也常见非初等函数.

以上我们介绍的所有函数中,因变量 y 对于自变量 x 的依赖关系,都由一个公式来表示,初等函数与分段函数都是如此. 还有一类与此不同的函数,称为隐函数,为了解释隐函数的概念,我们考察下述例子.

例 1.5.3　对于每一个实数 a,考察方程

$$2^x=ax+2. \tag{1.5.1}$$

观察函数 $y=2^x$ 与 $y=ax+2$ 的图形可以发现(图 1.35),当 $a\leqslant0$ 时,这两条曲线有惟一的交点,用 (x_a,y_a) 表示这个交点,则交点的横坐标 x_a 就是方程(1.5.1)的惟一解. 当 a 在 $(-\infty,0]$ 中任意变化时,x_a 也随之变化,于是由此确定了一个函数关系 $x_a=f(a)$.虽然我们不能用初等函数来表示这个函数关系,但是,x_a 对于 a 的依赖关系却是客观存在的. 这个函数关系是由方程 (1.5.1)确定的,称 $x_a=f(a)$ 是由方程(1.5.1)确定的隐函数 (implicit function).

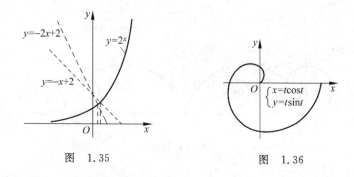

图 1.35　　　　　　　　图 1.36

例 1.5.4 考察图 1.36 中的曲线(螺线),它确定了 x 与 y 之间的某种函数关系. 但是我们既不能用一个表达式,也很难用一个二元方程式来描述这个函数关系,但是可以用一个参数方程非常容易地将这个函数关系表示出来. 这个参数方程是

$$x = t\cos t, \quad y = t\sin t, \quad 0 \leqslant t \leqslant 2\pi.$$

假定质点 M 随着时间在 xOy 平面上运动,质点 M 的两个坐标 x 和 y 都是时间 t 的函数: $x=x(t)$, $y=y(t)$. 当时间 t 连续变化时,$(x(t),y(t))$ 在平面上的轨迹称为轨道. 这个轨道可以用下面的方程描述:

$$\begin{cases} x = x(t), \\ y = y(t), \end{cases} \quad \alpha \leqslant t \leqslant \beta.$$

这个方程称为参数方程,其中 t 称为参数.

例 1.5.5 设质点 M 在平面上的位置 (x,y) 随 θ 变化的规律为

$$x = a(\theta - \sin\theta), \quad y = a(1 - \cos\theta),$$

这个轨道称为旋轮线. 设有一个半径等于 a 的轮子,点 M 位于轮子边缘,初始位置位于原点. 当轮子在 x 轴上滚动时,点 M 就随着 θ 的变化而运动,质点的轨迹就是旋轮线(图 1.37).

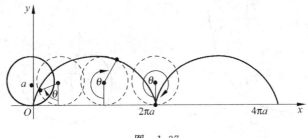

图 1.37

例 1.5.6 设质点 M 在平面上的位置 (x,y) 随 θ 变化的规律为

$$x = 31\cos\theta - 7\cos\frac{31}{7}\theta, \quad y = 31\sin\theta - 7\sin\frac{31}{7}\theta.$$

图 1.38 是用数学软件 Mathematica 画出的点 M 的运动轨迹.

例 1.5.7 设质点 M 在平面上的位置 (x,y) 随 θ 变化的规律为

$$x = \cos\theta + \frac{1}{2}\cos 7\theta + \frac{1}{3}\sin 17\theta, \quad y = \sin\theta + \frac{1}{2}\sin 7\theta + \frac{1}{3}\cos 17\theta.$$

图 1.39 是用数学软件 Mathematica 画出的点 M 的运动轨迹.

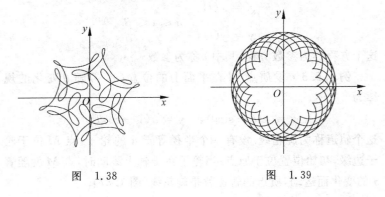

图 1.38　　　　　　图 1.39

第2章 极 限 论

　　微积分是在 17 世纪由牛顿(Newton)和莱布尼茨(Leibniz)集前人之大成而创立的,但是它的理论基础的建立,要晚大约两个世纪.

　　微积分在 17 世纪建立之后,就以飞快的速度向前发展,18 世纪已经达到了空前灿烂的程度.其内容丰富,应用广泛.但是在17～18世纪,人们对于微积分的理解却在很大程度上仍依赖于物理解释和直观意义.那时,数学家在这个领域主要限于用归纳方法把那些在一些简单具体的函数中发现的性质推广到一般的函数中去.由于微积分的发展十分迅速,使数学家们来不及检查和巩固它的理论基础,所以一些概念和结论常常是含混不清的,因而经常引起争论甚至受到许多攻击.直到 19 世纪,数学家才将主要精力转向为微积分建立严密的理论基础.捷克数学家波尔查诺(Bolzano,1781—1848)开始将严格的数学论证引入分析学中.法国数学家柯西(Cauchy,1789—1857)在他的"分析学教程"(1821)等著作中给出了分析学中一系列基本概念的严格定义,并且在分析学中引入了严格的叙述和论证,从而开创了微积分的近代体系.柯西在 1821 年提出的关于叙述极限的 ε(后来改为 δ)方法,把整个极限过程用不等式刻画,使无穷的运算化为一系列不等式的推导.后来,德国数学家魏尔斯特拉斯(Weierstrass,1815—1897)将 ε 与 δ 结合起来,完成了 ε-δ 方法,这就是本章要介绍的极限理论.柯西等一批数学大师的工作,使得微积分摆脱了单纯几何与运动的直观理解和解释,成为一门有严密理论基础的科学.柯西被人们称为近代微积分的奠基者,现代微积分教科书的表述和证明方法,采用的基本上仍是柯西的理论体系.

2.1 数列极限的概念和性质

2.1.1 数列极限的概念

数列(sequence of numbers)是按照正整数的顺序排列的一列数:

$$a_1, a_2, \cdots, a_n, \cdots$$

简记为$\{a_n\}$,其中 a_n 称为数列$\{a_n\}$的**通项**(general term),或者**一般项**,a_n 中的 n 称为下标.数列中的不同项可以是不同的数,也可以是相同的数.

当然,数列$\{a_n\}$也可以看成是定义在正整数集上的一个函数:$f(n) = a_n, n \in \mathbb{Z}^+$.

例如,$a_n = \dfrac{(-1)^n}{n}$,$b_n = \dfrac{n+1}{n}$,$c_n = 2^n$,$d_n = 1(n \in \mathbb{Z}^+)$等都是数列.

可以明显地看出,当下标 n 越来越大并趋向无穷时,上面的数列 a_n 越来越接近于 0;b_n 越来越接近于 1.

以数列$\{b_n\} = \left\{\dfrac{n+1}{n}\right\}$为例,给一个很小的正数 10^{-3},只要下标充分大,即满足 $n > 10^3$ 时,就会有 $|b_n - 1| = \dfrac{1}{n} < 10^{-3}$. 如果再给一个更小的正数 10^{-6},那么只需要 $n > 10^6$,就可以满足 $|b_n - 1| = \dfrac{1}{n} < 10^{-6}$. 总之,不论给一个多么小的正数,都能够找到一个自然数 N,对于所有满足 $n > \mathbb{Z}^+$ 的正整数 n,都能够使得 $|b_n - 1|$ 小于这个给定的正数.也就是说,当下标无限增加时,数列$\{b_n\} = \left\{\dfrac{n+1}{n}\right\}$的

一般项可以任意地接近常数 1.

在科学实验和近似计算中,经常有这样的情况:随着实验次数的增加和计算过程的迭代,得到的结果(数值)无限地逼近于某个常数.

例如,考察下面的计算过程:欲求 $\sqrt{2}$ 的近似值,可以任意取一个正数 a,按照迭代方法构造以下数列:

$$a_1 = \frac{1}{2}\left(a + \frac{2}{a}\right),$$

$$a_2 = \frac{1}{2}\left(a_1 + \frac{2}{a_1}\right),$$

$$\vdots$$

$$a_n = \frac{1}{2}\left(a_{n-1} + \frac{2}{a_{n-1}}\right),$$

$$\vdots$$

以后我们可以证明,不论取什么样的正数 a,这个数列的一般项都无限趋向于 $\sqrt{2}$. 当取 $a=5$ 时,我们得到

$$a_1 = \frac{1}{2}\left(5 + \frac{2}{5}\right) = 2.7,$$

$$a_2 = \frac{1}{2}\left(2.7 + \frac{2}{2.7}\right) = 1.7402,$$

$$a_3 = \frac{1}{2}\left(1.7402 + \frac{2}{1.7402}\right) = 1.4415,$$

$$a_4 = \frac{1}{2}\left(1.4415 + \frac{2}{1.4415}\right) = 1.4145,$$

$$a_5 = \frac{1}{2}\left(1.4145 + \frac{2}{1.4145}\right) = 1.4142,\cdots.$$

事实上,我们可以利用这个数列求 $\sqrt{2}$ 的任意精度的近似值.

对于以上的几个数列,当下标 n 无限增加时,它们的一般项都是无限逼近某个常数. 在数学上,需要从定量的角度精确地描述这种现象,这就是数列极限的概念.

定义 2.1.1 设 $\{a_n\}$ 为一数列,A 为一常数. 如果对于任意给定的正数 ε,总可以找到正整数 N,使得对所有满足 $n > N$ 的自然

数 n,都有 $|a_n - A| < \varepsilon$ 成立,则称 A 为数列 $\{a_n\}$ 的**极限**(limit),并记作 $\lim\limits_{n \to \infty} a_n = A$. 此时又称数列 $\{a_n\}$ **收敛**于 A(converge to A). 如果数列 $\{a_n\}$ 没有极限,则称该数列**发散**(diverge).

显然,数列 $\{a_n\}$ 收敛于 A 定量地描述了这样一个事实:当下标无限增大时,数列的一般项无限逼近于 A(但是可能永远不等于 A).

为了帮助大家理解极限概念,下面我们直接用上述定义证明几个简单的极限.

给定一个数列 $\{a_n\}$ 和实数 A. 为了证明 $\lim\limits_{n \to \infty} a_n = A$,一般需要考察 $|a_n - A|$,对这个表达式进行必要的恒等变形和适当放大,然后根据任意给定的正数 ε,寻找适合定义的自然数 N. 使得只要正整数 n 满足 $n > N$,就满足 $|a_n - A| < \varepsilon$.

例 2.1.1 用数列极限定义证明:$\lim\limits_{n \to \infty} \dfrac{n^2 - 4}{n^2 + 1} = 1$.

证明 记 $a_n = \dfrac{n^2 - 4}{n^2 + 1}$ ($n \in \mathbb{Z}^+$),$A = 1$.

首先对于 $|a_n - A|$ 进行适当的变形和放大:

$$\left| \frac{n^2 - 4}{n^2 + 1} - 1 \right| = \frac{5}{n^2 + 1} < \frac{5}{n}.$$

利用这个结果,根据正数 ε 利用取整函数 $[x]$ 寻找 N:任意给定正数 ε,取 $N = \left[\dfrac{5}{\varepsilon} \right] + 1$,则当 $n > N$,就有

$$|a_n - A| = \left| \frac{n^2 - 4}{n^2 + 1} - 1 \right| < \frac{5}{n} < \frac{5}{N} < \frac{5}{\dfrac{5}{\varepsilon}} = \varepsilon.$$

于是根据极限概念得到 $\lim\limits_{n \to \infty} \dfrac{n^2 - 4}{n^2 + 1} = 1$.

注 在这个例题中,对于 $|a_n - A|$ 进行适当的变形和放大,是为了使得从 ε 寻找 N 的过程简洁明了.

例 2.1.2　设 $a>1$，求证 $\lim\limits_{n\to\infty}a^{\frac{1}{n}}=1$.

证明　对于 $|a^{\frac{1}{n}}-1|$ 进行适当的变形和放大得到：

$$|a^{\frac{1}{n}}-1|=\frac{a-1}{1+a^{\frac{1}{n}}+\cdots+a^{\frac{n-1}{n}}}<\frac{a-1}{n}.$$

任意给定正数 ε，存在正整数 N，满足 $N>\dfrac{a-1}{\varepsilon}$. 取定这个 N.

则只要正整数 n 满足 $n>N$，就有

$$|a^{\frac{1}{n}}-1|<\frac{a-1}{n}<\frac{a-1}{N}<\frac{a-1}{\dfrac{a-1}{\varepsilon}}=\varepsilon.$$

于是根据极限概念得到 $\lim\limits_{n\to\infty}a^{\frac{1}{n}}=1$.

例 2.1.3　设 $a>1$，求证 $\lim\limits_{n\to\infty}\dfrac{n}{a^n}=0$.

证明　先证一个不等式：若 $a>1$，则当 $n>2$ 时，有

$$\frac{n}{a^n}<\frac{4}{n(a-1)^2}. \tag{2.1.1}$$

事实上，令 $b=a-1>0$，则由牛顿二项式定理得到

$$a^n=(1+b)^n=C_n^0+C_n^1 b+C_n^2 b^2+\cdots+C_n^n b^n$$

$$\geqslant\frac{n(n-1)}{2}b^2=\frac{n(n-1)}{2}(a-1)^2,$$

于是

$$\frac{n}{a^n}<\frac{n}{\dfrac{n(n-1)}{2}(a-1)^2}=\frac{2}{(n-1)(a-1)^2}\leqslant\frac{4}{n(a-1)^2},$$

因此不等式 (2.1.1) 得证.

现在证明 $\lim\limits_{n\to\infty}\dfrac{n}{a^n}=0$. 任意给定正数 ε，取一个大于 $\dfrac{4}{(a-1)^2\varepsilon}$ 的

正整数 N，只要正整数 n 满足 $n>N$，由不等式 (2.1.1) 得到

$$\left|\frac{n}{a^n}-0\right|=\frac{n}{a^n}<\frac{4}{n(a-1)^2}<\frac{4}{N(a-1)^2}$$

$$< \frac{4}{\frac{4}{(a-1)^2 \varepsilon} \cdot (a-1)^2} = \varepsilon.$$

于是根据极限概念得到 $\lim\limits_{n \to \infty} \dfrac{n}{a^n} = 0$.

在理解和运用数列极限概念时,需要注意下列问题:

(1) 正数 ε 是任意给定的. 在求 N 的过程中,ε 是确定的.

(2) 正整数 N 是根据 $|a_n - A| < \varepsilon (n > N)$ 的需要而找到的,因此 N 与 ε 有关. 但是满足要求的 N 不是惟一的. 在证明过程中,只要找到一个使不等式 $|a_n - A| < \varepsilon (n > N)$ 成立的 N 就可以了.

2.1.2 数列极限的性质

命题 2.1.1 收敛数列的极限是惟一的.

证明 用反证法. 假定存在两个不相等的实数 A 和 B,使得

$$\lim_{n \to \infty} x_n = A, \quad \lim_{n \to \infty} x_n = B$$

同时成立.

给定正数 $\dfrac{1}{2} |A - B|$. 由 $\lim\limits_{n \to \infty} x_n = A$ 推出:存在正整数 N_1,使得当 $n > N_1$ 时恒有

$$| x_n - A | < \frac{1}{2} | A - B |. \tag{2.1.2}$$

由 $\lim\limits_{n \to \infty} x_n = B$ 又推出:存在正整数 N_2,使得当 $n > N_2$ 时恒有

$$| x_n - B | < \frac{1}{2} | A - B |. \tag{2.1.3}$$

令 $N = \max\{N_1, N_2\}$,则当 $n > N$ 时,式(2.1.2)与式(2.1.3)同时成立,这时就有

$$| A - B | \leqslant | x_n - A | + | x_n - B |$$
$$< \frac{| A - B |}{2} + \frac{| A - B |}{2} = | A - B |.$$

这个冲突说明,数列 $\{x_n\}$ 如果收敛,则极限是惟一的.

命题 2.1.2 收敛数列是有界的.也就是说,如果 $\lim\limits_{n\to\infty}x_n$ 存在,则存在正数 M,使得 $|x_n|\leqslant M$ $(n=1,2,\cdots)$.

证明 设 $\lim\limits_{n\to\infty}x_n=A$.则对于正数 1,存在正整数 N,使得当 $n>N$ 时,恒有 $|x_n-A|<1$.由此得到,当 $n>N$ 时恒有 $|x_n|<|A|+1$.令 $M=\max\{|x_1|,|x_2|,\cdots,|x_N|,|A|+1\}$,那么对于任意的 $n\in\mathbb{Z}^+$ 恒有 $|x_n|\leqslant M$.

上述命题说明:数列的有界性是极限存在的必要条件.但是,有界数列未必收敛.例如考察数列 $x_n=(-1)^{n-1}$ $(n\in\mathbb{Z}^+)$.这个数列有界,但是不存在极限.

进一步考察又会发现:这个数列的奇数项构成的子列 -1,-1,$\cdots$ 和偶数项构成的子列 1,1,$\cdots$ 分别收敛于 -1 和 1.

命题 2.1.3 数列 $\{a_n\}$ 是否收敛,以及收敛于何值,与该数列的任意有限项无关.也就是说,在一个数列中任意增加、减少,或者改变有限项,不改变数列的收敛性,也不改变数列的极限值.

这个命题说明:数列极限是数列通项的变化趋势,对于任意的正整数 N,只需要研究第 N 项以后的各项,就能够确定数列的变化趋势.

今后会将常说到术语"对于充分大的 n",它的含义是"存在自然数 N,当 $n>N$ 时$\cdots$".例如,"对于充分大的 n,恒有 $x_n>0$"是指"存在自然数 N,使得当 $n>N$ 时恒有 $x_n>0$".

命题 2.1.4(数列极限的保号性) 假设 $\lim\limits_{n\to\infty}x_n=A$,则有下列结论:

(1) 若 $A>0(A<0)$,则对于充分大的 n,恒有 $x_n>0(x_n<0)$;

(2) 若对于充分大的 n,恒有 $x_n\geqslant0(x_n\leqslant0)$,则 $A\geqslant0(A\leqslant0)$.

证明 (1) 设 $A>0$,则由极限概念,存在正整数 N,使得当

$n>N$ 时恒有 $|x_n-A|<\dfrac{A}{2}$. 此时就有 $x_n>A-\dfrac{A}{2}=\dfrac{A}{2}>0$.

对于 $A<0$ 的情形,可以用同样的方法证明.

(2) 用反证法. 假定 $A<0$,则由第一个结论推出:对于充分大的 n,恒有 $x_n<0$,这与定理假设冲突.

极限的保号性是极限最重要、最常用的一个性质. 粗略地说, 命题 2.1.4 中的第一条说明:假设数列 $\{a_n\}$ 收敛且极限值 A 不等于零,则从某一项之后,该数列的所有的项都具有与 A 相同的符号. 命题 2.1.4 中的第二条说明:假设数列 $\{a_n\}$ 的通项不变号,则数列的极限值不会有相反的符号.

由命题 2.1.4 容易推出下面的两个结论.

命题 2.1.5 设 $\lim\limits_{n\to\infty}a_n=A,\lim\limits_{n\to\infty}b_n=B$.

(1) 如果存在正整数 N,使得当 $n>N$ 时恒有 $a_n\leqslant b_n$,则 $A\leqslant B$;

(2) 如果 $A<B$,则存在正整数 N,使得当 $n>N$ 时恒有 $a_n<b_n$.

命题 2.1.6 设 $\lim\limits_{n\to\infty}a_n=A,B<A$,则存在正整数 N,使得当 $n>N$ 时,恒有 $a_n>B$.

以上两个命题的证明留给读者.

2.1.3 数列的子列

为了更加深入地研究数列的性质,我们需要考察数列的子列.

设 $\{a_n\}$ 为数列,$n_1,n_2,\cdots,n_j\cdots$ 是一列单调增加的正整数,则称 $\{a_{n_j}\}$ 为数列 $\{a_n\}$ 的一个子列. 子列是原数列的一部分,子列的两个特征是:(1)包含原数列中的无穷多项;(2)按照原有的先后顺序排列.

假定数列 $\{a_n\}$ 有极限 A,则对于任意正数 ε,存在正整数 N,使得当 $n>N$ 时,恒有 $|a_n-A|<\varepsilon$. 也就是说,这个数列从第 $N+1$ 项开始,所有的项 a_n 都落在区间 $(A-\varepsilon,A+\varepsilon)$ 内. 因此,如果 $\lim\limits_{n\to\infty}a_n=A$,则对于任意正数 ε,这个数列最多只有有限项落在区间

$(A-\varepsilon, A+\varepsilon)$ 之外. 这就是数列收敛的几何描述(见图 2.1).

反之, 如果 $\lim\limits_{n\to\infty} a_n = A$ 不成立(此时或者 $\lim\limits_{n\to\infty} a_n$ 不存在, 或者 $\lim\limits_{n\to\infty} a_n$ 存在但是不等于 A), 则一定存在某个正数 ε_0, 使得这个数列中有无穷多项位于区间 $(A-\varepsilon_0, A+\varepsilon_0)$

图 2.1

之外. 将这无穷多项按照顺序排列出来, 就得到一个子列 $\{a_{n_j}\}$, 满足 $|a_{n_j}-A| \geqslant \varepsilon_0$. 于是得到下述结论.

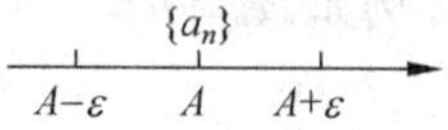

命题 2.1.7 $\lim\limits_{n\to\infty} a_n = A$ 不成立的充分必要条件是: 存在某个正数 ε_0, 以及 $\{a_n\}$ 的一个子列 $\{a_{n_j}\}$, 满足 $|a_{n_j}-A| \geqslant \varepsilon_0$.

2.1.4 无穷大量与无界变量

考察两个数列 $a_n = n^2-n+2$ 和 $b_n = (1-n)^2+3 (n=1,2,\cdots)$. 这两个数列有一个共同的特点: 当 $n\to\infty$ 时, 通项的绝对值无限地增大而没有止境. 为了描述这类数列, 引入下述概念.

定义 2.1.2 设 $\{a_n\}$ 为数列. 如果对任意给定的正数 M, 总能找到正整数 N, 使得对所有满足 $n>N$ 的正整数 n, 都有 $|a_n|>M$, 则称 $\{a_n\}$ 是一个**无穷大数列**, 简称**无穷大**. 记作 $a_n \to \infty (n\to\infty)$. 如果进一步假定 $a_n \geqslant 0 (n\in\mathbb{Z}^+) (a_n \leqslant 0 (n\in\mathbb{Z}^+))$, 则称 $\{a_n\}$ 是一个正(负)无穷大.

例如, 数列 $a_n = n^2-n+2 (n=1,2,\cdots)$ 是正无穷大; $a_n = -n^2-n+2 (n=1,2,\cdots)$ 是负无穷大; $b_n = (-1)^n n^2+3 (n=1,2,\cdots)$ 是无穷大.

注 正、负无穷大都是无穷大.

与无穷大量有关的另一个概念是无界变量.

定义 2.1.3 设 $\{a_n\}$ 为数列. 如果对于任意给定的正数 M, 总能在该数列中找到某一项 a_k, 满足 $|a_k|>M$, 则称 $\{a_n\}$ 是一个**无界数列**.

无穷大数列一定是无界数列,但是无界数列未必是无穷大数列. 例如,$x_n = n + (-1)^n n + 2 (n = 1, 2, \cdots)$ 是无界数列,但不是无穷大数列.

如果 $\{a_n\}$ 是一个无穷大数列,则极限 $\lim\limits_{n \to \infty} a_n$ 不存在. 但是为了表示的简捷,可以用记号 $\lim\limits_{n \to \infty} a_n = \infty$ 来表示 $\{a_n\}$ 是一个无穷大数列.

习 题 2.1

复习题

1. 试叙述数列 $\{x_n\}$ 以 A 为极限的 ε-N 定义.

2. 在数列极限的定义中,ε 是不是一个无限小的正数? 正整数 N 是不是 ε 的函数?

3. 在数列极限的定义中,如果将"$n > N$"改成"$n \geqslant N$",会有什么影响? 如果"$\forall \varepsilon > 0$",改成"$\forall \varepsilon \in (0, 1)$",会有什么影响?

4. "数列 $\{a_n\}$ 收敛于 A"与"数列 $\{a_n - A\}$ 趋向于零"两个命题有什么关系?

5. 试给出"当 $n \to \infty$ 时,$a_n \to \infty$"这一性质的一个定量描述.

6. 试举出一个数列 $\{a_n\}$,使得 $\{a_n\}$ 发散,但 $\{|a_n|\}$ 收敛.

7. 下列说法中哪些与 $\lim\limits_{n \to \infty} a_n = A$ 等价.

(1) $\forall \varepsilon \in (0, 1)$,$\exists N \in \mathbf{Z}^+$,只要 $n > N$,就有 $|a_n - A| < \varepsilon$;

(2) $\forall \varepsilon > 0$,$\exists N \in \mathbf{Z}^+$,只要 $n > N$,就有 $|a_n - A| < 100\varepsilon$;

(3) $\forall \varepsilon > 0$,$\exists N \in \mathbf{Z}^+$,只要 $n > N$,就有 $|a_n - A| < \sqrt{\varepsilon}$;

(4) 对自然数 k,都能找到正整数 N_k,只要 $n > N_k$,就有

$$|a_n - A| < \frac{1}{2^k};$$

(5) 存在正整数 N,只要 $n > N$,就有 $|a_n - A| < \dfrac{1}{n}$;

(6) $\forall \varepsilon > 0$, $\exists N \in \mathbf{Z}^+$, 只要 $n > N$, 就有 $|a_n - A| < \dfrac{\varepsilon}{n}$;

(7) $\forall \varepsilon > 0$, $\exists N \in \mathbf{Z}^+$, 只要 $n > N$, 就有 $|a_n - A| < \sqrt{n}\,\varepsilon$.

8. 下列哪个说法与"$\{a_n\}$ 不收敛于 A"等价?

(1) 存在 $\varepsilon_0 > 0$, 及正整数 N, 只要 $n > N$, 就有 $|a_n - A| \geqslant \varepsilon_0$;

(2) $\forall \varepsilon > 0$, $\exists N$, 只要 $n > N$, 就有 $|a_n - A| \geqslant \varepsilon$;

(3) $\{a_n\}$ 中除有限项外, 都满足 $|a_n - A| \geqslant \varepsilon_0$, 其中 ε_0 是某个正数;

(4) $\{a_n\}$ 中有无穷多项满足 $|a_n - A| \geqslant \varepsilon_0$, 其中 ε_0 是某个正数.

9. 设有正整数 $n_1 < n_2 < \cdots < n_j < n_{j+1} < \cdots$, 则称数列 $\{a_{n_j}\}$ $(j = 1, 2, \cdots)$ 为数列 $\{a_n\}$ 的一个子列, 试证, 如果 $\lim\limits_{n \to +\infty} a_n = A$, 则 $\{a_n\}$ 的每个子列 $\{a_{n_j}\}$ 都收敛于 A.

10. 数列 $\{a_n\}$ 收敛与否与它的前 10 项有无关系? 与它的前 1000 项有无关系? 下述论断是否正确: "一个数列 $\{a_n\}$ 是否收敛只与 n 充分大以后的各项有关".

习题

1. 用数列极限定义证明以下各题:

(1) $\lim\limits_{n \to \infty} \dfrac{5n^3}{1 + n^3} = 5$;　　　　　(2) $\lim\limits_{n \to \infty} \dfrac{\sin n^2}{n} = 0$.

2. 用极限定义证明下列各题:

(1) 若 $\lim\limits_{n \to \infty} a_n = A$, 则 $\lim\limits_{n \to \infty} |a_n| = |A|$;

(2) 若 $\lim\limits_{n \to \infty} a_n = A > 0$, 则 $\lim\limits_{n \to \infty} \sqrt{a_n} = \sqrt{A}$;

(3) 若 $\lim\limits_{n \to \infty} a_n = A$, 则 $\lim\limits_{n \to \infty} a_n^2 = A^2$;

(4) 若 $\lim\limits_{n \to \infty} a_n = A$, 则 $\lim\limits_{n \to \infty} \dfrac{a_n}{n} = 0$.

3. 设 $\lim\limits_{n \to \infty} a_n = A$, $\lim\limits_{n \to \infty} b_n = B$, 且 $A < B$, 则存在正整数 N, 使得当 $n > N$ 时, 恒有 $a_n < b_n$.

2.2 数列极限存在的充分条件

上一节建立了数列极限的概念. 在这一节,我们研究数列存在极限的条件. 这些条件能够帮助我们判定一个数列是否存在极限,进而求出极限的值.

2.2.1 夹逼原理

定理 2.2.1 设有数列 $\{a_n\}$,$\{b_n\}$ 和 $\{c_n\}$,满足

$$a_n \leqslant b_n \leqslant c_n, \quad n \in \mathbb{Z}^+, \tag{2.2.1}$$

如果 $\lim\limits_{n\to\infty} a_n = \lim\limits_{n\to\infty} c_n = A$,则 $\lim\limits_{n\to\infty} b_n = A$.

证明 用数列极限定义证明这个结论.

任意给定正数 ε,因为 $\lim\limits_{n\to\infty} a_n = A$ 和 $\lim\limits_{n\to\infty} c_n = A$,所以分别存在自然数 N_1 和 N_2,使得当 $n > N_1$ 和 $n > N_2$ 时,分别有

$$|a_n - A| < \varepsilon, \quad |c_n - A| < \varepsilon. \tag{2.2.2}$$

令 $N = \max\{N_1, N_2\}$. 由式(2.2.2)推出,当 $n > N$ 时,有

$$\max\{|a_n - A|, |c_n - A|\} < \varepsilon. \tag{2.2.3}$$

另一方面,由 $a_n \leqslant b_n \leqslant c_n$ 推出 $a_n - A \leqslant b_n - A \leqslant c_n - A$. 进而推出

$$|b_n - A| \leqslant \max\{|a_n - A|, |c_n - A|\}. \tag{2.2.4}$$

于是由式(2.2.3)和式(2.2.4)推出:只要 $n > N$,就有 $|b_n - A| < \varepsilon$. 因此,由数列极限定义推出 $\lim\limits_{n\to\infty} b_n = A$.

例 2.2.1 求极限 $\lim\limits_{n\to\infty} (\sqrt{n+3} - \sqrt{n-1})$.

解 注意到对于所有的 $n \in \mathbb{Z}^+$,有

$$0 < \sqrt{n+3} - \sqrt{n-1} = \frac{4}{\sqrt{n+3} + \sqrt{n-1}} < \frac{4}{\sqrt{n}}.$$

由于 $\lim\limits_{n\to\infty}\dfrac{4}{\sqrt{n}}=0$，所以根据夹逼原理推出 $\lim\limits_{n\to\infty}(\sqrt{n+3}-\sqrt{n-1})$ $=0$.

例 2.2.2 设 $a_1,a_2,\cdots,a_m$ 为正数，求证：

$$\lim_{n\to\infty}(a_1^n+a_2^n+\cdots+a_m^n)^{\frac{1}{n}}=\max_{1\leqslant k\leqslant m}\{a_k\}. \qquad (2.2.5)$$

证明 不妨设 $a_1=\max\limits_{1\leqslant k\leqslant m}\{a_k\}$，这时有

$$a_1\leqslant(a_1^n+a_2^n+\cdots+a_m^n)^{\frac{1}{n}}=a_1\left[1+\left(\frac{a_2}{a_1}\right)^n+\cdots+\left(\frac{a_m}{a_1}\right)^n\right]^{\frac{1}{n}}$$

$$\leqslant a_1 m^{\frac{1}{n}},$$

这里 m 为正常数，例 2.1.2 已经指出 $\lim\limits_{n\to\infty}m^{\frac{1}{n}}=1$，于是

$$\lim_{n\to\infty}a_1\cdot m^{\frac{1}{n}}=a_1.$$

因此，由夹逼原理就得到

$$\lim_{n\to\infty}(a_1^n+a_2^n+\cdots+a_m^n)^{\frac{1}{n}}=a_1=\max_{1\leqslant k\leqslant m}\{a_k\}.$$

例 2.2.3 设 D 是由直线 $x=1$，$y=0$ 和曲线 $y=x^2$ 围成的区域(图 2.2)，求其面积 S.

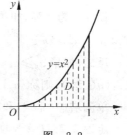

图 2.2

解 如图 2.2，将区间 $[0,1]$ 分成 n 个相等的小区间 $\left[\dfrac{0}{n},\dfrac{1}{n}\right]$，$\left[\dfrac{1}{n},\dfrac{2}{n}\right]$，$\cdots$，$\left[\dfrac{n-1}{n},\dfrac{n}{n}\right]$. 此时区域 D 就被分成了 n 个小区域 $D_1,D_2,\cdots,D_n$，其中 D_k 的面积 S_k 满足不等式

$$\frac{1}{n}\left(\frac{k-1}{n}\right)^2<S_k<\frac{1}{n}\left(\frac{k^2}{n}\right),\quad k=1,2,\cdots,n.$$

于是面积 $S=\sum\limits_{k=1}^n S_k$ 满足

$$\frac{1}{n}\left[\left(\frac{0}{n}\right)^2 + \left(\frac{1}{n}\right)^2 + \cdots + \left(\frac{n-1}{n}\right)^2\right]$$

$$< S < \frac{1}{n}\left[\left(\frac{1}{n}\right)^2 + \left(\frac{2}{n}\right)^2 + \cdots + \left(\frac{n}{n}\right)^2\right],$$

用 $a_n, b_n (n \in \mathbf{Z}^+)$ 表示上式两端的和式，则有

$$a_n = \frac{1}{n^3}[0^2 + 1^2 + \cdots + (n-1)^2] = \frac{1}{n^3} \frac{n(n-1)(2n-1)}{6}$$

$$= \frac{1}{6}\left(2 - \frac{3}{n} + \frac{1}{n^2}\right),$$

$$b_n = \frac{1}{n^3}[1^2 + 2^2 + \cdots + n^2] = \frac{1}{n^3} \frac{n(n+1)(2n+1)}{6}$$

$$= \frac{1}{6}\left(2 + \frac{3}{n} + \frac{1}{n^2}\right).$$

显然，当 $n \to \infty$ 时，$a_n \to \frac{1}{3}$，$b_n \to \frac{1}{3}$，于是由夹逼原理推出 $S = \frac{1}{3}$.

2.2.2 单调收敛定理

设 $\{a_n\}$ 为数列，如果 $a_n \leqslant a_{n+1}(n \in \mathbf{Z}^+)$，则称 $\{a_n\}$ **单调非减**；如果 $a_n < a_{n+1}(n \in \mathbf{Z}^+)$，则称 $\{a_n\}$ **单调增加**.

反之，如果 $a_n \geqslant a_{n+1}, n \in \mathbf{Z}^+$，则称 $\{a_n\}$ **单调非增**；如果 $a_n > a_{n+1}(n \in \mathbf{Z}^+)$，则称 $\{a_n\}$ **单调减少**.

单调增加(非减)和单调减少(非增)的数列统称为**单调数列**.

定理 2.2.2(单调收敛定理)　单调有界数列必收敛，具体地说，就是：

(1) 如果 $\{a_n\}$ 单调非减且有上界，则有

$$\lim_{n\to\infty} a_n = \sup_n \{a_n\};$$

(2) 如果 $\{a_n\}$ 单调非增且有下界，则有

$$\lim_{n\to\infty} a_n = \inf_n \{a_n\}.$$

证明　只证(1),将(2)的证明留给读者.

记

$$A = \sup_n \{a_n\}.$$

$\forall \varepsilon > 0$,由确界的定义可知,$A - \varepsilon$ 不是数列 $\{a_n\}$ 的上界,于是至少存在一项 a_N,使得 $a_N > A - \varepsilon$.

由于数列 $\{a_n\}$ 是单调非减的,所以当 $n > N$ 时,就有

$$| a_n - A | = A - a_n \leqslant A - a_N < \varepsilon.$$

从而 $\lim\limits_{n \to \infty} a_n = A$.

单调收敛定理是实数系的重要结论之一,这个定理的重要应用之一,就是证明极限 $\lim\limits_{n \to \infty} \left(1 + \dfrac{1}{n}\right)^n$ 的存在性.

例 2.2.4　求证 $\lim\limits_{n \to \infty} \left(1 + \dfrac{1}{n}\right)^n$ 存在.

证明　记 $a_n = \left(1 + \dfrac{1}{n}\right)^n (n \in \mathbb{Z}^+)$,首先证明该数列是单调增加的.

$\forall n \in \mathbb{Z}^+$,有

$$a_n = \left(1 + \frac{1}{n}\right)^n = 1 + \sum_{k=1}^{n} C_n^k \frac{1}{n^k}$$

$$= 1 + \sum_{k=1}^{n} \frac{n(n-1)\cdots(n-k+1)}{k!} \cdot \frac{1}{n^k}$$

$$= 1 + \sum_{k=1}^{n} \frac{1}{k!}\left(1 - \frac{1}{n}\right)\left(1 - \frac{2}{n}\right)\cdots\left(1 - \frac{k-1}{n}\right)$$

$$< 1 + \sum_{k=1}^{n} \frac{1}{k!}\left(1 - \frac{1}{n+1}\right)\left(1 - \frac{2}{n+1}\right)\cdots\left(1 - \frac{k-1}{n+1}\right)$$

$$< 1 + \sum_{k=1}^{n+1} \frac{1}{k!}\left(1 - \frac{1}{n+1}\right)\left(1 - \frac{2}{n+1}\right)\cdots\left(1 - \frac{k-1}{n+1}\right)$$

$$= \left(1 + \frac{1}{n+1}\right)^{n+1} = a_{n+1}.$$

其次再证明该数列是有界的.

$$a_n = 1 + \sum_{k=1}^{n} \frac{1}{k!}\left(1 - \frac{1}{n}\right)\left(1 - \frac{2}{n}\right)\cdots\left(1 - \frac{k-1}{n}\right)$$

$$< 1 + \sum_{k=1}^{n} \frac{1}{k!} < 1 + 1 + \sum_{k=2}^{n} \frac{1}{k(k-1)}$$

$$= 2 + \sum_{k=2}^{n} \left(\frac{1}{k-1} - \frac{1}{k}\right)$$

$$= 2 + \left(1 - \frac{1}{n}\right) < 3.$$

于是由定理 2.2.2 就推出 $\lim\limits_{n\to\infty}\left(1 + \frac{1}{n}\right)^n$ 存在.

若用 e 表示极限 $\lim\limits_{n\to\infty}\left(1 + \frac{1}{n}\right)^n$,则由例 2.2.4 中的分析可知 e 是一个介于 2 和 3 之间的实数. 可以证明这是一个无理数,它的近似值是 e≈2.718.

以 e 为底的对数 $\log_e x$ 称为自然对数,用 $\ln x$ 表示,无理数 e 在微积分的计算中有着重要作用.

例 2.2.5 求证 $\lim\limits_{n\to\infty}\sum\limits_{k=1}^{n} \frac{1}{k^2}$ 存在.

证明 记 $a_n = \sum\limits_{k=1}^{n} \frac{1}{k^2}$,则数列 $\{a_n\}$ 显然是单调增加的.

另一方面,又有

$$0 < \sum_{k=1}^{n} \frac{1}{k^2} = 1 + \sum_{k=2}^{n} \frac{1}{k^2} \leqslant 1 + \sum_{k=2}^{n} \left(\frac{1}{k-1} - \frac{1}{k}\right)$$

$$= 2 - \frac{1}{n} < 2.$$

所以 $\{a_n\}$ 又是有界的,于是由定理 2.2.2 推出结论成立.

很显然,如果数列 $\{a_n\}$ 单调增加(减少)但无上(下)界,则一定有 $a_n \to +\infty\,(a_n \to -\infty)$.

例 2.2.6 设 f 是一个函数,如果点 z 满足方程 $z = f(z)$,则称 z 是 f 的一个**不动点**. 设 $a > 0$,则方程 $x^2 - x - a = 0$ 的正根恰好是函数 $f(x) = \sqrt{a+x}$ 的一个不动点. 为了求得这个正根 z,任取 $x_0 \in [0, \sqrt{a}\,]$,构造如下数列.

令

$$x_1 = f(x_0) = \sqrt{a + x_0}\,,$$
$$x_2 = f(x_1) = \sqrt{a + x_1}\,,$$
$$\vdots$$
$$x_n = f(x_{n-1}) = \sqrt{a + x_{n-1}}\,,$$
$$\vdots$$

如果这个数列 $\{x_n\}$ 收敛于 z,则有

$$z = \lim_{n \to \infty} x_n = \lim_{n \to \infty} x_{n+1}$$
$$= \lim_{n \to \infty} \sqrt{a + x_n} = \sqrt{a + z}\,.$$

(最后一个等式用到了函数的连续性,在这里我们暂且默认这个结果)因此,$z^2 - z - a = 0$,即 z 就是方程 $x^2 - x - a = 0$ 的一个正根.

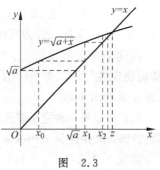

由图 2.3 看出,当 n 增大时,数列 $\{x_n\}$ 单调增加,并且收敛于 z. 下面就用单调收敛定理给出上述结论的一个严格证明.

首先用归纳法证明 $\{x_n\}$ 为单调增加数列.

由 $x_0 \in [0, \sqrt{a}\,]$,推出 $x_1 = \sqrt{a + x_0} \geqslant x_0$,于是

图 2.3

$$x_2 = \sqrt{a + x_1} \geqslant \sqrt{a + x_0} = x_1.$$

今设 $x_{n-1} < x_n$，则有

$$x_{n+1} = \sqrt{a + x_n} \geqslant \sqrt{a + x_{n-1}} = x_n.$$

这就证明了 $\{x_n\}$ 单调增加.

其次再证明 $\{x_n\}$ 有上界，首先

$$x_1 = \sqrt{a + x_0} \leqslant \sqrt{a + \sqrt{a}} \leqslant \sqrt{a} + 1.$$

今设 $x_n < a + 1$，则有

$$x_{n+1} = \sqrt{a + x_n} \leqslant \sqrt{a + \sqrt{a} + 1} \leqslant \sqrt{a} + 1.$$

于是 $\{x_n\}$ 有上界，从而由定理 2.2.2 推出 $\lim\limits_{n \to \infty} x_n$ 存在.

2.2.3 柯西收敛准则

上面的夹逼原理和单调收敛定理都是数列收敛的充分条件. 法国数学家柯西对于数列的收敛建立了一个充分必要条件，这就是下面将要介绍的柯西收敛准则.

定义 2.2.1（柯西数列） 设 $\{x_n\}$ 是一个数列. 如果 $\forall \varepsilon > 0$，$\exists N \in \mathbb{Z}^+$，对于所有满足 $n > N, m > N$ 的正整数 n, m，都有 $|x_m - x_n| < \varepsilon$，则称 $\{x_n\}$ 为柯西数列.

由这个定义可以看出：柯西数列的特点是该数列具有一种"渐近稳定性"，即随着下标的无限增大，数列中各项之间的距离无限减少而趋向于零.

我们可以换一种完全等价的方式表述柯西数列. 在上述定义中，不妨设 $m > n$，并且令 $m = n + p$. 则可以将柯西数列的定义修改如下.

定义 2.2.2（柯西数列） 设 $\{x_n\}$ 是一个数列. 如果 $\forall \varepsilon > 0$，$\exists N \in \mathbb{Z}^+$，只要 n 满足 $n > N$，则对于任意正整数 p，都有 $|x_{n+p} - x_n| < \varepsilon$. 这样的数列 $\{x_n\}$ 称为柯西数列.

可以证明：数列的这种"渐近稳定性"与收敛性是等价的. 这就是著名的柯西收敛准则.

定理 2.2.3(柯西收敛准则) 数列 $\{x_n\}$ 收敛的充分必要条件是 $\{x_n\}$ 为柯西数列.

证明 这里只能证明定理的必要性部分,充分性部分的证明将在下一章给出.

假设数列 $\{x_n\}$ 收敛,令 $A = \lim\limits_{n \to \infty} x_n$,则 $\forall \varepsilon > 0$,$\exists N \in \mathbb{Z}^+$,只要正整数 k 满足 $k > N$,就有 $|x_k - A| < \dfrac{\varepsilon}{2}$. 于是只要 $n > N$,$m > N$,就有

$$|x_m - A| < \frac{\varepsilon}{2}, \quad |x_n - A| < \frac{\varepsilon}{2}.$$

进而得到:只要 $n > N$,$m > N$,就有

$$|x_m - x_n| \leqslant |x_m - A| + |x_n - A| < \frac{\varepsilon}{2} + \frac{\varepsilon}{2} = \varepsilon.$$

于是 $\{x_n\}$ 为柯西数列.

由于柯西收敛准则不仅是数列收敛的必要或者充分条件,而是充分必要条件,所以在理论上有非常重要的意义,在极限论、级数理论以及近代分析数学理论中有重要价值.

例 2.2.7 用柯西收敛准则证明数列 $a_n = \sum\limits_{k=1}^{n} \dfrac{\sin k}{k^2} (n \in \mathbb{Z}^+)$ 收敛.

证明 只需证明 $\{a_n\}$ 为柯西数列. 对于任意自然数 n, p,有

$$|a_{n+p} - a_n| = \left| \sum_{k=n+1}^{n+p} \frac{\sin k}{k^2} \right| \leqslant \sum_{k=n+1}^{n+p} \frac{1}{k^2},$$

其中

$$\sum_{k=n+1}^{n+p} \frac{1}{k^2} = \frac{1}{(n+1)^2} + \frac{1}{(n+2)^2} + \cdots + \frac{1}{(n+p)^2}$$

$$< \frac{1}{n(n+1)} + \frac{1}{(n+1)(n+2)} + \cdots + \frac{1}{(n+p-1)(n+p)}$$

$$< \frac{1}{n} - \frac{1}{n+1} + \frac{1}{n+1} - \frac{1}{n+2} \cdots + \frac{1}{n+p-1} - \frac{1}{n+p}$$

$$= \frac{1}{n} - \frac{1}{n+p} < \frac{1}{n}.$$

$\forall \varepsilon > 0$,取一个满足不等式 $\frac{1}{N} < \varepsilon$ 的自然数 N. 只要自然数 n 满足 $n > N$,就有

$$| a_{n+p} - a_n | \leqslant \sum_{k=n+1}^{n+p} \frac{1}{k^2} < \frac{1}{n} < \frac{1}{N} < \varepsilon.$$

于是 $\{a_n\}$ 是柯西数列,因而收敛.

2.2.4 数列极限的四则运算

四则运算是求极限的重要方法. 借助于四则运算,可以由一些简单的数列极限计算许多比较复杂的数列极限.

定理 2.2.4(数列极限的四则运算) 设 $\lim\limits_{n \to \infty} a_n = A$,$\lim\limits_{n \to \infty} b_n = B$,则有:

(1) $\lim\limits_{n \to \infty} (ca_n) = cA$,其中 c 为任意常数;

(2) $\lim\limits_{n \to \infty} (a_n + b_n) = A + B$;

(3) $\lim\limits_{n \to \infty} (a_n b_n) = A \cdot B$;

(4) $\lim\limits_{n \to \infty} \dfrac{a_n}{b_n} = \dfrac{A}{B}$ ($B \neq 0$).

证明 只证(3)和(4).

(3) 由于收敛数列必有界,故存在正数 M,使得

$$| a_n | \leqslant M, \quad n \in \mathbb{Z}^+. \tag{2.2.6}$$

因为 $A = \lim\limits_{n \to \infty} a_n$,$B = \lim\limits_{n \to \infty} b_n$,根据极限定义可知,$\forall \varepsilon > 0$,$\exists N \in \mathbb{Z}^+$,使得对所有的 $n > N$,都有

$$| a_n - A | < \frac{\varepsilon}{2(1 + | B |)},$$

$$| b_n - B | < \frac{\varepsilon}{2M},$$

于是由上面两式推出,当 $n > N$ 时,有

$$\begin{aligned}
| a_n b_n - AB | &= | (a_n b_n - a_n B) + (a_n B - AB) | \\
&\leqslant | a_n b_n - a_n B | + | a_n B - AB | \\
&= | a_n | | b_n - B | + | a_n - A | | B | \\
&< M \cdot \frac{\varepsilon}{2M} + \frac{\varepsilon}{2(1 + | B |)} \cdot | B | < \frac{\varepsilon}{2} + \frac{\varepsilon}{2} = \varepsilon.
\end{aligned}$$

由极限定义立即得到

$$\lim_{n \to \infty} a_n b_n = AB.$$

（4）首先证明

$$\lim_{n \to \infty} \frac{1}{b_n} = \frac{1}{B} \quad (B \neq 0).$$

因为 $\lim_{n \to \infty} b_n = B$,由极限定义可知,对于正数 $\frac{|B|}{2} > 0$,存在正整数 N_1,使得只要 $n > N_1$,就有 $| b_n | > \frac{1}{2} | B |$,此时有

$$\left| \frac{1}{b_n} - \frac{1}{B} \right| = \left| \frac{b_n - B}{b_n B} \right| \leqslant \frac{2}{| B |^2} | b_n - B |.$$

由于 $b_n \to B (n \to \infty)$,所以 $\forall \varepsilon > 0$,存在自然数 N_2,只要 $n > N_2$,就有

$$| b_n - B | < \frac{| B^2 |}{2} \varepsilon.$$

取 $N = \max\{N_1, N_2\}$,则当 $n > N$ 时,以上两式同时成立,于是得到

$$\left| \frac{1}{b_n} - \frac{1}{B} \right| \leqslant \frac{2}{| B |^2} | b_n - B | < \frac{2}{| B |^2} \cdot \frac{| B |^2}{2} \varepsilon = \varepsilon,$$

因此

$$\frac{1}{b_n} \to \frac{1}{B}, \quad n \to \infty.$$

对于数列 $\{a_n\}$ 和 $\left\{\dfrac{1}{b_n}\right\}$ 应用乘法法则,就得到

$$\lim_{n\to\infty}\frac{a_n}{b_n}=\lim_{n\to\infty}a_n\frac{1}{b_n}=\frac{A}{B}.$$

例 2.2.8 求 $\lim\limits_{n\to\infty}\dfrac{n^2-n+1}{2n^2+3n-2}.$

解 注意到

$$\frac{n^2-n+1}{2n^2+3n-2}=\frac{1-\dfrac{1}{n}+\dfrac{1}{n^2}}{2+\dfrac{3}{n}-\dfrac{2}{n^2}},$$

以及 $\lim\limits_{n\to\infty}\dfrac{1}{n}=\lim\limits_{n\to\infty}\dfrac{1}{n^2}=0$,由定理 2.2.4 得

$$\lim_{n\to\infty}\frac{n^2-n+1}{2n^2+3n-2}=\lim_{n\to\infty}\frac{1-\dfrac{1}{n}+\dfrac{1}{n^2}}{2+\dfrac{3}{n}-\dfrac{2}{n^2}}$$

$$=\frac{1-\lim\limits_{n\to\infty}\dfrac{1}{n}+\lim\limits_{n\to\infty}\dfrac{1}{n^2}}{2+\lim\limits_{n\to\infty}\dfrac{3}{n}-\lim\limits_{n\to\infty}\dfrac{2}{n^2}}$$

$$=\frac{1-0+0}{2+0-0}=\frac{1}{2}.$$

例 2.2.9 设 $0<|a|<1,0<|b|<1$,求

$$\lim_{n\to\infty}\frac{1+a+a^2+\cdots+a^n}{1+b+b^2+\cdots+b^n}.$$

解 注意到

$$1+a+a^2+\cdots+a^n=\frac{1-a^{n+1}}{1-a},$$

$$1+b+b^2+\cdots+b^n=\frac{1-b^{n+1}}{1-b}.$$

所以

$$\lim_{n\to\infty}\frac{1+a+a^2+\cdots+a^n}{1+b+b^2+\cdots+b^n}=\lim_{n\to\infty}\frac{1-b}{1-a}\cdot\frac{1-a^{n+1}}{1-b^{n+1}}$$

$$=\frac{1-b}{1-a}\lim_{n\to\infty}\frac{1-a^{n+1}}{1-b^{n+1}}$$

$$=\frac{1-b}{1-a}\cdot\frac{1-\lim_{n\to\infty}a^{n+1}}{1-\lim_{n\to\infty}b^{n+1}}=\frac{1-b}{1-a}.$$

习　题　2.2

复习题

1. 如果单调增加的数列 $\{a_n\}$ 没有上界,那么这个数列是不是无穷大,能否给出一个证明?

2. 如果数列 $\{a_n\}$ 是正无穷大,那么 $\{a_n\}$ 一定会单调增加吗?

3. 什么是柯西数列?柯西数列的两种表述方法为什么是等价的?

4. 什么是柯西收敛准则?

5. 下列命题是否正确?

(1) 若数列 $\{a_n+b_n\}$ 收敛,则数列 $\{a_n\}$ 和 $\{b_n\}$ 都收敛;

(2) 若数列 $\{2a_n-b_n\}$ 和 $\{3b_n-4a_n\}$ 收敛,则数列 $\{a_n\}$ 和 $\{b_n\}$ 都收敛;

(3) 若数列 $\{a_n\}$ 和 $\{a_nb_n\}$ 收敛,则数列 $\{b_n\}$ 收敛.

6. 如果 $\lim_{n\to\infty}a_n=A\neq0$,问 $\lim_{n\to\infty}\dfrac{a_{n+1}}{a_n}$ 如何?请说明理由.

习题

1. 用夹逼原理求下列极限:

(1) $\lim_{n\to\infty}\left(2+\dfrac{1}{n}\right)^{\frac{1}{n}}$;   (2) $\lim_{n\to\infty}n^{\frac{1}{n}}$;

(3) $\lim_{n\to\infty}\left(\dfrac{1}{n^2+1}+\dfrac{2}{n^2+2}+\cdots+\dfrac{n}{n^2+n}\right)$;

(4) $\lim\limits_{n\to\infty}\left(\dfrac{1}{\sqrt{n^2+1}}+\dfrac{1}{\sqrt{n^2+2}}+\cdots+\dfrac{1}{\sqrt{n^2+n}}\right)$.

2. 用单调收敛定理求下列极限：

(1) 设 $x\neq 0$，令 $a_1=\sin x$，$a_n=\sin x_{n-1}(n=2,3,\cdots)$，求 $\lim\limits_{n\to\infty}a_n$.

(2) 设 $a>0$，$k>0$，$a_1=\dfrac{1}{2}\left(a+\dfrac{k}{a}\right)$，$a_n=\dfrac{1}{2}\left(a_{n-1}+\dfrac{k}{a_{n-1}}\right)(n=2,$

$3,\cdots)$，求证：$\lim\limits_{n\to\infty}a_n=\sqrt{k}$.

(3) 设 $x_1=a>0$，$y_1=b>0$，$x_{n+1}=\sqrt{x_ny_n}$，$y_{n+1}=\dfrac{1}{2}(x_n+y_n)(n=2,$

$3,\cdots)$. 求证：$\{x_n\}$ 和 $\{y_n\}$ 收敛于同一个实数.

3. 设数列 $\{a_n\}$ 具有这样的性质：$\forall p\in\mathbf{Z}^+$，有 $\lim\limits_{n\to\infty}|a_{n+p}-a_n|=0$. 问 $\{a_n\}$ 是不是柯西数列？研究下列数列是否满足上述条件？是否收敛？

(1) $a_n=\sqrt{n}$ $(n\in\mathbf{Z}^+)$；　　　　　　(2) $a_n=\sum\limits_{k=1}^{n}\dfrac{1}{k}$ $(n\in\mathbf{Z}^+)$.

4. 用柯西收敛准则证明下列级数收敛：

(1) $a_n=\sum\limits_{k=1}^{n}\dfrac{\sin k}{2^k}$ $(n\in\mathbf{Z}^+)$；　　　(2) $a_n=\sum\limits_{k=1}^{n}\dfrac{1}{k(k+1)}$.

5. 利用四则运算求下列极限：

(1) $\lim\limits_{n\to\infty}\left(\dfrac{1+2+\cdots+n}{n+2}-\dfrac{n}{2}\right)$；　　(2) $\lim\limits_{n\to\infty}(\sqrt{n^2+n}-n)$；

(3) $\lim\limits_{n\to\infty}(\sqrt[n]{1}+\sqrt[n]{2}+\cdots+\sqrt[n]{100})$.

6. 设 $a_n\neq 0(n\in\mathbf{Z}^+)$，$\lim\limits_{n\to\infty}\left|\dfrac{a_{n+1}}{a_n}\right|=q<1$，求证：$\lim\limits_{n\to\infty}a_n=0$.

7. 利用上题结论证明下列结论：

(1) $\lim\limits_{n\to\infty}\dfrac{a^n}{n!}=0$ $(a>0)$；　　　　(2) $\lim\limits_{n\to\infty}\dfrac{n^2}{a^n}=0$ $(a>1)$；

(3) $\lim\limits_{n\to\infty}\dfrac{n^n}{(n!)^2}=0$ $(a>0)$.

8. 求极限：

(1) $\lim\limits_{n\to\infty}\sin^2(\pi\sqrt{n^2+1})$；　　　　(2) $\lim\limits_{n\to\infty}\sin^2(\pi\sqrt{n^2+n})$.

2.3 函数极限的概念和性质

上一节讨论的数列是定义在正整数集上的函数. 数列 $\{a_n\}$ 的极限反映了当自变量 n 无限增大时,一般项 a_n 的变化趋势. 对于数列,它的自变量只有一种变化趋势,即 $n \to \infty$.

对于函数,问题就不同了,函数的自变量 x 是实数,它的变化趋势可以是多种形式的. x 既可以无限趋向于某个定点 x_0,又可以无限增大趋向于正无穷; x 既可以从 x_0 的两侧任意趋向于 x_0,又可以只限于从 x_0 的某一侧趋向于 x_0. 这种变化趋势的多样性决定了函数极限也有多种形式. 但是不同的极限形式仅仅是在描述方式上有所区别,它们的实质却是相同的,因而各种形式的极限具有完全相同的性质.

以下分别讨论函数极限的各种形式,叙述中将采用第 1 章预备知识中介绍的记号与术语.

2.3.1 函数在一点的极限

记号 $x \to x_0$ 的含义是 $x \neq x_0$ 且 $|x - x_0| \to 0$,表示动点 x 无限逼近定点 x_0,但永远不等于 x_0 的过程.

当 $x \to x_0$ 时,对于不同的函数 f,函数值 $f(x)$ 的变化性态可能会出现不同的情形. 例如当 $x \to 0$ 时,e^x 趋向于 1,$x\sin\dfrac{1}{x}$ 趋向于 0,而 $\dfrac{1}{x}$ 趋向于 ∞.

我们先考虑前两种情形,即当 $x \to x_0$ 时,$f(x)$ 趋向于某个实数的情形. 函数极限的概念就是函数的这种性态的定量描述. 当存

在一个数 $c>0$，使得 $f(x)$ 在 $(x_0-c,x_0)\bigcup(x_0,x_0+c)$ 上有定义时，则称函数 f 在 x_0 附近有定义.

定义 2.3.1 设函数 f 在 x_0 的附近有定义，A 为实数，如果 $\forall \varepsilon>0,\exists \delta>0$，使得所有的 $x\in N^*(x_0,\delta)$ 都满足

$$|f(x)-A|<\varepsilon,$$

则称当 $x\to x_0$ 时，函数 f 有极限 A，或称当 $x\to x_0$ 时，$f(x)$ 趋向于 A，记作 $\lim\limits_{x\to x_0}f(x)=A$，或者 $f(x)\to A(x\to x_0)$.

例 2.3.1 求证：$\lim\limits_{x\to x_0}\cos x=\cos x_0$.

证明 注意到

$$|\cos x-\cos x_0|=\left|2\sin\frac{x+x_0}{2}\cdot\sin\frac{x-x_0}{2}\right|$$

$$\leqslant 2\left|\sin\frac{x-x_0}{2}\right|<|x-x_0|.$$

于是，$\forall \varepsilon>0$，可取 $\delta=\varepsilon$，只要 $x\in N^*(x_0,\delta)$，即当 $0<|x-x_0|<\delta$ 时，就有

$$|\cos x-\cos x_0|<|x-x_0|<\delta=\varepsilon,$$

于是由极限定义知，$\lim\limits_{x\to x_0}\cos x=\cos x_0$.

例 2.3.2 求证：$\lim\limits_{x\to 0}x\sin\frac{1}{x}=0$.

证明 $\forall x\neq 0$，有

$$\left|x\sin\frac{1}{x}-0\right|=\left|x\sin\frac{1}{x}\right|\leqslant|x|,$$

于是 $\forall \varepsilon>0$，只需取 $\delta=\varepsilon$，当 $0<|x-0|<\delta$ 时，就有

$$\left|x\sin\frac{1}{x}-0\right|\leqslant|x|<\delta=\varepsilon,$$

所以

$$\lim\limits_{x\to 0}x\sin\frac{1}{x}=0.$$

在例 2.3.2 中,函数 $x\sin\dfrac{1}{x}$ 在点 $x_0=0$ 没有定义,但这并不影响对于极限 $\lim\limits_{x\to 0}x\sin\dfrac{1}{x}$ 的讨论. 因为在极限定义 2.3.1 中,函数极限 $\lim\limits_{x\to x_0}f(x)$ 是否存在与 f 在 x_0 有无定义及 f 在 x_0 取什么值没有关系.

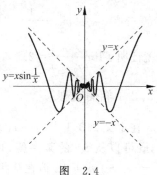

图 2.4

图 2.4 描述了函数 $x\sin\dfrac{1}{x}$ 当 $x\to 0$ 时的变化趋势.

例 2.3.3 求极限

$$\lim_{x\to 1}\frac{x^2-1}{x^2-x}.$$

解 注意到当 $x\neq 1$ 时,有

$$\frac{x^2-1}{x^2-x}=1+\frac{1}{x}.$$

由此容易看出,当 $x\to 1$ 时,函数值趋向于 2.下面用函数极限的定义给出严格的证明.

$$\left|\frac{x^2-1}{x^2-x}-2\right|=\left|1+\frac{1}{x}-2\right|=\left|\frac{1-x}{x}\right|.$$

由于是讨论 $x\to 1$ 的情形,可以不妨假定 x 满足 $|x-1|<\dfrac{1}{2}$,从而 $x>\dfrac{1}{2}$,此时有

$$\left|\frac{x^2-1}{x^2-x}-2\right|=\left|\frac{1-x}{x}\right|<2\,|\,x-1\,|,$$

于是 $\forall\varepsilon>0$,可取 $\delta=\min\left\{\dfrac{\varepsilon}{2},\dfrac{1}{2}\right\}$,只要 $x\in N^*(1,\delta)$,即满足 $0<|x-1|<\delta$ 时,就有

$$\left| \frac{x^2-1}{x^2-x} - 2 \right| < 2 \mid x-1 \mid < \varepsilon.$$

这就证明了 $\lim\limits_{x\to 1}\dfrac{x^2-1}{x^2-x}=2$.

2.3.2 单侧极限

在定义 2.3.1 中, $x\to x_0$ 表示动点 x 可以以任意方式趋向于 x_0, 既可以从 x_0 的某一侧, 也可以从其他方式趋向于 x_0, 只要 $\mid x-x_0 \mid \to 0$ 就可以. 但在某些情况下, 函数 f 可能只在 x_0 的左侧的某个区间 (a, x_0) (或右侧的某个区间 (x_0, b)) 上有定义, 这时动点 x 就只能从 x_0 的左(右)侧趋向于 x_0.

另有一些情形, 函数 f 虽然在 x_0 的两侧都有定义, 但是当 x 分别从 x_0 的两侧趋向于 x_0 时, $f(x)$ 的变化趋势不同, 这时也需要分别考察 x 从 x_0 的两侧趋向于 x_0 时 $f(x)$ 的性态. 这就产生了单侧极限的概念.

今后, 我们用 $x\to x_0^-$ 和 $x\to x_0^+$ (或者 $x\to x_0-0$ 和 $x\to x_0+0$) 表示动点 x 从 x_0 的左侧和右侧趋向于 x_0 的过程.

定义 2.3.2 设函数 f 在 x_0 的左(右)侧区间 (a, x_0) ((x_0, b)) 上有定义, A 为一实数. 如果 $\forall \varepsilon > 0, \exists \delta > 0$, 对于所有的 $x \in (x_0-\delta, x_0)$ ($x \in (x_0, x_0+\delta)$), 都有

$$\mid f(x)-A \mid < \varepsilon,$$

则称 f 在 x_0 有左(右)极限, 记作 $\lim\limits_{x\to x_0^-} f(x)=A$ ($\lim\limits_{x\to x_0^+} f(x)=A$), 或者 $f(x)\to A(x\to x_0^-)$ ($f(x)\to A(x\to x_0^+)$).

例如, 对于符号函数

$$\operatorname{sgn}(x)=\begin{cases} 1, & x>0, \\ 0, & x=0, \\ -1, & x<0. \end{cases}$$

显然有, $\lim\limits_{x\to 0^+}\operatorname{sgn}(x)=1$, $\lim\limits_{x\to 0^-}\operatorname{sgn}(x)=-1$.

又如取整函数
$$f(x) = [x],$$
其中$[x]$表示不超过x的最大整数. 对于每个整数k, 有
$$\lim_{x \to k^-} f(x) = k-1, \quad \lim_{x \to k^+} f(x) = k.$$

定理 2.3.1 设f在x_0的附近有定义, 则$\lim_{x \to x_0} f(x)$存在的充分必要条件是两个单侧极限$\lim_{x \to x_0^-} f(x)$和$\lim_{x \to x_0^+} f(x)$都存在且相等.

证明 必要性是显然的, 只证充分性.

充分性. 设$\lim_{x \to x_0^-} f(x) = \lim_{x \to x_0^+} f(x) = A$. 根据单侧极限的定义, $\forall \varepsilon > 0$, 分别存在$\delta_1 > 0$和$\delta_2 > 0$, 使得
$$|f(x) - A| < \varepsilon, \quad x \in (x_0 - \delta_1, x_0),$$
$$|f(x) - A| < \varepsilon, \quad x \in (x_0, x_0 + \delta_2).$$

令$\delta = \min\{\delta_1, \delta_2\}$, 则由以上两式可以推出, 只要$x \in N^*(x_0, \delta)$, 就有$|f(x) - A| < \varepsilon$, 于是根据极限定义立即推出$\lim_{x \to x_0} f(x) = A$.

根据上述定理可知, 对于符号函数来说, 由于它在$x_0 = 0$的左右极限不相等, 故$\lim_{x \to 0} \text{sgn}(x)$不存在. 同样, 取整函数在任意整数点$k$的极限也不存在.

2.3.3 函数在无穷远处的极限

假设在时刻$t = 0$时, 将一个温度为100℃的物体放入温度为20℃的水中, 下面的表格是在$2 \sim 10$min时物体温度$u(t)$的测量值:

2	3	4	5	6	7	8	9	10
33.25	25	21.83	20.67	20.25	20.09	20.034	20.012	20.005

可以看出, 当时间逐渐增加时, 物体温度$u(t)$越来越接近于水的温度20℃.

经常会发生这样的现象,当自变量无限增加时,相应的函数值会无限地逼近某个确定的数. 由此可以引入函数在无穷远处的极限概念.

以下分别用记号 $x \to +\infty$, $x \to -\infty$ 和 $x \to \infty$ 表示 x, $-x$ 和 $|x|$ 无限增大的过程. 分别称为 x 趋向于正无穷, x 趋向于负无穷和 x 趋向于无穷.

定义 2.3.3 设 f 在 $(a, +\infty)$ 上有定义, A 是一个实数. 如果 $\forall \varepsilon > 0$, $\exists N > 0$, 对于所有的 $x \in (N, +\infty)$ 都有

$$|f(x) - A| < \varepsilon,$$

则称当 x 趋向于 $+\infty$ 时函数 f 有极限 A, 记作 $\lim\limits_{x \to +\infty} f(x) = A$, 或者 $f(x) \to A (x \to +\infty)$.

例 2.3.4 求证: $\lim\limits_{x \to +\infty} \dfrac{x^2 - 1}{x^2 + 1} = 1$.

证明 注意到当 $x > 0$ 时, 有

$$\left| \frac{x^2 - 1}{x^2 + 1} - 1 \right| = \frac{2}{x^2 + 1} < \frac{2}{x^2},$$

$\forall \varepsilon > 0$, 为了使 $\left| \dfrac{x^2 - 1}{x^2 + 1} - 1 \right| < \varepsilon$, 只需使 $\dfrac{2}{x^2} < \varepsilon$, 即 $x > \sqrt{\dfrac{2}{\varepsilon}}$. 因此, 如果取 $N = \sqrt{\dfrac{2}{\varepsilon}}$, 则对所有 $x \in (N, +\infty)$ 都有

$$\left| \frac{x^2 - 1}{x^2 + 1} - 1 \right| < \frac{2}{x^2} < \varepsilon.$$

于是由定义 2.3.3 立即推出结论.

读者可以用类似的方式写出 $\lim\limits_{x \to -\infty} f(x) = A$ 和 $\lim\limits_{x \to \infty} f(x) = A$ 的定义.

类似于定理 2.3.1, 我们有如下结论.

定理 2.3.2 $\lim\limits_{x \to \infty} f(x)$ 存在的充分必要条件是 $\lim\limits_{x \to +\infty} f(x)$ 和 $\lim\limits_{x \to -\infty} f(x)$ 都存在且相等.

对于函数 $\arctan x$，由该函数的图形（图 2.5）可以看出

$$\lim_{x \to -\infty} \arctan x = -\frac{\pi}{2}, \quad \lim_{x \to +\infty} \arctan x = \frac{\pi}{2},$$

因此 $\lim\limits_{x \to \infty} \arctan x$ 不存在.

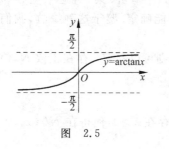

图 2.5

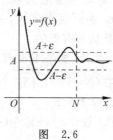

图 2.6

图 2.6 是 $\lim\limits_{x \to +\infty} f(x) = A$ 的几何意义. 对任意正数 ε，以直线 $y = A$ 为中线，作一个宽为 2ε 的水平带形，则存在正数 N，使得在 $(N, +\infty)$ 上，由函数 $y = f(x)$ 确定的曲线完全落在这个水平带形区域之内.

2.3.4 函数极限的性质

函数极限与数列极限有类似的性质，且证明方法也是类似的. 因此，对下面列出的关于函数极限的若干性质，不再一一给出证明.

另外，函数极限有六种形式，即 $x \to x_0$，$x_0 \to x_0^-$，$x \to x_0^+$，$x \to +\infty$，$x \to -\infty$，$x \to \infty$，以下在叙述极限性质时，仅针对于 $x \to x_0$ 的情形. 对于其他情形，读者可以自己写出相应结论.

定理 2.3.3 函数极限如果存在，则一定是惟一的.

定理 2.3.4 若 $\lim\limits_{x \to x_0} f(x)$ 存在，则 $f(x)$ 在 x_0 附近有界，即存在 $\delta > 0$ 和 $M > 0$，使得 $|f(x)| \leqslant M (\forall x \in N^*(x_0, \delta))$.

定理 2.3.4 指出：由 $\lim\limits_{x \to x_0} f(x)$ 存在可以推出 $f(x)$ 在某个 $N^*(x_0, \delta)$ 上有界. 这里有两个问题需要注意：首先，$\lim\limits_{x \to x_0} f(x)$ 存在不能推出 $f(x)$ 在它的整个定义域上是有界函数，只能推出 $f(x)$ 在 x_0 的某个空心邻域 $N^*(x_0, \delta)$ 中有界. 第二，这个空心邻域 $N^*(x_0, \delta)$ 到底有多大，一般也不能确定. 鉴于这种缘故，我们称 $f(x)$ 是局部有界的.

类似地，如果 $\lim\limits_{x \to +\infty} f(x)$ 存在，则可以断定：存在正数 N，使得 $f(x)$ 在 $(N, +\infty)$ 有界.

定理 2.3.5

(1) 设 $\lim\limits_{x \to x_0} f(x) > 0 (<0)$，则存在 $\delta > 0$，使得在 $N^*(x_0, \delta)$ 上 $f(x) > 0 (<0)$；

(2) 设 $f(x)$ 在 x_0 附近非负（正）且 $\lim\limits_{x \to x_0} f(x)$ 存在，则 $\lim\limits_{x \to x_0} f(x) \geqslant 0 (\leqslant 0)$.

这个定理称为函数极限的保号性.

设函数 f 在点 x_0 的附近有定义，$\{x_n\}$ 是一个收敛于 x_0，但其中每一项都不等于 x_0 的点列，则当 n 充分大时，$f(x_n)$ 有意义. 下面的定理给出了 $\lim\limits_{x \to x_0} f(x)$ 与 $\lim\limits_{n \to +\infty} f(x_n)$ 的关系.

定理 2.3.6 $\lim\limits_{x \to x_0} f(x) = A$ 存在的充分必要条件是对每个收敛于点 x_0 的点列 $\{x_n\}$（其中 $x_n \neq x_0, n \in \mathbb{Z}^+$），都有

$$\lim_{n \to +\infty} f(x_n) = A.$$

证明 由于篇幅的原因，略去充分性证明，只证必要性.

假设 $\lim\limits_{x \to x_0} f(x) = A$，$\lim\limits_{n \to \infty} x_n = x_0 (x_n \neq x_0)$，下面证明 $\lim\limits_{n \to \infty} f(x_n) = A$.

对于任意正数 ε，由于 $\lim\limits_{x \to x_0} f(x) = A$，所以存在正数 δ，使得当 $0 < |x - x_0| < \delta$ 时，恒有

$$|f(x) - A| < \varepsilon. \tag{2.3.1}$$

另一方面，由于 $\lim\limits_{n \to \infty} x_n = x_0 (x_n \neq x_0)$，所以对于上述正数 δ，存

在自然数 N,使得只要 n 满足不等式 $n>N$,就有 $0<|x_n-x_0|<\delta$. 于是由(2.3.1)式推出:只要 $n>N$,就有 $|f(x_n)-A|<\varepsilon$. 因此,有数列极限定义得到 $\lim\limits_{n\to\infty} f(x_n)=A$.

例 2.3.5 证明 $\lim\limits_{x\to0}\sin\dfrac{1}{x}$ 不存在.

证明 取两个收敛于 0 的点列:

$$x_n=\frac{1}{n\pi},\quad z_n=\frac{1}{2n\pi+\dfrac{\pi}{2}},\quad n\in\mathbb{Z}^+.$$

容易验证:

$$\lim_{n\to+\infty}\sin\frac{1}{x_n}=\lim_{n\to+\infty}\sin(n\pi)=0,$$

$$\lim_{n\to+\infty}\sin\frac{1}{z_n}=\lim_{n\to+\infty}\sin\left(2n\pi+\frac{\pi}{2}\right)=1,$$

于是由定理 2.3.6 的必要性部分立即推出结论.

由图 2.7 可以看出,当 $x\to0$ 时,曲线 $y=\sin\dfrac{1}{x}$ 总是在 -1 与 1 之间振动,没有极限.

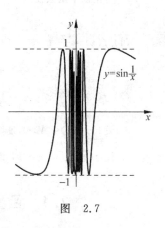

$y=\sin\dfrac{1}{x}$

图 2.7

习 题 2.3

复习题

1. 叙述" $\lim\limits_{x\to x_0} f(x)=A$ "的定义.

2. 用 ε-N 语言给出" $\lim\limits_{x\to\infty} f(x)=A$ "的定量描述.

3. 给出"当 $x\to-\infty$ 时, $f(x)\to\infty$"的定量描述.

习题

1. 用定义证明以下各式：

(1) $\lim\limits_{x \to x_0} \sin x = \sin x_0$；　(2) $\lim\limits_{h \to 0} \dfrac{(x+h)^2 - x^2}{h} = 2x$；

(3) $\lim\limits_{x \to 2} \sqrt{x^2 + 5} = 3$；　(4) $\lim\limits_{x \to 3} \dfrac{x - 3}{x^2 - 9} = \dfrac{1}{6}$；

(5) $\lim\limits_{x \to 1^+} \dfrac{x - 1}{\sqrt{x^2 - 1}} = 0$；　(6) $\lim\limits_{x \to -\infty} (x + \sqrt{x^2 - a}) = 0$.

2. 讨论以下函数在点 $x = 0$ 的极限是否存在：

(1) $f(x) = \dfrac{|x|}{x}$；　(2) $f(x) = \begin{cases} \sin \dfrac{1}{x}, & x > 0, \\[2mm] x \sin \dfrac{1}{x}, & x < 0; \end{cases}$

(3) $f(x) = \dfrac{[x]}{x}$；　(4) $f(x) = \begin{cases} 2x, & x > 0, \\[2mm] a\cos x + b\sin x, & x < 0. \end{cases}$

3. 设 $\lim\limits_{x \to x_0} f(x) = A > 0$，证明 $\lim\limits_{x \to x_0} \sqrt{f(x)} = \sqrt{A}$.

4. 设 $f(x)$ 在 $[0, +\infty)$ 上为周期函数，若 $\lim\limits_{x \to +\infty} f(x) = 0$，证明 $f(x) \equiv 0$.

2.4　函数极限的运算法则

虽然用 ε-δ 方法给出了函数极限概念的严格表述，但是从这个定义不能直接判定函数极限是否存在，也不能用于求函数极限。这一节的定理可以帮助我们判定函数极限的存在性、给出求极限的重要方法．

2.4.1　夹逼原理

定理 2.4.1　假定函数 $f(x), g(x)$ 和 $h(x)$ 在 x_0 的某个空心邻域 $N^*(x_0, \delta_0)$ 中，满足 $f(x) \leqslant h(x) \leqslant g(x)$，并且

$$\lim_{x \to x_0} f(x) = \lim_{x \to x_0} g(x) = A, \qquad (2.4.1)$$

则 $\lim\limits_{x \to x_0} h(x) = A.$

证明 对于任意正数 ε, 由 $\lim\limits_{x \to x_0} f(x) = A$ 推出: 存在正数 δ_1 (不妨设 $\delta_1 < \delta_0$), 使得当 $0 < |x - x_0| < \delta_1$ 时, 恒有

$$| f(x) - A | < \varepsilon. \qquad (2.4.2)$$

再由 $\lim\limits_{x \to x_0} g(x) = A$ 推出: 存在正数 δ_2(不妨设 $\delta_2 < \delta_0$), 使得当 $0 < |x - x_0| < \delta_2$ 时, 恒有

$$| g(x) - A | < \varepsilon. \qquad (2.4.3)$$

令 $\delta = \min\{\delta_1, \delta_2\}$. 则当 $0 < |x - x_0| < \delta$ 时, 式(2.4.2)和式(2.4.3)同时成立. 因此, 根据条件 $f(x) \leqslant h(x) \leqslant g(x)$ 推出: 只要 $0 < |x - x_0| < \delta$, 就有

$$| h(x) - A | \leqslant \max\{| f(x) - A |, | g(x) - A |\} < \varepsilon.$$

于是由函数极限定义得到 $\lim\limits_{x \to x_0} h(x) = A.$

根据自变量 x 的变化趋势, 函数极限分成六种形式. 上面的夹逼原理对于所有六种极限形式都是成立的. 比如说, 在定理 2.4.1 中, 如果将 $x \to x_0$ 改成 $x \to x_0^-$, $x \to x_0^+$ 和 $x \to +\infty$ 等, 结论仍然是正确的.

例 2.4.1 求证 $\lim\limits_{x \to 0} \dfrac{\sin x}{x} = 1.$

证明 考察图 2.8 中的单位圆, 不妨假设 $-\dfrac{\pi}{2} < x < \dfrac{\pi}{2}$.

首先证明 $\lim\limits_{x \to 0^+} \dfrac{\sin x}{x} = 1.$

当 $0 < x < \dfrac{\pi}{2}$ 时, 图中 $\triangle OAB$,

扇形 $\overset{\frown}{OAB}$ 和 $\triangle OAD$ 的面积 S_1, S_2

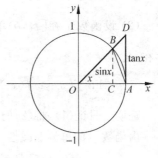

图 2.8

和 S_3 满足不等式 $S_1 \leqslant S_2 \leqslant S_3$，即

$$\sin x \leqslant x \leqslant \tan x.$$

两端同除以 $\sin x$，得到

$$1 \leqslant \frac{x}{\sin x} \leqslant \frac{1}{\cos x},$$

或者

$$\cos x \leqslant \frac{\sin x}{x} \leqslant 1.$$

由例 2.3.1 知 $\lim\limits_{x \to 0^+} \cos x = \cos 0 = 1$，于是由夹逼原理得到 $\lim\limits_{x \to 0^+} \frac{\sin x}{x} = 1$.

同样可以证明 $\lim\limits_{x \to 0^-} \frac{\sin x}{x} = 1$，因此结论得证.

2.4.2 单调函数的极限

单调函数极限的存在性与单调数列有类似的结论.

定理 2.4.2

(1) 设函数 f 在 $(a, x_0]$ 单调非减（非增）并有界，则 $\lim\limits_{x \to x_0^-} f(x)$ 存在，且

$$\lim_{x \to x_0^-} f(x) \leqslant f(x_0) \quad \left(\lim_{x \to x_0^-} f(x) \geqslant f(x_0) \right);$$

(2) 设函数 f 在 $[x_0, b)$ 单调非减（非增）并有界，则 $\lim\limits_{x \to x_0^+} f(x)$ 存在，且

$$\lim_{x \to x_0^+} f(x) \geqslant f(x_0) \quad \left(\lim_{x \to x_0^+} f(x) \leqslant f(x_0) \right).$$

证明 只证(1)，将(2)的证明留给读者.

由函数 f 的单调非减性可以推出

$$f(x) \leqslant f(x_0), \quad \forall x \in (a, x_0).$$

于是函数值 $f(x)(a < x < x_0)$ 有上界，从而有上确界 A.

$\forall \varepsilon > 0$，由于 $A - \varepsilon$ 不是函数值集合 $\{f(x) \mid a < x < x_0\}$ 的上界，从而存在 $x_* \in (a, x_0)$，使得

$$f(x_*) > A - \varepsilon.$$

因为函数是单调非减的，所以对所有的 $x \in (x_*, x_0)$，都有 $f(x) \geqslant f(x_*) > A - \varepsilon$. 即 $\forall x \in (x_*, x_0)$，有

$$|f(x) - A| = A - f(x) < \varepsilon.$$

取 $\delta = x_0 - x_* > 0$，则对所有 $x \in (x_0 - \delta, x_0)$，即 $x \in (x_*, x_0)$，都有

$$|f(x) - A| < \varepsilon.$$

于是由左极限定义推出 $\lim\limits_{x \to x_0^-} f(x) = A$.

由于当 $x \in (a, x_0)$ 时，$f(x) \leqslant f(x_0)$，所以由极限保号性推出 $A \leqslant f(x_0)$.

今后，我们记

$$f(x_0 - 0) = \lim\limits_{x \to x_0^-} f(x), \quad f(x_0 + 0) = \lim\limits_{x \to x_0^+} f(x).$$

考察 (a, b) 上的单调函数 f，对 $\forall x_0 \in (a, b)$，如果 f 为单调非减函数，则由定理 2.4.2 的(1)推出

$$f(x_0 - 0) \leqslant f(x_0) \leqslant f(x_0 + 0), \tag{2.4.4}$$

如果 f 是单调非增的函数，则有

$$f(x_0 - 0) \geqslant f(x_0) \geqslant f(x_0 + 0). \tag{2.4.5}$$

2.4.3 函数极限的四则运算

定理 2.4.3(函数极限的四则运算)

(1) 若 $\lim\limits_{x \to \square} f(x) = A$，$c$ 是一个常数，则 $\lim\limits_{x \to \square} cf(x) = cA$；

(2) 若 $\lim\limits_{x \to \square} f(x) = A$，$\lim\limits_{x \to \square} g(x) = B$，则 $\lim\limits_{x \to \square} [f(x) + g(x)] = A + B$；

(3) 若 $\lim\limits_{x \to \square} f(x) = A$，$\lim\limits_{x \to \square} g(x) = B$，则 $\lim\limits_{x \to \square} f(x)g(x) = AB$；

(4) 若 $\lim\limits_{x \to \square} f(x) = A$，且 $\lim\limits_{x \to \square} g(x) = B \neq 0$，则 $\lim\limits_{x \to \square} \dfrac{f(x)}{g(x)} = \dfrac{A}{B}$.

这个定理的证明方法与数列极限四则运算完全相同,所以不再重复.

例 2.4.2 求 $\lim\limits_{x \to 0} \dfrac{1 - \cos x}{x^2}$.

解 因为 $1 - \cos x = 2\sin^2 \dfrac{x}{2}$,所以

$$
\lim_{x \to 0} \frac{1 - \cos x}{x^2} = \frac{1}{2} \lim_{x \to 0} \frac{\sin \dfrac{x}{2} \cdot \sin \dfrac{x}{2}}{\dfrac{x}{2} \cdot \dfrac{x}{2}}
$$

$$
= \frac{1}{2} \lim_{x \to 0} \frac{\sin \dfrac{x}{2}}{\dfrac{x}{2}} \cdot \lim_{x \to 0} \frac{\sin \dfrac{x}{2}}{\dfrac{x}{2}}
$$

$$
= \frac{1}{2}.
$$

例 2.4.3 证明:

$$
\lim_{x \to \infty} \left(1 + \frac{1}{x}\right)^x = \mathrm{e}, \quad \lim_{x \to \infty} \left(1 - \frac{1}{x}\right)^x = \frac{1}{\mathrm{e}}. \tag{2.4.6}
$$

证明 先证第一式,注意到对任意实数 x,有 $[x] \leqslant x < [x]+1$,所以当 $x \to +\infty$ 时,也有 $[x] \to +\infty$,反之亦然,因此由 $\lim\limits_{n \to \infty} \left(1 + \dfrac{1}{n}\right)^n = \mathrm{e}$ 推出

$$
\lim_{x \to \infty} \left(1 + \frac{1}{[x]}\right)^{[x]} = \mathrm{e}. \tag{2.4.7}
$$

由极限四则运算又得到

$$
\lim_{x \to +\infty} \left(1 + \frac{1}{[x]+1}\right)^{[x]}
$$

$$
= \lim_{x \to +\infty} \left(1 + \frac{1}{[x]+1}\right)^{[x]+1} \cdot \left(1 + \frac{1}{[x]+1}\right)^{-1}
$$

$$= \lim_{x \to +\infty} \left(1 + \frac{1}{[x]+1}\right)^{[x]+1} \cdot \lim_{x \to +\infty} \left(1 + \frac{1}{[x]+1}\right)^{-1} = \text{e}.$$

$$(2.4.8)$$

类似地又可得到

$$\lim_{x \to +\infty} \left(1 + \frac{1}{[x]}\right)^{[x]+1} = \text{e}. \qquad (2.4.9)$$

再注意到不等式

$$\left(1 + \frac{1}{[x]+1}\right)^{[x]} \leqslant \left(1 + \frac{1}{x}\right)^{[x]} \leqslant \left(1 + \frac{1}{x}\right)^{x}$$

$$\leqslant \left(1 + \frac{1}{[x]}\right)^{[x]+1}, \quad x > 0.$$

由夹逼原理和式(2.4.8)、式(2.4.9)就得到

$$\lim_{x \to +\infty} \left(1 + \frac{1}{x}\right)^{x} = \text{e}. \qquad (2.4.10)$$

再证

$$\lim_{x \to -\infty} \left(1 + \frac{1}{x}\right)^{x} = \text{e}. \qquad (2.4.11)$$

为此,令 $z = -x$,当 $x \to -\infty$ 时,$z-1 \to +\infty$,因此

$$\lim_{x \to -\infty} \left(1 + \frac{1}{x}\right)^{x} = \lim_{z \to +\infty} \left(1 - \frac{1}{z}\right)^{-z}$$

$$= \lim_{z-1 \to +\infty} \left(1 + \frac{1}{z-1}\right)^{z-1} \cdot \left(1 + \frac{1}{z-1}\right)$$

$$= \lim_{z-1 \to +\infty} \left(1 + \frac{1}{z-1}\right)^{z-1} \cdot \lim_{z-1 \to +\infty} \left(1 + \frac{1}{z-1}\right)$$

$$= \text{e}. \qquad (2.4.12)$$

综合式(2.4.10)与式(2.4.11)就得到式(2.4.6)的第一式. 另一方面,

$$\lim_{x \to \infty} \left(1 - \frac{1}{x}\right)^{x} = \lim_{-x \to \infty} \left[\left(1 + \frac{1}{-x}\right)^{-x}\right]^{-1}$$

$$= \left[\lim_{-x \to \infty} \left(1 + \frac{1}{-x}\right)^{-x}\right]^{-1} = \text{e}^{-1}.$$

这就是式(2.4.6)的第二式.

式(2.4.6)式可以等价地改写成

$$\lim_{x \to 0}(1+x)^{\frac{1}{x}} = e, \quad \lim_{x \to 0}(1-x)^{\frac{1}{x}} = e^{-1}. \quad (2.4.13)$$

2.4.4 极限的复合运算

定理 2.4.4(复合极限定理) 设 $\lim\limits_{t \to t_0}g(t)=x_0$，$\lim\limits_{x \to x_0}f(x)=A$.
且当 $t \neq t_0$ 时，$g(t) \neq x_0$，则 $\lim\limits_{t \to t_0}f(g(t))=A$.

证明 $\forall \varepsilon > 0$，由于 $\lim\limits_{x \to x_0}f(x)=A$，所以 $\exists \delta_1 > 0$，使得对于所有的 $x \in N^*(x_0, \delta_1)$，都有

$$|f(x)-A| < \varepsilon, \quad (2.4.14)$$

又由于 $\lim\limits_{t \to t_0}g(t)=x_0$，所以对上述的 $\delta_1 > 0$，存在 $\delta > 0$，只要 $t \in N^*(t_0, \delta)$，就有

$$0 < |g(t)-x_0| < \delta_1,$$

将 $x = g(t)$ 代入式(2.4.14)，可知，只要 $t \in N^*(t_0, \delta)$，就有

$$|f(g(t))-A| < \varepsilon.$$

于是由极限定义推出 $\lim\limits_{t \to t_0}f(g(t))=A$.

注 在定理条件中，假定 $g(t) \neq x_0 (t \neq t_0)$. 关于这个条件的详细讨论请见习题 2.4 中的第 5 题.

例 2.4.4 计算 $\lim\limits_{x \to 0}(1+\tan x)^{\cot x}$.

解 取 $f(u)=(1+u)^{\frac{1}{u}}$，$g(x)=\tan x$. 注意到

$$\lim_{x \to 0}\tan x = 0, \quad \lim_{u \to 0}(1+u)^{\frac{1}{u}} = e,$$

根据定理 2.4.4，就得到

$$\lim_{x \to 0}(1+\tan x)^{\cot x} = \lim_{x \to 0}(1+\tan x)^{\frac{1}{\tan x}} = e.$$

例 2.4.5　计算 $\lim\limits_{x\to 0}\dfrac{\sin(\tan x)}{\sin x}$.

解　$\dfrac{\sin(\tan x)}{\sin x}=\dfrac{\sin(\tan x)}{\tan x}\cdot\dfrac{1}{\cos x}$,

对于上式右端第一个因子,令 $f(u)=\dfrac{\sin u}{u}$,$g(x)=\tan x$,并注意到

$$\lim_{u\to 0}f(u)=1,\quad \lim_{x\to 0}g(x)=0,$$

由定理 2.4.4,就推出

$$\lim_{x\to 0}\frac{\sin(\tan x)}{\tan x}=\lim_{u\to 0}\frac{\sin u}{u}=1,$$

于是

$$\lim_{x\to 0}\frac{\sin(\tan x)}{\sin x}=\lim_{x\to 0}\frac{\sin(\tan x)}{\tan x}\cdot\lim_{x\to 0}\frac{1}{\cos x}=1.$$

定理 2.4.5　设 $\lim\limits_{x\to x_0}u(x)=a>0$,$\lim\limits_{x\to x_0}v(x)=b$,则 $\lim\limits_{x\to x_0}u(x)^{v(x)}=a^b$.

证明　从极限定义出发可以证明下面两个结论(它们的证明留给读者):

(1) 如果 $\lim\limits_{x\to x_0}u(x)=a>0$,则 $\lim\limits_{x\to x_0}\ln u(x)=\ln a$;

(2) 如果 $\lim\limits_{x\to x_0}f(x)=A$,则 $\lim\limits_{x\to x_0}e^{f(x)}=e^A$.

由 $\lim\limits_{x\to x_0}u(x)=a>0$,$\lim\limits_{x\to x_0}v(x)=b$,以及上述结论(1)推出

$$\lim_{x\to x_0}v(x)\ln u(x)=b\ln a.\qquad(2.4.15)$$

又由上述结论(2)和式(2.4.15)得到

$$\lim_{x\to x_0}u(x)^{v(x)}=\lim_{x\to x_0}e^{v(x)\ln u(x)}=e^{b\ln a}=a^b.$$

例 2.4.6　求极限 $\lim\limits_{x\to 0}(\cos 2x)^{\frac{1}{x^2}}$.

解　$\lim\limits_{x\to 0}(\cos 2x)^{\frac{1}{x^2}}=\lim\limits_{x\to 0}\left\{\left(\left[1-(1-\cos 2x)\right]\right)^{\frac{1}{1-\cos 2x}}\right\}^{\frac{1-\cos 2x}{x^2}}.$

在定理 2.4.5 中，令 $x_0 = 0, u(x) = ([1-(1-\cos 2x)])^{\frac{1}{1-\cos 2x}}$，

$v(x) = \dfrac{1-\cos 2x}{x^2}$. 由于

$$\lim_{x \to 0} u(x) = e^{-1}, \quad \lim_{x \to 0} v(x) = 2,$$

所以，有

$$\lim_{x \to 0} (\cos 2x)^{\frac{1}{x^2}} = \lim_{x \to 0} u(x)^{v(x)} = e^{-2}.$$

习 题 2.4

1. 求下列极限：

(1) $\displaystyle\lim_{x \to +\infty} \frac{1-x-4x^3}{1+x^2+2x^3}$；

(2) $\displaystyle\lim_{x \to 0} \frac{\sqrt{1+x}-\sqrt{1-x}}{x}$；

(3) $\displaystyle\lim_{x \to 1} \frac{x+x^2+\cdots+x^n-n}{x-1}$；

(4) $\displaystyle\lim_{x \to 1} \frac{x^m-1}{x^n-1}$, $m, n \in \mathbb{Z}^+$；

(5) $\displaystyle\lim_{x \to +\infty} (\sqrt{x+1}-\sqrt{x-1})$；

(6) $\displaystyle\lim_{x \to 0} \frac{\sqrt{x^2+p^2}-p}{\sqrt{x^2+q^2}-q}$ $(p>0, q>0)$.

2. 求下列极限：

(1) $\displaystyle\lim_{x \to 0} \frac{\sin 2x}{x}$；

(2) $\displaystyle\lim_{x \to 0} \frac{\sin x^3}{(\sin x)^3}$；

(3) $\displaystyle\lim_{x \to 0} \frac{\sin ax}{\sin bx}$ $(b \neq 0)$；

(4) $\displaystyle\lim_{x \to \frac{\pi}{2}} \frac{\cos x}{x-\dfrac{\pi}{2}}$；

(5) $\displaystyle\lim_{x \to 0} \frac{\tan x}{x}$；

(6) $\displaystyle\lim_{x \to 0} \frac{\arctan x}{x}$；

(7) $\displaystyle\lim_{x \to 0} \frac{\tan x-\sin x}{x^3}$；

(8) $\displaystyle\lim_{x \to 9} \frac{\sin^2 x-\sin^2 9}{x-9}$；

(9) $\displaystyle\lim_{x \to 0} \frac{\sin 4x}{\sqrt{x+1}-1}$；

(10) $\displaystyle\lim_{x \to 0} \frac{\sin(\tan x)}{\sin x}$；

(11) $\displaystyle\lim_{x \to 0} (1+kx)^{\frac{1}{x}}$；

(12) $\displaystyle\lim_{x \to \infty} \left(\frac{x+n}{x-n}\right)^x$；

(13) $\lim\limits_{x\to 0}(1+\tan x)^{\cot x}$; (14) $\lim\limits_{x\to\infty}\left(1-\dfrac{k}{x}\right)^{mx}$.

3. 确定 a,b ,使下列各式成立：

(1) $\lim\limits_{x\to +\infty}\left(\dfrac{x^2+1}{x+1}-ax-b\right)=0$;

(2) $\lim\limits_{x\to -\infty}(\sqrt{x^2-x+1}-ax-b)=0$.

4. 求极限：

(1) $\lim\limits_{x\to 0}(2\sin x+\cos x)^{\frac{1}{x}}$; (2) $\lim\limits_{x\to 0}\dfrac{\sin 2x}{\sqrt{x+2}-\sqrt{2}}$.

5. 分析下面两个函数的极限，说明定理 2.4.4 中的条件"当 $t\ne t_0$ 时， $g(t)\ne x_0$ "是不能缺少的.

(1) $f(x)=\dfrac{\sin x}{x}$, $g(t)=t\sin\dfrac{1}{t}$, $x_0=0$, $t_0=0$;

(2) $f(x)=\begin{cases}\dfrac{\sin x}{x}, & x\ne 0, \\ 0, & x=0,\end{cases}$ $g(t)=t\sin\dfrac{1}{t}$, $x_0=0$, $t_0=0$.

2.5 无穷小量与阶的比较

2.5.1 无穷小量与无穷大量

在某个变化过程中，极限为零的变量称为在此变化过程中的**无穷小量**，简称无穷小. 例如，当 $x\to 0$ 时，函数 x^2 , $\sin x$ 和 $x\sin\dfrac{1}{x}$ 都是无穷小；当 $x\to +\infty$ 时，函数 $\dfrac{1}{x}$, $\dfrac{1}{\ln x}$ 和 e^{-x} 也是无穷小；当 $x\to 1$ 时，函数 $\sin\pi x$ 和 $\ln x$ 是无穷小等.

在某个变化过程中，无限增大（或无限减少）的变量称为**正无穷大量（或负无穷大量）**，简称正无穷大（或负无穷大）. 例如，当

$x \rightarrow 0^+$ 时, $\frac{1}{x}$ 和 $\cot x$ 是正无穷大, 而 $\ln x$ 是负无穷大.

在某个变化过程中, 其绝对值无限增大的变量称为**无穷大量**, 简称**无穷大**. 例如, 当 $x \rightarrow 0$ 时, 函数 $\frac{1}{x}$, $\cot x$ 是无穷大; 当 $x \rightarrow \infty$ 时, x^2, x^3 也是无穷大.

如果用严密的数学语言定量地描述, 可以如下定义无穷大量.

定义 2.5.1 设函数 f 在 x_0 的附近有定义, 如果对于任意正数 M, 都存在正数 δ, 使得对于所有的 $x \in N^*(x_0, \delta)$, 都有 $f(x) > M(f(x) < -M)$, 则称当 $x \rightarrow x_0$ 时, $f(x)$ 为正(负)无穷大量.

如果当 $x \rightarrow x_0$ 时, $|f(x)|$ 为正无穷大量, 则称当 $x \rightarrow x_0$ 时, $f(x)$ 为无穷大量.

对于 x 的其他变化趋势, 同样可以定义无穷大量, 读者应当能够写出相应的定义.

以零为极限的数列又称为**数列无穷小**(或离散变量无穷小); 趋向于无穷大的数列也称为**数列无穷大**(或离散变量无穷大).

例 2.5.1 对于函数 $f(x) = \ln x$, 当 $x \rightarrow 0^+$ 时, 它是负无穷大; 当 $x \rightarrow +\infty$ 时, 它是正无穷大; 而当 $x \rightarrow 1$ 时, 它是无穷小.

定理 2.5.1 无穷小和无穷大有下列性质:

(1) 设在同一变化过程中, $f(x)$, $g(x)$ 都是无穷小, 则在这个变化过程中, $cf(x)$(c 为任意常数), $f(x) + g(x)$ 和 $f(x)g(x)$ 都是无穷小;

(2) 设在同一变化过程中, $f(x)$, $g(x)$ 都是无穷大, 则在这个变化过程中, $cf(x)$(c 为任意非零常数) 和 $f(x)g(x)$ 都是无穷大;

(3) 设在某一变化过程中, $f(x)$ 是无穷大, 则在这个变化过程中，$\dfrac{1}{f(x)}$ 是无穷小.

（4）设在某一变化过程中，$f(x)$ 是无穷小，$g(x)$ 是有界变量，则在同一变化过程中 $f(x)g(x)$ 是无穷小.

在同一变化过程中，两个无穷小的商未必是无穷小；两个无穷大的和以及商都未必是无穷大，无穷大与有界变量的积也未必是无穷大. 请读者自己举例说明.

2.5.2 阶的比较

当 $x \to +\infty$ 时，函数 $\ln x, x^2$ 和 e^x 都是无穷大，但是它们增大的快慢却有很大的差别；另一方面，函数 $\dfrac{1}{x^2}, \dfrac{1}{\ln x}$ 和 $\dfrac{1}{e^x}$ 都是无穷小，但是它们趋向于零的速度也不一样. 为了定量地描述这一现象，引进下面关于无穷小（大）阶的比较的概念.

定义 2.5.2 设在同一变化过程 $x \to \square$ 中，$f(x), g(x)$ 都是无穷小.

（1）如果 $\lim\limits_{x \to \square} \dfrac{f(x)}{g(x)} = c \neq 0$，则称当 $x \to \square$ 时，$f(x)$ 与 $g(x)$ 是**同阶无穷小**；

特别地，当 $\lim\limits_{x \to \square} \dfrac{f(x)}{g(x)} = 1$ 时，称当 $x \to \square$ 时，$f(x)$ 与 $g(x)$ 是**等价无穷小**，并且记作
$$f(x) \sim g(x), \quad x \to \square;$$

（2）如果 $\lim\limits_{x \to \square} \dfrac{f(x)}{g(x)} = 0$，则称当 $x \to \square$ 时，$f(x)$ 与 $g(x)$ 相比是**高阶无穷小**，并且记作
$$f(x) = o(g(x)), \quad x \to \square;$$

（3）如果存在正数 M，使得在 $\square$ 附近有 $\left| \dfrac{f(x)}{g(x)} \right| \leqslant M$，则记作

$$f(x) = O(g(x)), \quad x \to \square,$$

其中 $x \to \square$ 表示六种极限形式中的任何一种. 下文中所出现的 $\square$ 的含义与此相同.

例 2.5.2　当 $x \to 0$ 时, x 和 $x\sin\dfrac{1}{x}$ 都是无穷小, 并且

$$x\sin\frac{1}{x} = O(x), \quad x \to 0. \tag{2.5.1}$$

例 2.5.3　我们已经知道,

$$\lim_{x \to 0}\frac{\sin x}{x} = \lim_{x \to 0}\frac{\tan x}{x} = 1, \quad \lim_{x \to 0}\frac{1 - \cos x}{x^2} = \frac{1}{2},$$

所以, 当 $x \to 0$ 时,

$$\sin x \sim x, \quad \tan x \sim x, \quad 1 - \cos x \sim \frac{1}{2}x^2. \tag{2.5.2}$$

例 2.5.4　设 k 为任意正整数, 则当 $x \to 0$ 时,

$$(1 + x)^k - 1 \sim kx, \quad (1 + x)^{\frac{1}{k}} - 1 \sim \frac{x}{k}. \tag{2.5.3}$$

证明

$$\lim_{x \to 0}\frac{(1 + x)^k - 1}{x} = \lim_{x \to 0}\frac{1 + kx + C_k^2 x^2 + \cdots + C_k^k x^k - 1}{x} = k,$$

$$\lim_{x \to 0}\frac{(1 + x)^{\frac{1}{k}} - 1}{x} = \lim_{x \to 0}\frac{(1 + x) - 1}{x[1 + (1 + x)^{\frac{1}{k}} + \cdots + (1 + x)^{\frac{k-1}{k}}]}$$

$$= \frac{1}{k}.$$

由此立即得到式 (2.5.3).

例 2.5.5　试证当 $x \to 0$ 时, 有

$$\ln(1 + x) \sim x, \quad e^x - 1 \sim x. \tag{2.5.4}$$

证明

$$\lim_{x \to 0}\frac{\ln(1 + x)}{x} = \lim_{x \to 0}\ln(1 + x)^{\frac{1}{x}} = \ln e = 1,$$

由此推出式 (2.5.4) 的第一式.

令 $u = e^x - 1$，则 $x = \ln(1+u)$，并且 $x \to 0$ 时，有 $u \to 0$.

于是用式(2.5.4)的第一式得到

$$\lim_{x \to 0} \frac{e^x - 1}{x} = \lim_{u \to 0} \frac{u}{\ln(1+u)} = 1. \qquad (2.5.5)$$

又注意到 $a^x = e^{x\ln a}$，所以由式(2.5.5)推出

$$\lim_{x \to 0} \frac{a^x - 1}{x} = \lim_{x \to 0} \frac{e^{x\ln a} - 1}{x} = \ln a.$$

在极限的运算过程中，乘除法中的无穷小因子可以用等价无穷小代替，以使问题得到简化.

例 2.5.6 计算 $\lim\limits_{x \to 0} \dfrac{\tan x - \sin x}{x^3}$.

解 当 $x \to 0$ 时，有 $\sin x \sim x$，$1 - \cos x \sim \dfrac{1}{2}x^2$，所以，有

$$\lim_{x \to 0} \frac{\tan x - \sin x}{x^3} = \lim_{x \to 0} \frac{\sin x (1 - \cos x)}{x^3 \cos x} = \lim_{x \to 0} \frac{x \cdot \dfrac{1}{2}x^2}{x^3 \cos x} = \frac{1}{2}.$$

例 2.5.7 计算极限 $\lim\limits_{x \to 0} \dfrac{\sqrt{1+x^4} - \sqrt[3]{1-2x^4}}{\tan x \sin x (1 - \cos x)}$.

解 当 $x \to 0$ 时，$1 - \cos x \sim \dfrac{1}{2}x^2$，$\sqrt{1+x^4} - 1 \sim \dfrac{1}{2}x^4$，

$\sqrt[3]{1-2x^4} - 1 \sim -\dfrac{2}{3}x^4$，以及 $\tan x \sim \sin x \sim x$. 所以

$$\lim_{x \to 0} \frac{\sqrt{1+x^4} - \sqrt[3]{1-2x^4}}{\tan x \sin x (1 - \cos x)}$$

$$= \lim_{x \to 0} \frac{\sqrt{1+x^4} - 1}{\tan x \sin x (1 - \cos x)} - \lim_{x \to 0} \frac{\sqrt[3]{1-2x^4} - 1}{\tan x \sin x (1 - \cos x)}$$

$$= \lim_{x \to 0} \frac{\dfrac{1}{2}x^4}{x^2 \dfrac{1}{2}x^2} + \lim_{x \to 0} \frac{\dfrac{2}{3}x^4}{x^2 \dfrac{1}{2}x^2} = \frac{7}{3}.$$

需要注意的是,加减项的无穷小量不能随意地用等价无穷小代替. 例如,在例 2.5.6 中,虽然在 $x \to 0$ 时,有 $\sin x \sim x$, $\tan x \sim x$,然而下面的做法却是错误的:

$$\lim_{x \to 0} \frac{\tan x - \sin x}{x^3} = \lim_{x \to 0} \frac{x - x}{x^3} = 0.$$

对于无穷大,同样可以比较它们的阶. 请读者自己研究其中的道理.

定义 2.5.3 设在同一变化过程 $x \to \square$ 中,$f(x)$,$g(x)$ 都是无穷大. 如果 $\lim\limits_{x \to \square} \dfrac{f(x)}{g(x)} = 0$,则称当 $x \to \square$ 时,$f(x)$ 与 $g(x)$ 相比是**低阶无穷大**,$g(x)$ 是**高阶无穷大**.

例如,当 $x \to +\infty$ 时,$\ln x$,x^2 和 e^x 都是无穷大. 以后我们将证明,这三个无穷大量相比较,e^x 的阶最高,而 $\ln x$ 的阶最低.

习 题 2.5

复习题

1. 什么是无穷小量? 什么是无穷大量? 无穷小量与无穷大量有什么关系?

2. 一个无穷小量与一个无穷大量的乘积是不是无穷小量? 是不是无穷大量? 试举例说明各种不同的情形.

3. 两个无穷小量之和是不是无穷小量? 两个无穷大量之和是不是无穷大量?

4. 在说明 $f(x)$ 是否为无穷小量(或无穷大量)时,为什么一定要指明 $x \to x_0$(或 $x \to \infty$ 等)?

5. 恒等于零的函数是不是无穷小量?

6. 当 $x \to 0$ 时,$\sin x^2$,$e^x - 1$,x^{10} 等都是无穷小量,其中有没有与 0 同阶的无穷小量?

7. 当 $x \to 0$ 时,所有无穷小量中有没有一个阶最高(或最低)的无穷小量?

8. 任意的两个无穷小量是否都可以比阶? 试举例说明.

习题

1. 设当 $x \to x_0$ 时,$f(x)$ 与 $g(x)$ 为等价无穷小,求证当 $x \to x_0$ 时,$f(x) - g(x) = o(f(x))$.

2. 将下列无穷小量(当 $x \to 0^+$ 时)按照其阶的高低排列出来:

$$\sin x^2, \quad \sin(\tan x), \quad e^{x^3} - 1, \quad \ln(1 + \sqrt{x}).$$

3. 将下列无穷大量(当 $n \to \infty$ 时)按照其阶的高低排列出来:

$$n^2, e^n, n!, \sqrt{n}, n^n.$$

4. 利用极限的四则运算和等价无穷小量互相代换的方法求下列极限:

(1) $\lim\limits_{x \to 0} \dfrac{e^{x^2} - 1}{\cos x - 1}$;

(2) $\lim\limits_{n \to \infty} n^2 \sin \dfrac{1}{2n^2}$;

(3) $\lim\limits_{x \to 0^+} \dfrac{\sqrt{1 + \sqrt{x}} - 1}{\sin \sqrt{x}}$;

(4) $\lim\limits_{x \to 0} \dfrac{a^{\sin x} - 1}{x} (a > 0)$;

(5) $\lim\limits_{x \to 0} \dfrac{\sqrt{1 + \tan x} - \sqrt{1 - \tan x}}{e^x - 1}$;

(6) $\lim\limits_{x \to 0} \dfrac{1 - \sqrt{\cos kx}}{x^2}$;

(7) $\lim\limits_{x \to 0} \dfrac{e^x - e^{\tan x}}{x - \tan x}$;

(8) $\lim\limits_{x \to \infty} x(e^{\sin \frac{1}{x}} - 1)$;

(9) $\lim\limits_{x \to 0} \dfrac{\cos x^2 - 1}{x \sin x}$;

(10) $\lim\limits_{x \to 0} \dfrac{\arcsin \dfrac{x}{\sqrt{1 - x^2}}}{\ln(1 - x)}$;

(11) $\lim\limits_{x \to 0} \dfrac{x \tan^4 x}{\sin^3 x(1 - \cos x)}$;

(12) $\lim\limits_{x \to 0} \dfrac{\sqrt{1 + x^2} - 1}{1 - \cos x}$;

(13) $\lim\limits_{x \to 0} \dfrac{\sqrt{1 + x^4} - 1}{1 - \cos^2 x}$;

(14) $\lim\limits_{x \to 0} \dfrac{\tan(\sin x)}{\sin(\tan x)}$;

(15) $\lim\limits_{x \to a} \dfrac{2^x - 2^a}{x - a}$.

第 2 章补充题

1. 求下列极限:

(1) $\lim\limits_{n\to\infty}\dfrac{2^n\cdot n!}{n^n}$;　　　　　(2) $\lim\limits_{n\to\infty}\dfrac{n^n}{3^n\cdot n!}$.

2. 设函数 f 在 $[0,+\infty)$ 单调非负,并且满足 $\lim\limits_{x\to+\infty}\dfrac{f(2x)}{f(x)}=1$. 试证对任意正数 c,都有

$$\lim\limits_{x\to+\infty}\dfrac{f(cx)}{f(x)}=1.$$

3. 设 $a>0$. 如果极限 $\lim\limits_{x\to+\infty}x^p\left(a^{\frac{1}{x}}-a^{\frac{1}{x+1}}\right)$ 存在,试确定数 p 的值,并求此极限.

4. 设当 $x\to0$ 时,$u(x)$ 与 $v(x)$ 是等价的正无穷小量,试求

$$\lim\limits_{x\to0}(1+\sqrt{u(x)})^{\frac{1}{v(x)}}.$$

5. 求极限 $\lim\limits_{x\to0}\left(\dfrac{\sqrt{\cos x}}{x^2}-\dfrac{\sqrt{1+\sin^2 x}}{x^2}\right)$.

6. 设 $\{a_n\}$ 是一个有界数列,令

$$\alpha_n=\inf\limits_{k\geqslant n}\{a_k\},\quad \beta_n=\sup\limits_{k\geqslant n}\{a_k\}.$$

(1) 求证 $\{\alpha_n\}$ 为有界的单调非减数列,$\{\beta_n\}$ 为有界的单调非增数列;

(2) 求证 $\lim\limits_{n\to\infty}\alpha_n\leqslant\lim\limits_{n\to\infty}\beta_n$;

(3) 称 $\lim\limits_{n\to\infty}\alpha_n$ 和 $\lim\limits_{n\to\infty}\beta_n$ 分别为数列 $\{a_n\}$ 的下极限和上极限,并分别记为

$$\underline{\lim\limits_{n\to\infty}}a_n,\quad \overline{\lim\limits_{n\to\infty}}a_n.$$

试证 $\lim\limits_{n\to\infty}a_n$ 存在的充分必要条件是 $\underline{\lim\limits_{n\to\infty}}a_n=\overline{\lim\limits_{n\to\infty}}a_n$.

(4) 求证 $\forall \varepsilon>0$,在区间 $(A-\varepsilon,B+\varepsilon)$ 之外最多有 $\{a_n\}$ 中的有限项,其中 $A=\underline{\lim\limits_{n\to\infty}}a_n$,$B=\overline{\lim\limits_{n\to\infty}}a_n$.

7. 设 $a_n > 0 (n \in \mathbb{Z}^+)$, 且 $a_1 \geqslant a_2 \geqslant a_3 \geqslant \cdots$, 又设 $\sum\limits_{k=1}^{n} a_k \to +\infty \ (n \to \infty)$. 求证:

$$\lim_{n \to \infty} \frac{a_1 + a_3 + \cdots + a_{2n-1}}{a_2 + a_4 + \cdots + a_{2n}} = 1.$$

8. 在求数列极限方面有一个很著名的定理,即施笃兹(Stolz)定理. 这个定理的内容是:

设 $\{a_n\}$ 和 $\{b_n\}$ 是两个数列,其中 $\{b_n\}$ 单调增加并且趋向于 $+\infty$(至少从某一项开始),则有以下结论:

(1) 如果 $\lim\limits_{n \to \infty} \dfrac{a_n - a_{n-1}}{b_n - b_{n-1}} = A$, 则 $\lim\limits_{n \to \infty} \dfrac{a_n}{b_n} = A$;

(2) 如果 $\dfrac{a_n - a_{n-1}}{b_n - b_{n-1}} \to \infty \ (n \to \infty)$, 则 $\dfrac{a_n}{b_n} \to \infty \ (n \to \infty)$.

请用施笃兹定理证明下列结论:

(1) 若 $\lim\limits_{n \to \infty} a_n = A$, 则 $\lim\limits_{n \to \infty} \dfrac{a_1 + a_2 + \cdots + a_n}{n} = A$;

(2) 若 $a_n > 0 (n \in \mathbb{Z}^+)$, $\lim\limits_{n \to \infty} a_n = A$, 则 $\lim\limits_{n \to \infty} \sqrt[n]{a_1 a_2 \cdots a_n} = A$;

(3) $\lim\limits_{n \to \infty} \dfrac{1^k + 2^k + \cdots + n^k}{n^{k+1}} = \dfrac{1}{k+1} (k \in \mathbb{Z}^+)$.

9. 设 $a_n > 0 (n \in \mathbb{Z}^+)$, 如果 $\lim\limits_{n \to \infty} \dfrac{a_{n+1}}{a_n} = l$, 求证 $\lim\limits_{n \to \infty} \sqrt[n]{a_n} = l$.

10. 设 $a_1, a_2, \cdots, a_m$ 为正数,求证:

(1) $\lim\limits_{n \to \infty} \left[\dfrac{1}{m} \left(a_1^{\frac{1}{n}} + a_2^{\frac{1}{n}} + \cdots + a_m^{\frac{1}{n}} \right) \right]^n = (a_1 a_2 \cdots a_m)^{\frac{1}{m}}$;

(2) $\lim\limits_{n \to \infty} \left(\dfrac{1}{a_1^n} + \dfrac{1}{a_2^n} + \cdots + \dfrac{1}{a_m^n} \right)^{-\frac{1}{n}} = \min\{a_1, a_2, \cdots, a_m\}$.

第3章 连续函数

　　函数关系描述因变量对于自变量依赖的规律. 这种依赖关系可以出现两种不同的情形. 第一种情形是, 自变量的微小改变, 只能引起因变量的微小改变; 第二种情形是, 自变量的微小改变可以引起因变量的剧烈变化. 前一种情形反映函数的连续性; 后一种情形反映函数的间断. 函数的连续和间断反映了客观世界中渐变和突变的两种变化形式. 函数的连续性就是对于渐变性质的数学描述. 从直观上看, 连续函数的图形是连续曲线, 也就是能够一笔划成的曲线. 微积分研究的对象主要是连续函数. 在这一章, 我们要系统地研究连续函数的概念和各种重要性质.

3.1 连续函数的概念和性质

3.1.1 函数的连续与间断

　　定义 3.1.1（函数在一点的连续性） 如果 $\lim\limits_{x \to x_0} f(x) = f(x_0)$, 则称函数 $f(x)$ 在点 x_0 连续.

　　由这个定义可以看出, 函数在点 x_0 的连续性蕴含以下两件事情:

　　(1) $f(x)$ 在点 x_0 的某个邻域中有定义;

　　(2) $\lim\limits_{x \to x_0} f(x)$ 存在, 并且这个极限等于 $f(x_0)$.

　　如果只考虑函数在点 x_0 一侧的情况, 可以建立左、右连续的概念.

　　定义 3.1.2（函数在一点的左、右连续性） 如果 $\lim\limits_{x \to x_0^-} f(x) = f(x_0)$, 则称函数 $f(x)$ 在点 x_0 左连续; 如果 $\lim\limits_{x \to x_0^+} f(x) = f(x_0)$, 则

称函数 $f(x)$ 在点 x_0 右连续.

显然, $f(x)$ 在点 x_0 连续的充分必要条件是 $f(x)$ 在点 x_0 既右连续,又左连续.

如果 $f(x)$ 在某个区间 I 上的每一个点处连续,则称 $f(x)$ 在区间 I 上处处连续.并记作 $f \in C(I)$. 如果 $f(x)$ 在区间 $[a, b]$ 内处处连续,在端点 a 右连续,在端点 b 左连续,则称 $f(x)$ 在区间 $[a, b]$ 上连续,并记作 $f \in C[a, b]$.

例3.1.1 在上一章,已经证明了对于任意点 x_0,都有 $\lim\limits_{x \to x_0} \cos x = \cos x_0$,所以函数 $\cos x$ 在任意点 x_0 是连续的.

例3.1.2 证明 $a^x (a > 0, a \neq 1)$ 在 $(-\infty, +\infty)$ 处处连续.

证明 任取 $x_0 \in (-\infty, +\infty)$. 下面证明 a^x 在点 x_0 连续.

注意到 $a^x - a^{x_0} = a^{x_0}(a^{x-x_0} - 1)$. 当 $x \to x_0$ 时, $x - x_0 \to 0$,所以 $a^{x-x_0} - 1 \to 0$. 于是

$$\lim_{x \to x_0}(a^x - a^{x_0}) = \lim_{x \to x_0} a^{x_0}(a^{x-x_0} - 1) = 0,$$

即 $\lim\limits_{x \to x_0} a^x = a^{x_0}$. 因此 a^x 在点 x_0 连续.

用同样的方法可以证明 $\sin x$ 在 $(-\infty, +\infty)$ 处处连续; x^p 在 $(0, +\infty)$ 处处连续; $\log_a x (a > 0)$ 在 $(0, +\infty)$ 处处连续.

如果 $f(x)$ 在点 x_0 不连续,则称点 x_0 是 $f(x)$ 的一个间断点.

当 $f(x)$ 在点 x_0 发生间断时,可能有下列几种情形:

(1) $f(x)$ 在点 x_0 的左极限 $\lim\limits_{x \to x_0^-} f(x)$ 和右极限 $\lim\limits_{x \to x_0^+} f(x)$ 都存在,但是 $\lim\limits_{x \to x_0} f(x) = f(x_0)$ 不成立.这时称点 x_0 为 $f(x)$ 的第一类间断点.

第一类间断点又可以分成两种情形:

① $\lim\limits_{x \to x_0^-} f(x) = \lim\limits_{x \to x_0^+} f(x)$,从而极限 $\lim\limits_{x \to x_0} f(x)$ 存在,但是 $\lim\limits_{x \to x_0} f(x) = f(x_0)$ 不成立.此时或者 $f(x)$ 在点 x_0 没有定义,或者

$f(x)$在点 x_0 有定义,但是 $\lim\limits_{x \to x_0} f(x) \neq f(x_0)$. 此时,称点 x_0 为 $f(x)$的可去间断点.

例如,函数 $f(x) = \dfrac{\sin x}{x}$ 在点 $x = 0$ 没有定义. 因为 $\lim\limits_{x \to 0} \dfrac{\sin x}{x} = 1$,所以 $x = 0$ 是可去间断点. 如果补充定义,令 $f(0) = 1$,则这个函数就成为在$(-\infty, +\infty)$处处连续的函数(见图 3.1).

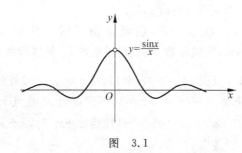

图 3.1

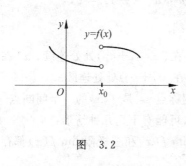

图 3.2

② $\lim\limits_{x \to x_0^-} f(x) \neq \lim\limits_{x \to x_0^+} f(x)$,此时,称点 x_0 为 $f(x)$的跳跃间断点(图 3.2).

(2) 如果 $f(x)$在点 x_0 的左极限 $\lim\limits_{x \to x_0^-} f(x)$和右极限 $\lim\limits_{x \to x_0^+} f(x)$中至少有一个不存在,则称点 x_0 为 $f(x)$的第二类间断点.

第二类间断点又可以分成两种情形:

① 当 $x \to x_0$ 时,如果 $f(x)$无界,则称点 x_0 为 $f(x)$的无穷间断点;

例如,$x = 0$ 是函数 $f(x) = \dfrac{1}{x}$的无穷间断点(见图 3.3).

② 当 $x \to x_0$ 时,$f(x)$有界,但是 $\lim\limits_{x \to x_0} f(x)$不存在,则称点 x_0

为 $f(x)$ 的振荡间断点.

例如,$x=0$ 是函数 $f(x)=\sin\dfrac{1}{x}$ 的振荡间断点(见图 3.4).

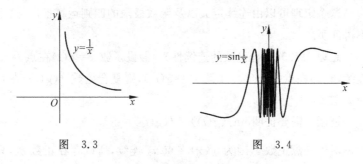

图　3.3　　　　　　　　　　图　3.4

3.1.2　连续函数的简单性质

下面列举连续函数的一些性质,某些更加重要的结论将在后面介绍.

定理 3.1.1　假设 $f(x)$ 在点 x_0 连续,并且 $f(x_0)>0$(或 $f(x_0)<0$),则存在正数 δ,使得当 $x\in(x_0-\delta,x_0+\delta)$ 时,有 $f(x)>0$(或 $f(x)<0$).

证明　假设 $f(x_0)>0$,考察函数 $g(x)=f(x)-\dfrac{f(x_0)}{2}$.注意到

$$\lim_{x\to x_0}g(x)=\lim_{x\to x_0}\left[f(x)-\frac{f(x_0)}{2}\right]=\frac{f(x_0)}{2}>0,$$

所以根据极限的保号性推出:存在正数 δ,使得当 $x\in(x_0-\delta,x_0+\delta)$ 时,有 $g(x)>0$,即 $f(x)>\dfrac{f(x_0)}{2}>0$.

定理 3.1.2　如果 $f(x)$ 和 $g(x)$ 都在点 x_0 连续,则

(1) 对于任意常数 $c,cf(x)$ 在点 x_0 连续;

(2) $f(x)+g(x)$ 在点 x_0 连续;

(3) $f(x)g(x)$ 在点 x_0 连续;

(4) 如果 $g(x_0)\neq 0$, 则 $\dfrac{f(x)}{g(x)}$ 在点 x_0 连续.

这个定理可以由连续定义以及函数极限的四则运算推出. 这里不再证明.

定理 3.1.3(复合函数的连续性) 假设函数 $x=g(t)$ 在点 $t=t_0$ 连续, $f(x)$ 在点 x_0 连续, 并且 $x_0=g(t_0)$, 则复合函数 $f(g(t))$ 在点 $t=t_0$ 连续.

证明 需要证明 $\lim\limits_{t\to t_0}f(g(t))=f(g(t_0))$.

对于任意正数 ε, 因为 $f(x)$ 在点 x_0 连续, 所以存在正数 δ_1, 只要 x 满足 $|x-x_0|<\delta_1$, 就有

$$| f(x) - f(x_0) | < \varepsilon. \tag{3.1.1}$$

又因为函数 $x=g(t)$ 在点 $t=t_0$ 连续, 所以存在正数 δ, 只要 $|t-t_0|<\delta$, 就有 $|g(t)-g(t_0)|<\delta_1$, 即

$$| g(t) - x_0 | < \delta_1. \tag{3.1.2}$$

联合式(3.1.1)和式(3.1.2)便知, 只要 $|t-t_0|<\delta$, 就有

$$| f(g(t)) - f(g(t_0)) | < \varepsilon.$$

于是由连续性定义推出复合函数 $f(g(t))$ 在点 $t=t_0$ 连续.

定理 3.1.4 如果 $u(x)$ 和 $v(x)$ 都在点 x_0 连续, 且 $u(x_0)>0$, 则函数 $f(x)=u(x)^{v(x)}$ 在点 x_0 连续.

证明 考察函数 $g(x)=\ln f(x)=v(x)\ln u(x)$.

由 $u(x)$ 在点 x_0 连续以及复合函数的连续性(定理 3.1.3)推出, $\ln u(x)$ 在点 x_0 连续. 因为 $v(x)$ 和 $\ln u(x)$ 在点 x_0 连续, 所以由定理 3.1.2 推出, $v(x)\ln u(x)$ 在点 x_0 连续. 再由复合函数的连续性(定理 3.1.3)就推出 $f(x)=e^{v(x)\ln u(x)}$ 在点 x_0 连续.

定理 3.1.5(反函数的连续性) 假设函数 $y=f(x)$ 在区间 $[a,b]$ 单调增加(减少)、连续, $\alpha=f(a)$, $\beta=f(b)$, 则反函数 $x=f^{-1}(y)$ 在区

间$[\alpha,\beta]$单调增加且连续(在$[\beta,\alpha]$单调减少且连续).

由于篇幅所限,我们略去这个定理的证明.

3.1.3 初等函数的连续性

根据函数连续性定义可以直接验证:三角函数 $\sin x$ 和 $\cos x$、幂函数 x^p、指数函数 $a^x(a>0)$ 和对数函数 $\log_a x(a>0)$ 在各自的定义域内部是处处连续的.(称点 x_0 位于函数 $f(x)$ 的定义域的内部,是指存在正数 δ,使得 $f(x)$ 在 $(x_0-\delta,x_0+\delta)$ 有定义.)

其次,根据定理 3.1.2(连续函数的四则运算)可以推出 $\tan x=\dfrac{\sin x}{\cos x}$,$\cot x=\dfrac{\cos x}{\sin x}$,$\sec x=\dfrac{1}{\cos x}$ 和 $\csc x=\dfrac{1}{\sin x}$ 的连续性.

另外,由反函数的连续性(定理 3.1.5)可以推出 $\arcsin x$,$\arccos x$,$\arctan x$ 和 $\text{arccot}\, x$ 的连续性.

最后,由定理 3.1.2、定理 3.1.3、定理 3.1.4 和定理 3.1.5 可以推出:所有的初等函数在它的定义域的内部处处连续.

习　题　3.1

复习题

1. 函数 f 在一点 x_0 连续是否意味着 f 在点 x_0 的一个领域中有定义?

2. 函数 f 在一点 x_0 连续能否推出 f 在点 x_0 的某个领域中连续?举例说明.

3. 函数在一点连续与单侧连续之间有什么关系?

4. 函数的间断点有几类,它们是怎样定义的?

5. 如果函数 f,g 在点 x_0 都不连续,那么 $f+g$,fg 与 $\dfrac{f}{g}$ 在点 x_0 是否也不连续?举例说明.

6. 所有基本初等函数在其定义域内是连续的,这个结论是如何得到的?

习题

1. 研究下列函数在 $x_0 = 0$ 的连续性:

(1) $f(x) = |x|$;

(2) $f(x) = [x]$;

(3) $f(x) = \begin{cases} (1+x^2)\dfrac{1}{x^2}, & x \neq 0, \\ 0, & x = 0; \end{cases}$

(4) $f(x) = \begin{cases} e^{-\frac{1}{x^2}}, & x \neq 0, \\ 0, & x = 0; \end{cases}$

(5) $f(x) = \begin{cases} \dfrac{\sin x}{|x|}, & x \neq 0, \\ 1, & x = 0; \end{cases}$

(6) $f(x) = \mathrm{sgn}(\sin x)$.

2. 指出下列函数的间断点及其类型:

(1) $f(x) = \begin{cases} x + \dfrac{1}{x}, & x \neq 0, \\ 0, & x = 0; \end{cases}$

(2) $f(x) = [|\sin x|]$;

(3) $f(x) = \mathrm{sgn}\,(|x|)$.

3. 设 $f(x) = \lim\limits_{n \to \infty} \dfrac{x^{2n+1} + 1}{x^{2n+1} - x^{n+1} + x}$,确定 $f(x)$ 的间断点.

3.2　区间套定理与列紧性定理

这一节介绍关于实数的两个重要定理,它们是实数理论的组成部分,也是研究连续函数的重要工具.

定理 3.2.1(闭区间套定理)　假定 $[a_n, b_n]$($n \in \mathbb{Z}^+$)是一列闭区间,满足下列条件:

(1) $[a_n, b_n] \supseteq [a_{n+1}, b_{n+1}], n \in \mathbb{Z}^+$;

(2) $\lim\limits_{n \to \infty} (b_n - a_n) = 0$.

则存在惟一一点 ξ,满足

$$\xi \in \bigcap_{n=1}^{\infty} [a_n, b_n]. \tag{3.2.1}$$

证明 由定理条件可以知道，$\{a_n\}$ 是单调非减的有界点列；$\{b_n\}$ 是单调非增的有界点列. 因此分别存在极限

$$\xi = \lim_{n\to\infty} a_n, \quad \eta = \lim_{n\to\infty} b_n.$$

由于 $a_n \leqslant b_n (n \in \mathbb{Z}^+)$，所以根据数列极限的保号性推出 $\xi \leqslant \eta$. 下面证明 $\xi = \eta$.

由 $\{a_n\}$ 单调非减和 $\{b_n\}$ 单调非增推出

$$a_n \leqslant \xi \leqslant \eta \leqslant b_n, \quad n \in \mathbb{Z}^+. \tag{3.2.2}$$

于是 $|\eta - \xi| \leqslant b_n - a_n (n \in \mathbb{Z}^+)$. 再由 $\lim_{n\to\infty}(b_n - a_n) = 0$ 就得到 $|\eta - \xi| = 0$，从而 $\xi = \eta$.

另一方面，由式 (3.2.2) 推出 $\xi \in [a_n, b_n] (n \in \mathbb{Z}^+)$. 从而 $\xi \in \bigcap_{n=1}^{\infty} [a_n, b_n]$.

最后证明满足式 (3.2.1) 的 ξ 是惟一的.

反证：如果有另外一点 ξ_1，满足 $\xi_1 \in \bigcap_{n=1}^{\infty} [a_n, b_n]$，则 ξ 和 ξ_1 满足 $a_n \leqslant \xi \leqslant b_n (n \in \mathbb{Z}^+)$ 和 $a_n \leqslant \xi_1 \leqslant b_n (n \in \mathbb{Z}^+)$. 于是 $|\xi_1 - \xi| \leqslant b_n - a_n (n \in \mathbb{Z}^+)$. 再由 $\lim_{n\to\infty}(b_n - a_n) = 0$ 就得到 $|\xi_1 - \xi| = 0$. 从而 $\xi_1 = \xi$.

注 如果将闭区间 $[a_n, b_n] (n \in \mathbb{Z}^+)$ 改成开区间 $(a_n, b_n) (n \in \mathbb{Z}^+)$，则定理的结论不再成立. 例如考察开区间列 $\left(0, \dfrac{1}{n}\right) (n \in \mathbb{Z}^+)$. 虽然这一列开区间满足定理中的两个条件，但是这一列开区间的交集 $\bigcap_{n=1}^{\infty} \left(0, \dfrac{1}{n}\right)$ 是空集.

定理 3.2.2(列紧性定理)

(1) 任意有界点列 $\{x_n\}$ 包含收敛子列；

(2) 设 $[a, b]$ 为有界闭区间，$\{x_n\} \subseteq [a, b]$. 如果 $\{x_{n_j}\}$ 是 $\{x_n\}$ 的

一个收敛子列,且 $\lim\limits_{j\to\infty}x_{n_j}=\xi$,则 $\xi\in[a,b]$.

证明 (1) 首先用闭区间套定理证明第一个结论.

如果 $\{x_n\}$ 中仅包含有限个不同的点,则至少有一个点在 $\{x_n\}$ 中出现无穷多次,于是由这个定点构成了 $\{x_n\}$ 的一个子列.这个子列显然是收敛的.因此不妨设 $\{x_n\}$ 包含无穷多个不同的点.

假设点列 $\{x_n\}$ 有界.取一个有界闭区间 $[a_1,b_1]$,使 $\{x_n\}\subseteq[a_1,b_1]$.将 $[a_1,b_1]$ 分为两个长度相等的闭区间 $\left[a_1,\dfrac{a_1+b_1}{2}\right]$ 和 $\left[\dfrac{a_1+b_1}{2},b_1\right]$.其中至少有一个闭区间包含 $\{x_n\}$ 中的无穷多个不同的点.记这个区间为 $[a_2,b_2]$.以相同的方式将 $[a_2,b_2]$ 分成两个长度相等的闭区间,至少有一个闭区间包含 $\{x_n\}$ 中的无穷多个不同的点.记这个区间为 $[a_3,b_3]$.于是用这个方法得到一列闭区间 $[a_n,b_n]\,(n\in\mathbb{Z}^+)$,这列闭区间满足下列条件:

① $[a_n,b_n]\supseteq[a_{n+1},b_{n+1}],n\in\mathbb{Z}^+$;

② $\lim\limits_{n\to\infty}(b_n-a_n)=0$.

根据闭区间套定理推出:存在惟一的点 ξ,使得 $\xi=\lim\limits_{n\to\infty}a_n=\lim\limits_{n\to\infty}b_n$.

由于上面的每一个区间 $[a_j,b_j]$ 都包含 $\{x_n\}$ 中的无穷多个不同的点,可以在每个 $[a_j,b_j]$ 中取 $\{x_n\}$ 中的一个 x_{n_j},并且可以做到 $n_{j+1}>n_j$.于是得到 $\{x_n\}$ 的一个子列 $\{x_{n_j}\}$.

注意到 $\xi=\lim\limits_{n\to\infty}a_n=\lim\limits_{j\to\infty}a_{n_j},\xi=\lim\limits_{n\to\infty}b_n=\lim\limits_{j\to\infty}b_{n_j}$,由夹逼原理就推出 $\lim\limits_{n\to\infty}x_{n_j}=\xi$.这就证明了 $\{x_n\}$ 包含收敛子列 $\{x_{n_j}\}$.

(2) 假设 $\{x_n\}\subseteq[a,b]$.如果 $\{x_{n_j}\}$ 是 $\{x_n\}$ 的一个收敛子列,且 $\lim\limits_{j\to\infty}x_{n_j}=\xi$,下面证明 $\xi\in[a,b]$.

由于 $\{x_{n_j}\}$ 包含在 $[a,b]$ 中,所以 $x_{n_j}\leqslant b\,(j=1,2,\cdots)$.于是由极限的保号性立即推出 $\xi\leqslant b$.同样能够推出 $\xi\geqslant a$.因此 $\xi\in[a,b]$.

注 定理 3.2.2 中的结论(2)称为有界闭区间的列紧性.开区

间不具有列紧性. 例如, $\left\{\dfrac{1}{n}\right\}$ 是有界开区间 $(0,1)$ 中的有界点列.
这个点列收敛于 0, 但是 $0 \notin (0,1)$.

作为列紧性定理的应用, 我们来证明柯西收敛准则的充分性:
假设 $\{x_n\}$ 是柯西数列, 求证 $\{x_n\}$ 收敛.

证明　首先证明柯西数列必有界.

对于正数 1, 存在正整数 N, 只要 $n>N, m>N$, 就有 $|x_n-x_m|<1$. 由于 $N+p>N$, 于是对于任意正整数 p, 有 $|x_{N+p}-x_{N+1}|<1$. 由此得到

$$|x_{N+p}|<|x_{N+1}|+1, \quad p=1,2,3,\cdots. \qquad (3.2.3)$$

令 $M=\max\{|x_1|,\cdots,|x_N|,|x_N|+1\}$, 则对于所有的正整数 n, 都有 $|x_n|\leqslant M$. 从而 $\{x_n\}$ 有界.

下面证明 $\lim\limits_{n\to\infty}x_n$ 存在.

因为 $\{x_n\}$ 有界, 根据列紧性定理知, 在 $\{x_n\}$ 中存在子列 $\{x_{n_j}\}$, 使得 $\lim\limits_{j\to\infty}x_{n_j}$ 存在. 令 $A=\lim\limits_{j\to\infty}x_{n_j}$, 下面证明 $\lim\limits_{n\to\infty}x_n=A$.

$\forall \varepsilon>0$, 因为 $\{x_n\}$ 是柯西数列, 所以存在正整数 N, 只要 $n>N, m>N$, 就有

$$|x_n-x_m|<\frac{\varepsilon}{2}. \qquad (3.2.4)$$

又因为 $A=\lim\limits_{j\to\infty}x_{n_j}$, 所以对于上述 ε, 存在正整数 J, 只要 $j>J$, 就有

$$|x_{n_j}-A|<\frac{\varepsilon}{2}. \qquad (3.2.5)$$

取定一个满足式 $(3.2.5)$ 的 n_j, 并不妨设 $n_j>N$. 则由式 $(3.2.4)$ 推出: 对于所有满足不等式 $n>N$ 的 n, 都有

$$|x_n-x_{n_j}|<\frac{\varepsilon}{2}. \qquad (3.2.6)$$

因此, 当 $n>N$ 时, 由式 $(3.2.5)$ 和式 $(3.2.6)$ 推出

$$| x_n - A | \leqslant | x_n - x_{n_j} | + | x_{n_j} - A | < \frac{\varepsilon}{2} + \frac{\varepsilon}{2} = \varepsilon.$$

于是 $\lim\limits_{n \to \infty} x_n = A$.

习　题　3.2

1. 在闭区间套定理中,如果将闭区间改成开区间,结论是否成立? 考察开区间列 $\left(0, \dfrac{1}{n}\right)$ $(n = 1, 2, \cdots)$.

2. 考察 $(0, 1)$ 中所有的有理点排成的点列

$$\frac{1}{2}, \frac{1}{3}, \frac{2}{3}, \frac{1}{4}, \frac{3}{4}, \frac{1}{5}, \frac{2}{5}, \frac{3}{5}, \frac{4}{5}, \cdots.$$

求证:对任意 $x \in [0, 1]$,均有该点列的一个子列收敛于 x.

3. 设 $f(x)$ 在 $[a, +\infty)$ 有定义. 求证 $\lim\limits_{x \to +\infty} f(x)$ 存在的充分必要条件是: $\forall \varepsilon > 0$,存在正数 N,只要 $x_1 > N, x_2 > N$,就有 $|f(x_1) - f(x_2)| < \varepsilon$.

3.3　闭区间上连续函数的性质

这一节介绍有关连续函数的几个重要定理,这些定理在数学理论上有非常重要的价值.

定理 3.3.1(零点定理)　设 $f \in C[a, b]$,$f(a)f(b) < 0$,则存在 $\xi \in (a, b)$,满足 $f(\xi) = 0$.

证明　$f(a)$ 和 $f(b)$ 符号相反,不妨设 $f(a) < 0, f(b) > 0$.

将 $[a, b]$ 分为两个长度相等的闭区间 $\left[a, \dfrac{a+b}{2}\right]$ 和 $\left[\dfrac{a+b}{2}, b\right]$,则会出现以下三种可能:

(1) $f\left(\dfrac{a+b}{2}\right) = 0$,这时可以取 $\xi = \dfrac{a+b}{2}$,于是定理中的 ξ 就已

经找到；

(2) $f\left(\dfrac{a+b}{2}\right)>0$，则令 $[a_1,b_1]=\left[a,\dfrac{a+b}{2}\right]$，于是 $f(a_1)<0$，$f(b_1)>0$；

(3) $f\left(\dfrac{a+b}{2}\right)<0$，则令 $[a_1,b_1]=\left[\dfrac{a+b}{2},b\right]$，于是 $f(a_1)<0$，$f(b_1)>0$.

按照同一方式将 $[a_1,b_1]$ 分为两个长度相等的闭区间，如果区间 $[a_1,b_1]$ 中点的 f 函数值等于零，则定理中的 ξ 就已经找到. 否则，按照 $f(a_2)<0$，$f(b_2)>0$ 的要求在两个区间中选取一个作为 $[a_2,b_2]$. 按照这种方式继续下去，如果在某一步，f 在区间的中点上的函数值等于零，则定理中的 ξ 就已经找到. 否则将这个过程无限继续下去，得到一列闭区间 $[a_n,b_n]$ $(n\in\mathbb{Z}^+)$，这列闭区间满足下列条件：

① $[a_n,b_n]\supseteq[a_{n+1},b_{n+1}]$，$n\in\mathbb{Z}^+$；

② $\lim\limits_{n\to\infty}(b_n-a_n)=0$.

于是根据闭区间套定理推出：存在惟一的点 ξ，使得 $\xi=\lim\limits_{n\to\infty}a_n=\lim\limits_{n\to\infty}b_n$.

根据上面的做法，始终有 $f(a_n)<0$，$f(b_n)>0$. 根据函数 f 的连续性和数列极限的保号性推出

$$f(\xi)=\lim_{n\to\infty}f(a_n)\leqslant 0,\quad f(\xi)=\lim_{n\to\infty}f(b_n)\geqslant 0.$$

由此立即得到 $f(\xi)=0$.

定理 3.3.2（介值定理） 设 $f\in C[a,b]$，$f(a)\neq f(b)$. 则对于介于 $f(a)$ 和 $f(b)$ 之间的任意一个实数 μ，存在 $\xi\in(a,b)$，满足 $f(\xi)=\mu$.

证明 设 μ 是介于 $f(a)$ 和 $f(b)$ 之间的任意一个实数. 考察函数 $g(x)=f(x)-\mu$. 这是一个连续函数，并且 $g(a)=f(a)-\mu$ 和 $g(b)=f(b)-\mu$ 具有相反的符号. 于是根据零点定理推出：存在 $\xi\in(a,b)$，使 $g(\xi)=0$. 也就是 $f(\xi)=\mu$.

注 零点定理是介值定理的特殊情形. 如果在介值定理中令 $\mu=0$, 就得到零点定理.

例 3.3.1 设 m 为奇数, 求证多项式 $p(x)=x^m+a_1x^{m-1}+\cdots+a_{m-1}x+a_m$ 至少有一个零点.

证明 注意到当 $x\to+\infty$ 时, $p(x)\to+\infty$; 当 $x\to-\infty$ 时, $p(x)\to-\infty$. 所以存在 $M>0$, 满足 $f(-M)<0, f(M)>0$. 由于 $p(x)$ 在 $[-M,M]$ 连续, 所以根据零点定理推出, 至少存在一点 ξ, 满足 $p(\xi)=0$.

例 3.3.2 设 $f\in C[a,b]$, 并且满足 $f(a)>a, f(b)<b$. 求证存在 $\xi\in(a,b)$, 使得 $f(\xi)=\xi$.

证明 构造辅助函数 $g(x)=f(x)-x$. 则 $g(a)=f(a)-a>0, g(b)=f(b)-b<0$. 于是根据零点定理推出: 至少存在一点 ξ, 满足 $g(\xi)=0$, 即 $f(\xi)=\xi$.

定理 3.3.3(最大最小值定理) 设 $f\in C[a,b]$, 则

(1) $f(x)$ 在 $[a,b]$ 有界, 即存在正数 M, 使得对于所有的 $x\in[a,b]$, 都有 $|f(x)|\leqslant M$;

(2) 存在 $\xi\in[a,b]$ 和 $\eta\in[a,b]$, 使得

$$f(\xi)=\min\{f(x)\mid a\leqslant x\leqslant b\},$$
$$f(\eta)=\max\{f(x)\mid a\leqslant x\leqslant b\}.$$

证明

(1) 用反证法. 假设 $f(x)$ 在 $[a,b]$ 无界. 则对于任意的自然数 n, 都存在 $x_n\in[a,b]$, 满足 $|f(x_n)|>n$. 于是得到 $[a,b]$ 中的一个点列 $\{x_n\}$, 满足

$$f(x_n)\to\infty,\quad n\to\infty. \tag{3.3.1}$$

根据列紧性定理(定理 3.2.2), 在 $\{x_n\}$ 中存在收敛子列 $\{x_{n_j}\}$, 这个子列的极限 ξ 仍然属于区间 $[a,b]$. 于是由 $f(x)$ 在 $[a,b]$ 的连续性推出 $\lim\limits_{j\to\infty}f(x_{n_j})=f(\xi)$. 由此推出数列 $\{f(x_{n_j})\}$ 有界. 但是, 由式(3.3.1)又推出当 $j\to\infty$ 时, $f(x_{n_j})\to\infty$. 这个矛盾说明 $f(x)$ 在

$[a,b]$ 不能是无界的.

(2) 由于 $f(x)$ 在 $[a,b]$ 有界, 用 m 和 M 分别表示 $f(x)$ 在 $[a,b]$ 的下确界和上确界. 根据上确界的性质, 对于任意的自然数 n, 可以找到一点 $x_n \in [a,b]$, 满足

$$M - \frac{1}{n} \leqslant f(x_n) \leqslant M \qquad (3.3.2)$$

根据列紧性定理(定理 3.2.2), 在 $\{x_n\}$ 中存在收敛子列 $\{x_{n_j}\}$, 这个子列的极限 η 仍然属于区间 $[a,b]$. 于是由 $f(x)$ 在 $[a,b]$ 的连续性推出

$$\lim_{j \to \infty} f(x_{n_j}) = f(\eta). \qquad (3.3.3)$$

另一方面, 由式(3.3.2)推出 $\lim\limits_{n \to \infty} f(x_n) = M$, 从而

$$\lim_{j \to \infty} f(x_{n_j}) = M. \qquad (3.3.4)$$

联合式(3.3.3)和式(3.3.4)得到 $f(\eta) = M$. 这说明 $f(x)$ 在 $[a,b]$ 上能够达到它的上确界, 因而能够达到最大值.

同法可以证明: 存在 $\xi \in [a,b]$, 使得

$$f(\xi) = m = \min\{f(x) \mid a \leqslant x \leqslant b\}.$$

例 3.3.3 连续函数的介值定理的结论可以改成: 设 $f \in C[a,b]$, $m = \min\{f(x) \mid a \leqslant x \leqslant b\}$, $M = \max\{f(x) \mid a \leqslant x \leqslant b\}$. 则对于任意实数 $\mu \in (m,M)$, 存在 $\xi \in (a,b)$, 使得 $f(\xi) = \mu$.

请读者用介值定理和最大最小值定理给出这个结论的证明.

例 3.3.4 设 $f \in C[0, +\infty)$, $f(0) = 0$, $\lim\limits_{x \to +\infty} f(x) = 0$, 且 $f(x)$ 不恒等于零. 求证 $f(x)$ 在 $(0, +\infty)$ 有正的最大值, 或者有负的最小值.

证明 若至少存在一点 x_0, 满足 $f(x_0) > 0$, 下面证明 $f(x)$ 在 $(0, +\infty)$ 有正的最大值, 即存在 $\xi > 0$, 使得 $f(\xi) = \max\{f(x) \mid x \geqslant 0\} > 0$.

由于 $\lim\limits_{x \to +\infty} f(x) = 0$，所以存在 $N > 0$，不妨假设 $N > x_0$，使得当 $x > N$ 时，恒有

$$f(x) < f(x_0). \qquad (3.3.5)$$

在区间 $[0, N]$ 上，对连续函数 $f(x)$ 应用最大最小值定理（定理 3.3.3），可以断定：存在 $\xi \in [0, N]$，使得 $f(\xi) = \max\{f(x) \mid 0 \leqslant x \leqslant N\}$. 由式 (3.3.5) 推出当 $x > N$ 时，$f(x) < f(x_0) \leqslant f(\xi)$. 因为 $f(\xi) > 0$，所以 $\xi > 0$. 因此 $f(\xi)$ 是 $f(x)$ 在 $(0, +\infty)$ 上的正的最大值.

若至少存在一点 x_0，满足 $f(x_0) < 0$. 则同样的方法可以证明 $f(x)$ 在 $(0, +\infty)$ 有负的最小值.

习 题 3.3

复习题

1. 在连续函数的最大最小值定理中，试举例说明：如果将闭区间改成开区间，则结论不再成立.

2. 列紧性定理在最大最小值定理的证明中起了什么作用？

习题

1. 假设 $f \in C[a, b]$，求证 f 的值域 $\{f(x) \mid a \leqslant x \leqslant b\}$ 是一个有界闭区间.

2. 假设 $f \in C[a, b]$，如果 $f(x)$ 在任一点 $x \in [a, b]$ 都不等于零，求证 $f(x)$ 在 $[a, b]$ 不变号.

3. 设 $a_{2m} < 0$. 求证实系数多项式 $x^{2m} + a_1 x^{2m-1} + a_2 x^{2m-2} + \cdots + a_{2m-1} x + a_{2m}$ 至少有两个实零点.

4. 假设 $f \in C[a, b]$，$x_1, x_2, \cdots, x_m \in [a, b]$. 求证存在 $\xi \in [a, b]$，使得

$$f(\xi) = \frac{f(x_1) + f(x_2) + \cdots + f(x_m)}{m}.$$

5. 设 $f \in C(-\infty, +\infty)$，当 $x \to \infty$ 时，$f(x) \to +\infty$. 求证存在 $\xi \in (-\infty, +\infty)$，使得 $f(\xi) = \min\{f(x) \mid -\infty < x < +\infty\}$.

3.4 函数的一致连续性

回忆函数 $f(x)$ 在区间 I 处处连续这个概念：任意确定 $x \in I$. Δx 表示自变量 x 的改变量，$\Delta y = f(x + \Delta x) - f(x)$ 是由 Δx 产生的函数改变量. 则当 $\Delta x \to 0$ 时，$\Delta y \to 0$. 也就是说，如果固定 x，那么一个很小的 Δx 所产生的 Δy 也很小.

现在观察两个函数 $y = \sin x$ 和 $y = \dfrac{1}{x}$ 的图形（图 3.5）. 这两个函数在区间 $(0, +\infty)$ 都是连续的. 但是从图形可以看出，对于函数 $y = \sin x$ 来说，一个很小的 Δx，不论它在什么位置，所产生的 Δy 都是很小的. 但是对于函数 $y = \dfrac{1}{x}$ 就不是这样. 一个很小的 Δx，在某些位置产生的 Δy 很小. 但是在另外的位置，产生的 Δy 很大. 同样一个很小的 Δx，位置越接近于零，所产生的 Δy 就越大. 仔细研究这两个函数的这个区别，就导致一致连续概念的建立.

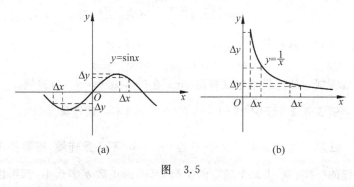

(a)   (b)

图　3.5

如果用 $\varepsilon\text{-}\delta$ 语言，可以这样描述 $f(x)$ 在区间 I 处处连续这个概念：

任取 $x \in I$，对于任意正数 ε，都存在正数 δ，只要 $|\Delta x| < \delta$，就有

$$| \Delta y | = | f(x + \Delta x) - f(x) | < \varepsilon. \qquad (3.4.1)$$

由于先确定 $x \in I$，然后找正数 δ，所以这个 δ 一般与 x 有关. 对于同一个 ε，为了使不等式(3.4.1)成立，不同的 x 所需要的 δ 一般是不相同的. 所以确切地说，应当是 $\delta = \delta_x$.

现在考虑这样的问题：当正数 ε 确定之后，能否找到一个共同的 δ，当 $|\Delta x| < \delta$ 时，对于所有的 $x \in I$，不论这个 x 在区间的任何位置，不等式(3.4.1)都成立？如果能，就说 $f(x)$ 在区间 I 一致连续；如果不能，就说 $f(x)$ 在区间 I 不一致连续. 这就是下述概念.

定义 3.4.1（一致连续性）　假设 $f(x)$ 在区间 I 上有定义. 如果对于任意正数 ε，都存在正数 δ，对于区间 I 中的任意两点 u, v，只要 $|u - v| < \delta$，就有 $|f(u) - f(v)| < \varepsilon$. 则称 $f(x)$ 在区间 I 一致连续(uniformly continous).

例 3.4.1　证明 $f(x) = \sin x$ 在 $(-\infty, +\infty)$ 一致连续.

证明　对于 $(-\infty, +\infty)$ 中的任意两点 u, v，有

$$| f(u) - f(v) | = | \sin u - \sin v |$$

$$= \left| 2\cos \frac{u+v}{2} \sin \frac{u-v}{2} \right| \leqslant | u - v |.$$

对于任意正数 ε，取 $\delta = \varepsilon$. 只要 $|u - v| < \delta$，就有

$$| f(u) - f(v) | \leqslant | u - v | < \varepsilon.$$

于是根据一致连续性定义推出 $\sin x$ 在 $(-\infty, +\infty)$ 一致连续.

例 3.4.2　证明 $f(x) = \dfrac{1}{x}$ 在 $(0, +\infty)$ 不一致连续.

证明　为了证明 $f(x) = \dfrac{1}{x}$ 在 $(0, +\infty)$ 不一致连续，需要指出这样的事实：对于某个确定的正数 ε_0，不论正数 δ 多么小，都可以在区间 $(0, +\infty)$ 找到两个点 u, v. 虽然这两个点满足 $|u - v| < \delta$，但是 $|f(u) - f(v)| = \left| \dfrac{1}{u} - \dfrac{1}{v} \right| \geqslant \varepsilon_0$. 下面给出具体证明.

对于 $\varepsilon_0 = 1$. 不论正数 δ 多么小(不妨设 $\delta < 1$)，令 $u = \delta, v = \dfrac{1}{2}\delta$.

虽然 $|u-v|=\left|\delta-\dfrac{\delta}{2}\right|<\delta$, 但是

$$| f(u)-f(v) | = \left| \frac{1}{u}-\frac{1}{v} \right| = \left| \frac{1}{\delta}-\frac{2}{\delta} \right| = \frac{1}{\delta} \geqslant 1,$$

因此, $f(x)=\dfrac{1}{x}$ 在 $(0,+\infty)$ 不一致连续.

$f(x)$ 在一个区间上处处连续和一致连续是两个不同的概念. 前者的含义是 $f(x)$ 在区间的每个点处都连续. 函数 $f(x)$ 在一点 x 连续是该函数在点 x 附近的局部性质; $f(x)$ 在一个区间上处处连续是局部性质的总和; 而 $f(x)$ 在一个区间上一致连续是该函数在这个区间上的一种整体性质.

由一致连续的定义看出: 一致连续必然处处连续. 但是, 处处连续不能推出一致连续. 但是, 在有界闭区间上连续的函数一定是一致连续的. 这就是下面的重要定理.

定理 3.4.1 设 $[a,b]$ 为有界闭区间. 如果 $f\in C[a,b]$, 则 $f(x)$ 在 $[a,b]$ 一致连续.

证明 用反证法. 假设 $f(x)$ 在 $[a,b]$ 不一致连续, 则对于某个正数 ε_0, 不论正数 δ 多么小, 都可以在区间 $[a,b]$ 找到两个点 u,v. 虽然这两个点满足 $|u-v|<\delta$, 但是 $|f(u)-f(v)|\geqslant\varepsilon_0$. 于是在区间 $[a,b]$ 存在两点 u_1 和 v_1, 满足

$$| u_1-v_1 | < 1, \quad | f(u_1)-f(v_1) | \geqslant \varepsilon_0.$$

同样, 在区间 $[a,b]$ 存在两点 u_2 和 v_2, 满足

$$| u_2-v_2 | < \frac{1}{2}, \quad | f(u_2)-f(v_2) | \geqslant \varepsilon_0.$$

如此下去, 可以得到 $[a,b]$ 中的两个点列 $\{u_n\}$ 和 $\{v_n\}$, 满足

$$| u_n-v_n | < \frac{1}{n}, | f(u_n)-f(v_n) | \geqslant \varepsilon_0, \quad n \in \mathbb{Z}^+.$$

$$(3.4.2)$$

$\{u_n\}$ 是有界点列, 根据列紧性定理 (定理 3.2.2), 存在收敛子

列 $\{u_{n_j}\}$. 并且这个子列的极限 $\xi \in [a,b]$. 另一方面, 由式 (3.4.2)
推出 $|u_{n_j} - v_{n_j}| < \dfrac{1}{n_j} (j=1,2,\cdots)$. 因此 $\{v_n\}$ 的子列 $\{v_{n_j}\}$ 也收敛于
$\xi \in [a,b]$. 于是由 $f(x)$ 连续推出

$$\lim_{j\to\infty} f(u_{n_j}) = \lim_{j\to\infty} f(v_{n_j}) = f(\xi).$$

这个等式显然与式 (3.4.2) 冲突. 这说明, 关于 $f(x)$ 在 $[a,b]$ 不一
致连续的假设是不正确的. 因此 $f(x)$ 在 $[a,b]$ 一致连续.

例 3.4.3 设 $f \in C[0,+\infty)$, 并且 $\lim\limits_{x\to+\infty} f(x)$ 存在. 证明 $f(x)$
在 $[0,+\infty)$ 一致连续.

注 由于 $[0,+\infty)$ 是无穷区间, 所以由连续一般不能推出一
致连续.

证明 设 $\lim\limits_{x\to+\infty} f(x) = A$. 对于任意正数 ε, 存在正数 N. 对于
所有满足 $x > N$ 的 x, 都有 $|f(x) - A| < \dfrac{\varepsilon}{2}$. 于是, 只要 $u > N, v >$
N, 就有

$$|f(u) - f(v)| < |f(u) - A| + |f(v) - A|$$

$$< \frac{\varepsilon}{2} + \frac{\varepsilon}{2} = \varepsilon. \tag{3.4.3}$$

$[0,N+1]$ 是有界闭区间, 所以由定理 3.4.1 推出: $f(x)$ 在
$[0,N+1]$ 一致连续. 于是对于上述 ε, 存在正数 δ (不妨设 $\delta < 1$).
对于 $[0,N+1]$ 中的任意两点 u,v, 只要 $|u-v| < \delta(<1)$, 就有

$$|f(u) - f(v)| < \varepsilon. \tag{3.4.4}$$

为了证明 $f(x)$ 在 $[0,+\infty)$ 一致连续, 只需要证明: 对于 $[0,+\infty)$
中的任意两点 u,v, 只要 $|u-v| < \delta$, 就有 $|f(u) - f(v)| < \varepsilon$. 下面
给出证明细节.

当 u,v 满足 $|u-v| < \delta$ 时, 有以下两种情形:

(1) $u \in [0,N+1], v \in [0,N+1]$. 此时, 由式 (3.4.4) 推出
$|f(u) - f(v)| < \varepsilon$.

(2) $u > N, v > N$, 此时由式(3.4.3)推出$|f(u) - f(v)| < \varepsilon$.

这就是说, 不论$u, v \in [0, +\infty)$在什么位置, 只要$|u - v| < \delta$, 就有$|f(u) - f(v)| < \varepsilon$. 因此$f(x)$在$[0, +\infty)$一致连续.

<h1 style="text-align:center">习 题 3.4</h1>

复习题

1. 函数在区间上的处处连续和一致连续有什么区别? 有什么联系?

2. 举例说明: 在有界开区间或者无穷区间上连续的函数未必是一致连续的.

3. 列紧性定理在定理 3.4.1 的证明中起了什么作用?

习题

1. 假设 I 是一个有界区间(开或闭), $f(x)$ 在 I 上一致连续, 求证 $f(x)$ 在 I 上有界. 即存在正数 M, 使得对于所有的 $x \in I$, 都有$|f(x)| \leqslant M$.

2. 设 $f(x)$ 在 I 上有定义. 并且存在正数 L 和 α, 对于 I 中任意两点 u, v, 有$|f(u) - f(v)| \leqslant L|u - v|^{\alpha}$. 求证 $f(x)$ 在 I 上一致连续. 如果 $\alpha > 1$, 求证 $f(x)$ 在 I 上恒等于常数.

3. 求证$\sqrt{x}$在$[0, +\infty)$一致连续.

4. 求证 x^2 在$[0, +\infty)$不一致连续.

<h1 style="text-align:center">第 3 章补充题</h1>

1. 设 a_1, a_2, a_3 为正数, $\lambda_1 < \lambda_2 < \lambda_3$, 则方程

$$\frac{a_1}{x - \lambda_1} + \frac{a_2}{x - \lambda_2} + \frac{a_3}{x - \lambda_3} = 0$$

在(λ_1, λ_2)和(λ_2, λ_3)各有一个实根.

2. 设 $f \in C[0, 2a]$,且 $f(0) = f(2a)$,求证存在点 $x \in [0, a]$,使得
$$f(x) = f(x+a).$$

3. 设 $f \in C[0, 1]$,$f(0) = f(1)$,试证:

(1) 存在 $\xi \in [0, 1]$,使 $f(\xi) = f\left(\xi + \frac{1}{2}\right)$;

(2) $\forall n \in \mathbb{Z}^+$,存在 $\xi \in [0, 1]$,使 $f(\xi) = f\left(\xi + \frac{1}{n}\right)$.

4. 设 f 在 $(-\infty, +\infty)$ 上有定义,并满足 $f(2x) = f(x)$,试证:如果 f 在点 $x = 0$ 连续,则 f 在 $(-\infty, +\infty)$ 上为常数.

5. 设 f 在 $(0, +\infty)$ 上有定义,并满足 $f(x^2) = f(x)$,试证:如果 f 在点 $x = 1$ 处连续,则 $f(x)$ 恒为常数.

6. 设 f 在 $(-\infty, +\infty)$ 上有定义,并且存在 $q \in (0, 1)$,使得
$$|f(x) - f(y)| \leqslant q|x - y|, \quad \forall x, y \in (-\infty, +\infty).$$
任取 $a_0 \in (-\infty, +\infty)$,令 $a_1 = f(a_0)$,$a_n = f(a_{n-1})$$(n = 2, 3, \cdots)$,求证:点列 $\{a_n\}$ 收敛于某个点 a,并且 a 是 f 的惟一不动点(即有 $f(a) = a$).

7. 设 $f \in C(-\infty, +\infty)$,并且满足
$$f(x+y) = f(x) + f(y), \quad \forall x, y \in (-\infty, +\infty).$$
求证:存在常数 a,使得 $f(x) = ax$.

8. 设 $f \in C[0, +\infty)$,如果 $\lim\limits_{x \to +\infty} [f(x) - x] = 0$,则 f 在 $[0, +\infty)$ 上一致连续.

9. 设 $f \in C[0, +\infty)$,如果 $\lim\limits_{x \to +\infty} [f(x) - x^2] = 0$,则 f 在 $[0, +\infty)$ 上非一致连续.

10. 设 A 和 B 是平面上的两个互不相交的区域(平面区域指由连续闭曲线围成的部分),用连续函数的介值定理解释:(1)存在直线 l,将区域 A 分成面积相等的两个区域;(2)存在直线 l,将区域 A 和 B 同时分成面积相等的两个区域;(3)存在两条相互垂直的直线 l_1 和 l_2,将区域 A 分成面积相等的四个区域.

11. 在平面上满足条件 $\lim\limits_{n \to \infty} \sqrt[n]{x^{2n} + y^{2n}} = 1$ 的 (x, y) 组成的集合是什么?

12. 假设 $f \in C[0, 1]$,$f(0) = f(1) = 0$,当 $0 < x < 1$ 时 $f(x) > 0$.求证:对于任意正数 $r \in (0, 1)$,存在 $\xi \in [0, 1]$,使得 $\xi + r < 1$,并且 $f(\xi + r) = f(\xi)$.

13. 举例说明:若在上题中若缺少 $f(x)$ 非负这个条件,则结论一般不再

成立.

14. 设物体用 100s 连续移动距离 100m.

(1) 求证存在某个时刻 $t_0(0 < t_0 < 100)$,使得在时间段 $[t_0, t_0 + 10]$ 中物体恰好移动了 10m;

(2) 求证存在某个时刻 $t_0(0 < t_0 < 100)$,使得在时间段 $[t_0, t_0 + 20]$ 中物体恰好移动了 20m;

(3) 能否证明:存在某个时刻 $t_0(0 < t_0 < 100)$,使得在时间段 $[t_0, t_0 + 30]$ 中物体恰好移动了 30m?

(4) 能否证明:对于任意的正数 $s(0 < s < 100)$,是(否)存在某个时刻 $t_0(0 < t_0 < 100)$,使得在时间段 $[t_0, t_0 + s]$ 中物体恰好移动了 sm?

第4章 导数与微分

导数与积分是微积分的两大基本概念. 这两个概念早在牛顿之前就被广泛地研究. 牛顿和莱布尼茨发现了这两个表面上看起来相反的概念的内在联系之后, 微积分形成一个统一的整体, 并且获得空前的发展. 牛顿和莱布尼茨已经意识到, 需要用极限描述导数和积分. 但是由于没有用正确的方法建立极限理论, 导数和积分的概念长期被"无穷小量"、"微分"和"最终比"等说法掩盖而含糊不清. 直到牛顿以后一百多年, 柯西等人才用正确的方法建立了极限理论, 使得导数和积分概念得到了严格、清晰地表述, 被置于科学的基础之上.

与导数密切相关的另一个概念是微分. 其实, 在牛顿和莱布尼茨以及其后的相当一段历史时期, "微分"表示一个"无穷小的量", 对于函数进行"微分", 就是求函数导数的过程. 由于这个概念缺少合理的基础, 并且仅仅是在求导数的过程中出现, 没有独立的位置, 所以已经被抛弃. 但是另一个"微分"概念却在微积分的发展中出现了, 这就是本章要研究的另一个重要概念.

导数不仅本身具有广阔的应用背景, 而且是研究函数的重要工具. 这个问题将在下一章详细地介绍.

本章要分别建立导数和微分的概念, 然后用主要的篇幅介绍求导数的方法.

4.1 导数的概念

4.1.1 导数

我们通过一个经典的例子, 引出导数这个重要概念.

1. 运动物体的瞬时速度

考察在 x 轴上作直线运动的质点, 假定它的运动规律(以运动距离作为时间的函数表示)为 $x = x(t)$，求在时刻 t_0 的瞬时速度.

取一段小的时间间隔 Δt，在 t_0 到 $t_0 + \Delta t$ 这一段时间内，质点走过的距离为 $x(t_0 + \Delta t) - x(t_0)$，于是在这段时间中质点的平均速度为

$$\frac{x(t_0 + \Delta t) - x(t_0)}{\Delta t}.$$

显然，Δt 越小，这个平均速度就越接近质点在时刻 t_0 的瞬时速度. 因此，如果极限

$$\lim_{\Delta t \to 0} \frac{x(t_0 + \Delta t) - x(t_0)}{\Delta t}$$

存在，那么这个极限值就是质点在时刻 t_0 的瞬时速度.

如果我们抛开这个问题的具体物理背景，只关心它的数学意义，就可以引出函数导数的概念.

定义 4.1.1 假设函数 f 在点 x_0 及其附近有定义，如果极限

$$\lim_{\Delta x \to 0} \frac{f(x_0 + \Delta x) - f(x_0)}{\Delta x} \tag{4.1.1}$$

存在，则称函数 f 在点 x_0 **可导**，并且称这个极限值为函数 f 在点 x_0 的**导数**(derivative).

f 在点 x_0 的导数记作 $f'(x_0)$ 或者 $\left.\dfrac{\mathrm{d}f}{\mathrm{d}x}\right|_{x=x_0}$. 如果函数表达式为 $y = f(x)$，那么导数也可以写作 $\left.\dfrac{\mathrm{d}y}{\mathrm{d}x}\right|_{x=x_0}$.

函数 f 在点 x_0 的导数实际上就是 f 在点 x_0 这一点因变量关于自变量的变化率. 由导数定义立即可以看出，运动质点在时刻 t_0 的瞬时速度就是距离对于时间 t 的导数.

例 4.1.1 设有长度为 a 的质量不均匀细杆，取杆的一端为坐标原点，杆所在的直线为 x 轴，并且用 $m(x)$ 表示细杆在区间 $[0, x]$ 中的质量. 点 x_0 是 $[0, a]$ 中一点，对于自变量的增量 $\Delta x =$

$x - x_0$，比值 $\dfrac{m(x_0 + \Delta x) - m(x_0)}{\Delta x}$ 表示的是细杆在 $[x_0, x_0 + \Delta x]$ 一段的平均质量密度. 它的极限，即质量函数 $m(x)$ 关于 x 在点 x_0 的导数

$$m'(x_0) = \lim_{\Delta x \to 0} \frac{m(x_0 + \Delta x) - m(x_0)}{\Delta x}$$

就是细杆在点 x_0 的线密度.

在导数定义中，Δx 称为自变量的改变量（increament），$\Delta f = f(x_0 + \Delta x) - f(x_0)$ 称为函数值的改变量，其中 Δx 既可以取正值，又可以取负值（但不能取零）.

考察比值

$$\frac{f(x_0 + \Delta x) - f(x_0)}{\Delta x}$$

的两个单侧极限

$$\lim_{\Delta x \to 0^-} \frac{f(x_0 + \Delta x) - f(x_0)}{\Delta x}, \qquad \lim_{\Delta x \to 0^+} \frac{f(x_0 + \Delta x) - f(x_0)}{\Delta x}.$$

$$\text{(4.1.2)}$$

如果前一个极限存在，则称其为函数 f 在点 x_0 的**左导数**（left derivative）；如果后一个极限存在，则称其为函数 f 在点 x_0 的**右导数**（right derivative）. f 在点 x_0 的左、右导数分别记作 $f'_-(x_0)$ 和 $f'_+(x_0)$.

显然，函数 f 在点 x_0 存在导数的充分必要条件是 f 在点 x_0 的左、右导数都存在并且相等.

如果 f 在区间 I 中的每个点都可导，就称 f 在区间 I 上可导. 这时，$f'(x)$ 是定义在区间 I 上的一个函数，称其为 f 的**导函数**，简称**导数**. 当区间为有界闭区间 $[a, b]$ 时，f 在区间 $[a, b]$ 上可导是指 f 在 $[a, b]$ 的每一个内点可导，在 a, b 两点分别存在右导数和左导数.

如果 $f'(x)$ 在区间 I 上连续，则称 f 在 I 上连续可导，并记作 $f \in C^1(I)$.

2. 曲线的切线问题

设曲线 L 由方程 $y = f(x)(a \leqslant x \leqslant b)$ 确定，$x_0 \in (a, b)$ 为一确定点. 考察曲线 L 在点 $M(x_0, y_0 = f(x_0))$ 的切线问题(图 4.1).

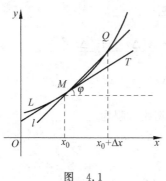

在曲线 L 上点 $M(x_0, y_0)$ 的附近任取一点 $Q(x, y)$，通过这两点作曲线的割线 MQ，割线对于 x 轴的倾角为 φ，则割线的斜率等于

$$\tan\varphi = \frac{\Delta y}{\Delta x},$$

图 4.1

其中 $\Delta x = x - x_0$，$\Delta y = f(x) - f(x_0)$. 当 $\Delta x \to 0$ 时，点 $Q(x, y)$ 沿曲线 $L: y = f(x)$ 趋向于点 $M(x_0, y_0)$，与此同时，如果割线 MQ 趋向于一个极限位置 MT，则称直线 MT 为曲线 L 在点 $M(x_0, y_0)$ 的**切线**. 如果函数 f 在点 x_0 可导，那么切线 MT 的斜率就等于 $\lim\limits_{\Delta x \to 0} \dfrac{\Delta y}{\Delta x} = f'(x_0)$. 这就是说，导数 $f'(x_0)$ 的几何意义是：$f'(x_0)$ 等于曲线 $L: y = f(x)$ 在点 $M(x_0, y_0)$ 的切线斜率. 于是如果 $f'(x_0)$ 存在，那么曲线 $L: y = f(x)$ 在点 $M(x_0, y_0)$ 的切线方程就是

$$y - f(x_0) = f'(x_0)(x - x_0). \tag{4.1.3}$$

过曲线 L 上点 $M(x_0, y_0)$，并与曲线 L 在该点的切线垂直的直线称为曲线在点 $M(x_0, y_0)$ 的**法线**. 当切线不与 x 轴平行，即 $f'(x_0) \neq 0$ 时，法线的方程为

$$y - f(x_0) = -\frac{1}{f'(x_0)}(x - x_0). \tag{4.1.4}$$

当切线与 x 轴平行，即 $f'(x_0) = 0$ 时，曲线 L 在点 $M(x_0, y_0)$ 有竖直法线 $x = x_0$.

例 4.1.2 求曲线 $L: y = x^3$ 在其上任意一点 (x, x^3) 的切线

与法线.

解　函数在任意一点 x 的导数为

$$f'(x) = \lim_{\Delta x \to 0} \frac{(x + \Delta x)^3 - x^3}{\Delta x}$$

$$= \lim_{\Delta x \to 0} \frac{x^3 + 3x^2 \Delta x + 3x(\Delta x)^2 + (\Delta x)^3 - x^3}{\Delta x}$$

$$= \lim_{\Delta x \to 0} \frac{3x^2 \Delta x + 3x(\Delta x)^2 + (\Delta x)^3}{\Delta x} = 3x^2.$$

于是曲线 $L: y = x^3$ 在点 (x, x^3) 的切线方程为

$$Y - x^3 = 3x^2(X - x);$$

当 $x \neq 0$ 时,法线方程为

$$Y - x^3 = -\frac{1}{3x^2}(X - x),$$

其中点 (X, Y) 表示切线或法线上的动点;当 $x = 0$ 时,曲线 $L: y = x^3$ 在点的切线方程为 $y = 0$,法线方程为 $x = 0$.

函数的可导性是一个很强的条件,它可以推出函数的连续性,即有下述定理.

定理 4.1.1　如果 f 在点 x_0 可导,则 f 在点 x_0 连续.

证明　当 f 在点 x_0 可导时,极限 $\lim\limits_{\Delta x \to 0} \dfrac{\Delta y}{\Delta x} = \lim\limits_{\Delta x \to 0} \dfrac{f(x_0 + \Delta x) - f(x_0)}{\Delta x}$ 存在,即有

$$\Delta y = f(x_0 + \Delta x) - f(x_0) = f'(x_0)\Delta x + o(\Delta x).$$

于是,当 $\Delta x \to 0$ 时,也有 $\Delta y \to 0$,从而 f 在点 x_0 连续.

一般地,由函数的连续性不能推出可导性,例如函数 $y = |x|$ 在点 $x_0 = 0$ 连续,但是极限 $\lim\limits_{\Delta x \to 0} \dfrac{|\Delta x|}{\Delta x}$ 不存在,即导数 $\left.\dfrac{\mathrm{d}y}{\mathrm{d}x}\right|_{x=0}$ 不存在.

直至 19 世纪初,一般人仍认为每个连续函数都是可导的,只可能在一些孤立点上发生例外. 德国数学家,被称为"现代分析之父"的数学大师魏尔斯特拉斯于 1872 年 7 月 18 日在柏林科学院的一次演讲中,正式给出了一个处处连续但处处不可导的函数的例子:

$$f(x) = \sum_{n=0}^{\infty} b^n \cos{(a^n \pi x)},$$

其中 a 为奇数, $b \in (0,1)$, 满足 $ab > 1 + \dfrac{3\pi}{2}$ (有关的证明需要函数级数理论, 这里从略). 这件事情具有重大的意义, 它不仅说明了连续性并不蕴含可导性, 也说明了函数可以具有各种各样的与人们的直观相悖的反常性质.

4.1.2 求导举例

以下, 我们用导数的定义计算几个函数的导数.

例 4.1.3 求常数函数 $f(x) = c$ 的导数.

解 由导数定义 (注意到 $\Delta x \neq 0$) 得到

$$\lim_{\Delta x \to 0} \frac{f(x + \Delta x) - f(x)}{\Delta x} = \lim_{\Delta x \to 0} \frac{c - c}{\Delta x} = 0.$$

所以 $c' = 0$.

例 4.1.4 求 $\sin x$ 和 $\cos x$ 的导数.

解 对于任意的 $x \in (-\infty, +\infty)$, 有

$$\begin{aligned}
(\sin x)' &= \lim_{\Delta x \to 0} \frac{\sin(x + \Delta x) - \sin x}{\Delta x} \\
&= \lim_{\Delta x \to 0} \frac{2\sin\dfrac{\Delta x}{2}\cos\left(x + \dfrac{\Delta x}{2}\right)}{\Delta x} \\
&= \lim_{\Delta x \to 0} \frac{2\sin\dfrac{\Delta x}{2}}{\Delta x} \lim_{\Delta x \to 0}\cos\left(x + \dfrac{\Delta x}{2}\right) = \cos x.
\end{aligned}$$

同样的方法可以得到 $(\cos x)' = -\sin x$.

例 4.1.5 求对数函数 $y = \log_a x (a > 0)$ 和 $y = \ln x$ 的导数.

解 当 $x > 0$ 时, 有

$$\frac{\mathrm{d}y}{\mathrm{d}x} = (\log_a x)' = \lim_{\Delta x \to 0} \frac{\log_a(x + \Delta x) - \log_a x}{\Delta x}$$

$$= \lim_{\Delta x \to 0} \frac{1}{x} \log_a \left(1 + \frac{\Delta x}{x} \right)^{\frac{x}{\Delta x}}$$

$$= \frac{1}{x} \lim_{\Delta x \to 0} \log_a \left[\left(1 + \frac{\Delta x}{x} \right)^{\frac{x}{\Delta x}} \right]$$

$$= \frac{1}{x} \log_a \mathrm{e} = \frac{1}{x \ln a}.$$

当 $a = \mathrm{e}$ 时,得到

$$(\ln x)' = \frac{1}{x}.$$

例 4.1.6　求指数函数 $y = a^x (a > 0)$ 和 $y = \mathrm{e}^x$ 的导数.

解　对于任意的 x,有

$$(a^x)' = \lim_{\Delta x \to 0} \frac{a^{x+\Delta x} - a^x}{\Delta x} = \lim_{\Delta x \to 0} \frac{a^x (a^{\Delta x} - 1)}{\Delta x}$$

$$= a^x \lim_{\Delta x \to 0} \frac{(a^{\Delta x} - 1)}{\Delta x} = a^x \ln a, \quad a > 0.$$

当 $a = \mathrm{e}$ 时,得到

$$(\mathrm{e}^x)' = \mathrm{e}^x.$$

例 4.1.7　求曲线 $y = x^{\frac{1}{3}}$ 当 $x = 1$ 和 $x = 0$ 时的切线方程.

解　由于 $\dfrac{\mathrm{d}y}{\mathrm{d}x}\bigg|_{x=1} = \lim_{\Delta x \to 0} \dfrac{(1+\Delta x)^{\frac{1}{3}} - 1}{\Delta x} = \dfrac{1}{3}$,并且当 $x = 1$ 时,

$y = 1$,所以曲线 $y = x^{\frac{1}{3}}$ 在点 $(1,1)$ 的切线方程为

$$y - 1 = \frac{1}{3}(x - 1).$$

在点 $x = 0$,当 $\Delta x \to 0$ 时,

$$\frac{(\Delta x)^{\frac{1}{3}}}{\Delta x} \to +\infty,$$

所以 $\dfrac{\mathrm{d}y}{\mathrm{d}x}\bigg|_{x=0}$ 不存在. 这时,我们称函数 $y =$

$x^{\frac{1}{3}}$ 在点 $x = 0$ 有无穷导数. 它表示曲线

$y = x^{\frac{1}{3}}$ 在点 $(0,0)$ 有一条与 x 轴垂直的切

线 $x = 0$(图 4.2).

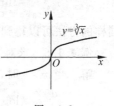

图 4.2

习　题　4.1

复习题

1. 函数 $f(x)$ 在点 x_0 处的导数 $f'(x_0)$ 反映了 $f(x)$ 的什么特性？

2. 连续点、可导点都是函数在一点的性质，请说明它们之间的相互关系.

3. 导数和左、右导数是什么关系，举出左、右导数都存在但不相等的例子.

4. 找一个 $f(x)$，在 $x=0$ 连续，但是左、右导数都不存在也不等于无穷.

习题

1. 当物体温度高于室内温度时，物体就会逐渐冷却. 设物体温度 T 与时间 t 的函数关系为 $T=T(t)$，试求物体在时刻 t 的冷却速率.

2. 求等边三角形的面积关于其边长的变化率.

3. 求球体体积关于其半径的变化率. 并问：该变化率与这个球的表面积是什么关系？

4. 利用导数定义求函数在指定点的导数：

(1) $f(x)=-5, x_0=2$；　　(2) $f(x)=-2x+1, x_0=1$；

(3) $f(x)=\dfrac{1}{x}, x_0=-2$；　(4) $y=\cos x, x_1=0, x_2=\dfrac{\pi}{2}$；

(5) $f(x)=\sqrt{x}, x_0=4$；

(6) $f(x)=\begin{cases} x^{\frac{1}{2}}, & x>1, \\ \dfrac{x}{2}+\dfrac{1}{2}, & x\leqslant 1, \end{cases} \quad x_0=1.$

5. 证明下列函数在其定义域内每一点处都可导，并求其导数：

(1) $f(x)=ax+b$ $(a,b$ 为常数$)$；　(2) $f(x)=\sqrt{x^3}$；

(3) $f(x) = \dfrac{1}{2x}$；　　　　　　　　(4) $f(x) = \sin 3x$；

(5) $f(x) = x^{\frac{1}{n}}$ $(x \neq 0, n$ 为正整数$)$.

6. 研究下列分段函数在分段点处的可导性,若可导,求出导数值:

(1) $y = |x - 3|$,在点 $x = 3$；

(2) $y = \begin{cases} x, & x < 0, \\ \ln(1+x), & x \geqslant 0, \end{cases}$ 在点 $x = 0$；

(3) $f(x) = |x| + 2x$,在点 $x = 0$；

(4) $g(x) = \begin{cases} 3x^2 + 4x, & x < 0, \\ x^2 - 1, & x \geqslant 0, \end{cases}$ 在点 $x = 0$；

(5) $y(x) = \begin{cases} x\sin\dfrac{1}{x}, & x \neq 0, \\ 0, & x = 0, \end{cases}$ 在点 $x = 0$；

(6) $y(x) = \begin{cases} \dfrac{1}{1 + \mathrm{e}^{1/x}}, & x \neq 0, \\ 0, & x = 0, \end{cases}$ 在点 $x = 0$.

7. 设函数 $f(x)$在点 x_0 处可导,求 $\lim\limits_{n \to \infty} n\left[f\left(x_0 + \dfrac{1}{n}\right) - f(x_0) \right]$.

8. 设函数 $f(x)$在点 x_0 处可导,则

$$\lim_{h \to 0} \frac{f(x_0 + h) - f(x_0 - h)}{2h} = f'(x_0).$$

反之,若此极限存在,问: $f(x)$在点 x_0 是否可导?

9. 假设 $f'(a)$存在,试求: $\lim\limits_{h \to 0} \dfrac{f(a - h) - f(a)}{h}$.

10. 假设 $f(x)$在点 a 处可导,并令

$$g(x) = \begin{cases} \dfrac{f(x) - f(a)}{x - a}, & x \neq a, \\ f'(a), & x = a. \end{cases}$$

试证: $g(x)$在 a 处连续.

11. 设 $f(x) = \begin{cases} x^2, & x \leqslant x_0, \\ ax+b, & x > x_0, \end{cases}$ 为了使函数 $f(x)$ 在点 x_0 处可导,应当如何选取系数 a 和 b?

12. 证明:

(1) 可导偶函数的导函数为奇函数;

(2) 可导奇函数的导函数为偶函数;

(3) 可导周期函数,其导函数为具有相同周期的周期函数.

4.2 导数的运算法则

在上一节,我们从导数定义出发,直接求出了一些基本初等函数的导数.下面,我们对于求导运算建立若干法则,利用这些法则,可以很方便地计算任意初等函数的导数.

4.2.1 导数的四则运算

定理 4.2.1 假定函数 f, g 在点 x 都可导,则

(1) 函数 $f+g$ 在点 x 可导,并且
$$(f+g)'(x) = f'(x) + g'(x);$$

(2) 对于任意常数 c,函数 cf 在点 x 也可导,并且
$$(cf)'(x) = cf'(x);$$

(3) 函数 fg 在点 x 也可导,并且
$$(fg)'(x) = f'(x)g(x) + f(x)g'(x);$$

(4) 如果 $g(x) \neq 0$,则 $\dfrac{f}{g}$ 在点 x 也可导,并且
$$\left(\frac{f}{g}\right)'(x) = \frac{f'(x)g(x) - g'(x)f(x)}{g^2(x)}.$$

证明　(1) 记

$$\Delta f = f(x+\Delta x) - f(x), \quad \Delta g = g(x+\Delta x) - g(x);$$

$$\Delta(f+g) = (f+g)(x+\Delta x) - (f+g)(x)$$
$$= [f(x+\Delta x) + g(x+\Delta x)] - [f(x) + g(x)].$$

设函数 f, g 在点 x 都可导,则

$$(f+g)'(x) = \lim_{\Delta x \to 0} = \frac{\Delta(f+g)}{\Delta x} = \lim_{\Delta x \to 0} \frac{\Delta f}{\Delta x} + \lim_{\Delta x \to 0} \frac{\Delta g}{\Delta x}$$
$$= f'(x) + g'(x).$$

(2) 设函数 f 在点 x 可导,则对于任意常数 c,有

$$(cf)'(x) = \lim_{\Delta x \to 0} \frac{\Delta(cf)}{\Delta x} = c \lim_{\Delta x \to 0} \frac{\Delta f}{\Delta x} = cf'(x).$$

(3) 当函数 f, g 在点 x 都可导时,有

$$(fg)'(x) = \lim_{\Delta x \to 0} \frac{\Delta(fg)}{\Delta x}$$

$$= \lim_{\Delta x \to 0} \frac{f(x+\Delta x)g(x+\Delta x) - f(x)g(x)}{\Delta x}$$

$$= \lim_{\Delta x \to 0} \Big(\frac{f(x+\Delta x)g(x+\Delta x) - f(x+\Delta x)g(x)}{\Delta x}$$

$$+ \frac{f(x+\Delta x)g(x) - f(x)g(x)}{\Delta x} \Big)$$

$$= \lim_{\Delta x \to 0} \frac{f(x+\Delta x)(g(x+\Delta x) - g(x))}{\Delta x}$$

$$+ \lim_{\Delta x \to 0} \frac{g(x)(f(x+\Delta x) - f(x))}{\Delta x}$$

$$= f(x) \lim_{\Delta x \to 0} \frac{g(x+\Delta x) - g(x)}{\Delta x}$$

$$+ g(x) \lim_{\Delta x \to 0} \frac{f(x+\Delta x) - f(x)}{\Delta x}$$

$$= f'(x)g(x) + g'(x)f(x).$$

（4）当函数 f,g 在点 x 都可导，并且 $g(x) \neq 0$ 时，有

$$\Delta\left(\frac{f}{g}\right) = \frac{f(x+\Delta x)}{g(x+\Delta x)} - \frac{f(x)}{g(x)}$$

$$= \frac{f(x+\Delta x)g(x) - g(x+\Delta x)f(x)}{g(x+\Delta x)g(x)}$$

$$= \frac{[f(x+\Delta x) - f(x)]g(x) - [g(x+\Delta x) - g(x)]f(x)}{g(x+\Delta x)g(x)},$$

所以

$$\Delta\left(\frac{f}{g}\right)\Big/\Delta x = \frac{1}{g(x+\Delta x)g(x)}\left[\frac{f(x+\Delta x) - f(x)}{\Delta x}g(x)\right.$$

$$\left. - \frac{g(x+\Delta x) - g(x)}{\Delta x}f(x)\right].$$

因此

$$\left(\frac{f}{g}\right)'(x) = \lim_{\Delta x \to 0} \frac{\Delta\left(\dfrac{f}{g}\right)}{\Delta x}$$

$$= \lim_{\Delta x \to 0} \frac{1}{g(x+\Delta x)g(x)}\left[\frac{f(x+\Delta x) - f(x)}{\Delta x}g(x)\right.$$

$$\left. - \frac{g(x+\Delta x) - g(x)}{\Delta x}f(x)\right]$$

$$= \frac{f'(x)g(x) - g'(x)f(x)}{g^2(x)}.$$

例 4.2.1 设 $y = x\sin x + e^x\cos x$，计算 $y'(x)$.

解 根据定理 4.2.1 的（1）和（3），我们有

$$y'(x) = (x\sin x + e^x\cos x)' = (x\sin x)' + (e^x\cos x)'$$

$$= x'\sin x + x(\sin x)' + (e^x)'\cos x + e^x(\cos x)'$$

$$= \sin x + x\cos x + e^x\cos x - e^x\sin x.$$

例 4.2.2　求 $(\tan x)'$ 和 $(\cot x)'$.

解　根据定理 4.2.1 的(4),有

$$(\tan x)' = \left(\frac{\sin x}{\cos x}\right)'$$

$$= \frac{(\sin x)'\cos x - (\cos x)'\sin x}{\cos^2 x}$$

$$= \frac{\sin^2 x + \cos^2 x}{\cos^2 x} = \frac{1}{\cos^2 x} = \sec^2 x.$$

同样可以得到

$$(\cot x)' = -\csc^2 x.$$

例 4.2.3　求 $(\sec x)'$ 和 $(\csc x)'$.

解　利用定理 4.2.1 的(4),可以得到

$$(\sec x)' = \left(\frac{1}{\cos x}\right)' = \frac{\sin x}{\cos^2 x} = \tan x \sec x.$$

同样可以得到

$$(\csc x)' = \left(\frac{1}{\sin x}\right)' = \frac{-\cos x}{\sin^2 x} = -\cot x \csc x.$$

定理 4.2.2(复合函数求导法则)　设 y 对于 x 的关系是由 $y = y(u)$ 和 $u = u(x)$ 确定的复合函数 $y = y(u(x))$. 其中 $u(x)$ 在点 x_0 可导,$y(u)$ 在点 $u_0 = u(x_0)$ 可导. 则复合函数 $y = y(u(x))$ 在点 x_0 可导,并且

$$\left.\frac{\mathrm{d}y}{\mathrm{d}x}\right|_{x=x_0} = \left.\frac{\mathrm{d}y}{\mathrm{d}u}\right|_{u=u_0} \cdot \left.\frac{\mathrm{d}u}{\mathrm{d}x}\right|_{x=x_0}, \tag{4.2.1}$$

或者

$$(y \circ u)'(x_0) = y'(u_0)u'(x_0). \tag{4.2.2}$$

式(4.2.1)和(4.2.2)也称为链式法则. 在证明定理之前,先证一个引理.

引理 $f'(x_0)$存在的充分必要条件是：存在一个在点 x_0 连续的函数 $g(x)$，使得在点 x_0 的某个邻域中成立 $f(x)-f(x_0)=(x-x_0)g(x)$，且 $f'(x_0)=g(x_0)$.

证明 必要性. 设 $f'(x_0)$存在. 构造函数

$$g(x) = \begin{cases} \dfrac{f(x)-f(x_0)}{x-x_0}, & x \neq x_0, \\ f'(x_0), & x = x_0. \end{cases}$$

则 $g(x)$即满足引理要求.

充分性. 若存在一个在点 x_0 连续的函数 $g(x)$，使得在点 x_0 的某个邻域中成立 $f(x)-f(x_0)=(x-x_0)g(x)$. 则

$$f'(x_0) = \lim_{x \to x_0} \frac{f(x)-f(x_0)}{x-x_0} = \lim_{x \to x_0} g(x) = g(x_0).$$

于是 $f'(x_0)$存在，并且 $f'(x_0)=g(x_0)$.

现在回到复合函数求导法则的证明.

定理 4.2.2 的证明 因为 $u'(x_0)$存在，所以由引理知，存在一个在点 x_0 连续的函数 $g(x)$，使得在 x_0 的某个邻域中有

$$u(x)-u(x_0) = (x-x_0)g(x), \quad u'(x_0) = g(x_0).$$

$$(4.2.3)$$

又因为 $y'(u_0)$存在，所以由引理知，存在一个在点 u_0 连续的函数 $h(u)$，使得在 u_0 的某个邻域中有

$$y(u)-y(u_0) = (u-u_0)h(u),$$
$$y(u(x))-y(u(x_0)) = [u(x)-u(x_0)]h(u(x)), \quad (4.2.4)$$
$$y'(u_0) = h(u_0).$$

将式(4.2.3)代入式(4.2.4)，得到

$$y(u(x))-y(u(x_0)) = (x-x_0)g(x)h(u(x)).$$

两端同除以 $x-x_0$，并令 $x \to x_0$，得到

$$\lim_{x \to x_0} \frac{y(u(x))-y(u(x_0))}{x-x_0} = \lim_{x \to x_0} h(g(x))g(x) = h(u(x_0))g(x_0).$$

注意到 $g(x_0)=u_0$，$u'(x_0)=g(x_0)$，$y'(u_0)=h(u_0)$，由上式

得到

$$\frac{\mathrm{d}y}{\mathrm{d}x}\bigg|_{x=x_0} = \frac{\mathrm{d}y}{\mathrm{d}u}\bigg|_{u=u_0} \cdot \frac{\mathrm{d}u}{\mathrm{d}x}\bigg|_{x=x_0}.$$

如果用 x, u 取代 x_0, u_0，可以将复合函数求导法则写成

$$\frac{\mathrm{d}y}{\mathrm{d}x} = \frac{\mathrm{d}y}{\mathrm{d}u} \cdot \frac{\mathrm{d}u}{\mathrm{d}x}. \qquad (4.2.5)$$

例 4.2.4　求幂函数 $y = x^a$ 的导数 $(a \neq 0)$.

解　因为 $y = x^a = \mathrm{e}^{a\ln x}$，所以由复合函数求导法得

$$(x^a)' = (\mathrm{e}^{a\ln x})' = \mathrm{e}^{a\ln x} \cdot a \cdot \frac{1}{x} = ax^a \frac{1}{x} = ax^{a-1}.$$

例 4.2.5　设 $y = \cos(5x^2 + 2x + 3)$，求 $y'(x)$.

解　令 $u = g(x) = 5x^2 + 2x + 3$，$y = f(u) = \cos u$. 则由式 (4.2.1) 得

$$\frac{\mathrm{d}y}{\mathrm{d}x} = \frac{\mathrm{d}y}{\mathrm{d}u} \frac{\mathrm{d}u}{\mathrm{d}x} = (-\sin u)(10x + 2)$$

$$= -(10x + 2)\sin(5x^2 + 2x + 3).$$

例 4.2.6　设 $y = \left(\dfrac{x-1}{x+1}\right)^{\frac{3}{2}}$，求 $y'(x)$.

解　令 $y = f(u) = u^{\frac{3}{2}}$，$u = g(x) = \dfrac{x-1}{x+1}$，则 $y = f(g(x))$. 于是由定理 4.2.2 得

$$\frac{\mathrm{d}y}{\mathrm{d}x} = \frac{\mathrm{d}y}{\mathrm{d}u} \frac{\mathrm{d}u}{\mathrm{d}x}$$

$$= \frac{3}{2} u^{\frac{1}{2}} \frac{(x-1)'(x+1) - (x+1)'(x-1)}{(x+1)^2}$$

$$= \frac{3}{2} \left(\frac{x-1}{x+1}\right)^{\frac{1}{2}} \frac{2}{(x+1)^2}$$

$$= \frac{3(x-1)^{\frac{1}{2}}}{(x+1)^{\frac{5}{2}}}.$$

例 4.2.7 设 $y=\ln(x+\sqrt{x^2+a^2})$，求 $y'(x)$.

解 $(\ln(x+\sqrt{x^2+a^2}))' = \dfrac{(x+\sqrt{x^2+a^2})'}{x+\sqrt{x^2+a^2}}$

$$= \dfrac{x'+(\sqrt{x^2+a^2})'}{x+\sqrt{x^2+a^2}}$$

$$= \dfrac{1+\dfrac{1}{2}(x^2+a^2)^{-\frac{1}{2}}(x^2+a^2)'}{x+\sqrt{x^2+a^2}}$$

$$= \dfrac{1}{\sqrt{x^2+a^2}}.$$

例 4.2.8 飞机 A 在 3000m 的高度作水平直线飞行. 为了测量飞机在某个时刻的飞行速度, 在飞机正前方的地面上选定一点 B(如图 4.3), 用 α 表示连线 $\overline{BA}$ 与竖直方向的夹角(锐角). 在某个时刻 $t=t_0$, 测量得到 $\alpha=\dfrac{\pi}{3}$, $\dfrac{\mathrm{d}\alpha}{\mathrm{d}t}=-0.1(\mathrm{rad/s})$.

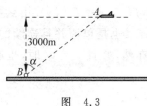

图 4.3

求飞机在该时刻的飞行速度.

解 用 x 表示 A 到 B 的水平距离, 则 $x=3000\tan\alpha$. 并且飞机的飞行速度为 $-\dfrac{\mathrm{d}x}{\mathrm{d}t}$. 于是根据复合函数求导法则得到

$$\dfrac{\mathrm{d}x}{\mathrm{d}t} = 3000\,\dfrac{\mathrm{d}}{\mathrm{d}t}(\tan\alpha) = 3000(\sec^2\alpha)\,\dfrac{\mathrm{d}\alpha}{\mathrm{d}t}.$$

在时刻 $t=t_0$, $\alpha=\dfrac{\pi}{3}$, $\sec\alpha=2$, $\dfrac{\mathrm{d}\alpha}{\mathrm{d}t}=-0.1$. 将这些数据代入上式, 得到

$$\dfrac{\mathrm{d}x}{\mathrm{d}t}\bigg|_{t=t_0} = -3000\sec^2\dfrac{\pi}{3}\cdot 0.1 = -1200(\mathrm{m/s}),$$

因此飞机的飞行速度为 $1200(\mathrm{m/s})$.

4.2.2 反函数求导法则

定理 4.2.3（反函数求导法则） 设函数 $y=f(x)$ 在区间 (a,b) 上单调并且连续，$x_0 \in (a,b)$，$f'(x_0)$ 存在且不等于零，则反函数 $x=f^{-1}(y)$ 在点 $y_0=f(x_0)$ 可导，并且

$$(f^{-1})'(y_0) = \frac{1}{f'(x_0)}, \qquad (4.2.6)$$

即

$$\frac{\mathrm{d}x}{\mathrm{d}y} = \frac{1}{\dfrac{\mathrm{d}y}{\mathrm{d}x}}. \qquad (4.2.7)$$

证明 在点 y_0 附近任取 y，设 $y=f(x)$，$x=f^{-1}(y)$. 由函数 f 的单调性及连续性可以推出反函数 f^{-1} 也是单调并且连续的. 因此由 $x \to x_0$ 可以推出 $y \to y_0$，反之亦然，并且 $y \neq y_0$ 时，也有 $x \neq x_0$. 于是

$$\lim_{y \to y_0} \frac{f^{-1}(y) - f^{-1}(y_0)}{y - y_0} = \lim_{x \to x_0} \frac{x - x_0}{f(x) - f(x_0)}$$

$$= \lim_{x \to x_0} \frac{1}{\dfrac{f(x) - f(x_0)}{x - x_0}} = \frac{1}{f'(x_0)}.$$

例 4.2.9 求 $(\arcsin x)'$ 和 $(\arccos x)'$.

解 注意到 $y = \arcsin x$ 与 $x = \sin y$ 互为反函数，所以由定理 4.2.3 得

$$\frac{\mathrm{d}}{\mathrm{d}y}(\sin y) = \frac{1}{(\arcsin x)'},$$

即

$$(\arcsin x)' = \frac{1}{(\sin y)'} = \frac{1}{\cos y} = \frac{1}{\sqrt{1 - \sin^2 y}} = \frac{1}{\sqrt{1 - x^2}}.$$

同样可以得到

$$(\arccos x)' = \frac{-1}{\sqrt{1-x^2}}.$$

例 4.2.10 求 $(\arctan x)'$ 和 $(\operatorname{arccot} x)'$.

解 注意到 $y = \arctan x$ 和 $x = \tan y$ 互为反函数,所以由定理 4.2.3 得

$$(\arctan x)' = \frac{1}{(\tan y)'} = \frac{1}{\sec^2 y} = \frac{1}{1+\tan^2 y} = \frac{1}{1+x^2}.$$

同样可以得到

$$(\operatorname{arccot} x)' = \frac{-1}{1+x^2}.$$

例 4.2.11 设 $y = \arctan\left(\dfrac{\sin x}{e^x-1}\right)$,求 $y'(x)$.

解 由复合函数求导的链式法则得

$$\left(\arctan\left(\frac{\sin x}{e^x-1}\right)\right)'$$

$$= \frac{1}{1+\left(\dfrac{\sin x}{e^x-1}\right)^2}\left(\frac{\sin x}{e^x-1}\right)'$$

$$= \frac{1}{1+\left(\dfrac{\sin x}{e^x-1}\right)^2}\frac{\cos x(e^x-1)-e^x\sin x}{(e^x-1)^2}$$

$$= \frac{\cos x(e^x-1)-e^x\sin x}{(e^x-1)^2+\sin^2 x}.$$

现在,我们将一些常用的基本初等函数的导数汇集如下:

(1) $(c)' = 0$(c 为任意常数);

(2) $(x)' = 1$;

(3) $(x^p)' = px^{p-1}$($x > 0, p \in \mathbb{R}$);

(4) $(a^x)' = a^x \ln a$($a > 0$),$(e^x)' = e^x$;

(5) $(\log_a x)' = \dfrac{1}{\ln a}\dfrac{1}{x}$, $(\ln x)' = \dfrac{1}{x}$;

(6) $(\sin x)' = \cos x$, $(\cos x)' = -\sin x$;

(7) $(\tan x)' = \sec^2 x$, $(\cot x)' = -\csc^2 x$;

(8) $(\sec x)' = \tan x \sec x$, $(\csc x)' = -\cot x \csc x$;

(9) $(\arcsin x)' = \dfrac{1}{\sqrt{1-x^2}}$, $(\arccos x)' = \dfrac{-1}{\sqrt{1-x^2}}$;

(10) $(\arctan x)' = \dfrac{1}{1+x^2}$, $(\operatorname{arccot} x)' = \dfrac{-1}{1+x^2}$.

习 题 4.2

1. 求下列各函数的导数:

(1) $f(x) = x^3 - 4x + 5$;　　(2) $y = 2x^4 - 3x^3 + x - \dfrac{1}{3x^2} + \dfrac{7}{x^3}$;

(3) $y = \dfrac{x}{3} + \dfrac{3}{x} + 2\sqrt{x}$;　　(4) $f(x) = 7x^2 + \cos x - \ln x$;

(5) $f(x) = \sqrt{x}\cos x$;　　(6) $g(x) = e^x \sin x$;

(7) $y = \sqrt{x^2+1}\cot x$;　　(8) $f(t) = (t + t^2)^2$;

(9) $y = \dfrac{\tan x}{x}$;　　(10) $y = \dfrac{x}{1 - \cos x}$;

(11) $y = \dfrac{1 + \ln x}{1 - \ln x}$;　　(12) $y = \dfrac{x}{\sin^2 x}$;

(13) $g(x) = \dfrac{\arcsin x}{\sqrt{x}}$;　　(14) $y = \dfrac{\ln x}{\cos x}$;

(15) $f(x) = \sqrt{x}\sec x$;　　(16) $y = \sec x \tan x$;

(17) $y = (\sqrt{x} + 1)\arctan x$;　(18) $g(z) = \dfrac{\csc z}{z^2}$;

(19) $y = \dfrac{1}{x} + \dfrac{1}{\sqrt{x}} - \dfrac{1}{\sqrt[3]{x}}$;　　(20) $y = \dfrac{\sin x - x\cos x}{\cos x + x\sin x}$.

2. 设 $y = 2 + x - x^2$, 求 $y'(0)$, $y'\left(\dfrac{1}{2}\right)$, $y'(1)$, $y'(-10)$.

3. 求出下列各题中的 a 值：

(1) $f(x) = -2x^2$，$f'(a) = f(4)$；

(2) $f(x) = \dfrac{1}{x}$，$f'(a) = -\dfrac{1}{9}$；

(3) $f(x) = \sin x$，$f'(a) = \dfrac{\sqrt{3}}{2}$.

4. 求下列函数的导数：

(1) $y = 2\sin 3x$；

(2) $y = x\mathrm{e}^{-x^2}$；

(3) $y = \ln(1 - 2t)$；

(4) $y = \ln\ln x$；

(5) $y = \sqrt{1 + 2\tan x}$；

(6) $y = \ln(\cos x)$；

(7) $y = \arcsin \dfrac{1}{x}$；

(8) $y = \arccos \dfrac{2x - 1}{\sqrt{3}}$；

(9) $y = 2^{\ln\frac{1}{x}}$；

(10) $y = x\sqrt{1 - x^2}$；

(11) $y = \sqrt{2 - x}\,\sqrt[3]{3 + x}$；

(12) $y = \dfrac{x}{\sqrt{a^2 - x^2}}$；

(13) $y = \sqrt[3]{\dfrac{1 - x}{1 + x}}$；

(14) $y = \ln(x + \sqrt{1 + x^2})$；

(15) $y = \sqrt{x - \sqrt{x}}$；

(16) $y = \dfrac{\sin^2 x}{\sin(x^2)}$；

(17) $y = \mathrm{e}^{-3x}\sin 2x$；

(18) $y = \lg^3 x^2$；

(19) $y = \dfrac{x}{2}\sqrt{x^2 + a^2} + \dfrac{a^2}{2}\ln(x + \sqrt{x^2 + a^2})$；

(20) $y = \ln\tan\left(\dfrac{x}{2} + \dfrac{\pi}{4}\right)$；

(21) $y = \arcsin(\sin^2 x)$；

(22) $y = \arccos\sqrt{1 - x^2}$；

(23) $y = \arccos \dfrac{1}{\sqrt{x}}$；

(24) $y = \dfrac{x}{2}\sqrt{a^2 - x^2} + \dfrac{a^2}{2}\arcsin \dfrac{x}{a}$；

(25) $y = \ln\left(\sqrt{1 + x} - \sqrt{x}\right)$.

5. 设 f 为可导函数,求下列各函数的导数:

(1) $f(\sqrt{1-x^2})$;

(2) $f\left(\dfrac{1}{x}\right)$;

(3) $f(\ln x)$;

(4) $f(e^x)e^{f(x)}$;

(5) $f(f(f(x)))$;

(6) $\sqrt{f^2(x)}$.

4.3　若干特殊的求导方法

4.3.1　对数求导法

对于形如 $u(x)^{v(x)}$ 的函数,或者乘除运算和乘方、开方运算比较复杂的函数,可以先对该函数取对数,再进行求导. 它的原理如下:设 $y=f(x)$,则 $(\ln y)'=\dfrac{y'}{y}$,从而有

$$y' = y(\ln y)'. \tag{4.3.1}$$

例 4.3.1　设 $y=x^x$,求 $y'(x)$.

解　$(\ln y)' = (\ln x^x)' = (x\ln x)' = \ln x + 1,$

于是由(4.3.1)式得到

$$y' = y(\ln y)' = x^x(\ln x + 1).$$

例 4.3.2　设 $y=\sqrt[3]{\dfrac{(x-1)(x-2)}{(x-3)(x-4)}}$,求 y'.

解

$$(\ln y)' = \left(\frac{1}{3}\big[\ln(x-1)+\ln(x-2)-\ln(x-3)-\ln(x-4)\big]\right)'$$

$$= \frac{1}{3}\left(\frac{1}{x-1}+\frac{1}{x-2}-\frac{1}{x-3}-\frac{1}{x-4}\right),$$

由(4.3.1)式得到

$$y' = y(\ln y)'$$

$$= \frac{1}{3}\sqrt[3]{\frac{(x-1)(x-2)}{(x-3)(x-4)}}\left(\frac{1}{x-1}+\frac{1}{x-2}-\frac{1}{x-3}-\frac{1}{x-4}\right).$$

4.3.2 参数式函数求导法

有时,y 对于 x 的函数关系是由参数方程式

$$x = \varphi(t), \quad y = \psi(t) \tag{4.3.2}$$

确定的.

假定 φ,ψ 都是可导函数,又设函数 $x=\varphi(t)$ 有反函数 $t=\varphi^{-1}(x)$,并且 $\varphi'(t)\neq 0$,则 $y=\psi(\varphi^{-1}(x))$,并且由复合函数求导法得到

$$\frac{\mathrm{d}y}{\mathrm{d}x} = \frac{\mathrm{d}y}{\mathrm{d}t} \cdot \frac{\mathrm{d}t}{\mathrm{d}x} = \frac{\mathrm{d}y}{\mathrm{d}t} \bigg/ \frac{\mathrm{d}x}{\mathrm{d}t} = \frac{\psi'(t)}{\varphi'(t)}. \tag{4.3.3}$$

这就是参数求导公式.

例 4.3.3 椭圆方程 $\dfrac{x^2}{a^2}+\dfrac{y^2}{b^2}=1(a>0,b>0)$ 可以写成参数方程

$$x = a\cos\theta, \ y = b\sin\theta, \quad 0 \leqslant \theta \leqslant 2\pi.$$

试求椭圆上任一点处的切线.

解 在椭圆上任一点 (x,y),切线斜率为 $\dfrac{\mathrm{d}y}{\mathrm{d}x}$. 当 $\theta\neq 0$ 及 $\theta\neq\pi$ 时,有

$$\frac{\mathrm{d}y}{\mathrm{d}x} = \frac{\dfrac{\mathrm{d}y}{\mathrm{d}\theta}}{\dfrac{\mathrm{d}x}{\mathrm{d}\theta}} = \frac{b\cos\theta}{-a\sin\theta} = -\frac{b}{a}\cot\theta.$$

于是,当 $\theta\neq 0$ 及 $\theta\neq\pi$,即当 $y_0\neq 0$ 时,椭圆在点 (x_0,y_0) 处的切线方程为

$$y - y_0 = -\frac{b}{a}\cot\theta(x - x_0),$$

即

$$y - b\sin\theta = \frac{b}{a}\cot\theta(a\cos\theta - x).$$

当 $\theta = 0$ 时,椭圆有竖直切线 $x = a$,当 $\theta = \pi$ 时,椭圆有竖直切线 $x = -a$.

例 4.3.4　设 $\begin{cases} x = a\left(\ln\tan\dfrac{t}{2} + \cos t\right), \\ y = a\sin t, \end{cases}$ $a > 0, 0 < t < \pi$. 求 $\dfrac{\mathrm{d}y}{\mathrm{d}x}$.

解　$\dfrac{\mathrm{d}x}{\mathrm{d}t} = a\left[\dfrac{1}{\tan\dfrac{t}{2}}\dfrac{1}{2}\sec^2\dfrac{t}{2} - \sin t\right]$

$$= a(\csc t - \sin t) = \frac{a\cos^2 t}{\sin t},$$

$$\frac{\mathrm{d}y}{\mathrm{d}t} = a\cos t,$$

于是

$$\frac{\mathrm{d}y}{\mathrm{d}x} = \frac{\dfrac{\mathrm{d}y}{\mathrm{d}t}}{\dfrac{\mathrm{d}x}{\mathrm{d}t}} = \tan t, \quad t \neq \frac{\pi}{2}.$$

由以上两例看出,当 y 对 x 的函数关系由参数方程(4.3.2)确定时,如果仅求 $\dfrac{\mathrm{d}y}{\mathrm{d}x}$,不必要(有时也不可能)求出函数 $y = y(x)$ 的初等表达式. 另外,在上面的运算过程中,只要在求导数的点 t_0 处有 $\varphi'(t_0) \neq 0$,运算就是合理的.

4.3.3　隐函数求导法

用解析表达式描述 y 对于 x 的函数关系,可以有两种不同的方式,形如 $y = f(x)$ 的描述方式,称为**显函数**(explicit function). 初等函数都可以用显函数方式表示. 如果 y 对于 x 的依赖关系是

由一个方程式

$$F(x, y) = 0 \qquad (4.3.4)$$

所确定,则称其为**隐函数**(implicit function).在 1.2 节中,我们曾经介绍过一个隐函数的例子.

由方程(4.3.4)所确定的隐函数 $y = f(x)$,一般不能解出初等表达式,那么如何求得导数 $\dfrac{\mathrm{d}y}{\mathrm{d}x}$ 呢?一般说来,关于隐函数的一些理论问题,例如隐函数是否存在,是否可导等,需要用多元微分学的工具进行讨论,但对一些简单情形,可以用一元函数的复合函数求导法则来求隐函数的导数.

例 4.3.5 已知 $y = y(x)$ 由方程

$$e^{xy} + \sin(x + y) = 0 \qquad (4.3.5)$$

确定,求 $\dfrac{\mathrm{d}y}{\mathrm{d}x}$.

解 式(4.3.5)两端分别关于 x 求导,在求导过程中将 y 看作是 x 的函数 $y = y(x)$,并且利用复合函数求导法,得到

$$(e^{xy} + \sin(x + y))' = 0,$$

即

$$e^{xy}(xy)' + \cos(x + y)(x + y)' = 0,$$

即

$$e^{xy}(y + xy') + \cos(x + y)(1 + y') = 0,$$

因此

$$y' = -\frac{ye^{xy} + \cos(x + y)}{xe^{xy} + \cos(x + y)}.$$

例 4.3.6 曲线 L 由方程

$$y^3 + y^2 = 2x^2 \qquad (4.3.6)$$

确定,求该曲线在点 $(1, 1)$ 处的切线方程.

解 方程(4.3.6)两端分别关于 x 求导,得

$$3y^2y' + 2yy' = 4x,$$

解得

$$y' = \frac{4x}{3y^2 + 2y}.$$

当 $x=1, y=1$ 时,$y' = \frac{4}{5}$. 于是曲线 L 在 $(1,1)$ 处的切线方程为

$$y - 1 = \frac{4}{5}(x - 1).$$

习 题 4.3

复习题

1. 一般地,什么样的函数求导会选用对数求导法?

2. 由参数方程 $\begin{cases} x = \varphi(t) \\ g = \psi(t) \end{cases}$ 确定的函数 $y = y(x)$ 的求导公式 $\frac{dy}{dx} = \frac{\psi'(t)}{\varphi'(t)}$ 是如何得到的?

3. 在隐函数求导过程中,为什么必须将 y 看成 x 的函数?

习题

1. 利用对数求导法求下列函数的导数:

(1) $y = \frac{x^2}{1-x}\sqrt[3]{\frac{x+1}{1+x+x^2}}$;

(2) $y = (x-a_1)^{a_1}(x-a_2)^{a_2}\cdots(x-a_n)^{a_n}$;

(3) $y = x^{\sin x}$;

(4) $y = \left(1 + \frac{1}{x}\right)^x$;

(5) $y = \sqrt[x]{x}$ $(x>0)$;

(6) $y = x + x^x + x^{x^x}$ $(x>0)$.

2. 求导数 $\dfrac{\mathrm{d}y}{\mathrm{d}x}$:

(1) $\begin{cases} x = \sin^2 t, \\ y = \cos^2 t; \end{cases}$　　　　(2) $\begin{cases} x = a\cos t, \\ y = b\sin t; \end{cases}$

(3) $\begin{cases} x = a(t - \sin t), \\ y = a(1 - \cos t); \end{cases}$　　　　(4) $\begin{cases} x = \mathrm{e}^{2t}\cos^2 t, \\ y = \mathrm{e}^{2t}\sin^2 t; \end{cases}$

(5) $\begin{cases} x = \dfrac{3at}{1 + t^3}, \\[3mm] y = \dfrac{3at^3}{1 + t^3}; \end{cases}$　　　　(6) $\begin{cases} x = 3t^2 + 2t, \\ \mathrm{e}^y \sin t - y + 1 = 0. \end{cases}$

3. 求星形线 $x = a\cos^3 t, y = a\sin^3 t$ 在 $t = \dfrac{3}{4}\pi$ 处的切线与 Ox 轴的夹角.

4. 求下列隐函数的导数 $y'(x)$:

(1) $x^2 + x^2 y^2 + y^2 = 3$;　　(2) $x^2 = \dfrac{x - y}{x + y}$;

(3) $x^{2/3} + y^{2/3} = a^{2/3}$;　　　(4) $\arctan \dfrac{y}{x} = \ln \sqrt{x^2 + y^2}$.

5. 设由方程 $\mathrm{e}^{x+y} = xy$ 确定了函数 $x = x(y)$, 求 $\dfrac{\mathrm{d}x}{\mathrm{d}y}$.

6. 设函数 $y = y(x)$ 由方程 $\cos(xy) - \ln \dfrac{x+1}{y} = 1$ 确定, 求 $\dfrac{\mathrm{d}y}{\mathrm{d}x}\bigg|_{x=0}$.

4.4 高阶导数

如果函数 f 在区间 I 上可导, 则其导数 $f'(x)$ 就是定义在区间 I 上的一个函数. 如果 $f'(x)$ 仍然在 I 上可导, 则称它的导数 $(f'(x))'$ 为 f 的二阶导数, 记作 $f''(x)$, 或者 $\dfrac{\mathrm{d}^2 f}{\mathrm{d}x^2}$. 可以归纳地定义函数 f 的各阶导数. 若用 $f^{(n)}(x)$ 或 $\dfrac{\mathrm{d}^n f}{\mathrm{d}x^n}$ 表示 f 的 n 阶导数, 如果这个函数仍然可导, 则它的导数就是 f 的 $n+1$ 阶导数, 记作 $f^{(n+1)}(x)$,

或者 $\dfrac{\mathrm{d}^{n+1}f}{\mathrm{d}x^{n+1}}$.

例如,对于一个作直线运动的质点而言,如果用 $s(t)$ 表示其运动路程对时间 t 的函数,则 $s'(t)$ 是质点的运动速度,而 $s''(t)$ 就是质点运动的加速度.

如果函数 f 在区间 I 上有 1 至 n 阶的各阶导数,并且 n 阶导数 $f^{(n)}(x)$ 在 I 上连续,就称 f 在区间 I 上 n 阶连续可导,并且记作 $f \in C^n(I)$. 记号 $f \in C^n[a,b]$ 的含义是: f 在 (a,b) 中任一点 x 有 n 阶导数;在 a,b 两点, $f^{(n-1)}(x)$ 分别有右导数和左导数,并且 $f^{(n)}(x)$ 在 $[a,b]$ 上连续.

例 4.4.1　$y = \sin x$,求 $y^{(n)}$.

解　$y'(x) = \cos x = \sin\left(x + \dfrac{\pi}{2}\right),$

$$y''(x) = -\sin x = \sin\left(x + \dfrac{2\pi}{2}\right),$$

$$\vdots$$

$$y^{(n)}(x) = \sin\left(x + \dfrac{n\pi}{2}\right).$$

同样可以得到

$$(\cos x)^{(n)} = \cos\left(x + \dfrac{n\pi}{2}\right).$$

例 4.4.2　$y = \ln x$,求 $y^{(n)}$.

解　$y' = \dfrac{1}{x},$

$$y'' = -x^{-2},$$

$$y''' = 2x^{-3},$$

$$\vdots$$

$$y^{(n)} = (-1)^{n-1}(n-1)!\ x^{-n}.$$

高阶导数有以下运算法则.

定理 4.4.1 设 f, g 具有 n 阶导数,则

(1) $(f+g)^{(n)} = f^{(n)} + g^{(n)}$;

(2) $(cf)^{(n)} = cf^{(n)}$,其中 c 为任意常数;

(3) $(fg)^{(n)} = \sum_{k=0}^{n} C_n^k f^{(k)} g^{(n-k)}$,

最后一式称为乘积函数 n 阶导数的莱布尼茨公式.

证明 只证(3),用归纳法. 当 $n=1$ 时,有

$$(fg)' = fg' + f'g,$$

今设 $n=m$ 时,莱布尼茨公式成立,即有

$$(fg)^{(m)} = \sum_{k=0}^{m} C_m^k f^{(k)} g^{(m-k)},$$

两端再求导数,得到

$$(fg)^{(m+1)} = \sum_{k=0}^{m} C_m^k (f^{(k)} g^{(m+1-k)} + f^{(k+1)} g^{(m-k)})$$

$$= C_m^0 [fg^{(m+1)} + f'g^{(m)}] + C_m^1 [f'g^{(m)} + f^{(2)} g^{(m-1)}] + \cdots$$

$$+ C_m^m [f^{(m)} g' + f^{(m+1)} g]$$

$$= C_m^0 fg^{(m+1)} + (C_m^0 + C_m^1) f'g^{(m)} + (C_m^1 + C_m^2) f^{(2)} g^{(m-1)} + \cdots$$

$$+ (C_m^{m-1} + C_m^m) f^{(m)} g' + C_m^m f^{(m+1)} g$$

$$= C_{m+1}^0 fg^{(m+1)} + C_{m+1}^1 f'g^{(m)} + \cdots$$

$$+ C_{m+1}^m f^{(m)} g' + C_{m+1}^{m+1} f^{(m+1)} g$$

$$= \sum_{k=0}^{m+1} C_{m+1}^k f^{(k)} f^{(m+1-k)}.$$

例 4.4.3 $y = \dfrac{x^2 - 2}{x^2 - x - 2}$,求 $y^{(n)}$.

解 将函数分为最简分式之和:

$$y = \frac{x^2 - 2}{x^2 - x - 2} = 1 + \frac{x}{x^2 - x - 2}$$

$$= 1 + \frac{2}{3} \frac{1}{x - 2} + \frac{1}{3} \frac{1}{(x + 1)},$$

于是

$$y^{(n)} = \frac{2}{3} \left(\frac{1}{x - 2} \right)^{(n)} + \frac{1}{3} \left(\frac{1}{x + 1} \right)^{(n)}$$

$$= \frac{2}{3} (-1)^n n! (x - 2)^{-(n+1)} + \frac{1}{3} (-1)^n n! (x + 1)^{-(n+1)}$$

$$= \frac{1}{3} (-1)^n n! [2(x - 2)^{-(n+1)} + (x + 1)^{-(n+1)}].$$

例 4.4.4 $y = x^2 \sin x$，求 $y^{(20)}$.

解 在莱布尼茨公式中，取 $f(x) = x^2, g(x) = \sin x$，并注意到

$$(x^2)''' = (x^2)^{(4)} = \cdots = (x^2)^{(20)} = 0,$$

就得到

$$(x^2 \sin x)^{(20)} = x^2 (\sin x)^{(20)} + C_{20}^1 \cdot 2x \cdot (\sin x)^{(19)}$$

$$+ C_{20}^2 \cdot 2 \cdot (\sin x)^{(18)}$$

$$= x^2 \sin \left(x + \frac{20}{2} \pi \right) + 20 \cdot 2x \cdot \sin \left(x + \frac{19}{2} \pi \right)$$

$$+ 190 \cdot 2 \sin \left(x + \frac{18}{2} \pi \right)$$

$$= x^2 \sin x - 40x \cos x - 380 \sin x.$$

例 4.4.5 $y = \frac{\ln x}{x}$，求 $y^{(n)}$.

解 令 $f(x) = \ln x, g(x) = \frac{1}{x}$，由例 4.4.2 得到

$$(\ln x)^{(k)} = (-1)^{k-1} (k-1)! x^{-k}, \quad k = 1, 2, \cdots, n,$$

以及

$$\left(\frac{1}{x} \right)^{(n-k)} = (-1)^{n-k} (n-k)! x^{-(n-k+1)}, \quad k = 1, 2, \cdots, n.$$

于是由莱布尼茨公式得到

$$\left(\frac{\ln x}{x}\right)^{(n)} = \sum_{k=0}^{n} C_n^k (\ln x)^{(k)} \left(\frac{1}{x}\right)^{(n-k)}$$

$$= \frac{(-1)^n n!}{x^{n+1}} \ln x + \sum_{k=1}^{n} C_n^k (-1)^{k-1} (k-1)! x^{-k}$$

$$\times (-1)^{n-k} (n-k)! x^{-n+k-1}$$

$$= \frac{(-1)^n n!}{x^{n+1}} \left(\ln x - \sum_{k=1}^{n} \frac{1}{k}\right).$$

例 4.4.6 设 $y = y(x)$ 由参数方程

$$\begin{cases} x = a\cos^3 t, \\ y = a\sin^3 t \end{cases}$$

确定,试求 $\dfrac{\mathrm{d}y}{\mathrm{d}x}$ 和 $\dfrac{\mathrm{d}^2 y}{\mathrm{d}x^2}$.

解 $\dfrac{\mathrm{d}x}{\mathrm{d}t} = -3a\cos^2 t \sin t, \quad \dfrac{\mathrm{d}y}{\mathrm{d}t} = 3a\sin^2 t \cos t,$

由参数求导法得到

$$\frac{\mathrm{d}y}{\mathrm{d}x} = \frac{\dfrac{\mathrm{d}y}{\mathrm{d}t}}{\dfrac{\mathrm{d}x}{\mathrm{d}t}} = \frac{3a\sin^2 t \cos t}{-3a\cos^2 t \sin t} = -\tan t, \quad t \neq \frac{n\pi}{2}, n \in \mathbb{Z},$$

$$\frac{\mathrm{d}^2 y}{\mathrm{d}x^2} = \frac{\mathrm{d}}{\mathrm{d}x}\left(\frac{\mathrm{d}y}{\mathrm{d}x}\right) = \frac{\mathrm{d}}{\mathrm{d}x}(-\tan t).$$

由复合函数求导法及反函数求导法得到

$$\frac{\mathrm{d}}{\mathrm{d}x}(-\tan t) = -\frac{\mathrm{d}}{\mathrm{d}t}(\tan t) \cdot \frac{\mathrm{d}t}{\mathrm{d}x}$$

$$= -\sec^2 t \cdot \frac{1}{\dfrac{\mathrm{d}x}{\mathrm{d}t}} = \frac{\sec^4 t}{3a\sin t}.$$

例 4.4.7 设 $y=y(x)$ 由方程 $e^y-xy=0$ 确定,试求 $\dfrac{d^2y}{dx^2}$.

解 先求一阶导数,原方程两端关于 x 求导数,并注意到 y 是 x 的函数,得

$$e^y\frac{dy}{dx}-y-x\frac{dy}{dx}=0.$$

解得

$$\frac{dy}{dx}=\frac{y}{e^y-x}.$$

按分式求导法则,并注意到 y 是 x 的函数,得

$$\frac{d^2y}{dx^2}=\frac{d}{dx}\left(\frac{dy}{dx}\right)=\frac{d}{dx}\left(\frac{y}{e^y-x}\right)$$

$$=\frac{\dfrac{dy}{dx}(e^y-x)-y\left(e^y\dfrac{dy}{dx}-1\right)}{(e^y-x)^2},$$

将 $\dfrac{dy}{dx}=\dfrac{y}{e^y-x}$ 代入上式,得到

$$\frac{d^2y}{dx^2}=\frac{\dfrac{y}{e^y-x}(e^y-x)-y\left(e^y\dfrac{y}{e^y-x}-1\right)}{(e^y-x)^2}$$

$$=\frac{2y(e^y-x)-y^2e^y}{(e^y-x)^3}.$$

习 题 4.4

复习题

1. $f(x)$ 的 n 阶导数是如何定义的?

2. 怎样理解高阶导数的求法?

3. 若 $y=y(x)$ 由 $\begin{cases} x=\varphi(t) \\ y=\psi(t) \end{cases}$ 确定,且 φ,ψ 具有三阶连续导数,如何求 $\dfrac{d^2 y}{dx^2}$,

$\dfrac{d^3 y}{dx^3}$? 在此过程中需要注意什么问题?

4. 能否求隐函数的高阶导数? 如何求?

习题

1. 求 $y''(x)$:

(1) $y=x\sqrt{1+x^2}$;　　　　(2) $y=\arcsin x$;

(3) $y=\dfrac{x^2}{\sqrt{1-x^2}}$;　　　　(4) $y=x\ln x$;

(5) $y=e^{-x^2}$;　　　　(6) $y=x[\sin(\ln x)+\cos(\ln x)]$;

(7) $y=\tan^2 x$;　　　　(8) $y=\ln f(x)$,其中 f 二阶可导.

2. 设 f 为三次可导函数,求 y'':

(1) $y=f(x^2)$;　　　　(2) $y=f(e^x)$;

(3) $y=f\left(\dfrac{1}{x}\right)$;　　　　(4) $y=f(\ln x)$.

3. 设函数 $y=y(x)$ 由方程 $y-2x=(x-y)\ln(x-y)$ 确定,求 $\dfrac{d^2 y}{dx^2}$.

4. 已知 $\begin{cases} x=f'(t), \\ y=tf'(t)-f(t), \end{cases}$ 其中 f 为三次可导函数,且 $f''(t)\neq 0$,求 $\dfrac{d^3 y}{dx^3}$.

5. 求下列函数的指定阶数的导数:

(1) $y=\sqrt{1+x}$,求 y'';　　(2) $y=\sqrt{x}$,求 $y^{(10)}$;

(3) $y=e^x x^4$,求 $y^{(4)}$;　　(4) $y=\dfrac{\ln x}{x}$,求 $y^{(5)}$;

(5) $y=x^2\sin 2x$,求 $y^{(50)}$;　　(6) $f(x)=\ln(1+x)$,求 $f^{(n)}(x)$;

(7) $f(x)=e^{ax}\sin bx(a,b\in\mathbb{R})$,求 $f^{(n)}(x)$;

(8) $y=x\operatorname{sh}x$,求 $y^{(100)}$;　　(9) $y=\dfrac{1}{2-x-x^2}$,求 $y^{(20)}$;

(10) $y=x^3 e^x$,求 $y^{(20)}$.

4.5　微　　分

4.5.1　微分概念

在应用中经常会遇到这样的问题:当自变量 x 在点 x_0 处有一个微小的改变量 $\Delta x(\Delta x \neq 0)$ 时,需要计算函数 $y = f(x)$ 相应的改变量 $\Delta y = \Delta f = f(x_0 + \Delta x) - f(x_0)$. 显然,当点 x_0 确定时,函数改变量 Δy 只与自变量 x 的改变量 Δx 有关,因此 Δy 是 Δx 的函数. 但是,在一般情形,函数关系 $y = f(x)$ 可能比较复杂,不容易计算出 Δy. 于是考虑这样的问题:能否找到 Δx 的某个线性函数,即某个常数 a 与 Δx 的乘积 $a \Delta x$ 作为 Δy 的近似值(这里的常数 a 当然与 Δx 无关,但是一般情形与点 x_0 有关). 这里,如果将 Δx 看作自变量,那么 $a\Delta x$ 恰好是 Δx 的一个**线性函数**(linear function). 因此我们的问题化为:能否找到某个关于 Δx 的线性函数 $a\Delta x$,作为 Δy 的近似值,使得当 $|\Delta x|$ 很小时,Δx 的线性函数 $a\Delta x$ 能够近似地等于函数改变量 $\Delta y = f(x_0 + \Delta x) - f(x_0)$. 为此引入下列定义.

定义 4.5.1　设函数 f 在点 x_0 的某个邻域中有定义,如果存在一个与 Δx 无关的常数 a(或者存在 Δx 的某个线性函数 $a\Delta x$),使得当 $\Delta x \to 0$ 时,能够将 Δx 引起的函数改变量 $\Delta y = f(x_0 + \Delta x) - f(x_0)$ 表示成

$$\Delta y = f(x_0 + \Delta x) - f(x_0) = a\Delta x + o(\Delta x), \quad (4.5.1)$$

则称函数 f 在点 x_0 **可微**(differentiable),并且称 Δx 的线性函数 $a\Delta x$ 是函数 f 在点 x_0 的**微分**(differential),其中常数 a 称为**微分系数**(differential coefficient). 函数 f 在点 x_0 的微分记作 $\mathrm{d}f(x_0)$,或者 $\mathrm{d}y(x_0)$.

应当注意，$\mathrm{d}f(x_0)=a\Delta x$ 是 Δx 的线性函数，不是常数，另外，在式(4.5.1)中，$o(\Delta x)$ 称为余项. 请注意：在这个定义中，并没有给出 $o(\Delta x)$ 的具体表达式以及与其他量的关系，仅仅知道当 $\Delta x \to 0$ 时，$o(\Delta x)$ 与 Δx 相比较是更高阶的无穷小量.

导数与微分是一元函数微分学中的两个基本概念，这两个概念有密切联系，这种联系具体体现在下述定理之中.

定理 4.5.1 函数 $y=f(x)$ 在点 x_0 可微的充分必要条件是 f 在点 x_0 可导. 并且 f 在点 x_0 的微分系数就是 f 在点 x_0 的导数，即

$$\mathrm{d}f(x_0) = f'(x_0)\Delta x.$$

证明 设 f 在点 x_0 可微，并且 $\mathrm{d}f(x_0)=a\Delta x$，其中 a 为 f 在点 x_0 的微分系数. 则根据式(4.5.1)有

$$\frac{\Delta y}{\Delta x} = \frac{a\Delta x + o(\Delta x)}{\Delta x},$$

等式两端分别令 $\Delta x \to 0$，就得到

$$f'(x) = \lim_{\Delta x \to 0} \frac{\Delta y}{\Delta x} = \lim_{\Delta x \to 0} \frac{a\Delta x + o(\Delta x)}{\Delta x} = a.$$

反之，设 f 在点 x_0 可导，即

$$\lim_{\Delta x \to 0} \frac{\Delta y}{\Delta x} = \lim_{\Delta x \to 0} \frac{f(x_0 + \Delta x) - f(x_0)}{\Delta x} = f'(x_0),$$

则有

$$\lim_{\Delta x \to 0} \frac{\Delta y - f'(x_0)\Delta x}{\Delta x}$$

$$= \lim_{\Delta x \to 0} \frac{f(x_0 + \Delta x) - f(x_0) - f'(x_0)\Delta x}{\Delta x} = 0.$$

由此立即推出 $\Delta y = f'(x_0)\Delta x + o(\Delta x)$，即 f 在点 x_0 可微，并且微分系数等于导数 $f'(x_0)$.

我们已经知道,当函数 f 在点 x_0 可导时,曲线 L: $y=f(x)$ 在点 $P(x_0,y_0)$ $(y_0=f(x_0))$ 的切线 l 的方程为

$$y-f(x_0)=f'(x_0)(x-x_0),$$

将切线 l 的方程改写成 $y=f(x_0)+f'(x_0)(x-x_0)$. 因为 $\Delta x=x-x_0$,所以根据定理 4.5.1 可知,$f'(x_0)(x-x_0)$ 恰好是函数 f 在点 x_0 的微分 $\mathrm{d}f(x_0)$. 于是切线 l 的方程可以表示成: $y=f(x_0)+\mathrm{d}f(x_0)$.

考察图 4.4 中的曲线 L: $y=f(x)$ 与曲线 L 在点 x_0 的切线 l: $y=f(x_0)+\mathrm{d}f(x_0)$. 在点 x_0 附近任取点 $x=x_0+\Delta x$. 曲线 L 和切线 l 上与 $x=x_0+\Delta x$ 相对应的点分别是 $P(x_0+\Delta x,f(x_0+\Delta x))$ 和 $T(x_0+\Delta x,f(x_0)+f'(x_0)\Delta x)$.

曲线 L 和切线 l 在点 $x=x_0+\Delta x$ 处的垂直距离等于上述两点的纵坐标之差,即

$$f(x_0+\Delta x)-[f(x_0)+f'(x_0)\Delta x]$$
$$=f(x_0+\Delta x)-f(x_0)-f'(x_0)\Delta x$$
$$=\Delta f(x_0)-\mathrm{d}f(x_0).$$

当 $\Delta x\to 0$ 时,这个距离与 $\Delta x=x-x_0$ 相比较,以更快的速度趋向于零,即

$$\Delta f(x_0)-\mathrm{d}f(x_0)=o(\Delta x),\quad \Delta x\to 0.$$

这个事实从图 4.4 中也可以看得很清楚.

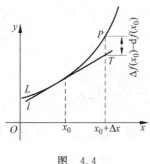

图　4.4

根据对于微分的上述讨论,可以归纳出关于微分的下面三条性质:

（1）当点 x_0 确定之后,函数 f 在点 x_0 的微分 $\mathrm{d}f(x_0)$ 是自变量改变量 $\Delta x=x-x_0$ 的线性函数. 在

数值上,微分 $\mathrm{d}f(x_0)=f'(x_0)\Delta x$.

（2）对于一元函数而言,在一点可微与可导是等价的条件;

（3）微分 $\mathrm{d}f(x_0)$ 是函数改变量 $\Delta y=f(x_0+\Delta x)-f(x_0)$ 的主要部分、线性部分. 如果函数 f 在点 x_0 可导（或可微）,当自变量的改变量 Δx 很小时,用微分 $f'(x_0)\Delta x$ 作为函数改变量 $\Delta y=f(x_0+\Delta x)-f(x_0)$ 的近似值,有很高的精确度,即

$$f(x_0+\Delta x)-f(x_0)\approx f'(x_0)\Delta x,$$

或者

$$f(x_0+\Delta x)\approx f(x_0)+f'(x_0)\Delta x. \qquad (4.5.2)$$

4.5.2　微分用于近似计算

由于微分是函数改变量的主要部分,同时它又非常容易计算,因此在近似计算中可以将微分作为函数改变量的近似值作近似计算. 其原理就是式（4.5.2）.

例 4.5.1　利用微分求 $\sqrt{1.02}$.

解　取 $f(x)=x^{\frac{1}{2}}$,$x_0=1$,$\Delta x=0.02$. 注意到当 $x\neq 0$ 时,有

$$f'(x)=\lim_{\Delta x\to 0}\frac{\sqrt{x+\Delta x}-\sqrt{x}}{\Delta x}=\frac{1}{2\sqrt{x}},$$

于是 $f'(1)=\dfrac{1}{2}$. 由式（4.5.2）得到

$$\sqrt{1.02}=f(1.02)\approx f(1)+f'(1)\times 0.02=1.01.$$

例 4.5.2　半径等于 $10\mathrm{cm}$ 的金属圆盘加热后,其半径伸长了 $0.05\mathrm{cm}$,问面积增加了多少?

解　设圆盘半径为 r,则圆盘的面积等于 $S=S(r)=\pi r^2$. 当自变量 r 在 $10\mathrm{cm}$ 处有改变量 $\Delta r=0.05\mathrm{cm}$ 时,面积 S 的改变量为

$$\Delta S=S(10+0.05)-S(10)$$
$$=\pi(10+0.05)^2-10^2\pi,$$

由于

$$S'(r) = \lim_{\Delta r \to 0} \frac{S(r + \Delta r) - S(r)}{\Delta r} = 2\pi r,$$

所以，$S'(10) = 20\pi$. 用面积微分作为面积改变量的近似值得到面积增加量为

$$\Delta S \approx S'(10) \cdot \Delta r = 20\pi \cdot 0.05 \approx 3.1416(\text{cm}^2).$$

例 4.5.3 由电源 E（电动势为 100V，内阻等于零）及电阻 r，R_0（单位：Ω）组成的并联电阻构成的直流电路，如图 4.5 所示.

根据电学的规律，r，R_0 并联以后的电阻 R 为

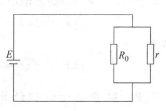

图 4.5

$$R = \frac{rR_0}{r + R_0}, \qquad (4.5.3)$$

其中 R_0 的标定值为 100Ω，r 的标定值为 80Ω. 由式(4.5.3)可以计算出并联电阻 R 的标定值为

$$R = \frac{400}{9}\Omega.$$

但是 r 有 0.2Ω 的测量误差，试估计并联电阻 R 由此产生的误差.

解 将 r 看作自变量，R 看作 r 的函数，当 r 有误差 $\Delta r = 0.2\Omega$ 时，函数 $R = R(r)$ 产生的误差应当是函数改变量 $\Delta R = R(80 + 0.2) - R(0.2)$. 下面，我们用函数 $R = R(r)$ 在点 $r = 80$ 处的微分 $\mathrm{d}R(80)$ 作为 ΔR 的近似值.

由式(4.5.3)得到

$$R'(r) = \frac{R_0^2}{(r + R_0)^2}, \quad R'(80) = \frac{100^2}{(180)^2} = \frac{25}{81}.$$

于是，当 $r = 80$，$\Delta r = 0.2\Omega$ 时，

$$\mathrm{d}R = R'(80) \cdot 0.2 = \frac{5}{81} \approx 0.062(\Omega).$$

因此并联电阻的误差近似地等于 0.062Ω.

在式(4.5.2)中,分别取 $f(x)=\mathrm{e}^x$, $f(x)=\ln(1+x)$, $f(x)=\sin x$ 以及 $f(x)=\sqrt{1+x}$,并取 $x_0=0$, $\Delta x=x$,则当 $|x|$ 很小时,有近似公式

$$\mathrm{e}^x \approx 1+x,$$
$$\ln(1+x) \approx x,$$
$$\sin x \approx x,$$
$$\sqrt{1+x} \approx 1+\frac{1}{2}x.$$

请读者根据式(4.5.2),自己验证这些公式.

在近似计算中,相对误差具有更重要的意义. 所谓相对误差,是指误差绝对值的上界对于近似值的比. 用函数微分 $\mathrm{d}f(x_0)$ 作为函数改变量 $\Delta f(x_0)$ 的近似值,误差是 $\Delta f(x_0)-\mathrm{d}f(x_0)$. 如果 $f'(x_0)\neq 0$,则随着 $\Delta x \to 0$,相对误差也趋向于零,这就是

$$\left| \frac{\Delta f(x_0)-\mathrm{d}f(x_0)}{\mathrm{d}f(x_0)} \right| \to 0.$$

由相对误差可以更清楚地看出用函数微分做近似计算的效果.

4.5.3 微分运算法则

函数的可微性与可导性是等价的,并且 $\mathrm{d}f(x_0)=f'(x_0)\Delta x$. 所以没有必要详细列举一些初等函数的微分公式. 但是为了应用的方便,这里列举关于微分的一些运算法则,这些公式可以直接从导数的运算法则推出.

1. 四则运算法则

假设 $u(x)$ 与 $v(x)$ 都是可导函数,则有

$$\mathrm{d}(ku) = k\mathrm{d}u \ (k \text{ 为任意常数}),$$
$$\mathrm{d}(u+v) = \mathrm{d}u + \mathrm{d}v,$$
$$\mathrm{d}(uv) = v\mathrm{d}u + u\mathrm{d}v,$$

$$\mathrm{d}\left(\frac{u}{v}\right) = \frac{v\mathrm{d}u - u\mathrm{d}v}{v^2} \quad (v(x) \neq 0).$$

2. 复合函数的链式微分法

若 $y = y(u)$ 和 $u = u(x)$ 都是可导函数,则

$$\mathrm{d}y = \frac{\mathrm{d}y}{\mathrm{d}x}\mathrm{d}x = \frac{\mathrm{d}y}{\mathrm{d}u}\frac{\mathrm{d}u}{\mathrm{d}x}\mathrm{d}x = \frac{\mathrm{d}y}{\mathrm{d}u}\mathrm{d}u. \tag{4.5.4}$$

习　题　4.5

1. 对于所给的 x_0 和 Δx,计算 $\mathrm{d}f$:

(1) $f(x) = \sqrt{x}, x_0 = 4, \Delta x = 0.2$;

(2) $f(x) = \sqrt[3]{2 + x^2}, x_0 = 5, \Delta x = -0.1$;

(3) $f(x) = x^3 - 2x + 1, x_0 = 1, \Delta x = -0.01$.

2. 求下列函数的微分:

(1) $y = \frac{1}{x}$;　　　　　　(2) $y = \sin x^2$;

(3) $f(x) = \sin(\cos x)$;　　(4) $y = x\sqrt{1-x}$;

(5) $u = \frac{x^2 + 2}{x^3 - 3}$;　　　　(6) $y = \sin x - x\cos x$;

(7) $f(x) = \frac{1}{2}\ln\left|\frac{x-1}{x+1}\right|$;　(8) $y = \ln(x + \sqrt{x^2 + a^2})$.

3. 计算:

(1) $\mathrm{d}(x\mathrm{e}^{-x})$;　　　(2) $\mathrm{d}\left(\frac{1+x-x^2}{1-x+x^2}\right)$;

(3) $\mathrm{d}\left(\frac{\ln x}{\sqrt{x}}\right)$;　　(4) $\mathrm{d}\left(\frac{x}{\sqrt{1-x^2}}\right)$;

(5) $\mathrm{d}[\ln(1-x^2)]$;　(6) $\mathrm{d}\left(\arccos\frac{1}{|x|}\right)$;

(7) $\mathrm{d}\left(\ln\sqrt{\frac{1-\sin x}{1+\sin x}}\right)$;　(8) $\mathrm{d}\left(-\frac{\cos x}{2\sin^2 x} + \ln\sqrt{\frac{1+\cos x}{\sin x}}\right)$.

4. 设 u, v, w 均为 x 的可微函数,求函数 y 的微分:

(1) $y = uvw$;　　　　　(2) $y = \frac{u}{v^2}$;

(3) $y=\arctan \dfrac{u}{v}$；　　　　(4) $y=\ln \sqrt{u^2+v^2}$.

5. 利用函数微分近似函数值改变量的方法,求下列各式的近似值:

(1) $\sqrt[3]{1.02}$；　　　　　　(2) $\sin 29°$；

(3) $\cos 151°$；　　　　　　(4) $\arctan 1.05$.

6. 证明近似公式

$$\sqrt[n]{a^n+x} \approx a+\dfrac{x}{na^{n-1}}, \quad a>0,$$

其中 $|x| \ll a^n$,并利用此公式求下列各式近似值:

(1) $\sqrt[3]{29}$；　　　　　　(2) $\sqrt[10]{1000}$.

7. 摆振动的周期 T(以 s 计算)按下式确定:

$$T=2\pi \sqrt{\dfrac{l}{g}},$$

其中 l 为摆长(以 cm 计算),$g=980\mathrm{cm/s^2}$,为了使周期 T 增大 0.05s,问:对摆长 $l=20\mathrm{cm}$ 需要作多少修改?

第 4 章补充题

1. 设 $f(x)=|x|^p \sin \dfrac{1}{x}(x\neq 0)$,且 $f(0)=0$.试讨论实数 p 满足何种条件时:

(1) $f(x)$ 在 $x=0$ 连续;

(2) $f(x)$ 在 $x=0$ 可导;

(3) $f'(x)$ 在 $x=0$ 连续.

2. 设 $f'(0)$ 存在,且 $\lim\limits_{x\to 0}\left(1+\dfrac{1-\cos f(x)}{\sin x}\right)^{\frac{1}{x}}=\mathrm{e}$.试求 $f'(0)$.

3. 证明双曲线 $xy=a^2$ 上任一点处的切线与两坐标轴构成的三角形的面积都等于某个常数,并且切点是三角形斜边的中点.

4. 求曲线 $y=\dfrac{1}{x}$ 与 $y=\sqrt{x}$ 的交角(即交点处的两条曲线的切线的交角).

5. 设 x,y 满足方程 $x^3+y^3-3xy=0$,求 $\lim\limits_{x\to +\infty}\dfrac{y}{x}$.

6. 设 $y=f(x)$ 在点 x_0 三阶可导,且 $f'(x_0)\neq0$. 若存在反函数 $x=g(y)$, $y_0=f(x_0)$. 试用 $f'(x_0)$, $f''(x_0)$ 和 $f'''(x_0)$ 表示 $g'''(y_0)$.

7. 设 $f(a)>0$, $f'(a)$ 存在,求 $\lim\limits_{n\to\infty}\left[\dfrac{f\left(a+\dfrac{1}{n}\right)}{f(a)}\right]^n$.

8. 设曲线 $y=f(x)$ 在原点与 $y=\sin x$ 相切,试求

$$\lim_{n\to\infty}\sqrt{n}\cdot\sqrt{f\left(\dfrac{2}{n}\right)}.$$

9. 构造函数 $f(x)$,使它在点 $x=0$ 处可导,在其他任意点都不连续.

第5章 用导数研究函数

微分学的产生是与 17 世纪面临的一些紧迫的科学问题密不可分的.除了上一章提到的求变速直线运动的瞬时速度和求曲线的切线之外,另一类问题是求函数的极大值和极小值问题,以及用有限多项式表示函数的问题.在这一章,我们以导数作为工具,研究上述的问题,另外还要研究函数的单调性的判定、曲线的凸性以及不定式的极限问题.

函数 $f(x)$ 在点 x_0 存在导数 $f'(x_0)$ 只能反映 $f(x)$ 在点 x_0 的一种局部性质,即当 $x \to x_0$ 时,$\Delta f = f(x) - f(x_0)$ 与 $\Delta x = x - x_0$ 比值的变化趋势.如果 $f(x)$ 是在某个区间上处处存在导数,就可以利用导数 $f'(x)$ 研究 $f(x)$ 在这个区间上的某些全局性质.例如函数在整个区间上是否具有单调性和凸性,如何求函数的极值,是否可以用比较简单的函数近似地表示等.微分中值定理是利用导数研究函数全局性质的桥梁.在这一章,我们首先介绍三个微分中值定理,然后以微分中值定理为工具研究函数的各种性质.本章的结论和方法是微分学的极其重要的组成部分,在理论和应用中都具有重要的意义.

5.1 微分中值定理

本节的三个中值定理是这一章的理论基础.在讨论微分中值定理之前,先给出一个关于函数极值的必要条件.

定义 5.1.1 设函数 f 在点 x_0 及其附近有定义,如果存在点 x_0 的一个邻域 $N(x_0)$,使得对于所有的 $x \in N(x_0)$,都有

$$f(x) \leqslant f(x_0) \quad (f(x) \geqslant f(x_0)),$$

则称函数 f 在点 x_0 取得**极大值**(**极小值**)(local maximum(local

minimum))，并称点 x_0 为 f 的**极大值点**（**极小值点**）(local maximum point(local minimum point))．极大值点和极小值点统称为**极值点**．

关于函数的极值，有以下必要条件．

定理 5.1.1（费马定理）　设函数 f 在点 x_0 取得极值，如果 $f'(x_0)$ 存在，则必有 $f'(x_0)=0$．

证明　不妨设 f 在点 x_0 取得极小值（如果是极大值，则可以用完全相同的方法证明）．

在点 x_0 的右侧附近取 x，由于 $f(x) \geqslant f(x_0)$，所以有

$$\frac{f(x)-f(x_0)}{x-x_0} \geqslant 0,$$

由于 $f'(x_0)$ 存在，在上式左端令 $x \to x_0^+$，就得到

$$f'(x_0)=f'_+(x_0)=\lim_{x \to x_0^+}\frac{f(x)-f(x_0)}{x-x_0} \geqslant 0;$$

又在点 x_0 的左侧附近取 x，由于 $f(x) \geqslant f(x_0)$，所以有

$$\frac{f(x)-f(x_0)}{x-x_0} \leqslant 0,$$

令 $x \to x_0^-$，注意到 $f'(x_0)$ 存在，于是就得到

$$f'(x_0)=f'_-(x_0)=\lim_{x \to x_0^-}\frac{f(x)-f(x_0)}{x-x_0} \leqslant 0;$$

由以上两式立即推出 $f'(x_0)=0$．

定理 5.1.1 告诉我们，对于可导函数而言，导数为零是极值点的必要条件，但是对不可导的函数，这个结论不一定成立．

在数学上，把导数为零的点称为函数的**驻点**（stationary point），或者**临界点**（critical point）．

上面的这个重要定理是 17 世纪的法国数学家费马（Fermat）首先发现的，费马是微积分学的先驱者之一，在数学和几何光学方面都有杰出的贡献．他在数论领域中提出的著名的费马大定理，强烈地吸引了 18～19 世纪直至现代的许多优秀数学家，在试图证明这个定理的过程中，创造出了大量的新颖的数学方法，引出了不少

新的数学理论.

以下的罗尔(Rolle)定理是费马定理的直接推论,它虽然简单,但是有许多重要的应用.

定理 5.1.2(罗尔定理) 设函数 f 在闭区间 $[a,b]$ 上连续,在开区间 (a,b) 内可导,又设 $f(a)=f(b)$,则存在点 $\xi \in (a,b)$,使得

$$f'(\xi) = 0.$$

证明 闭区间上的连续函数能达到它的最大值和最小值,记 M 和 m 分别为 $f(x)$ 在 $[a,b]$ 上的最大值、最小值. 如果 $M=m$,则 $f(x)$ 在 $[a,b]$ 上是常值函数,这时在 (a,b) 内处处有 $f'(x)=0$,于是定理结论成立. 如果 $M \neq m$,则 M 和 m 中至少有一个值不等于 $f(a)$ 和 $f(b)$,不妨设 $M \neq f(a)$,这时 $\exists \xi \in (a,b)$,使 $f(\xi)=M$. 显然点 ξ 是函数 f 的一个极值点,于是由定理 5.1.1 推出 $f'(\xi)=0$.

罗尔定理有明显的几何意义:如果曲线 $y=f(x)$ $(a \leqslant x \leqslant b)$ 的两个端点 $(a, f(a))$,$(b, f(b))$ 的高度(即纵坐标)相等,也就是说,如果连结该曲线两个端点的弦是水平的,并且该曲线上任一点都有切线,那么必有一点的切线也是水平的(图 5.1).

由此可以联想到这样的推广:对于任一条曲线 $y=f(x)$ $(a \leqslant x \leqslant b)$,如果该曲线上的任一点处都有切线,那么是否有一点的切线与连接两端点的弦平行呢(图 5.2)? 由此可以得到罗尔定理的一个直接推广——拉格朗日中值定理.

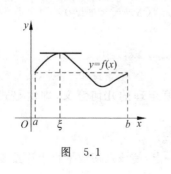

图　5.1

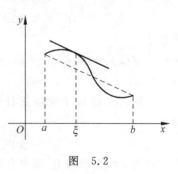

图　5.2

定理 5.1.3（拉格朗日中值定理）　设函数 f 在闭区间 $[a,b]$ 上连续，在开区间 (a,b) 内可导，则 $\exists \xi \in (a,b)$，使得

$$f'(\xi) = \frac{f(b) - f(a)}{b - a}. \tag{5.1.1}$$

证明　作辅助函数

$$\varphi(x) = f(x) - \frac{f(b) - f(a)}{b - a}(x - a),$$

则函数 φ 在 $[a,b]$ 上连续，在 (a,b) 内可导，并且 $\varphi(a) = \varphi(b)$，于是由罗尔定理，$\exists \xi \in (a,b)$，使 $\varphi'(\xi) = 0$，即

$$f'(\xi) - \frac{f(b) - f(a)}{b - a} = 0.$$

由此立即得到式(5.1.1).

一般地，也称拉格朗日中值定理为**微分中值定理**.

经常将拉格朗日中值定理写成形式

$$f(b) - f(a) = f'(\xi)(b - a). \tag{5.1.2}$$

由于 ξ 介于 a,b 之间，故有时又写作

$$\xi = a + \theta(b - a), \quad 0 < \theta < 1. \tag{5.1.3}$$

于是拉格朗日中值定理的结论可写作

$$f(b) - f(a) = f'(a + \theta(b - a))(b - a), \tag{5.1.4}$$

或者

$$\begin{aligned} f(x) - f(x_0) &= f'(x_0 + \theta(x - x_0))(x - x_0) \\ &= f'(x_0 + \theta\Delta x)\Delta x \quad (\Delta x = x - x_0), \end{aligned} \tag{5.1.5}$$

或者

$$f(x) = f(x_0) + f'(x_0 + \theta\Delta x)\Delta x, \quad 0 < \theta < 1. \tag{5.1.6}$$

上面已经解释了拉格朗日中值定理的几何意义，即由显式函数

$$y = f(x)$$

所表示的可微曲线段上，至少存在一点，使该点切线平行于连接该

曲线两端点的弦.

一般地,如果平面上的曲线 L 是由参数方程 $x=\varphi(t)$,
$y=\psi(t)(\alpha\leqslant t\leqslant\beta)$ 表示的,我们也可以设
想,在此曲线上也存在一点 M,使曲线在
该点的切线与两端点连线平行(图 5.3).
假设点 M 对应参数 $\tau(\alpha<\tau<\beta)$,则曲线
在点 M 处的切线斜率就是

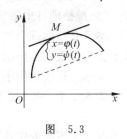

图 5.3

$$\frac{\psi'(\tau)}{\varphi'(\tau)};$$

而两端点连线的斜率是

$$\frac{\psi(\beta)-\psi(\alpha)}{\varphi(\beta)-\varphi(\alpha)}.$$

于是上面几何意义的解析表达式就是

$$\frac{\psi'(\tau)}{\varphi'(\tau)}=\frac{\psi(\beta)-\psi(\alpha)}{\varphi(\beta)-\varphi(\alpha)}.$$

这个结果实际上就是下面的柯西中值定理.

定理 5.1.4(柯西中值定理) 设函数 f 和 g 在 $[a,b]$ 上连续,
在 (a,b) 内可导,并且 $g'(x)\neq0,\forall x\in(a,b)$,则 $\exists\xi\in(a,b)$,使得

$$\frac{f(b)-f(a)}{g(b)-g(a)}=\frac{f'(\xi)}{g'(\xi)}. \tag{5.1.7}$$

证明 由 $g'(x)\neq0$ 和拉格朗日中值定理可知,

$$g(b)-g(a)=g'(\xi)(b-a)\neq0,\quad \xi\in(a,b),$$

因而式(5.1.7)左端的商式有意义,作辅助函数

$$\varphi(x)=f(x)-\frac{f(b)-f(a)}{g(b)-g(a)}(g(x)-g(a)). \tag{5.1.8}$$

容易验证 φ 在 $[a,b]$ 上连续,在 (a,b) 内可导,且 $\varphi(a)=\varphi(b)$. 于是
由罗尔定理推出 $\exists\xi\in(a,b)$,使得 $\varphi'(\xi)=0$,即

$$f'(\xi)-\frac{f(b)-f(a)}{g(b)-g(a)}g'(\xi)=0.$$

由此立即得到式(5.1.7)，于是定理得证.

在柯西中值定理中，若取 $g(x)\equiv x$，就会得到拉格朗日中值定理，因此拉格朗日中值定理是柯西中值定理的特殊情形.

本节介绍的三个中值定理有着广泛的应用，这里先介绍一些关于罗尔定理和拉格朗日中值定理的应用.

罗尔定理经常用于讨论函数的零点存在问题.

例 5.1.1　求证方程

$$e^x = ax^2 + bx + c$$

至多有 3 个不同的实根.

解　用反证法，考虑方程

$$f(x) = e^x - ax^2 - bx - c = 0.$$

如果它有 4 个不同实根：$x_1 < x_2 < x_3 < x_4$，则由罗尔定理推出导函数 $f'(x) = e^x - 2ax - b$ 在上述 4 个点中的每相邻两个点之间至少存在一个根. 也就是说，方程

$$e^x - 2ax - b = 0$$

至少有 3 个不同实根，又进一步推出，方程

$$e^x - 2a = 0$$

至少有 2 个不同实根，但是，由于函数 e^x 在 $(-\infty, +\infty)$ 上单调增加，最后 1 个方程至多有一个实根，这个矛盾就证明了原方程至多有 3 个不同实根.

例 5.1.2　证明 n 次勒让德(Legendre)多项式

$$P_n(x) = \frac{d^n}{dx^n}[(x^2-1)^n], \quad n = 1, 2, \cdots$$

在 $(-1, 1)$ 内恰好有 n 个不同实零点.

解　首先我们注意到这样一个事实：如果

$$f(x) = (x - x_0)^n g(x),$$

其中 $g(x)$ 在 x_0 附近 $n-1$ 阶可导，那么 $f(x)$ 的 1 到 $(n-1)$ 阶导数 $f'(x), f''(x), \cdots, f^{(n-1)}(x)$ 都以点 x_0 为零点(证明留给读者).

记 $f(x) = (x^2-1)^n$(这里 n 是一个确定的正整数).

因为多项式 $f(x)$ 以 1 和 -1 为零点,所以由罗尔定理推出其导函数 $\dfrac{d}{dx}f(x)$ 在 $(-1,1)$ 内至少有一个零点,记这个零点为 $\xi_1^{(1)}$.

另一方面,根据上面的说明,1 和 -1 仍然是 $\dfrac{d}{dx}f(x)$ 的零点,因此 $\dfrac{d}{dx}f(x)$ 有 3 个不同零点 $-1, \xi_1^{(1)}$ 和 1,于是根据罗尔定理推出二阶导数 $\dfrac{d^2}{dx^2}f(x)$ 在 $(-1,1)$ 内有两个零点,记之为 $\xi_1^{(2)}$ 和 $\xi_2^{(2)}$. 如果再注意到 -1 和 1 也是 $\dfrac{d^2}{dx^2}f(x)$ 的零点,那么 $\dfrac{d^2}{dx^2}f(x)$ 就有 4 个不同的零点 $-1, \xi_1^{(2)}, \xi_2^{(2)}$ 和 1. 再根据罗尔定理就推出三阶导数 $\dfrac{d^3}{dx^3}f(x)$ 在 $(-1,1)$ 内有 3 个不同零点. 如此下去,可以推出 n 阶导数 $\dfrac{d^n}{dx^n}f(x)=P_n(x)$ 在 $(-1,1)$ 内至少有 n 个不同零点.

但是,$P_n(x)$ 是一个 n 次多项式,根据代数学上的结论,它最多有 n 个实零点,因此 $P_n(x)$ 在 $(-1,1)$ 内恰好有 n 个不同实根.

作为练习,请读者证明 n 阶拉盖尔(Laguerre)多项式

$$L_n(x) = e^x \frac{d^n}{dx^n}(x^n e^{-x})$$

在 $(0,+\infty)$ 内有 n 个相异实零点.

拉格朗日中值定理可以讨论函数的增减性、证明不等式等.

由拉格朗日中值定理直接可以推出下述结论.

定理 5.1.5

(1) 若 $f'(x)$ 在 $[a,b]$ 上恒为零,则 f 在 $[a,b]$ 上恒为常数;

(2) 如果在 $[a,b]$ 上,$f'(x)=g'(x)$,则存在常数 c,使 $f(x)=g(x)+c$.

设 f 在 $[a,b]$ 上定义且满足如下条件:存在常数 L,使得对任

意的 $x_1, x_2 \in [a, b]$，都有

$$| f(x_1) - f(x_2) | \leqslant L | x_1 - x_2 |,$$

则称 f 在区间 $[a, b]$ 上满足利普希茨(Lipschitz)条件.

由拉格朗日中值定理又可推出: 如果 $f'(x)$ 在 $[a, b]$ 上有界, 即若存在常数 M, 使得 $\forall x \in [a, b]$, 都有 $| f'(x) | \leqslant M$, 则对任意的 $x_1, x_2 \in [a, b]$, 有

$$| f(x_1) - f(x_2) | = | f(\xi) | | x_2 - x_1 | \leqslant M | x_2 - x_1 |,$$

也就是说, 导数有界的函数必满足利普希茨条件.

如果用拉格朗日中值定理讨论函数的增减性, 则可以得到下述结论(请读者自己给出证明).

定理 5.1.6　设函数 f 在 $[a, b]$ 上连续, 在 (a, b) 内可导.

(1) 如果 $f'(x) \geqslant 0 (a < x < b)$, 则 f 在 $[a, b]$ 上单调非减;

(2) 如果 $f'(x) \leqslant 0 (a < x < b)$, 则 f 在 $[a, b]$ 上单调非增;

(3) 如果 $f'(x) > 0 (a < x < b)$, 则 f 在 $[a, b]$ 上单调增加;

(4) 如果 $f'(x) < 0 (a < x < b)$, 则 f 在 $[a, b]$ 上单调减少;

(5) 如果 f 在 $[a, b]$ 上单调非减(非增), 则在 (a, b) 内恒有 $f'(x) \geqslant 0 (\leqslant 0)$.

例 5.1.3　证明 $f(x) = \left(1 + \dfrac{1}{x}\right)^x$ 在 $[1, +\infty)$ 上单调增加.

证明　若令 $g(x) = \ln \left(1 + \dfrac{1}{x}\right)^x = x \ln \left(1 + \dfrac{1}{x}\right)$, 则只需证明 $g(x)$ 单调增加.

注意到

$$g'(x) = \left[x \ln \left(1 + \frac{1}{x}\right)\right]' = [\ln(x + 1) - \ln x] - \frac{1}{x + 1}.$$

$$(5.1.9)$$

对上式右端方括号内的函数应用拉格朗日中值定理得到

$$\ln(x + 1) - \ln x = \frac{1}{\xi}, \quad \xi \in (x, x + 1),$$

代入式(5.1.9),得到

$$g'(x) = \frac{1}{\xi} - \frac{1}{x+1} > 0, \quad x > 0.$$

因此,由定理 5.1.6 推出,$g(x)$ 单调增加,从而 $f(x)$ 在 $[1, +\infty)$ 上单调增加.

例 5.1.4 求证:当 $x > 0$ 时,有 $\cos x > 1 - \frac{1}{2}x^2$.

证明 考察函数 $f(x) = \cos x - 1 + \frac{1}{2}x^2$,有

$$f'(x) = -\sin x + x > 0, \quad x > 0,$$

于是由定理 5.1.6 推出,$f(x)$ 在 $[0, +\infty)$ 上单调增加,又注意到 $f(0) = 0$,所以,当 $x > 0$ 时有 $f(x) > 0$,即

$$\cos x - 1 + \frac{1}{2}x^2 > 0.$$

由此立即得到结论.

例 5.1.5 设 f 在 $(-\infty, +\infty)$ 内有二阶导数,如果 $f''(x) \equiv 0$,试证存在常数 a, b,使得 $f(x) = ax + b$.

证明 由于 $(f'(x))' = f''(x) \equiv 0$,由定理 5.1.5 推知,$f'(x)$ 恒为常数,设 $f'(x) = a$.

又因为 $f'(x) \equiv (ax)'$,故由定理 5.1.5 又推出,$f(x)$ 与 ax 只差一个常数 b,即 $f(x) = ax + b$.

用归纳法可以证明:如果 $f(x)$ 在 $(-\infty, +\infty)$ 内有 $n+1$ 阶导数,且 $f^{(n+1)}(x) \equiv 0$,则有

$$f(x) = a_0 x^n + a_1 x^{n-1} + \cdots + a_{n-1} x + a_n.$$

例 5.1.6 证明不等式

$$\frac{1}{n+1} < \ln\left(1 + \frac{1}{n}\right) < \frac{1}{n}, \quad n \in \mathbb{Z}^+, \qquad (5.1.10)$$

并证明极限 $c = \lim\limits_{n \to \infty}\left(\sum\limits_{k=1}^{n} \frac{1}{k} - \ln n\right)$ 存在.

证明　研究函数 $f(x) = \ln\left(1 + \dfrac{1}{x}\right) - \dfrac{1}{x+1}$ $(x \geqslant 1)$.

$$f'(x) = \frac{-1}{x(x+1)} + \frac{1}{(x+1)^2} < 0, \quad x \geqslant 1;$$

因此，当 $x \geqslant 1$ 时，$f(x)$ 单调减少. 又注意到 $\lim\limits_{x \to +\infty} f(x) = 0$，便推出 $x \geqslant 1$ 时，恒有 $f(x) > 0$. 由此得到，当 $x \geqslant 1$ 时，有

$$\ln\left(1 + \frac{1}{x}\right) > \frac{1}{x+1},$$

于是

$$\ln\left(1 + \frac{1}{n}\right) > \frac{1}{n+1}, \quad n \in \mathbb{Z}^+,$$

这就是不等式 (5.1.10) 的前半部分，后半部分可同样证明.

又令 $a_n = \sum\limits_{k=1}^{n} \dfrac{1}{k} - \ln n$，则由此式推出

$$a_{n+1} - a_n = \frac{1}{n+1} - \left[\ln(n+1) - \ln n\right]$$

$$= \frac{1}{n+1} - \ln\left(1 + \frac{1}{n}\right) < 0,$$

即 $\{a_n\}$ 是一个单调减少的数列.

另一方面，由不等式 (5.1.10) 的后半部分可以得到

$$a_n = 1 + \frac{1}{2} + \cdots + \frac{1}{n} - \left[\ln 1 + (\ln 2 - \ln 1) + \cdots \right.$$

$$\left. + (\ln n - \ln(n-1))\right]$$

$$= 1 + \frac{1}{2} + \cdots + \frac{1}{n}$$

$$- \left[\ln\left(1 + \frac{1}{1}\right) + \ln\left(1 + \frac{1}{2}\right) + \cdots + \ln\left(1 + \frac{1}{n-1}\right)\right]$$

$$= \left[1 - \ln\left(1 + \frac{1}{1}\right)\right] + \left[\frac{1}{2} - \ln\left(1 + \frac{1}{2}\right)\right] + \cdots$$

$$+ \left[\frac{1}{n-1} - \ln\left(1 + \frac{1}{n-1}\right)\right] + \frac{1}{n} > 0.$$

所以 $\{a_n\}$ 有下界. 于是由单调收敛定理推出，$\lim\limits_{n\to\infty} a_n$ 存在.

记 $c = \lim\limits_{n\to\infty} a_n = \lim\limits_{n\to\infty}\left[\sum\limits_{k=1}^{n}\dfrac{1}{k} - \ln n\right]$，称这个数为欧拉（Euler）数，它的近似值为 $c\approx 0.577$.

习 题 5.1

复习题

1. 在罗尔定理中，条件 $f(a) = f(b)$ 有什么用处，是否为必要条件？

2. 拉格朗日中值定理的几何意义是什么？为什么说罗尔定理是拉格朗日中值定理的特殊情形？

3. 拉格朗日中值定理和柯西中值定理的证明过程中，构造了什么辅助函数？能否构造其他的辅助函数？

4. 考察拉格朗日中值定理 $f(x) - f(x_0) = f'(\xi)(x - x_0)$，假设点 x_0 固定而使 x 变化，那么点 ξ 与 x 有什么关系？点 ξ 能否表示为 x 的函数？

5. 举例说明，$f(x)$ 单调增加未必推出 $f'(x) > 0$.

习题

1. 证明：

(1) 方程 $x^3 - 3x + c = 0$ 在 $[0,1]$ 中至多有一个根；

(2) 方程 $x^n + px + q = 0$（n 为自然数）在 n 为偶数时，最多有两个不同实根，在 n 为奇数时，最多有三个不同实根.

2. 设 f 在 (a,b) 内二阶可导，$a < x_1 < x_2 < x_3 < b$，且 $f(x_1) = f(x_2) = f(x_3)$，求证 $\exists \xi \in (a,b)$，使得 $f''(\xi) = 0$.

3. 设 f 在 $(-\infty, +\infty)$ 上有 n 阶导数，$p(x) = a_0 x^n + a_1 x^{n-1} + \cdots + a_{n-1}x + a_n$ 为 n 次多项式，如果存在 $n+1$ 个相异的点 $x_1, x_2, \cdots, x_{n+1}$ 使得

$f(x_i) = p(x_i)(i=1,2,\cdots,n+1)$，则 $\exists \xi$，使得 $a_0 = \dfrac{f^{(n)}(\xi)}{n!}$.

4. 证明下列不等式：

(1) $|\sin x - \sin y| \leqslant |x-y|$，$x,y \in \mathbb{R}$；

(2) $py^{p-1}(x-y) \leqslant x^p - y^p \leqslant px^{p-1}(x-y)$，其中 $0 < y < x, p > 1$；

(3) $|\arctan a - \arctan b| \leqslant |a-b|$，其中 $a,b \in \mathbb{R}$；

(4) $\dfrac{a-b}{a} < \ln \dfrac{a}{b} < \dfrac{a-b}{b}$，其中 $0 < b < a$.

5. 证明：

(1) $2\arctan x + \arcsin \dfrac{2x}{1+x^2} = \pi\,\mathrm{sgn}(x)$，其中 $|x| \geqslant 1$；

(2) $\arcsin x + \arccos x = \dfrac{\pi}{2}$，其中 $-1 \leqslant x \leqslant 1$.

6. 证明下列不等式：

(1) $x - \dfrac{1}{2}x^2 < \ln(1+x)$，$x > 0$；　　(2) $x - \dfrac{x^3}{6} < \sin x$，$x > 0$；

(3) $\tan x > x + \dfrac{x^3}{3}$，$0 < x < \dfrac{\pi}{2}$；　　(4) $\sin x + \tan x > 2x$，$0 < x < \dfrac{\pi}{2}$.

7. 研究下列函数的单调性：

(1) $f(x) = \arctan x - x$，$x \in \mathbb{R}$；

(2) $f(x) = \left(1 + \dfrac{1}{x}\right)^x$，$0 < x < 1$；

(3) $f(x) = 2x^3 - 3x^2 - 12x + 1$；

(4) $f(x) = x^n e^{-x}$，$n > 0, x \geqslant 0$.

8. 证明下列不等式：

(1) $\ln(1+x) > \dfrac{\arctan x}{1+x}$，$x > 0$；

(2) $\dfrac{1}{2^{p-1}} \leqslant x^p + (1-x)^p \leqslant 1$，$x \in [0,1], p > 1$.

9. 设 $f(0)=0$，$f'(x)$ 单调增加，证明 $\dfrac{f(x)}{x}$ 在 $(0,+\infty)$ 内单调增加.

5.2 洛必达法则

本书第 2 章中曾讨论过函数极限的四则运算，其中对于两个函数之商的极限运算是这样说的：如果 $\lim\limits_{x\to\square} f(x)$ 和 $\lim\limits_{x\to\square} g(x)$ 都存在，且 $\lim\limits_{x\to\square} g(x)\neq 0$，则有

$$\lim_{x\to\square}\frac{f(x)}{g(x)}=\frac{\lim\limits_{x\to\square} f(x)}{\lim\limits_{x\to\square} g(x)}.$$

但当 $\lim\limits_{x\to\square} f(x)=\lim\limits_{x\to\square} g(x)=0$ 时，上述除法法则不再成立，这时，称 $\lim\limits_{x\to\square}\dfrac{f(x)}{g(x)}$ 为 $\dfrac{\mathbf{0}}{\mathbf{0}}$ **型不定式**，另外，如果当 $x\to\square$ 时，$f(x)\to\infty$，$g(x)\to\infty$，也不能用除法法则去求极限 $\lim\limits_{x\to\square}\dfrac{f(x)}{g(x)}$，这时称这个极限为 $\dfrac{\infty}{\infty}$ **型不定式**.

这一节，我们介绍一个求不定式极限的有效方法，这个方法的关键是将 $\lim\limits_{x\to\square}\dfrac{f(x)}{g(x)}$ 的计算问题转化为 $\lim\limits_{x\to\square}\dfrac{f'(x)}{g'(x)}$ 的计算. 关于 $\dfrac{0}{0}$ 型不定式的求极限方法最早发表在法国数学家洛必达的著作中. 关于 $\dfrac{\infty}{\infty}$ 型不定式极限的求法是后来由欧拉建立的.

下面首先讨论 $\dfrac{0}{0}$ 型不定式的洛必达法则.

定理 5.2.1 设 $\lim\limits_{x\to x_0^-} f(x)=\lim\limits_{x\to x_0^-} g(x)=0$，并且 $\exists\delta>0$，使得 f 与 g 在 $(x_0-\delta,x_0)$ 内可导，其中 $g'(x)\neq 0$，那么：

(1) 如果 $\lim\limits_{x \to x_0^-} \dfrac{f'(x)}{g'(x)} = a(-\infty < a < +\infty)$，则有

$$\lim_{x \to x_0^-} \frac{f(x)}{g(x)} = a;$$

(2) 如果当 $x \to x_0^-$ 时，$\dfrac{f'(x)}{g'(x)} \to +\infty(-\infty)$，则有

$$\frac{f(x)}{g(x)} \to +\infty(-\infty), \quad x \to x_0^-.$$

证明　(1) 令 $f(x_0) = g(x_0) = 0$，则 f 与 g 都在 $(x_0 - \delta, x_0]$ 上连续，于是 $\forall x \in (x_0 - \delta, x_0)$，$f$ 与 g 在 $[x, x_0]$ 上连续，在 (x, x_0) 内可导，由柯西中值定理可知，$\exists \xi_x \in (x, x_0)$，使得

$$\frac{f(x)}{g(x)} = \frac{f(x) - f(x_0)}{g(x) - g(x_0)} = \frac{f'(\xi_x)}{g'(\xi_x)}, \tag{5.2.1}$$

当 $x \to x_0^-$ 时，也有 $\xi_x \to x_0^-$，于是由定理条件得到

$$\lim_{x \to x_0^-} \frac{f(x)}{g(x)} = \lim_{x \to x_0^-} \frac{f'(\xi_x)}{g'(\xi_x)} = a.$$

(2) 设 $x \to x_0^-$ 时，$\dfrac{f'(x)}{g'(x)} \to +\infty$，则 $\forall M > 0$，$\exists \delta_M > 0$，使得对所有的 $x \in (x_0 - \delta_M, x_0)$，都有

$$\frac{f'(x)}{g'(x)} > M,$$

当 $x \in (x_0 - \delta_M, x_0)$ 时，式 (5.2.1) 中的 ξ_x 也满足 $\xi_x \in (x_0 - \delta_M, x_0)$，因此只要 $x \in (x_0 - \delta_M, x_0)$，就有

$$\frac{f(x)}{g(x)} = \frac{f'(\xi_x)}{g'(\xi_x)} > M,$$

由 $M > 0$ 的任意性便知，当 $x \to x_0^-$ 时，$\dfrac{f(x)}{g(x)} \to +\infty$.

对于 $\dfrac{f(x)}{g(x)} \to -\infty$ 的情形，可以类似地证明.

定理 5.2.1 只讨论了 $x \to x_0^-$ 时求 $\dfrac{0}{0}$ 型不定式极限的方法,对于 $x \to x_0^+$ 和 $x \to x_0$ 的情形,有完全相同的结论.

例 5.2.1　求 $\lim\limits_{x \to 0} \dfrac{1 - \cos x}{x^2}$.

解　这是一个 $\dfrac{0}{0}$ 型不定式,注意到

$$\lim_{x \to 0} \frac{(1 - \cos x)'}{(x^2)'} = \lim_{x \to 0} \frac{\sin x}{2x} = \frac{1}{2},$$

于是由定理 5.2.1 推出

$$\lim_{x \to 0} \frac{1 - \cos x}{x^2} = \lim_{x \to 0} \frac{(1 - \cos x)'}{(x^2)'} = \frac{1}{2}.$$

例 5.2.2　求 $\lim\limits_{x \to 0} \dfrac{x - \sin x}{x - x\cos x}$.

解　根据洛必达法则,可以先试求极限

$$\lim_{x \to 0} \frac{(x - \sin x)'}{(x - x\cos x)'} = \lim_{x \to 0} \frac{1 - \cos x}{1 - \cos x + x\sin x},$$

这仍是一个 $\dfrac{0}{0}$ 型不定式,于是可以试求下面的极限:

$$\lim_{x \to 0} \frac{(1 - \cos x)'}{(1 - \cos x + x\sin x)'} = \lim_{x \to 0} \frac{\sin x}{2\sin x + x\cos x}.$$

对于最后一个极限,再应用洛必达法则,得到

$$\lim_{x \to 0} \frac{(\sin x)'}{(2\sin x + x\cos x)'} = \lim_{x \to 0} \frac{\cos x}{3\cos x - x\sin x}$$

$$= \frac{\lim\limits_{x \to 0} \cos x}{3\lim\limits_{x \to 0} \cos x - \lim\limits_{x \to 0} x\sin x} = \frac{1}{3}.$$

于是原极限等于 $\dfrac{1}{3}$.

一般情形,设当 $x \to x_0$ 时,$f(x) \to 0, g(x) \to 0$,如果

$$\lim_{x \to x_0} \frac{f^{(n)}(x)}{g^{(n)}(x)} = a, \quad -\infty \leqslant a \leqslant +\infty,$$

且 1 到 $n-1$ 阶导数之比都是 $\dfrac{0}{0}$ 型不定式,则必有

$$\lim_{x \to x_0} \frac{f(x)}{g(x)} = \lim_{x \to x_0} \frac{f'(x)}{g'(x)} = \cdots = \lim_{x \to x_0} \frac{f^{(n)}(x)}{g^{(n)}(x)} = a.$$

例 5.2.3　求 $\lim\limits_{x \to 1} \dfrac{x^{\alpha+1} - (\alpha+1)x + \alpha}{(x^2-1)^2}$ $(\alpha > 0)$.

解　$\lim\limits_{x \to 1} \dfrac{x^{\alpha+1} - (a+1)x + a}{(x^2-1)^2}$

$$= \lim_{x \to 1} \frac{x^{\alpha+1} - (\alpha+1)x + \alpha}{(x-1)^2} \cdot \frac{1}{(x+1)^2}.$$

当 $x \to 1$ 时,$\dfrac{1}{(x+1)^2}$ 有非零极限 $\dfrac{1}{4}$,所以可以将这一项提出来,即

$$\lim_{x \to 1} \frac{x^{\alpha+1} - (\alpha+1)x + \alpha}{(x^2-1)^2}$$

$$= \lim_{x \to 1} \frac{1}{(x+1)^2} \cdot \lim_{x \to 1} \frac{x^{\alpha+1} - (\alpha+1)x + \alpha}{(x-1)^2}$$

$$= \frac{1}{4} \lim_{x \to 1} \frac{x^{\alpha+1} - (\alpha+1)x + \alpha}{(x-1)^2}$$

$$= \frac{1}{4} \lim_{x \to 1} \frac{(\alpha+1)x^\alpha - (\alpha+1)}{2(x-1)}$$

$$= \frac{1}{8} \lim_{x \to 1} \frac{\alpha(\alpha+1)x^{\alpha-1}}{1} = \frac{\alpha(\alpha+1)}{8}.$$

对于 $x \to +\infty(-\infty)$ 时的 $\dfrac{0}{0}$ 型不定式,有以下的洛必达法则.

定理 5.2.2　设函数 f, g 在 $[b, +\infty)$ 上有定义且可导,并且 $g'(x) \neq 0$,又设

$$\lim_{x \to +\infty} f(x) = \lim_{x \to +\infty} g(x) = 0.$$

(1) 如果 $\lim\limits_{x \to +\infty} \dfrac{f'(x)}{g'(x)} = a$ $(-\infty < a < +\infty)$,则

$$\lim_{x \to +\infty} \frac{f(x)}{g(x)} = a;$$

(2) 如果当 $x \to +\infty$ 时, $\dfrac{f'(x)}{g'(x)} \to +\infty(-\infty)$, 则

$$\frac{f(x)}{g(x)} \to +\infty(-\infty), \quad x \to +\infty.$$

证明 (1) 不妨设 $b > 0$, 令 $u = \dfrac{1}{x}$, $\varphi(u) = f(x) = f\left(\dfrac{1}{u}\right)$,

$\psi(u) = g(x) = g\left(\dfrac{1}{u}\right)$, 则函数 φ, ψ 在区间 $0 < u < \dfrac{1}{b}$ 上有定义, 并且可导, 以及

$$\psi'(u) = g'(x) \cdot \frac{-1}{u^2} \neq 0,$$

于是由定理 5.2.1 得到

$$\lim_{x \to +\infty} \frac{f(x)}{g(x)} = \lim_{u \to 0^+} \frac{\varphi(u)}{\psi(u)} = \lim_{u \to 0^+} \frac{\varphi'(u)}{\psi'(u)}$$

$$= \lim_{u \to 0^+} \frac{f'\left(\dfrac{1}{u}\right)\left(-\dfrac{1}{u^2}\right)}{g'\left(\dfrac{1}{u}\right)\left(-\dfrac{1}{u^2}\right)} = \lim_{x \to +\infty} \frac{f'(x)}{g'(x)} = a.$$

(2) 当 $\dfrac{f'(x)}{g'(x)} \to +\infty(-\infty$ 或 $\infty)$ 时, 可以用类似的方法加以证明.

例 5.2.4 求 $\lim\limits_{x \to +\infty} \dfrac{\dfrac{\pi}{2} - \arctan x}{\sin \dfrac{1}{x}}$.

解 由定理 5.2.2 知,

$$\lim_{x \to +\infty} \frac{\dfrac{\pi}{2} - \arctan x}{\sin \dfrac{1}{x}} = \lim_{x \to +\infty} \frac{-\dfrac{1}{1+x^2}}{-\dfrac{1}{x^2} \cdot \cos \dfrac{1}{x}} = 1.$$

定理 5.2.2 仅讨论了 $x \rightarrow +\infty$ 时的 $\dfrac{0}{0}$ 型不定式. 如果是 $x \rightarrow -\infty$ 或 $x \rightarrow \infty$ 的情况, 有相同的结论.

上面已经讨论了自变量为任何一种变化趋势时(例如 $x \rightarrow x_0$ 或者 $x \rightarrow +\infty$) $\dfrac{0}{0}$ 型不定式求极限的洛必达法则. 如果是 $\dfrac{\infty}{\infty}$ 型不定式 $\left(\text{即当 } f(x) \rightarrow \infty, g(x) \rightarrow \infty \text{ 时, 求} \dfrac{f(x)}{g(x)} \text{的极限}\right)$, 其证明要困难一些. 由于篇幅的原因, 我们只给出定理结论, 而略去它的证明过程.

以下我们仅以 $x \rightarrow x_0$ 时的情形叙述有关定理, 对于 $x \rightarrow x_0^-$, $x \rightarrow x_0^+, x \rightarrow +\infty, x \rightarrow -\infty$ 和 $x \rightarrow \infty$ 时的各种情形, 读者应当能够写出平行的结果.

定理 5.2.3　设 f, g 在点 x_0 的某个空心邻域 $N^*(x_0, \delta)$ 内可导, 并且 $g'(x) \neq 0$, 又设当 $x \rightarrow x_0$ 时, $f(x) \rightarrow \infty, g(x) \rightarrow \infty$.

(1) 如果 $\lim\limits_{x \rightarrow x_0} \dfrac{f'(x)}{g'(x)} = a \, (-\infty < a < +\infty)$, 则

$$\lim_{x \rightarrow x_0} \frac{f(x)}{g(x)} = a;$$

(2) 如果当 $x \rightarrow x_0$ 时, $\dfrac{f'(x)}{g'(x)} \rightarrow +\infty \, (-\infty)$, 则

$$\frac{f(x)}{g(x)} \rightarrow +\infty \, (-\infty).$$

注　在定理 5.2.3 中, $f(x) \rightarrow \infty$ 的条件可以去掉, 即当 $x \rightarrow x_0$ 时, 无论 $f(x)$ 是否为无穷大量, 只要 $g(x)$ 是无穷大量就可以了.

例 5.2.5　求证: 对任意的 $\alpha > 0, \beta > 0$, 当 $x \rightarrow +\infty$ 时, x^α 与 $(\ln x)^\beta$ 相比是高阶无穷大量.

解　考察商式 $\dfrac{\ln^\beta x}{x^\alpha}$. 当 $x \rightarrow +\infty$ 时, 这是一个 $\dfrac{\infty}{\infty}$ 型不定式.

取自然数 k,满足 $k-1 < \beta \leqslant k$,连续 k 次运用定理 5.2.3,可以得到

$$
\begin{aligned}
\lim_{x \to +\infty} \frac{\ln^\beta x}{x^\alpha} &= \lim_{x \to +\infty} \frac{\beta \ln^{\beta-1} x \cdot \dfrac{1}{x}}{a x^{\alpha-1}} \\
&= \lim_{x \to +\infty} \frac{\beta \ln^{\beta-1} x}{a x^\alpha} \\
&= \lim_{x \to +\infty} \frac{\beta}{\alpha} \frac{\beta-1}{\alpha} \frac{\ln^{\beta-2} x \cdot \dfrac{1}{x}}{x^{\alpha-1}} \\
&= \lim_{x \to +\infty} \frac{\beta(\beta-1)}{a^2} \frac{\ln^{\beta-2} x}{x^\alpha} \\
&= \cdots \\
&= \lim_{x \to +\infty} \frac{\beta(\beta-1)\cdots(\beta-k+1)}{\alpha^k} \frac{\ln^{\beta-k} x}{x^\alpha} = 0
\end{aligned}
$$

(在最后一式中,注意到 $\beta \leqslant k$,故 $\ln^{\beta-k} x$ 有界).

例 5.2.6 试证对任意的 $\alpha > 0$,当 $x \to +\infty$ 时,x^α 是 e^x 的低阶无穷大量.

解 考察商式 $\dfrac{x^\alpha}{e^x}$,当 $x \to +\infty$ 时,这是一个 $\dfrac{\infty}{\infty}$ 型不定式. 取自然数 k,使 $k-1 < \alpha \leqslant k$. 连续 k 次运用定理 5.2.3 得到

$$
\begin{aligned}
\lim_{x \to +\infty} \frac{x^\alpha}{e^x} &= \lim_{x \to +\infty} \frac{\alpha x^{\alpha-1}}{e^x} = \cdots \\
&= \lim_{x \to +\infty} \frac{\alpha(\alpha-1)\cdots(\alpha-k+1) x^{\alpha-k}}{e^x} = 0.
\end{aligned}
$$

以上讨论了两种基本不定式,即 $\dfrac{0}{0}$ 和 $\dfrac{\infty}{\infty}$ 型不定式的洛必达法则. 另外还有五种不定式,即 $0 \cdot \infty$、$\infty - \infty$、∞^0、0^0 和 1^∞,它们都

可以转化为前两种基本不定式,即 $\dfrac{0}{0}$ 和 $\dfrac{\infty}{\infty}$ 型不定式.

例 5.2.7　求极限 $\lim\limits_{x \to 0}\left(\dfrac{1}{x^2} - \cot^2 x\right)$.

解　这是一个 $\infty - \infty$ 不定式,通分化为 $\dfrac{0}{0}$ 型:

$$\lim_{x \to 0}\left(\frac{1}{x^2} - \cot^2 x\right) = \lim_{x \to 0}\frac{\sin^2 x - x^2 \cos^2 x}{x^2 \sin^2 x}$$

$$= \lim_{x \to 0}\frac{\sin x + x\cos x}{\sin x} \cdot \frac{\sin x - x\cos x}{x^2 \sin x}$$

$$= \lim_{x \to 0}\frac{\sin x + x\cos x}{\sin x} \cdot \lim_{x \to 0}\frac{\sin x - x\cos x}{x^2 \sin x}$$

$$= 2\lim_{x \to 0}\frac{\sin x - x\cos x}{x^2 \sin x}$$

$$= 2\lim_{x \to 0}\frac{\cos x - \cos x + x\sin x}{2x\sin x + x^2 \cos x}$$

$$= 2\lim_{x \to 0}\frac{\sin x}{2\sin x + x\cos x} = \frac{2}{3}.$$

例 5.2.8　求极限 $\lim\limits_{x \to 0}\left(\dfrac{\sin x}{x}\right)^{\frac{1}{1 - \cos x}}$.

解　当 $x \to 0$ 时,$\dfrac{\sin x}{x} \to 1$,$\dfrac{1}{1 - \cos x} \to +\infty$,因此这是一个 1^{∞} 型不定式.取对数,令

$$y = \left(\frac{\sin x}{x}\right)^{\frac{1}{1 - \cos x}},$$

则

$$\ln y = \frac{1}{1 - \cos x}\ln\frac{\sin x}{x},$$

当 $x \to 0^+$ 时,$\ln y$ 是一个 $\dfrac{0}{0}$ 型不定式,由定理 5.2.1 得到

$$\lim_{x \to 0^+} \ln y = \lim_{x \to 0^+} \frac{\ln \sin x - \ln x}{1 - \cos x}$$

$$= \lim_{x \to 0^+} \frac{\dfrac{\cos x}{\sin x} - \dfrac{1}{x}}{\sin x}$$

$$= \lim_{x \to 0^+} \frac{x \cos x - \sin x}{x \sin^2 x}$$

$$= \lim_{x \to 0^+} \frac{-x \sin x}{\sin^2 x + 2x \sin x \cos x} = -\frac{1}{3},$$

所以,有

$$\lim_{x \to 0^+} y = \lim_{x \to 0^+} \left(\frac{\sin x}{x} \right)^{\frac{1}{1 - \cos x}} = e^{-\frac{1}{3}}.$$

同理可得

$$\lim_{x \to 0^-} \left(\frac{\sin x}{x} \right)^{\frac{1}{1 - \cos x}} = e^{-\frac{1}{3}},$$

所以,得

$$\lim_{x \to 0} \left(\frac{\sin x}{x} \right)^{\frac{1}{1 - \cos x}} = e^{-\frac{1}{3}}.$$

例 5.2.9 求 $\lim\limits_{x \to +\infty} \left(\dfrac{\pi}{2} - \arctan x \right)^{\frac{1}{\ln x}}$.

解 当 $x \to +\infty$ 时, $\dfrac{\pi}{2} - \arctan x \to 0$, $\dfrac{1}{\ln x} \to 0$,因此,这是一个

0^0 型不定式. 取对数,并令 $y = \left(\dfrac{\pi}{2} - \arctan x \right)^{\frac{1}{\ln x}}$,则有

$$\ln y = \frac{1}{\ln x} \ln \left(\frac{\pi}{2} - \arctan x \right),$$

这是一个 $\dfrac{\infty}{\infty}$ 型不定式,由定理 5.2.3 得到

$$\lim_{x\to+\infty} \ln y = \lim_{x\to+\infty} \frac{\left(\dfrac{\pi}{2} - \arctan x\right)^{-1} \dfrac{-1}{1+x^2}}{\dfrac{1}{x}}$$

$$= \lim_{x\to+\infty} \frac{\dfrac{x}{1+x^2}}{\arctan x - \dfrac{\pi}{2}}$$

$$= \lim_{x\to+\infty} \frac{\dfrac{1-x^2}{(1+x^2)^2}}{\dfrac{1}{1+x^2}} = -1,$$

所以,有

$$\lim_{x\to+\infty} \left(\frac{\pi}{2} - \arctan x\right)^{\frac{1}{\ln x}} = e^{-1}.$$

例 5.2.10　求 $\lim\limits_{x\to0^+}(\cot x)^{\frac{1}{\ln x}}$.

解　当 $x \to 0^+$ 时,这是一个 ∞^0 型不定式. 取对数,令 $y = (\cot x)^{\frac{1}{\ln x}}$,则 $\ln y = \dfrac{\ln(\cot x)}{\ln x}$ 是一个 $\dfrac{\infty}{\infty}$ 型不定式,由定理 5.2.3 得到

$$\lim_{x\to0^+} \frac{\ln(\cot x)}{\ln x} = \lim_{x\to0^+} \frac{\dfrac{-\csc^2 x}{\cot x}}{\dfrac{1}{x}}$$

$$= \lim_{x\to0^+} \frac{-x\sin x}{\sin^2 x \cos x} = -1,$$

因此,得

$$\lim_{x\to0^+}(\cot x)^{\frac{1}{\ln x}} = e^{-1}.$$

洛必达法则对于求各种不定式极限是一个非常有效的工具,它的核心是将形如 $\lim\dfrac{f(x)}{g(x)}$ 的极限归结为形如 $\lim\dfrac{f'(x)}{g'(x)}$ 的

计算.但读者应当了解,后一极限存在对前者来说,并非必要条件.例如,考察极限 $\lim\limits_{x \to +\infty} \dfrac{x+\sin x}{x+\cos x}$,显然这是一个 $\dfrac{\infty}{\infty}$ 型不定式极限,且其值等于 1,但是若按洛必达法则,则求不出来.因为当 $x \to +\infty$ 时,

$$\frac{(x+\sin x)'}{(x+\cos x)'} = \frac{1+\cos x}{1-\sin x}$$

没有极限.

习　题　5.2

复习题

1. 不定式极限问题有几种类型,怎样将它们化为 $\dfrac{0}{0}$ 和 $\dfrac{\infty}{\infty}$ 型不定式?

2. 对于 $\dfrac{0}{0}$ 或 $\dfrac{\infty}{\infty}$ 不定式,如果 $\lim \dfrac{f'(x)}{g'(x)}$ 既不存在,也不趋向于无穷,那么 $\lim \dfrac{f(x)}{g(x)}$ 是否一定不存在?

3. 如果 $\lim \dfrac{f(x)}{g(x)}$ 不是不定式极限问题,是否可以用洛必达法则求极限?

4. 下述运算是否正确? 为什么?

$$\lim_{x \to 0} \frac{\cos x}{x} = \lim_{x \to 0} \frac{(\cos x)'}{(x)'} = \lim_{x \to 0} \frac{-\sin x}{1} = 0.$$

5. 极限 $\lim\limits_{x \to +\infty} \dfrac{x-\sin x}{x+\cos x}$ 是否存在? 能否用洛必达法则计算? 为什么?

6. 极限 $\lim\limits_{x \to 0} \dfrac{x^2 \sin \dfrac{1}{x}}{\sin x}$ 是否存在? 能否用洛必达法则计算? 为什么?

7. 下列情形的极限问题是否为不定式?

(1) 当 $x \to \square$ 时,$f(x) \to 0$,$g(x) \to \infty$,求 $\lim\limits_{x \to \square} f(x)^{g(x)}$;

(2) 当 $x \to \square$ 时，$f(x) \to \infty$，$g(x) \to 1$，求 $\lim\limits_{x \to \square} f(x)^{g(x)}$；

(3) 当 $x \to \square$ 时，$f(x) \to 1$，$g(x) \to 0$，求 $\lim\limits_{x \to \square} f(x)^{g(x)}$.

习题

1. 求下列不定式极限：

(1) $\lim\limits_{x \to 0} \dfrac{\mathrm{e}^x - 1}{\sin x}$；

(2) $\lim\limits_{x \to \frac{\pi}{6}} \dfrac{1 - 2\sin x}{\cos 3x}$；

(3) $\lim\limits_{x \to 0} \dfrac{\ln(1+x) - x}{\cos x - 1}$；

(4) $\lim\limits_{x \to 0} \dfrac{\tan x - x}{x - \sin x}$；

(5) $\lim\limits_{x \to \frac{\pi}{2}} \dfrac{\tan x - 6}{\sec x + 5}$；

(6) $\lim\limits_{x \to 0} \left(\dfrac{1}{x} - \dfrac{1}{\mathrm{e}^x - 1} \right)$；

(7) $\lim\limits_{x \to 0^+} (\tan x)^{\sin x}$；

(8) $\lim\limits_{x \to 0^+} \sin x \ln x$；

(9) $\lim\limits_{x \to 1} \dfrac{\ln[\cos(x-1)]}{1 - \sin \dfrac{\pi x}{2}}$；

(10) $\lim\limits_{x \to +\infty} (\pi - 2\arctan x)\ln x$；

(11) $\lim\limits_{x \to 0^+} x^{\sin x}$；

(12) $\lim\limits_{x \to \frac{\pi}{4}} (\tan x)^{\tan 2x}$；

(13) $\lim\limits_{x \to 0} \left(\dfrac{\ln(1+x)}{x^2} - \dfrac{1}{x} \right)$；

(14) $\lim\limits_{x \to 0} \left(\cot x - \dfrac{1}{x} \right)$.

2. 求下列极限：

(1) $\lim\limits_{x \to 0} \dfrac{\ln(\sec x + \tan x)}{\sin x}$；

(2) $\lim\limits_{x \to 0} \left(\dfrac{1}{x} - \dfrac{\tan x}{x^2} \right)$；

(3) $\lim\limits_{x \to 0^+} \dfrac{\mathrm{e}^{-\frac{1}{x}}}{x^3}$；

(4) $\lim\limits_{x \to \frac{\pi}{2}} \dfrac{\ln(\sin x)}{\pi - 2x}$；

(5) $\lim\limits_{x \to a} \dfrac{a^x - x^a}{x - a}$ $(a > 0)$；

(6) $\lim\limits_{x \to 1} (2 - x)^{\tan \frac{\pi x}{2}}$；

(7) $\lim\limits_{x \to 0^+} \left(\dfrac{\sin x}{x} \right)^{\frac{1}{x}}$；

(8) $\lim\limits_{x \to 0^+} (\cos \sqrt{x})^{\frac{1}{x}}$；

(9) $\lim\limits_{x \to +\infty} \left(\dfrac{2}{\pi} \arctan x \right)^x$；

(10) $\lim\limits_{x \to a} \left(2 - \dfrac{x}{a} \right)^{\tan \frac{\pi x}{2a}}$；

(11) $\lim\limits_{x \to 1} \left(\dfrac{x}{x-1} - \dfrac{1}{\ln x} \right)$;   (12) $\lim\limits_{n \to \infty} n\left[\left(\dfrac{n+1}{n} \right)^n - \mathrm{e} \right]$.

3. 设 f 二阶可导,求 $\lim\limits_{h \to 0} \dfrac{f(a+h) - 2f(a) + f(a-h)}{h^2}$.

4. 设 f 有导数,并且 $f(0) = f'(0) = 1$,求 $\lim\limits_{x \to 0} \dfrac{f(\sin x) - 1}{\ln f(x)}$.

5.3 函数极值及其应用

5.3.1 函数的极值

在 5.1 节中已经给出了函数极值的定义,并且证明了,如果 f 在点 x_0 取得极值,并且 $f'(x_0)$ 存在,则必有 $f'(x_0) = 0$. 这是关于极值的必要条件,即 f 在点 x_0 取得极值的必要条件是:点 x_0 为 f 的一个驻点或临界点(对可微函数而言).

但是,对于函数导数不存在的情形,这个结论不再成立. 例如, $f(x) = |x|$,这个函数在点 $x = 0$ 处取得极小值,但是它在这个点没有导数.

另一方面, $f'(x_0) = 0$ 只是 f 在点 x_0 取得极值的必要条件,而非充分条件. 例如考虑函数 $f(x) = x^3$,在点 $x = 0$ 处, $f'(x) = 0$,但这个函数在点 $x = 0$ 处不取极值.

这就是说,必要条件 $f'(x_0) = 0$ 只是为我们寻找极值点提供了一些线索,缩小了寻找极值点的范围,即可导函数的极值只可能在临界点处取得. 但是,要最终确定极值点和求得极值,还需要函数取得极值的充分条件.

定理 5.3.1 设函数 f 在点 x_0 的某个邻域中有一阶导数,并且 $f'(x)$ 在点 x_0 两侧有不同的符号,则 f 在点 x_0 取得极值,具体地说,就是:

(1) 如果存在正数 δ,使得在 $(x_0-\delta,x_0)$ 内,$f'(x)\geqslant 0$,在 $(x_0,x_0+\delta)$ 内 $f'(x)\leqslant 0$,则 f 在点 x_0 取极大值;

(2) 如果存在正数 δ,使得在 $(x_0-\delta,x_0)$ 内,$f'(x)\leqslant 0$,在 $(x_0,x_0+\delta)$ 内 $f'(x)\geqslant 0$,则 f 在点 x_0 取极小值.

证明 (1) 如果在 $(x_0-\delta,x_0)$ 内,$f'(x)\geqslant 0$,在 $(x_0,x_0+\delta)$ 内,$f'(x)\leqslant 0$.则由定理 5.1.6 推出,$f(x)$ 在区间 $(x_0-\delta,x_0)$ 内单调非减,在区间 $(x_0,x_0+\delta)$ 内单调非增,因此 f 在点 x_0 取得极大值.

(2) 对于第二种情形,即在 $(x_0-\delta,x_0)$ 内,$f'(x)\leqslant 0$,在 $(x_0,x_0+\delta)$ 内,$f'(x)\geqslant 0$ 的情形,同样可以证明 f 在点 x_0 取得极小值.

定理 5.3.2 设 f 在点 x_0 的某个邻域内有一阶导数,并且 $f'(x_0)=0$,又设 $f''(x_0)$ 存在,则

(1) $f''(x_0)>0$ 时,f 在点 x_0 取得极小值;

(2) $f''(x_0)<0$ 时,f 在点 x_0 取得极大值.

证明 只证结论(1),结论(2)可以类似地证明.

注意到 $f'(x_0)=0$ 及 $f''(x_0)>0$,所以有

$$\lim_{x\to x_0}\frac{f'(x)}{x-x_0}=\lim_{x\to x_0}\frac{f'(x)-f'(x_0)}{x-x_0}=f''(x_0)>0,$$

由极限性质推出,$\exists\,\delta>0$,使得在 $(x_0-\delta,x_0+\delta)$ 中恒有

$$\frac{f'(x)}{x-x_0}>0.$$

由此推出,在区间 $(x_0-\delta,x_0)$ 内,恒有 $f'(x)<0$;在区间 $(x_0,x_0+\delta)$ 内,恒有 $f'(x)>0$.于是由定理 5.3.1 又进一步推出 f 在点 x_0 取得极小值.

例 5.3.1 求函数 $f(x)=x^{\frac{2}{3}}(x^2-4)$ 的极值.

解 求导数 $f'(x)=\dfrac{8(x^2-1)}{3x^{\frac{1}{3}}}$.令 $f'(x)=0$,即 $x^2-1=0$,得

到两个驻点 $x_1 = 1$ 和 $x_2 = -1$. 另外函数有一个导数不存在的点 $x_0 = 0$(见图 5.4).

求二阶导数：$f''(x) = \dfrac{8(5x^2 + 1)}{9x^{\frac{4}{3}}}$.

由于 $f''(x) > 0$ 处处成立, 所以由定理 5.3.2 推出 $f(x)$ 在点 $x_1 = 1$ 和点 $x_2 = -1$ 取极小值.

在点 $x_0 = 0$ 的左侧 $f'(x) > 0$, 右侧 $f'(x) < 0$. 于是由定理 5.3.1 推出 $f(x)$ 在点 $x_0 = 0$ 取极大值, $f(x)$ 的图像见图 5.4.

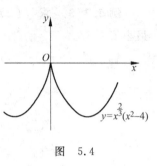

图 5.4

5.3.2 函数的最小值和最大值问题

例 5.3.2 求函数 $f(x) = \dfrac{x^2 - 5x + 6}{x^2 + 1}$ 在区间 $[-1, 3]$ 上的最大值与最小值.

解 因为 $f(x) \in C[-1, 3]$, 所以在区间 $[-1, 3]$ 上存在最大值和最小值. 最大(小)值可能在极大(小)值点达到, 也可能在区间端点 a 或者 b 达到. 另外区间内部的极值点一定是驻点, 所以我们只需要求出函数 $f(x)$ 在区间内部所有的驻点, 计算出在驻点出的函数值, 并且计算出在两端点的函数值 $f(a), f(b)$, 再比较它们的大小就可以了.

求导数 $f'(x) = \dfrac{5(x^2 - 2x - 1)}{(x^2 + 1)^2}$. 令 $f'(x) = 0$, 即 $x^2 - 2x - 1 = 0$, 得到两个驻点 $x_1 = 1 - \sqrt{2} \approx -0.41$, $x_2 = 1 + \sqrt{2} \approx 2.41$, 以及相应的函数值 $f(x_1) = 7.04, f(x_2) = -0.03$. 又计算出在两个端点的函数值 $f(-1) = 0, f(3) = 0$. 通过比较得知, f 在点 $x_1 = 1 - \sqrt{2}$

取$[-1,3]$上的最大值$f(x_1)=7.04$；在点$x_2=1+\sqrt{2}$取$[-1,3]$上的最小值$f(x_2)=-0.03$.

例 5.3.3　求$f(x)=x\mathrm{e}^{-x^2}$在$(-\infty,+\infty)$的最大值和最小值.

解　$f'(x)=(1-2x)\mathrm{e}^{-x^2}$，令$f'(x)=0$，得到驻点

$$x_1=-\frac{1}{\sqrt{2}},\quad x_2=\frac{1}{\sqrt{2}}.$$

$$f''(x)=(4x^3-6x)\mathrm{e}^{-x^2},$$

$$f''(x_1)=(-\sqrt{2}+3\sqrt{2})\mathrm{e}^{-\frac{1}{2}}>0,$$

$$f''(x_2)=(\sqrt{2}-3\sqrt{2})\mathrm{e}^{-\frac{1}{2}}<0.$$

所以，根据定理 5.3.2 知，$f(x)$在点x_1和点x_2分别达到极小值和极大值.

当$0<x<x_2$时，$f'(x)>0$；当$x>x_2$时，$f'(x)<0$，所以$f(x_2)$是$f(x)$在$(0,+\infty)$的正的最大值. 另一方面，当$x\leqslant 0$时，有$f(x)\leqslant 0$. 所以$f(x_2)$是$f(x)$在$(-\infty,+\infty)$的最大值. 同样的分析可以证明$f(x_1)$是$f(x)$在$(-\infty,+\infty)$的最小值.

5.3.3　应用问题

在求函数的最小值和最大值的问题中，经常遇到这样的情形：$f(x)$在所讨论的区间I上处处可导，并且在区间I内部只有一个驻点x_0. 对于这种情形，有下述结论.

定理 5.3.3　假设$f(x)$在区间I处处可导，并且在区间I内部只有一个驻点x_0. 则

（1）如果$f(x_0)$是极小值，则$f(x_0)$是$f(x)$在区间I上的最小值；

(2) 如果 $f(x_0)$ 是极大值,则 $f(x_0)$ 是 $f(x)$ 在区间 I 上的最大值.

证明 只证(1),将(2)的证明留给读者.

反证:假设 $f(x_0)$ 不是最小值,则存在 $\eta \in I$,使得 $f(\eta) <$ $f(x_0)$. 不妨设 $\eta < x_0$. 这时 $\exists \xi \in (\eta, x_0)$,使得

$$f(\xi) = \max\{f(x) \mid \eta \leqslant x \leqslant x_0\}.$$

容易看出 $\xi \neq \eta$,这是因为 $f(x)$ 在区间 $[\eta, x_0]$ 不恒等于常数. 另一方面,可以使 ξ 不等于 x_0,这是因为 $f(x_0)$ 是极小值,在点 x_0 附近的 x 满足 $f(x) \geqslant f(x_0)$. 于是 $\xi \in [\eta, x_0]$,从而 ξ 在区间 I 内部. 这说明点 ξ 是区间 I 内部的一个驻点. 但是,点 x_0 是 $f(x)$ 在区间 I 内部的惟一驻点. 这个冲突证明 $f(x_0)$ 是 $f(x)$ 在区间 I 上的最小值.

例 5.3.4(电路阻抗匹配问题)
如图 5.5,假设电源电动势为 E,内阻等于 r. 问外接负载电阻 R 多大时,负载所得到的功率最大?

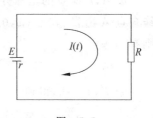

图 5.5

解 电路中的电流强度为 $I = \dfrac{E}{r+R}$. 于是负载所得到的功率为

$$P(R) = I^2 R = \frac{E^2 R}{(r+R)^2},$$

这里 R 为自变量,变化范围是 $0 < R < +\infty$.

求导数 $\dfrac{\mathrm{d}P}{\mathrm{d}R} = \dfrac{E^2(r-R)}{(r+R)^3}$,得到惟一驻点 $R = r$.

当 $R < r$ 时,$\dfrac{\mathrm{d}P}{\mathrm{d}R} > 0$;当 $R > r$ 时,$\dfrac{\mathrm{d}P}{\mathrm{d}R} < 0$. 所以 $P(r)$ 是极大值.

进而由定理 5.3.3 推出 $P(r)$ 是最大值. 于是当负载电阻等于电动势内阻时,负载所得到的功率最大.

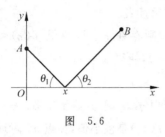

图 5.6

例 5.3.5 光线从点 A 出发,到达平面 π 后被反射至点 B. 确定光的传播路线(图 5.6).

解 过点 A, B 作平面与平面 π 垂直,取两个平面的交线为 Ox 轴. 从 A 向直线 Ox 作垂线,以交点为原点,垂线为 y 轴,构成 xOy 直角坐标系. 根据光线传播的费马原理知道,光线总是沿着需要时间最短的路线传播. 由于光速是恒定的,所以问题就化为:当反射点的横坐标为何值时,光的传播路线最短?

设 A, B 两点的坐标分别为 $A(0, a), B(c, b)$,用 $f(x)$ 表示光线自点 A 出发、在点 $(x, 0)$ 被反射以后到达点 B 的路线长度,则有

$$f(x) = \sqrt{a^2 + x^2} + \sqrt{b^2 + (c - x)^2}, \quad 0 \leqslant x \leqslant c.$$

令 $f'(x) = 0$,得到

$$\frac{x}{\sqrt{a^2 + x^2}} = \frac{c - x}{\sqrt{b^2 + (c - x)^2}},$$

即 $\cos\theta_1 = \cos\theta_2$,其中 θ_1, θ_2 分别是光线的入射角和反射角. 另外又有

$$f''(x) = \frac{a^2}{(a^2 + x^2)^{\frac{3}{2}}} + \frac{b^2}{[b^2 + (c - x)^2]^{\frac{3}{2}}} > 0, \quad 0 < x < c.$$

所以,当入射角等于反射角时,光线传播路线的长度达到极小值. 因为只有惟一的驻点(即当入射角等于反射角时),所以此时光线传播路线最短,从而所需时间最短.

习 题 5.3

1. 求下列函数的极值：

(1) $y = \dfrac{2x}{1+x^2}$； (2) $y = x + \dfrac{1}{x}$；

(3) $y = \dfrac{(\ln x)^2}{x}$； (4) $y = \sin^3 x + \cos^3 x$.

2. 求下列函数在所给区间上的最大值与最小值：

(1) $y = x^5 - 5x^4 + 5x^3 + 1$, $x \in [-1, 2]$；

(2) $f(x) = |x^2 - 3x + 2|$, $x \in [-10, 10]$；

(3) $y = \sqrt{x}\ln x$, $x \in (0, +\infty)$.

3. 数列 $\left\{ n^{\frac{1}{n}} \right\}$ $(n = 1, 2, \cdots)$ 中哪一项最大？

4. 求内接于椭圆 $\dfrac{x^2}{a^2} + \dfrac{y^2}{b^2} = 1$ 而边平行于坐标轴的面积最大的矩形.

5. 甲船以 20km/h 的速度向东航行，正午时在其北面 82km 处有乙船以 16km/h 的速度向南航行，问何时两船相距最近？

6. 用一块半径为 r 的圆形铁皮，剪去一块圆心角为 α 的圆扇形后做成一个漏斗，问 α 取何值时漏斗的容积最大？

7. 用铝板（不考虑厚度）制作一个容积为 1000m^3 的圆柱形封闭的油罐. 底面半径为 r，高为 h. 问 r 等于何值时，所用铝板最少？此时高 h 与半径 r 的比值是多少？

8. 已知甲乙两城相距 1000km. 一架动力飞艇以匀速 v(km/h) 从甲城飞往乙城. 飞艇每小时的燃料消耗与 v 的立方成正比，比例常数为 $k(k>0)$. 飞行中有 20km/h 的逆风. 问 v 等于何值时飞艇燃料总消耗最小？

9. 将长度等于 a 的铁丝分成两段，一段围成正方形，另一段围成圆形. 问两段铁丝各为多长时，正方形面积与圆形面积之和最小？

10. 建造一个容积为 300m^3 有盖圆筒，如何确定底面半径 r 和桶高 h 才能使得所用材料最省？

11. 设 D 是由曲线 $y = \sqrt{x}$，直线 $x = 9$ 以及 x 轴围成的区域. 在 D 作一个邻边分别平行于两坐标轴的矩形,使得矩形的面积最大.

5.4　函数图形的描绘

5.4.1　曲线的凸性

观察图 5.7 中的四条曲线 a, b, c, d. 当 x 增加时,曲线 a 和 b 都是单调增加的,但是它们的形状却很不相同. 对于曲线 c 和 d,

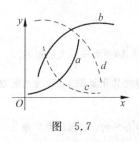

图　5.7

虽然当 x 增加时,它们都是单调下降的,但它们的形状却有很明显的区别. 如果仔细观察,就可以发现这样的事实:在每条曲线上任取两点 A, B,连接两点作弦 $\overline{AB}$,我们就会发现,对于曲线 a 和 c,弦 $\overline{AB}$ 总是在曲线的上方,而对于曲线 b 和 d,弦 $\overline{AB}$ 总是位于曲线的下方. 这是一个重要的区别,像 a, c 这样的曲线,即弦总在曲线上方的曲线,我们称为下凸曲线;而对于 b, d 这样的曲线,即弦总在曲线下方,我们称为上凸曲线.

对于一个函数 $y = f(x)$ 来说,如果它的图形(曲线)在区间 $[a, b]$ 上是下凸的,就称该函数为区间 $[a, b]$ 上的下凸函数;如果它的图形是上凸的,就称为上凸函数.

如果对函数的凸性给出一个解析定义,那就是如下的定义.

定义 5.4.1　设函数 f 在区间 $[a, b]$ 上有定义,如果对于任意的 $x_1, x_2 \in [a, b]$,以及任意两个满足 $\lambda_1 + \lambda_2 = 1$ 的非负实数 λ_1 和 λ_2,都有

$$f(\lambda_1 x_1 + \lambda_2 x_2) \leqslant \lambda_1 f(x_1) + \lambda_2 f(x_2), \qquad (5.4.1)$$

则称 f 在 $[a,b]$ 上为**下凸函数**.

如果满足

$$f(\lambda_1 x_1 + \lambda_2 x_2) \geqslant \lambda_1 f(x_1) + \lambda_2 f(x_2), \qquad (5.4.2)$$

则称 f 在 $[a,b]$ 上为**上凸函数**.

在近代分析、优化等学科中,凸函数(convex function)一般指的是下凸函数.

这个定义与刚才我们借助函数图形下的直观定义是一致的.如果在曲线 $y = f(x)$ $(a \leqslant x \leqslant b)$ 上任取两点 $A(x_1, f(x_1))$ 与 $B(x_2, f(x_2))$,对于任意满足条件 $\lambda_1 + \lambda_2 = 1$ 的两个非负实数 λ_1,λ_2,$x = \lambda_1 x_1 + \lambda_2 x_2$ 是位于点 x_1 和 x_2 之间的一个点. 当 λ_1 和 λ_2 在满足上述条件的前提下任意变动时,$\lambda_1 x_1 + \lambda_2 x_2$ 描出的轨迹就是区间 $[x_1, x_2]$,在这同时,集合 $(\lambda_1 x_1 +$ $\lambda_2 x_2, \lambda_1 f(x_1) + \lambda_2 f(x_2))$ 描出的轨迹就是弦 $\overline{AB}$;$(\lambda_1 x_1 + \lambda_2 x_2, f(\lambda_1 x_1 + \lambda_2 x_2))$ 描出的轨迹就是介于点 A 与点 B 之间的曲线 $y = f(x)$ $(a \leqslant x \leqslant b)$ 上的一段.式(5.4.1)的几何意义就是:弦在曲线的上方;而式(5.4.2)的几何意义则是:弦在曲线的下方(图5.8).

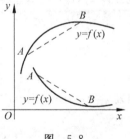

图 5.8

对于函数的凸性,有以下的充分必要条件,它在凸性的应用中有时会更加方便.

定理5.4.1 (1)函数 f 在区间 $[a,b]$ 上为下凸的充分必要条件是:对于区间 $[a,b]$ 中的任意一组点 $x_1, x_2, \cdots, x_n$,以及任意一组满足 $\lambda_1 + \lambda_2 + \cdots + \lambda_n = 1$ 的非负实数 $\lambda_1, \lambda_2, \cdots, \lambda_n$,都有

$$f(\lambda_1 x_1 + \lambda_2 x_2 + \cdots + \lambda_n x_n)$$
$$\leqslant \lambda_1 f(x_1) + \lambda_2 f(x_2) + \cdots + \lambda_n f(x_n); \qquad (5.4.3)$$

(2) 函数 f 在区间 $[a,b]$ 上为上凸的充分必要条件是：对于区间 $[a,b]$ 中的任意一组点 $x_1, x_2, \cdots, x_n$，以及任意一组满足 $\lambda_1 + \lambda_2 + \cdots + \lambda_n = 1$ 的非负实数 $\lambda_1, \lambda_2, \cdots, \lambda_n$，都有

$$f(\lambda_1 x_1 + \lambda_2 x_2 + \cdots + \lambda_n x_n)$$
$$\geqslant \lambda_1 f(x_1) + \lambda_2 f(x_2) + \cdots + \lambda_n f(x_n). \qquad (5.4.4)$$

证明 只证(1).充分性是显然的,下面用归纳法证明必要性.

当 $n = 1, 2$ 时,式(5.4.3)显然成立,现在设 $n = k$ 时,式(5.4.3)成立,即对区间 $[a,b]$ 中的任意 k 个点 $x_1, x_2, \cdots, x_k$,以及任意满足 $\lambda_1 + \lambda_2 + \cdots + \lambda_k = 1$ 的非负实数 $\lambda_1, \lambda_2, \cdots, \lambda_k$,均有

$$f(\lambda_1 x_1 + \lambda_2 x_2 + \cdots + \lambda_k x_k)$$
$$\leqslant \lambda_1 f(x_1) + \lambda_2 (x_2) + \cdots + \lambda_k f(x_k). \qquad (5.4.5)$$

现在设 $z_1, z_2, \cdots, z_{k+1}$ 是区间 $[a,b]$ 中任意 $k+1$ 个点,$\mu_1, \mu_2, \cdots, \mu_{k+1}$ 是满足 $\mu_1 + \mu_2 + \cdots + \mu_{k+1} = 1$ 的一组非负实数.令

$$x_1 = z_1, \cdots, x_{k-1} = z_{k-1}, x_k = \frac{\mu_k}{\mu_k + \mu_{k+1}} z_k + \frac{\mu_{k+1}}{\mu_k + \mu_{k+1}} z_{k+1},$$
$$(5.4.6)$$

以及 $\lambda_1 = \mu_1, \cdots, \lambda_{k-1} = \mu_{k-1}, \lambda_k = \mu_k + \mu_{k+1}$,则有 $\lambda_1 + \lambda_2 + \cdots + \lambda_k = 1$,并且

$$\lambda_1 x_1 + \lambda_2 x_2 + \cdots + \lambda_k x_k$$
$$= \mu_1 z_1 + \mu_2 z_2 + \cdots + \mu_k z_k + \mu_{k+1} z_{k+1}, \qquad (5.4.7)$$

注意到式(5.4.6)中 x_k 的表达式和 $\lambda_k = \mu_k + \mu_{k+1}$,可以得到

$$\mu_k z_k + \mu_{k+1} z_{k+1} = (\mu_k + \mu_{k+1}) x_k = \lambda_k x_k,$$

于是由式(5.4.5)和式(5.4.7)得到

$$f(\mu_1 z_1 + \mu_2 z_2 + \cdots + \mu_{k+1} z_{k+1})$$
$$= f(\lambda_1 x_1 + \lambda_1 x_2 + \cdots + \lambda_k x_k)$$
$$\leqslant \lambda_1 f(x_1) + \cdots + \lambda_{k-1} f(x_{k-1}) + \lambda_k f(x_k)$$

$$= \mu_1 f(z_1) + \cdots + \mu_{k-1} f(z_{k-1})$$

$$+ (\mu_k + \mu_{k+1}) f\left(\frac{\mu_k}{\mu_k + \mu_{k+1}} z_k + \frac{\mu_{k+1}}{\mu_k + \mu_{k+1}} z_{k+1}\right), \quad (5.4.8)$$

又因为 $\dfrac{\mu_k}{\mu_k + \mu_{k+1}}$ 与 $\dfrac{\mu_{k+1}}{\mu_k + \mu_{k+1}}$ 非负,满足 $\dfrac{\mu_k}{\mu_k + \mu_{k+1}} + \dfrac{\mu_{k+1}}{\mu_k + \mu_{k+1}} = 1$,所以由 f 的凸性,得到

$$f\left(\frac{\mu_k}{\mu_k + \mu_{k+1}} z_k + \frac{\mu_{k+1}}{\mu_k + \mu_{k+1}} z_k\right)$$

$$\leqslant \frac{\mu_k}{\mu_k + \mu_{k+1}} f(z_k) + \frac{\mu_{k+1}}{\mu_k + \mu_{k+1}} f(z_{k+1}),$$

将此式代入式(5.4.8)右端,就得到

$$f(\mu_1 z_1 + \cdots + \mu_{k+1} z_{k+1}) \leqslant \mu_1 f(z_1) + \cdots + \mu_{k+1} f(z_{k+1}).$$

这一节的主要任务之一,是利用函数导数的性质,判定函数的凸性,主要结果是下述定理.

定理 5.4.2 设 $f \in C[a,b]$.

(1) 如果 f 在区间 (a,b) 内一阶可导,则 f 在区间 $[a,b]$ 上为下(上)凸函数的充分必要条件是 $f'(x)$ 在区间 (a,b) 内单调非减(非增).

(2) 如果 $f(x)$ 在区间 (a,b) 内二阶可导,则 f 在区间 $[a,b]$ 上为下(上)凸函数的充分必要条件是 $f''(x)$ 在区间 (a,b) 内非负(正).

证明 只证(1),并且只证下凸函数的情形,其余的证明留给读者.

必要性. 设点 x_1, x_2 是区间 (a,b) 中的任意两点,满足 $x_1 < x_2$,对于点 x_1, x_2 之间的任意一点 x,将其写作 $x = \lambda_1 x_1 + \lambda_2 x_2$,其中

$$\lambda_1 = \frac{x_2 - x}{x_2 - x_1}, \quad \lambda_2 = \frac{x - x_1}{x_2 - x_1}$$

都是非负数,并且满足 $\lambda_1 + \lambda_2 = 1$,于是由 f 的下凸性得到

$$f(x) = f(\lambda_1 x_1 + \lambda_2 x_2) \leqslant \lambda_1 f(x_1) + \lambda_2 f(x_2)$$

$$= \frac{x_2 - x}{x_2 - x_1} f(x_1) + \frac{x - x_1}{x_2 - x_1} f(x_2),$$

由此可以推出

$$\frac{f(x) - f(x_1)}{x - x_1} \leqslant \frac{f(x_2) - f(x)}{x_2 - x}, \tag{5.4.9}$$

因为 $f'(x_1)$ 和 $f'(x_2)$ 都存在,在式(5.4.9)中,令 $x \to x_1^+$ 就得到

$$f'(x_1) \leqslant \frac{f(x_2) - f(x_1)}{x_2 - x_1}. \tag{5.4.10}$$

令 $x \to x_2^-$ 又得到

$$\frac{f(x_2) - f(x_1)}{x_2 - x_1} \leqslant f'(x_2). \tag{5.4.11}$$

于是,由式(5.4.10)和式(5.4.11)就得到 $f'(x_1) \leqslant f'(x_2)$. 这就是说,$f'(x)$ 在区间 (a, b) 内单调非减.

　　充分性. 设 $f'(x)$ 在区间 (a, b) 内单调非减,点 x_1, x_2 是区间 $[a, b]$ 中任意两个点,满足 $x_1 < x_2$,λ_1, λ_2 是满足 $\lambda_1 + \lambda_2 = 1$ 的任意两个非负实数. 由拉格朗日中值定理得到

$$\lambda_1 f(x_1) + \lambda_2 f(x_2) - f(\lambda_1 x_1 + \lambda_2 x_2)$$

$$= \lambda_1 [f(x_1) - f(\lambda_1 x_1 + \lambda_2 x_2)] + \lambda_2 [f(x_2) - f(\lambda_1 x_1 + \lambda_2 x_2)]$$

$$= \lambda_1 f'(\xi_1) \cdot \lambda_2 (x_1 - x_2) + \lambda_2 f'(\xi_2) \cdot \lambda_1 (x_2 - x_1)$$

$$= \lambda_1 \lambda_2 (x_2 - x_1) [f'(\xi_2) - f'(\xi_1)], \tag{5.4.12}$$

其中 ξ_1 介于 x_1 和 $\lambda_1 x_1 + \lambda_2 x_2$ 之间,ξ_2 介于 $\lambda_1 x_1 + \lambda_2 x_2$ 和 x_2 之间,所以 $\xi_1 < \xi_2$. 又因为 $f'(x)$ 单调非减,所以 $f'(\xi_1) \leqslant f'(\xi_2)$. 于是由式(5.4.12)推出

$$f(\lambda_1 x_1 + \lambda_2 x_2) \leqslant \lambda_1 f(x_1) + \lambda_2 f(x_2).$$

这就得到了 f 的下凸性.

　　定义 5.4.2　设 M 是曲线 $y = f(x)$ 上的一点,如果在点 M 的两侧,曲线有不同的凸性(即一侧上凸,另一侧下凸),则称点 M 是该曲线的一个**拐点**.

例 5.4.1 考察曲线 $y = \sin x$, 在区间 $[0, \pi]$ 上,它的导数 $\cos x$ 单调非增,所以 $\sin x$ 在区间 $(0, \pi)$ 是上凸函数;在区间 $(\pi, 2\pi)$ 内 $\cos x$ 单调非减,所以 $\sin x$ 在区间 $(\pi, 2\pi)$ 内是下凸函数. 曲线 $y = \sin x$ 上的点 $(\pi, 0)$ 是该曲线的一个拐点(图 5.9).

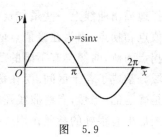

图 5.9

又如,若 $f(x) = x^p (p > 0, 0 \leqslant x < +\infty)$,则当 $p > 1$ 时,f 为下凸函数;$p < 1$ 时,f 为上凸函数.

例 5.4.2 求证:若 $x_1, x_2, \cdots, x_n$ 为非负实数,则有

$$(x_1 x_2 \cdots x_n)^{\frac{1}{n}} \leqslant \frac{x_1 + x_2 + \cdots + x_n}{n}. \tag{5.4.13}$$

证明 在 $(0, +\infty)$ 上研究函数 $f(x) = \ln x$. 因为

$$f''(x) = -\frac{1}{x^2} < 0, \quad x > 0,$$

所以 f 为上凸函数(定理 5.4.2),在定理 5.4.1 中取 $\lambda_1 = \lambda_2 = \cdots = \lambda_n = \frac{1}{n}$,则有

$$\ln \left(\frac{x_1 + x_2 + \cdots + x_n}{n} \right) \geqslant \frac{\ln x_1 + \ln x_2 + \cdots + \ln x_n}{n}$$
$$= \ln (x_1 x_2 \cdots x_n)^{\frac{1}{n}},$$

取指数就得到式(5.4.13).

5.4.2 函数作图

正确地描绘函数的图形,有助于我们了解函数在其定义域上的全貌,进一步了解函数的动态性质.

我们知道,函数 $y = f(x)$ 的图形是 xOy 平面上的一条曲线. 它是由所有坐标为 $(x, f(x))$ 的点构成的集合,但是,我们不可能计算出所有的函数值 $f(x)$,从而描出曲线上所有的点,只能有选

择地描出曲线上一些最能反映曲线变化特征的"关键点".例如极值点和拐点.因为在极值点两侧,函数往往有不同的增减性,而在拐点两侧,曲线会有不同的凸性.其次,这些"关键点"往往将定义域分割成了若干区间.而在每个区间上函数的增减性和凸性往往是确定的.当然,有些曲线还有渐近线,渐近线对于描绘好函数的图形也有很好的参照作用.

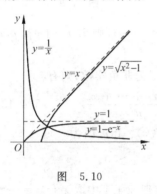

图 5.10

现在首先介绍曲线的渐近线(asymptotic line).

由图 5.10 可以看到,当 $x \rightarrow 0^+$ 时,曲线 $y = \dfrac{1}{x}$ 无限地接近竖直线 $x = 0$,即 y 轴;当 $x \rightarrow +\infty$ 时,曲线 $y = 1 - \mathrm{e}^{-x}$ 无限地接近水平线 $y = 1$;当 $x \rightarrow +\infty$ 时,曲线 $y = \sqrt{x^2 - 1}$ 无限地接近直线 $y = x$ 等.

这些直线都是渐近线.具体地说,当 $x \rightarrow 0^+$ 时,曲线 $y = \dfrac{1}{x}$ 以直线 $x = 0$ 为竖直渐近线;当 $x \rightarrow +\infty$ 时,曲线 $y = 1 - \mathrm{e}^{-x}$ 以直线 $y = 1$ 为水平渐近线;当 $x \rightarrow +\infty$ 时,曲线 $y = \sqrt{x^2 - 1}$ 以直线 $y = x$ 为斜渐近线.

一般情况下,当 x 趋于某一个点时,或者趋于无穷时,如果曲线 $y = f(x)$ 无限伸展,并且与某直线 l 的距离趋于零,就称直线 l 为该曲线的一条**渐近线**.

容易看出:

(1) 直线 $x = x_0$ 为曲线 $y = f(x)$ 的渐近线的充分必要条件是:当 $x \rightarrow x_0^+$(或 $x \rightarrow x_0^-$)时,$f(x)$ 趋向无穷.

(2) 直线 $y = y_0$ 为曲线 $y = f(x)$ 的水平渐近线的充分必要条件是当 $x \rightarrow +\infty$(或 $x \rightarrow -\infty$)时,$f(x)$ 趋向于 y_0.

对于曲线的斜渐近线来说,情况稍微复杂一些,我们有下述结论.

定理 5.4.3 设函数 f 在 $[c, +\infty)$ 上有定义,则曲线 $y = f(x)$ 以直线 $y = ax + b (a \neq 0)$ 为斜渐近线的充分必要条件是下列两式同时成立:

(1) $\lim\limits_{x \to +\infty} \dfrac{f(x)}{x} = a$;

(2) $\lim\limits_{x \to +\infty} [f(x) - ax] = b$.

证明 充分性.如果以上两式同时成立,则由其中第二式可以推出

$$\lim_{x \to +\infty} [f(x) - (ax + b)] = \lim_{x \to +\infty} [(f(x) - ax) - b] = 0.$$

这就是说,当 $x \to +\infty$ 时,曲线 $y = f(x)$ 与直线 $y = ax + b$ 的距离趋向于零.

必要性.设 $x \to +\infty$ 时,曲线 $y = f(x)$ 以直线 $y = ax + b$ 为渐近线,则必有

$$\lim_{x \to +\infty} [f(x) - ax - b] = 0,$$

用 x 除等式两端得到

$$\lim_{x \to +\infty} \left[\frac{f(x)}{x} - a - \frac{b}{x} \right] = 0,$$

由此又推出定理中第一式.

现在讨论函数的作图问题.在作图之前,首先观察函数是否有奇偶性(即曲线是否关于 y 轴对称,或者关于坐标原点对称)和周期性.因为这些性质可以简化作图过程.

例 5.4.3 设 $f(x) = \dfrac{(x-1)^3}{(x+1)^2}$,作 $y = f(x)$ 的图形.

解 f 没有奇偶性,也没有周期性,其定义域是 $(-\infty, -1) \bigcup (-1, +\infty)$.

首先求出 f 的极值点和拐点.为此,令 $f'(x) = 0$,即

$$\frac{(x-1)^2(x+5)}{(x+1)^3}=0,$$

得到两个临界点 $x_1=1$，$x_2=-5$.

求二阶导数得 $f''(x)=\dfrac{24(x-1)}{(x+1)^4}$. 计算得到 $f''(x_2)=-\dfrac{9}{4}$. 因而 f 在点 x_2 达到极大值 $f(-5)=-13.5$. 点 x_1 不是极值点，因为 $f'(x)$ 在点 x_1 的两侧同号.

另外，$f''(x)$ 在点 x_1 两侧变号，故曲线上的点 $(1,0)$ 是曲线的拐点.

现在，函数的极大值点 $x_2=-5$，间断点 $x_0=-1$ 和拐点 $x_1=1$ 将函数的定义域分成了 4 个区间.

在区间 $(-\infty,-5)$，因为 $f'(x)>0$，故 $f(x)$ 单调增加；又因为 $f''(x)<0$，故 $f(x)$ 上凸.

在区间 $(-5,-1)$，因为 $f'(x)<0$，故 $f(x)$ 单调减少；又因为 $f''(x)<0$，故 $f(x)$ 上凸.

在区间 $(-1,1)$，由于 $f'(x)>0$，所以 $f(x)$ 单调增加，又因为 $f''(x)<0$，所以 $f(x)$ 上凸.

在区间 $(1,+\infty)$，由于 $f'(x)>0$，所以 $f(x)$ 单调增加，又因为 $f''(x)>0$，所以 $f(x)$ 下凸.

再求曲线 $y=f(x)$ 的渐近线.

显然，因为 $\lim\limits_{x\to-1}f(x)=-\infty$，所以直线 $x=-1$ 是曲线 $y=f(x)$ 的竖直渐近线.

另外，不难验证

$$\lim_{x\to\infty}\frac{f(x)}{x}=1,\quad \lim_{x\to\infty}[f(x)-x]=-5.$$

所以当 $x\to\infty$ 时，曲线 $y=f(x)$ 以直线 $y=x-5$ 为斜渐近线.

现在将以上讨论的结果汇成下面的表格：

x	$(-\infty,-5)$	-5	$(-5,-1)$	-1	$(-1,1)$	1	$(1,+\infty)$
$f'(x)$	$+$	0	$-$		$+$	0	$+$
f''	$-$		$-$		$-$	0	$+$
$f(x)$	上凸↗	极大值 -13.5	上凸↘	$-\infty$	上凸↗	拐点	下凸↗

根据这个表格就可以画出 $y=f(x)$ 的略图(图 5.11).

由这个例子可以看出,画一个函数 $y=f(x)$ 的图形,可以大致地按下列步骤进行:

(1) 确定函数 f 的定义域,有无奇偶性和周期性;

(2) 确定并求出曲线 $y=f(x)$ 的渐近线;

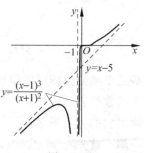

图 5.11

(3) 求出函数 f 的极值点和极值,求出拐点,用这些点将函数的定义域分为若干区间;

(4) 用 $f'(x)$ 与 $f''(x)$ 讨论函数 f 在每个区间上的增减性和凸性;

(5) 绘出函数的略图.

例 5.4.4 作函数 $y=f(x)=x\mathrm{e}^{-x^2}$ 的图形.

解 显然,当 $x\to\infty$ 时,曲线 $y=x\mathrm{e}^{-x^2}$ 以直线 $y=0$ 为水平渐近线.又计算导数如下:

$$f'(x)=(1-2x^2)\mathrm{e}^{-x^2},$$
$$f''(x)=(4x^3-6x)\mathrm{e}^{-x^2}.$$

由此求得极小值点 $x_1=-\dfrac{1}{\sqrt{2}}$ 和极小值 $f\left(-\dfrac{1}{\sqrt{2}}\right)=-\dfrac{1}{\sqrt{2}}\mathrm{e}^{-\frac{1}{2}}$;极大值点 $x_2=\dfrac{1}{\sqrt{2}}$ 和极大值 $f\left(\dfrac{1}{\sqrt{2}}\right)=\dfrac{1}{\sqrt{2}}\mathrm{e}^{-\frac{1}{2}}$.又求得拐点为

$$\left(-\sqrt{\frac{3}{2}},-\sqrt{\frac{3}{2}}\mathrm{e}^{-\frac{3}{2}}\right),\left(\sqrt{\frac{3}{2}},\sqrt{\frac{3}{2}}\mathrm{e}^{-\frac{3}{2}}\right).$$

进而描出函数 $y=x\mathrm{e}^{-x^2}$ 的略图(图 5.12).

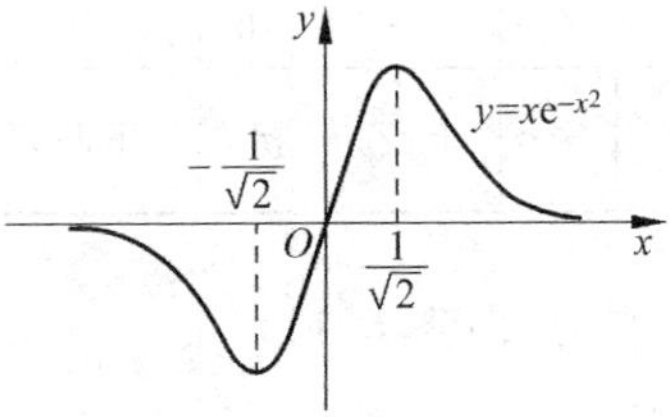

图　5.12

例 5.4.5　生物学家在研究中发现：封闭环境中单一微生物群体的个体总量 x 在随时间 t 变化的过程中满足微分方程

$$\frac{\mathrm{d}p(t)}{\mathrm{d}t}=p(t)(a-bp(t)),\quad a,b\text{ 为正数}. \tag{5.4.14}$$

求解这个微分方程可以得到 $p=p(t)$的表达式.但是,不需要求出这个函数的表达式,就可以获得关于函数 $p(t)$的许多重要信息,勾画出它的大致图形.

解　首先有 $p(t)>0(t\geqslant 0)$.其次,由方程(5.4.14)看出：当 $p<\frac{a}{b}$时,$\frac{\mathrm{d}p(t)}{\mathrm{d}t}>0$,所以 $p(t)$单调增加；当 $p>\frac{a}{b}$时,$\frac{\mathrm{d}p(t)}{\mathrm{d}t}<0$,所以 $p(t)$单调减少.从而$\frac{a}{b}$是 $p(t)$所能达到的最大值.这个信息说明：$\frac{a}{b}$是封闭环境对于该微生物最大容纳量.当微生物的个体数量超过这个数时.由于资源短缺和环境恶化,微生物的个体数量不会继续增加.

由方程(5.4.14)得到

$$\begin{aligned}\frac{\mathrm{d}^2p}{\mathrm{d}t^2}&=\frac{\mathrm{d}}{\mathrm{d}t}\left(\frac{\mathrm{d}p}{\mathrm{d}t}\right)=\frac{\mathrm{d}}{\mathrm{d}t}[p(a-bp)]\\&=a\frac{\mathrm{d}p}{\mathrm{d}t}-2bp\frac{\mathrm{d}p}{\mathrm{d}t}\\&=p(a-2bp)(a-bp).\end{aligned} \tag{5.4.15}$$

由式(5.4.15)可以看出：当 $p<\dfrac{a}{2b}$ 时，$\dfrac{\mathrm{d}^2 p}{\mathrm{d}t^2}>0$，曲线 $p=p(t)$ 下凸；当 $\dfrac{a}{2b}<p(t)<\dfrac{a}{b}$ 时，$\dfrac{\mathrm{d}^2 p}{\mathrm{d}t^2}<0$，曲线 $p=p(t)$ 上凸.因此，当 $\dfrac{a}{2b}<p(t)<\dfrac{a}{b}$ 时，虽然个体总量依然继续增长，但是由于资源和环境的制约，增长速度趋缓.当 $a=2,b=0.01$ 时，根据上面的分析可以勾画曲线 $p=p(t)$ 的大致图形(图 5.13).

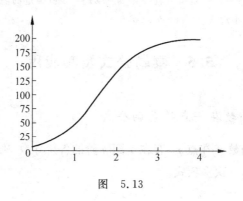

图　5.13

习　题　5.4

1. 确定下列函数的上凸和下凸区间与拐点：

(1) $y=3x^2-x^3$；　　　　(2) $y=\ln(x^2+1)$；

(3) $y=x+\sin x$；　　　　(4) $y=x^2+\dfrac{1}{x}$.

2. 证明下列不等式(并讨论等号成立的条件)：

(1) $a^{\frac{x_1+x_2}{2}}\leqslant\dfrac{1}{2}(a^{x_1}+a^{x_2})$，$a>0$，$x_1,x_2\in\mathbb{R}$；

(2) $\left(\dfrac{x_1+x_2+\cdots+x_n}{n}\right)^p\leqslant\dfrac{x_1^p+x_2^p+\cdots+x_n^p}{n}$，其中 $p\geqslant1$，$x_1,x_2,\cdots$，$x_n\geqslant0$；

(3) $x_1^{a_1} x_2^{a_2} \cdots x_n^{a_n} \leqslant a_1 x_1 + a_2 x_2 + \cdots + a_n x_n$, 其中 $x_1, x_2, \cdots, x_n \geqslant 0, a_1,$

$a_2, \cdots, a_n \geqslant 0,$ 且 $\sum_{i=1}^{n} a_i = 1.$

3. 作下列函数的图形:

(1) $y = x^3 + 6x^2 - 15x - 20$;　　　　(2) $y = \dfrac{3x}{1+x^2}$;

(3) $y = \ln \dfrac{1+x}{1-x}$;　　　　(4) $y = x + \arctan x.$

4. 已知 $y = y(x)$ 是由方程 $y^3 - x^3 + 2xy = 0$ 所确定的隐函数,设曲线 $y = y(x)$ 有斜渐近线 $y = ax + b$,求 $a, b.$

5.5　泰勒公式及其应用

5.5.1　函数在一点的泰勒公式

如果函数 f 在点 x_0 存在 1 到 n 阶的各阶导数,则称以 $x - x_0$ 为自变量的 n 次多项式

$$P_n(x - x_0) = f(x_0) + f'(x_0)(x - x_0)$$
$$+ \frac{1}{2!} f''(x_0)(x - x_0)^2 + \cdots + \frac{1}{n!} f^{(n)}(x_0)(x - x_0)^n$$

$$(5.5.1)$$

为函数 f 在点 x_0 的 n 次泰勒(Taylor)多项式(在上式中,因为点 x_0 固定,所以 $f(x_0), f'(x_0), \cdots, f^{(n)}(x_0)$ 都是常数).泰勒多项式的意义将在下文讨论.

在第 4 章讨论函数的微分时,曾经指出,如果函数 f 在点 x_0 可微(这等价于 $f'(x_0)$ 存在),则当 $x \to x_0$ 时,有 $f(x) - f(x_0) = f'(x_0)(x - x_0) + o(x - x_0)$,或者

$$f(x) = f(x_0) + f'(x_0)(x - x_0) + o(x - x_0). \quad (5.5.2)$$

当点 x_0 固定时,$f(x_0), f'(x_0)$ 都是常数,因此式(5.5.2)说

明,如果 f 在点 x_0 存在一阶导数 $f'(x_0)$,则当 $x \to x_0$ 时,$f(x)$ 可以表示成一个关于 $x-x_0$ 的一次多项式 $f(x_0)+f'(x_0)(x-x_0)$ 与一个关于 $x-x_0$ 的高阶无穷小量 $o(x-x_0)$ 之和. 也就是说,当 x 很接近点 x_0 时,如果用 $x-x_0$ 的一次多项式 $f(x_0)+f'(x_0)(x-x_0)$ 作为 $f(x)$ 的近似值,所产生的相对计算误差比 $x-x_0$ 的绝对值要小得多,如果对于计算精度要求不高的话,结果常常是令人满意的.

但是,在很多情况下,如果用一次多项式 $f(x_0)+f'(x_0)(x-x_0)$ 作为 $f(x)$ 的近似值,计算精度往往达不到要求,于是我们考虑这样的问题:如果函数 f 在点 x_0 存在 1 到 n 阶的各阶导数,那么,是否存在一个关于 $x-x_0$ 的 n 次多项式 $a_0+a_1(x-x_0)+a_2(x-x_0)^2+\cdots+a_n(x-x_0)^n$,使得当 $x \to x_0$ 时,有

$$f(x) = a_0 + a_1(x-x_0) + a_2(x-x_0)^2 + \cdots$$
$$+ a_n(x-x_0)^n + o[(x-x_0)^n]? \qquad (5.5.3)$$

回答是肯定的,这样的多项式就是函数在点 x_0 的泰勒多项式(5.5.1),也就是说,我们有下述结论.

定理 5.5.1 假定函数 f 在点 x_0 存在 1 到 n 阶的各阶导数,则当 $x \to x_0$ 时,有

$$f(x) = f(x_0) + f'(x_0)(x-x_0) + \frac{1}{2!}f''(x_0)(x-x_0)^2 + \cdots$$
$$+ \frac{1}{n!}f^{(n)}(x_0)(x-x_0)^n + o[(x-x_0)^n]. \qquad (5.5.4)$$

证明 记

$$R_n(x) = f(x) - P_n(x-x_0)$$
$$= f(x) - [f(x_0) + f'(x_0)(x-x_0)$$
$$+ \frac{1}{2!}f''(x_0)(x-x_0)^2 + \cdots + \frac{1}{n!}f^{(n)}(x_0)(x-x_0)^n],$$

$$(5.5.5)$$

则不难验证

$$R_n(x_0) = R'_n(x_0) = \cdots = R_n^{(n-1)}(x_0) = 0. \quad (5.5.6)$$

在下述极限计算中连续 $n-1$ 次使用洛必达法则，得到

$$\lim_{x \to x_0} \frac{R_n(x)}{(x-x_0)^n} = \lim_{x \to x_0} \frac{R'_n(x)}{n(x-x_0)^{n-1}}$$

$$= \lim_{x \to x_0} \frac{R''_n(x)}{n(n-1)(x-x_0)^{n-2}}$$

$$= \cdots$$

$$= \lim_{x \to x_0} \frac{R_n^{(n-1)}(x)}{n!(x-x_0)}. \quad (5.5.7)$$

考察上式最后一项（对于这个极限不能再用洛必达法则. 因为我们只假定了函数 f 在点 x_0 有 n 阶导数，没有假定 f 在点 x_0 的附近也存在 n 阶导数，因而不能保证 $R_n^{(n-1)}(x)$ 在点 x_0 附近存在导数），由式(5.5.5)经过简单计算可以得到

$$R_n^{(n-1)}(x) = f^{(n-1)}(x) - f^{(n-1)}(x_0) - f^{(n)}(x_0)(x-x_0).$$

于是式(5.5.7)的最后一项可以写成

$$\lim_{x \to x_0} \frac{R_n^{(n-1)}(x)}{n!(x-x_0)} = \frac{1}{n!} \lim_{x \to x_0} \left[\frac{f^{n-1}(x) - f^{(n-1)}(x_0)}{x-x_0} - f^{(n)}(x_0) \right]$$

$$= \frac{1}{n!} [f^{(n)}(x_0) - f^{(n)}(x_0)] = 0, \quad (5.5.8)$$

其中用到了 $f^{(n)}(x_0)$ 的定义.

将此式代入式(5.5.7)，便得到 $\lim\limits_{x \to x_0} \dfrac{R_n(x)}{(x-x_0)^n} = 0.$ 即 $R_n(x) = o[(x-x_0)^n]$，由此立即得到式(5.5.4).

称 $R_n(x)$ 为 n 阶泰勒公式的**余项**(residual). 在公式(5.5.4)中，余项 $R_n(x)$ 被表示成

$$R_n(x) = o[(x-x_0)^n]. \quad (5.5.9)$$

余项的这种形式称为佩亚诺(Peano)余项，式(5.5.4)就称为带有佩亚诺余项的 n 阶泰勒公式.

从式(5.5.4)看出，如果将函数的泰勒多项式(5.5.1)作为函

数 $f(x)$ 的近似值,那么,在 $x \to x_0$ 时,其误差 $R_n(x)$ 与 $(x-x_0)^n$ 相比是高阶无穷小量,但是,佩亚诺余项(5.5.9)只是定性地反映了误差的无穷小级别,没有给出误差的定量表示,因此,当 x 确定时,不能用佩亚诺余项估计误差的大小,这使得泰勒公式的应用受到了限制.下面定理中的带有拉格朗日余项的泰勒公式就比较好地解决了这个问题.

定理 5.5.2 设函数 f 在某个包含点 x_0 的开区间 (a,b) 中有 1 到 $n+1$ 阶的各阶导数,则 $\forall x \in (a,b)$,有

$$f(x) = f(x_0) + f'(x_0)(x-x_0) + \frac{1}{2!}f''(x_0)(x-x_0)^2 + \cdots$$

$$+ \frac{1}{n!}f^{(n)}(x_0)(x-x_0)^n + \frac{1}{(n+1)!}f^{(n+1)}(\xi)(x-x_0)^{n+1},$$

$$(5.5.10)$$

其中 ξ 是介于点 x_0 与 x 之间的某个点,当点 x_0 固定之后,点 ξ 只与 x 有关.

证明 式(5.5.10)可以改写成

$$f(x) - \Big[f(x_0) + f'(x_0)(x-x_0)$$

$$+ \frac{1}{2!}f''(x_0)(x-x_0)^2 + \cdots + \frac{1}{n!}f^{(n)}(x_0)(x-x_0)^n \Big]$$

$$= \frac{1}{(n+1)!}f^{(n+1)}(\xi)(x-x_0)^{n+1},$$

或者

$$\frac{R_n(x)}{(x-x_0)^{n+1}} = \frac{1}{(n+1)!}f^{(n+1)}(\xi). \qquad (5.5.11)$$

为了证明式(5.5.11),我们对于式(5.5.11)左端重复应用柯西中值定理(在此推导中,用到了 $R_n(x_0) = R'_n(x_0) = \cdots = R_n^{(n)}(x_0) = 0$):

$$\frac{R_n(x)}{(x-x_0)^{n+1}} = \frac{R_n(x) - R(x_0)}{(x-x_0)^{n+1}}$$

$$= \frac{R'_n(\xi_1)}{(n+1)(\xi_1-x_0)^n}$$

$$= \frac{R'_n(\xi_1) - R'_n(x_0)}{(n+1)(\xi_1 - x_0)^n}$$

$$= \frac{R''_n(\xi_2)}{n(n+1)(\xi_2 - x_0)^{n-1}}$$

$$= \frac{R''_n(\xi_2) - R''_n(x_0)}{n(n+1)(\xi_2 - x_0)^{n-1}}$$

$$= \cdots$$

$$= \frac{1}{2 \cdot 3 \cdots n(n+1)} \frac{R_n^{(n)}(\xi_n)}{\xi_n - x_0}$$

$$= \frac{1}{2 \cdot 3 \cdots n(n+1)} \frac{R_n^{(n)}(\xi_n) - R_n^{(n)}(x_0)}{\xi_n - x_0}$$

$$= \frac{1}{(n+1)!} R_n^{(n+1)}(\xi). \tag{5.5.12}$$

在上面的推导过程中,点 ξ_1 是介于点 x_0 与 x 之间的某个点; ξ_2 是介于点 x_0 与 ξ_1 之间的某个点,$\cdots\cdots$,ξ 是介于点 x_0 与 ξ_n 之间的点. 因而 ξ 介于 x_0 与 x 之间.

又注意到

$$R_n^{(n+1)}(\xi) = f^{(n+1)}(\xi),$$

由式(5.5.12)就得式(5.5.11),进而推出式(5.5.10).

在公式(5.5.10)中,余项被表示为

$$R_n(x) = \frac{1}{(n+1)!} f^{(n+1)}(\xi)(x - x_0)^{n+1}. \tag{5.5.13}$$

余项的这种形式称为拉格朗日余项,而公式(5.5.10)就称为带有拉格朗日余项的 n 阶泰勒公式.

拉格朗日余项形式能定量地反映余项(即误差)的范围. 因为,如果了解 $f^{(n+1)}(x)$ 的范围,也就能估计误差 $R_n(x)$ 的范围. 例如,如果存在正数 M,使得当 $x \in (a,b)$ 时,恒有

$$| f^{(n+1)}(x) | \leqslant M,$$

那么,对任意的 $x \in (a,b)$ 就有

$$|R_n(x)| \leqslant \frac{M}{(n+1)!} |x - x_0|^{n+1}. \tag{5.5.14}$$

在这种条件下,当 $x \to x_0$ 时,$R_n(x)$ 是阶数不低于 $(x-x_0)^{n+1}$ 的无穷小量. 而在定理 5.5.1 的条件下,我们只能确定 $R_n(x)$ 是比 $(x-x_0)^n$ 更高阶的无穷小量.

由于 ξ 介于 x_0 与 x 之间,所以可将 ξ 表示成

$$\xi = x_0 + \theta(x - x_0), \quad 0 < \theta < 1,$$

因此泰勒公式 (5.5.10) 又经常写成

$$f(x) = f(x_0) + f'(x_0)(x - x_0) + \frac{1}{2!} f''(x_0)(x - x_0)^2$$

$$+ \cdots + \frac{1}{n!} f^{(n)}(x_0)(x - x_0)^n$$

$$+ \frac{1}{(n+1)!} f^{(n+1)}(x_0 + \theta(x - x_0))(x - x_0)^{n+1}. \tag{5.5.15}$$

下面,我们给出几个常见函数的泰勒公式.

例 5.5.1 写出 $f(x) = e^x$ 在点 $x_0 = 0$ 的 n 阶泰勒公式.

解 $f(x)$ 在点 $x_0 = 0$ 处的各阶导数为

$$f(0) = f'(0) = \cdots = f^{(n)}(0) = 1, \quad f^{(n+1)}(\xi) = e^\xi,$$

代入式 (5.5.10),得到 e^x 在点 $x_0 = 0$ 处的 n 阶泰勒公式为

$$e^x = 1 + x + \frac{x^2}{2!} + \cdots + \frac{x^n}{n!} + R_n(x), \tag{5.5.16}$$

其中 $x \in (-\infty, +\infty)$,$R_n(x) = \frac{1}{(n+1)!} e^\xi x^{n+1}$,$\xi$ 在 0 与 x 之间.

例 5.5.2 写出 $\sin x$ 和 $\cos x$ 在点 $x_0 = 0$ 的 n 阶泰勒公式.

解 因为 $(\sin x)^{(n)} = \sin\left(x + \frac{n\pi}{2}\right)$,所以

$$(\sin x)^{(n)} \big|_{x=0} = \sin\left(x + \frac{n\pi}{2}\right) \bigg|_{x=0}$$

$$= \begin{cases} 0, & n = 2k, \ k = 1, 2, \cdots, \\ (-1)^{k-1}, & n = 2k-1, \ k = 1, 2, \cdots, \end{cases}$$

将这些数据代入式(5.5.10),得到 $\sin x$ 在点 $x_0 = 0$ 的 n 阶泰勒公式为

$$\sin x = x - \frac{x^3}{3!} + \frac{x^5}{5!} + \cdots + (-1)^{k-1} \frac{x^{2k-1}}{(2k-1)!} + R_{2k-1}(x),$$

(5.5.17)

其中 $x \in (-\infty, +\infty)$,

$$R_{2k-1}(x) = \frac{1}{(2k)!} \sin(\xi + k\pi) x^{2k}, \quad \xi \text{ 在 } 0 \text{ 与 } x \text{ 之间.}$$

(5.5.18)

同样可以得到 $\cos x$ 在点 $x_0 = 0$ 的 n 阶泰勒公式:

$$\cos x = 1 - \frac{x^2}{2!} + \frac{x^4}{4!} + \cdots + (-1)^k \frac{x^{2k}}{(2k)!} + R_{2k}(x),$$

(5.5.19)

其中 $x \in (-\infty, +\infty)$,

$$R_{2k}(x) = \frac{1}{(2k+1)!} \cos\left(\xi + \frac{2k+1}{2}\pi\right) x^{2k+1}, \quad \xi \text{ 在 } 0 \text{ 与 } x \text{ 之间.}$$

(5.5.20)

例 5.5.3　写出 $f(x) = (1+x)^\alpha$ 在点 $x_0 = 0$ 的 n 阶泰勒公式,其中 $\alpha \in (-\infty, +\infty)$.

解　注意到

$$f^{(k)}(x) = \alpha(\alpha-1)\cdots(\alpha-k+1)(1+x)^{\alpha-k}, \quad k = 1, 2, \cdots,$$

于是

$$f^{(k)}(0) = \alpha(\alpha-1)\cdots(\alpha-k+1),$$

代入式(5.5.10),得到 $f(x) = (1+x)^\alpha$ 在点 $x_0 = 0$ 的 n 阶泰勒公式为

$$(1+x)^\alpha = 1 + \alpha x + \frac{\alpha(\alpha-1)}{2!} x^2 + \cdots$$

$$+ \frac{\alpha(\alpha-1)\cdots(\alpha-n+1)}{n!} x^n + R_n(x), \quad (5.5.21)$$

其中 $x \in (-1, +\infty)$,

$$R_n(x) = \frac{\alpha(\alpha-1)\cdots(\alpha-n)}{(n+1)!}(1+\xi)^{\alpha-n-1}x^{n+1}, \quad \xi \text{ 在 } 0 \text{ 与 } x \text{ 之间}.$$

$$(5.5.22)$$

例 5.5.4 写出 $f(x) = \ln(1+x)$ 在点 $x_0 = 0$ 的 n 阶泰勒公式.

解 $f(x) = \ln(1+x)$ 的各阶导数为

$$f'(x) = \frac{1}{1+x}, \quad f''(x) = -\frac{1}{(1+x)^2}, \quad \cdots,$$

$$f^{(n)}(x) = (-1)^{n-1}\frac{(n-1)!}{(1+x)^n},$$

于是得到

$$f'(0) = 1, f''(0) = -1, \cdots, f^{(n)}(0) = (-1)^{n-1}(n-1)!,$$

$$f^{(n+1)}(\xi) = (-1)^n\frac{n!}{(1+\xi)^{n+1}}.$$

代入式(5.5.10),得到

$$\ln(1+x) = x - \frac{x^2}{2} + \cdots + (-1)^{n-1}\frac{x^n}{n} + R_n(x),$$

$$(5.5.23)$$

其中 $x \in (-1, +\infty)$,

$$R_n(x) = (-1)^n\frac{x^{n+1}}{(n+1)(1+\xi)^{n+1}}, \quad \xi \text{ 在 } 0 \text{ 与 } x \text{ 之间}.$$

$$(5.5.24)$$

在以上各例中,如果将余项写成式(5.5.9)的形式,就得到各个函数带有佩亚诺余项的 n 阶泰勒公式.

例 5.5.5 将函数 $f(x) = 1 - 2x + 3x^2 - x^4 + 4x^5$ 分别在点 $x = 0$ 和 $x = -1$ 展开成三阶泰勒公式.

解 首先在点 $x = 0$ 展开.

$f(x)$ 是以 x 为变量的多项式,该函数在点 $x = 0$ 的三阶泰勒多项式 $p_3(x)$ 是 $1 - 2x + 3x^2$. 余项 $R_3 = f(x) - p_3(x) = -x^4 +$

$4x^5$，于是 $f(x)$ 点 $x=0$ 的带有拉格朗日余项的三阶泰勒公式为
$$f(x) = 1 - 2x + 3x^2 + (20\xi - 1)x^4,$$
其中 ξ 在 0 与 x 之间.

带有佩亚诺余项的三阶泰勒公式为
$$f(x) = 1 - 2x + 3x^2 + o(x^3).$$

再研究在点 $x=-1$ 的展开. 计算各阶导数：
$$f(-1) = 1,$$
$$f'(x) = -2 + 6x - 4x^3 + 20x^4,\quad f'(-1) = 16,$$
$$f''(x) = 6 - 12x^2 + 80x^3,\quad f''(-1) = -86,$$
$$f'''(x) = -24x + 240x^2,\quad f'''(-1) = 264,$$
$$f^{(4)}(\xi) = 480\xi - 24,$$
于是 $f(x)$ 点 $x=-1$ 的带有拉格朗日余项的三阶泰勒公式为
$$f(x) = f(-1) + f'(-1)(x+1) + \frac{1}{2!}f''(-1)(x+1)^2$$
$$+ \frac{1}{3!}f'''(-1)(x+1)^3 + \frac{1}{4!}f^{(4)}(\xi)(x+1)^4$$
$$= 1 + 16(x+1) - 43(x+1)^2 + 44(x+1)^3$$
$$+ \frac{1}{24}(480\xi - 24)(x+1)^4.$$

带有佩亚诺余项的三阶泰勒公式为
$$f(x) = 1 + 16(x+1) - 43(x+1)^2$$
$$+ 44(x+1)^3 + o[(x+1)^3].$$

例 5.5.6　分别写出函数 $f(x) = \begin{cases} x^3\ln|x|, & x \neq 0, \\ 0, & x = 0 \end{cases}$ 在点 $x=0$

与 $x=1$ 的二阶和三阶泰勒公式.

解　$f(x)$ 在点 $x=0$ 只有一阶和二阶导数，所以只能写出 $f(x)$ 的二阶泰勒公式.

注意到 $f(0)=0$，又不难求得 $f'(0)=0, f''(0)=0$. 所以 $f(x)$ 在点 $x=0$ 的泰勒多项式为

$$f(0) + f'(0)x + \frac{1}{2!}f''(0)x^2 = 0.$$

因此,二阶泰勒公式中的余项就是 $f(x)$ 本身,于是 $f(x)$ 在点 $x=0$ 的二阶泰勒公式就是

$$f(x) = \begin{cases} x^3 \ln |x|, & x \neq 0, \\ 0, & x = 0. \end{cases}$$

再求 $f(x) = x^3 \ln|x|$ 在点 $x=1$ 的三阶泰勒公式.

$$f(x) = x^3 \ln |x|, f(1) = 0,$$
$$f'(x) = 3x^2 \ln |x| + x^2, f'(1) = 1,$$
$$f''(x) = 6x \ln |x| + 5x, f''(1) = 5,$$
$$f'''(x) = 6 \ln |x| + 11, f'''(1) = 11,$$
$$f^{(4)}(x) = \frac{6}{x}, f^{(4)}(\xi) = \frac{6}{\xi}.$$

所以 $f(x) = x^3 \ln|x|$ 在点 $x=1$ 带有佩亚诺余项的三阶泰勒公式为

$$f(x) = x^3 \ln |x| = f(1) + f'(1)(x-1) + \frac{1}{2!}f''(1)(x-1)^2$$
$$+ \frac{1}{3!}f'''(1)(x-1)^3 + o[(x-1)^3]$$
$$= (x-1) + \frac{5}{2}(x-1)^2 + \frac{11}{6}(x-1)^3 + o[(x-1)^3].$$

$f(x) = x^3 \ln|x|$ 在点 $x=1$ 带有拉格朗日余项的三阶泰勒公式为

$$f(x) = x^3 \ln |x| = (x-1) + \frac{5}{2}(x-1)^2 + \frac{11}{6}(x-1)^3$$
$$+ \frac{1}{4} \cdot \frac{(x-1)^4}{\xi},$$

其中,ξ 在 x 与 1 之间.

一般情况下,在求 $f(x)$ 的泰勒公式时,需要计算 f 的各阶导数,这往往是一个比较繁杂的计算工作. 因此,经常是用间接的方法求一些函数的泰勒公式,这种方法的理论根据是下述定理.

定理 5.5.3　设函数 f 在点 x_0 有 1 到 n 阶的各阶导数,如果多项式 $a_0 + a_1(x - x_0) + \cdots + a_n(x - x_0)^n$ 满足如下条件:

$$f(x) - [a_0 + a_1(x - x_0) + \cdots + a_n(x - x_0)^n]$$
$$= o[(x - x_0)^n], \quad x \to x_0, \tag{5.5.25}$$

则必有

$$a_0 = f(x_0), \ a_1 = f'(x_0), \ a_2 = \frac{1}{2!}f''(x_0), \ a_n = \frac{1}{n!}f^{(n)}(x_0).$$

这就是说,满足条件(5.5.25)的多项式 $a_0 + a_1(x - x_0) + \cdots + a_n(x - x_0)^n$ 必定是 f 在点 x_0 的 n 次泰勒多项式(5.5.1).

我们将这个定理的证明留给读者.

例 5.5.7　求 $f(x) = e^{x^2}, g(x) = \dfrac{1}{1 + x^2}$ 在点 $x_0 = 0$ 处的 $2n$ 阶泰勒公式(要求带佩亚诺余项).

解　在式(5.5.16)中,用 x^2 取代 x,就得到

$$e^{x^2} = 1 + x^2 + \frac{x^4}{2!} + \cdots + \frac{x^{2n}}{n!} + o(x^{2n}). \tag{5.5.26}$$

根据定理 5.5.3,函数 e^{x^2} 在 $x_0 = 0$ 处的 $2n$ 阶泰勒多项式就是 $1 + x^2 + \dfrac{x^4}{2!} + \cdots + \dfrac{x^{2n}}{n!}$.

另外,在式(5.5.21)中取 $\alpha = -1$,得到函数 $\dfrac{1}{1 + x}$ 在点 $x_0 = 0$ 处带有佩亚诺余项的泰勒公式

$$\frac{1}{1 + x} = 1 - x + x^2 + \cdots + (-1)^n x^n + o(x^n). \tag{5.5.27}$$

在式(5.5.27)中用 x^2 取代 x,就得到

$$\frac{1}{1 + x^2} = 1 - x^2 + x^4 + \cdots + (-1)^n x^{2n} + o(x^{2n}). \tag{5.5.28}$$

在公式(5.5.16)中，x 的允许范围是 $-\infty < x < +\infty$. 所以，在式(5.5.26)中，x 的取值范围也是 $-\infty < x < +\infty$. 在公式(5.5.27)中，x 的取值范围是 $-1 < x < +\infty$，因此，在公式(5.5.28)中，x 的取值范围是 $(-\infty, +\infty)$.

例 5.5.8 写出 $f(x) = \ln x$ 在点 $x_0 = 3$ 处的 n 阶泰勒公式.

解 $\ln x = \ln[3 + (x-3)] = \ln 3 + \ln\left(1 + \dfrac{x-3}{3}\right)$.

在式(5.5.23)中，用 $\dfrac{x-3}{3}$ 取代 x，得到

$$\ln\left(1 + \frac{x-3}{3}\right) = \frac{x-3}{3} - \frac{(x-3)^2}{2 \cdot 3^2} + \cdots$$

$$+ (-1)^{n-1} \frac{(x-3)^n}{n \cdot 3^n} + o[(x-3)^n].$$

于是得到 $\ln x$ 在点 $x_0 = 3$ 处带有佩亚诺余项的泰勒公式为

$$\ln x = \ln 3 + \frac{x-3}{3} - \frac{(x-3)^2}{2 \cdot 3^2} + \cdots$$

$$+ (-1)^{n-1} \frac{(x-3)^n}{n \cdot 3^n} + o[(x-3)^n].$$

例 5.5.9 写出 $\sqrt[3]{\cos x}$ 在 $x_0 = 0$ 处的带有佩亚诺余项的三阶泰勒公式.

解 在公式(5.5.21)中，取 $\alpha = \dfrac{1}{3}$，得到函数 $\sqrt[3]{1+u}$ 的带佩亚诺余项的二阶泰勒公式为

$$(1+u)^{\frac{1}{3}} = 1 + \frac{1}{3}u - \frac{1}{9}u^2 + o(u^2). \qquad (5.5.29)$$

在公式(5.5.19)中，取 $n = 3$，得到 $\cos x$ 在点 $x_0 = 0$ 的带佩亚诺余项的三阶泰勒公式

$$\cos x = 1 - \frac{x^2}{2} + o(x^3). \qquad (5.5.30)$$

在式(5.5.29)中,令 $u = -\dfrac{x^2}{2} + o(x^3)$,并利用式(5.5.30)得到

$$\sqrt[3]{\cos x} = \sqrt[3]{1 - \dfrac{x^2}{2} + o(x^3)}$$

$$= 1 + \dfrac{1}{3}\left[-\dfrac{x^2}{2} + o(x^3)\right] - \dfrac{1}{9}\left[-\dfrac{x^2}{2} + o(x^3)\right]^2$$

$$+ o\left(\left[-\dfrac{x^2}{2} + o(x^3)\right]^2\right)$$

$$= 1 - \dfrac{x^2}{6} + o(x^3).$$

这就是 $\sqrt[3]{\cos x}$ 在点 $x_0 = 0$ 的带佩亚诺余项的三阶泰勒公式.

5.5.2　泰勒公式的若干应用

例 5.5.10　利用泰勒公式求 $\sin 10°$ 的近似值.

解　换算成弧度,$x = 10° = \dfrac{\pi}{18} \approx 0.174533 < 0.2$.

如果用一阶泰勒公式求 $\sin 10°$ 的近似值,即

$$\sin x = \sin 10° = \sin(0.174533) \approx x = 0.174533.$$

误差估计为

$$|R_1(x)| = \left|\dfrac{1}{2}\sin\left(\xi + \dfrac{2\pi}{2}\right) \cdot (0.174533)^2\right|$$

$$< \dfrac{1}{2}(0.2)^2 = 0.02.$$

如果用三阶泰勒公式计算 $\sin 10°$,则有

$$\sin x = \sin 10° = \sin(0.174533) \approx x - \dfrac{x^3}{3!}$$

$$= 0.174533 - \dfrac{1}{6}(0.174533)^3 \approx 0.18.$$

误差估计为

$$|R_3(x)| = \dfrac{1}{4!}\left|\sin\left(\xi + \dfrac{4\pi}{2}\right)\right|(0.174533)^4 < \dfrac{1}{24} \times (0.2)^4 < 10^{-5}.$$

如果题目要求计算误差不超过 10^{-6},应当先估计余项 $R_n(x)$ 的上界

$$|R_n(x)| = \frac{1}{(n+1)!}\left|\sin\left(x + \frac{n+1}{2}\pi\right) \cdot x^{n+1}\right|,$$

$$(5.5.31)$$

取 n 为何值时,能使误差 $|R_n(x)| < 10^{-6}$? 为此,应当利用式(5.5.31)解不等式 $|R_n(x)| < 10^{-6}$,即

$$|R_n(0.174533)| \leqslant \frac{1}{(n+1)!}(0.174533)^{n+1} < 10^{-6}.$$

但是在一般情况下,解这种不等式比较麻烦,不如取适当的 n 的值试验一下,例如取 $n=5$ 时,有

$$|R(0.174533)| \leqslant \frac{1}{6!} \times (0.174533)^6 \approx 4 \times 10^{-8}.$$

这个精度已经超过了要求,于是得到一个关于 $\sin 10°$ 的误差小于 10^{-6} 的近似值为

$$\sin 10° = \sin(0.174533)$$

$$\approx 0.174533 - \frac{1}{6} \times (0.174533)^3 + \frac{1}{120} \times (0.174533)^5$$

$$\approx 0.173647.$$

对于任意的函数 $f(x)$,如果 f 在点 x_0 有 1 到 n 阶的导数,则就可以写出 f 在点 x_0 的 n 阶泰勒多项式(5.5.1),当 x 距点 x_0 不远时,就可以用该函数的泰勒多项式的值作为 $f(x)$ 的近似值. 当 x 确定之后,泰勒多项式的阶数越高,这个近似值的精确度就越高,图 5.14 画出了在点 $x=0$

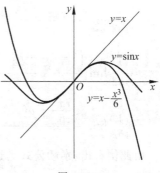

图 5.14

附近,函数 $\sin x$ 的一至三阶泰勒多项式对于 $\sin x$ 的逼近情况.

另一方面,由图 5.14 也可以看出,用 $\sin x$ 的泰勒多项式作为

$\sin x$ 的近似值,只是在点 $x_0=0$ 的附近才有比较高的精确度,当 x 距点 $x_0=0$ 越远,误差就越大. 这说明,函数 f 的泰勒多项式对于函数 $f(x)$ 的近似只是局部的. 如果是在某个确定的区间上,用多项式尽可能好地逼近某个函数 $f(x)$,在实际工作中一般不用 f 的泰勒多项式,而是有其他的方法,有关知识将在数值分析的课程中介绍.

例 5.5.11　求极限

$$\lim_{x\to 0}\frac{\sqrt[3]{\cos x}-1-x(\mathrm{e}^x-1)}{(2^x-1)\tan x}.$$

解　由等价无穷小量代换将原式变为

$$\frac{1}{\ln 2}\lim_{x\to 0}\frac{\sqrt[3]{\cos x}-1-x(\mathrm{e}^x-1)}{x^2}.$$

在点 $x_0=0$ 将函数 e^x 展开 $\mathrm{e}^x=1+x+o(x)$;又根据例 5.5.9 的结果

$$\sqrt[3]{\cos x}=1-\frac{x^2}{6}+o(x^2).$$

将这些结果代入上式得到

$$\frac{1}{\ln 2}\lim_{x\to 0}\frac{\sqrt[3]{\cos x}-1-x(\mathrm{e}^x-1)}{x^2}$$

$$=\frac{1}{\ln 2}\lim_{x\to 0}\frac{\left(1-\frac{x^2}{6}+o(x^2)\right)-1-x(1+x+o(x)-1)}{x^2}$$

$$=\frac{1}{\ln 2}\lim_{x\to 0}\frac{-\frac{7x^2}{6}+o(x^2)}{x^2}=-\frac{7}{6\ln 2}.$$

由此例看出,泰勒公式是进行无穷小量分析比较的一个非常精细的工具,因此可以用于许多 $\frac{0}{0}$ 型不定式的极限问题. 尤其是在导数不容易计算的情形,常常用函数的泰勒展开求 $\frac{0}{0}$ 型不定式的极限.

例 5.5.12 设函数 f 在 $(-\infty, +\infty)$ 上有三阶导数,如果 $f(x)$ 与 $f'''(x)$ 有界,试证 $f'(x)$ 与 $f''(x)$ 也有界.

证明 设

$$| f(x) |\leqslant M_0, \ | f'''(x) |\leqslant M_3, \quad -\infty < x < +\infty,$$

其中 M_0 和 M_3 均为常数.

将 f 在任意一点 x 处展开成带拉格朗日余项的二阶泰勒公式

$$f(x+1) - f(x) = f'(x) + \frac{1}{2}f''(x) + \frac{1}{6}f'''(\xi),$$

$$f(x-1) - f(x) = -f'(x) + \frac{1}{2}f''(x) - \frac{1}{6}f'''(\eta),$$

其中 $\xi \in (x, x+1), \eta \in (x-1, x)$.

以上两式加减分别得到

$$f(x+1) + f(x-1) - 2f(x) = f''(x) + \frac{1}{6}[f'''(\xi) - f'''(\eta)],$$

$$f(x+1) - f(x-1) = 2f'(x) + \frac{1}{6}[f'''(\xi) + f'''(\eta)],$$

由以上两式分别得到

$$| f''(x) | = \left| f(x+1) + f(x-1) - 2f(x) - \frac{1}{6}[f'''(\xi) - f'''(\eta)] \right|$$

$$\leqslant 4M_0 + \frac{1}{3}M_3,$$

$$| 2f'(x) | = \left| f(x+1) - f(x-1) - \frac{1}{6}[f'''(\xi) + f'''(\eta)] \right|$$

$$\leqslant 2M_0 + \frac{1}{3}M_3,$$

即 $f'(x)$ 与 $f''(x)$ 在 $(-\infty, +\infty)$ 上也有界.

习　题　5.5

复习题

1. 怎样理解"泰勒公式是函数在一点附近的性质"?

2. 函数在同一点处的带有佩亚诺型余项的泰勒多项式与带有拉格朗日型余项的泰勒多项式有何不同? 得到相应的泰勒公式的条件有什么不一样? 这两种余项有什么差别?

习题

1. 按指定的次数写出下列函数在指定点的泰勒多项式:

(1) $f(x) = \dfrac{1+x+x^2}{1-x+x^2}$, $x_0 = 0$, 展到 4 次;

(2) $f(x) = \ln\cos x$, $x_0 = 0$, 展到 6 次;

(3) $f(x) = \sqrt{x}$, $x_0 = 1$, 展到 4 次;

(4) $f(x) = 1 + 2x - 4x^2 + x^3 + 6x^4$, $x_0 = 1$, 展到 6 次;

(5) $f(x) = \dfrac{x}{x-1}$, $x_0 = 2$, 展到 n 次;

(6) $f(x) = x^3 \ln x$, $x_0 = 1$, 展到 5 次.

2. 设函数 $f(x)$ 在点 x_0 附近有 $n+1$ 阶连续导数且 $f'(x_0) = \cdots = f^{(n)}(x_0) = 0$, $f^{(n+1)}(x_0) \neq 0$, 证明: 若 n 为奇数, 则点 x_0 是 $f(x)$ 的极值点; 若 n 为偶数, 则点 x_0 不是 $f(x)$ 的极值点.

3. 用泰勒公式进行近似计算:

(1) $\sqrt[12]{4000}$, 精确到 10^{-4};

(2) $\ln 1.02$, 精确到 10^{-5}.

第 5 章补充题

1. 求证 n 次拉盖尔多项式

$$L_n(x) = \mathrm{e}^x \frac{\mathrm{d}^n}{\mathrm{d}x^n}(x^n \mathrm{e}^{-x})$$

在 $(-\infty,+\infty)$ 上有 n 个相异实根.

2. 设 f 在 $[a,b]$ 上可导,且 $f'(a)f'(b)<0$,试证存在 $\xi\in(a,b)$,使得 $f'(\xi)=0$.

3. 设 f 在 $[a,b]$ 上可导,且 $f'(a)\neq f'(b)$,试证对于介于 $f'(a)$ 和 $f'(b)$ 之间的每个实数 μ,都存在 $\xi\in(a,b)$,使 $f'(\xi)=\mu$.

4. 设 f 在 $(-\infty,+\infty)$ 上可导,并且满足 $\dfrac{f(x)}{|x|}\to+\infty(x\to\infty)$,试证 $\forall a\in\mathbb{R}$,$\exists\xi\in(-\infty,+\infty)$,使得 $f'(\xi)=a$.

5. 设 f 在 $[a,b]$ 上可导,在 (a,b) 内二阶可导,如果 $f'(a)f'(b)>0$,且 $f(a)=f(b)$,试证 $\exists\xi\in(a,b)$,使得 $f''(\xi)=0$.

6. 若 f 在 (a,b) 可导,则其导函数 $f'(x)$ 没有第一类间断点.

7. 试举出一个函数 f,它在 $(-\infty,+\infty)$ 上处处可导,其导函数 $f'(x)$ 在 $x=0$ 处有第二类间断点.

8. 设 $f(x)$ 在 $[0,a]$ 二阶可导,$|f''(x)|\leqslant M,0\leqslant x\leqslant a$. 又设 $f(x)$ 在 $(0,a)$ 取得极大值. 求证 $|f'(0)|+|f'(a)|\leqslant Ma$.

9. 设 $f(x)$ 在 $[0,1]$ 处处可导,$f(0)=0,f(1)=1$ 且 $f(x)\not\equiv x$. 求证 $\exists\xi\in(0,1)$ 使 $f'(\xi)>1$.

10. 选择 a 与 b,使得 $x-(a+b\cos x)\sin x$ 为 5 阶无穷小 $(x\to0)$,

11. 利用泰勒公式求下列极限:

(1) $\displaystyle\lim_{x\to0}\frac{\sin(\sin x)-\tan(\tan x)}{\sin x-\tan x}$; (2) $\displaystyle\lim_{x\to0^+}\frac{\mathrm{e}^x-1-x}{\sqrt{1-x}-\cos\sqrt{x}}$;

(3) $\displaystyle\lim_{x\to0}\frac{1}{x^4}\left[\ln(1+\sin^2 x)-6\left(\sqrt[3]{2-\cos x}-1\right)\right]$.

12. 设 $f(x)$ 在 $[a,b]$ 上二阶可导,证明:$\exists x_0\in(a,b)$,使得

$$f(b)-2f\left(\frac{a+b}{2}\right)+f(a)=\frac{(b-a)^2}{4}f''(x_0).$$

13. 设 $f(x)$ 在区间 $[a,b]$ 上一阶可导,在 (a,b) 内二阶可导,且 $f'(a)=f'(b)=0$,试证 $\exists x_0\in(a,b)$,使得

$$|f''(x_0)|\geqslant\frac{4}{(b-a)^2}|f(b)-f(a)|.$$

14. 设 $f(x)\in C^2[a,b],f(a)=f(b)=0$,试证:

(1) $\displaystyle\max_{a\leqslant x\leqslant b}|f(x)|\leqslant\frac{1}{8}(b-a)^2\max_{a\leqslant x\leqslant b}|f''(x)|$;

(2) $\max\limits_{a\leqslant x\leqslant b}|f'(x)|\leqslant\dfrac{1}{2}(b-a)\max\limits_{a\leqslant x\leqslant b}|f''(x)|$.

15. 设 f 在 $(-\infty,+\infty)$ 有定义,并且满足 $f(x+y)=f(x)f(y)$,对所有实数 x,y 都成立,又设 $f'(0)=a$. 试求 $f'(x)$ 和 $f(x)$ 的表达式.

16. 设 $f(x)$ 在区间 $[0,+\infty)$ 有界,处处可导. 求证存在一个单调增加趋向于 $+\infty$ 的点列 $\{x_n\}$,使得 $\lim\limits_{n\to\infty}f'(x_n)=0$.

第6章　原函数与不定积分

在第 4 章中,对于函数建立了导数概念,并且系统地研究了求导数的方法.求原函数问题是导数的逆运算.本章首先介绍原函数和不定积分的概念和性质,然后用主要的篇幅介绍求原函数的各种技巧.

6.1　概念和性质

6.1.1　原函数

定义 6.1.1　设 $f(x)$ 在区间 I 上有定义.如果存在函数 $F(x)$,使得 $F'(x)=f(x)$ 在区间 I 上处处成立,则称在区间 I 上 $F(x)$ 是 $f(x)$ 的一个**原函数**.

例如,在 $(-\infty,+\infty)$ 上,处处有 $(x^2)'=2x$ 和 $(\sin x)'=\cos x$,所以在区间 $(-\infty,+\infty)$ 上,x^2 是 $2x$ 的一个原函数,$\sin x$ 是 $\cos x$ 的一个原函数.

又例如,在区间 $(-1,1)$ 上,处处有 $(\sqrt{1-x^2})'=-\dfrac{x}{\sqrt{1-x^2}}$,所以在区间 $(-1,1)$ 上,$\sqrt{1-x^2}$ 是 $-\dfrac{x}{\sqrt{1-x^2}}$ 的一个原函数.

再例如,在区间 $(0,+\infty)$ 上,处处有 $(\ln x)'=\dfrac{1}{x}$,所以在区间 $(0,+\infty)$ 上,$\ln x$ 是 $\dfrac{1}{x}$ 的一个原函数.另外,在区间 $(-\infty,0)$ 上,处处有 $[\ln(-x)]'=\dfrac{1}{x}$,所以在区间 $(-\infty,0)$ 上,$\ln(-x)$ 是 $\dfrac{1}{x}$ 的一个原函数.

于是,在区间$(-\infty,0)$和$(0,+\infty)$上,$\ln|x|$是$\dfrac{1}{x}$的一个原函数.

显然,求原函数是求导(函)数的逆运算,因此原函数又称为"反导数".

如果$F(x)$是$f(x)$在区间I上的一个原函数,那么对于任意常数C,$F(x)+C$也是$f(x)$在区间I上的一个原函数.另一方面,如果$G(x)$是$f(x)$在区间I上的一个原函数,则$G'(x)=F'(x)=f(x)$.因此$G(x)$与$F(x)$只差一个常数,即存在常数C,使得$G(x)=F(x)+C$.于是得到下述定理.

定理 6.1.1　如果$F(x)$是$f(x)$在区间I上的一个原函数,那么$f(x)$在区间I上的全体原函数构成的集合可以表示成$F(x)+C$,其中C为任意常数.

6.1.2　不定积分

回顾函数微分的概念:假设函数F在点x存在导数$F'(x)=f(x)$,则称$\mathrm{d}F(x)=F'(x)\mathrm{d}x=f(x)\mathrm{d}x$为$F$在点$x$的微分,其中$\mathrm{d}x=\Delta x$是自变量$x$的改变量.在这里,"d"是一个运算符号.运算符号"d"作用于函数F,运算结果是F在点x的微分$\mathrm{d}F(x)=f(x)\mathrm{d}x$.

反过来,如果已知某个函数$F(x)$在区间I上每个点处的微分表达式$\mathrm{d}F(x)=f(x)\mathrm{d}x$,反过来求$F(x)$的运算称为反微分运算.反微分运算的符号是"$\displaystyle\int$".用"$\displaystyle\int$"作用于$f(x)\mathrm{d}x$,得到的结果是所有满足$\mathrm{d}F(x)=f(x)\mathrm{d}x$的函数$F(x)$.

定义 6.1.2　在区间I上,所有满足$\mathrm{d}F(x)=f(x)\mathrm{d}x$的函数$F(x)$构成的函数族称为$f(x)\mathrm{d}x$在区间$I$上的**不定积分**.

显然,$\mathrm{d}F(x)=f(x)\mathrm{d}x$的充分必要条件是$F'(x)=f(x)$,因此$f(x)\mathrm{d}x$在区间$I$上的不定积分恰好是$f(x)$在区间$I$上的全体

原函数构成的集合. 于是,只要求出 $f(x)$ 在区间 I 上的一个原函数 $F(x)$,则 $f(x)\mathrm{d}x$ 在区间 I 上的不定积分就是 $F(x)+C$,其中 C 为任意常数.

于是,只要求出 $f(x)$ 在区间 I 上的一个原函数 $F(x)$,就有

$$\int f(x)\mathrm{d}x = F(x)+C. \tag{6.1.1}$$

由上面的定义可以看到,微分运算和求不定积分的运算(即反微分运算)互为逆运算,所以有

$$\int \mathrm{d}F(x) = F(x)+C, \tag{6.1.2}$$

$$\mathrm{d}\int f(x)\mathrm{d}x = f(x)\mathrm{d}x. \tag{6.1.3}$$

例 6.1.1 在区间 $(-\infty,+\infty)$ 上,$\sin x$ 是 $\cos x$ 的一个原函数. 所以,

$$\int \cos x\mathrm{d}x = \sin x + C, \quad -\infty < x < +\infty.$$

例 6.1.2 在区间 $(-1,1)$ 上,$\sqrt{1-x^2}$ 是 $-\dfrac{x}{\sqrt{1-x^2}}$ 的一个原函数. 所以,

$$\int \frac{x}{\sqrt{1-x^2}}\mathrm{d}x = -\sqrt{1-x^2} + C, \quad -1 < x < 1.$$

例 6.1.3 在区间 $(0,+\infty)$ 上,$\ln x$ 是 $\dfrac{1}{x}$ 的一个原函数. 所以在区间 $(0,+\infty)$ 上,有 $\int \dfrac{\mathrm{d}x}{x} = \ln x + C$. 另外,在 $(-\infty,0)$ 上,$\ln(-x)$ 是 $\dfrac{1}{x}$ 的一个原函数. 所以在区间 $(-\infty,0)$ 上,有 $\int \dfrac{\mathrm{d}x}{x} = \ln(-x) + C$.

于是,在区间 $(-\infty,0)$ 和 $(0,+\infty)$ 上,$\ln|x|$ 是 $\dfrac{1}{x}$ 的一个原函

数. 因此可以将上面的两个公式在形式上统一写成

$$\int \frac{\mathrm{d}x}{x} = \ln|x| + C, \quad x \neq 0.$$

6.1.3　基本积分公式

求不定积分的运算与求函数微分是互逆运算, 所以由微分公式可以直接得到积分公式. 例如, 由 $\mathrm{d}\sin x = \cos x \mathrm{d}x$ 立即得到 $\int \cos x \mathrm{d}x = \sin x + C$; 由 $\mathrm{d}x^{p+1} = (p+1)x^p \mathrm{d}x$ 立即得到 $\int x^p \mathrm{d}x = \frac{1}{p+1}x^{p+1} + C$, 等等. 于是, 由基本微分公式 (或者基本求导公式) 就可以得到下面的基本积分公式:

$$\int 0\mathrm{d}x = C;$$

$$\int \mathrm{d}x = x + C;$$

$$\int x^p \mathrm{d}x = \frac{1}{p+1}x^{p+1} + C, \quad p \neq -1;$$

$$\int \frac{\mathrm{d}x}{x} = \ln|x| + C, \quad x \neq 0;$$

$$\int \mathrm{e}^x \mathrm{d}x = \mathrm{e}^x + C;$$

$$\int a^x \mathrm{d}x = \frac{1}{\ln a}a^x + C;$$

$$\int \sin x \mathrm{d}x = -\cos x + C;$$

$$\int \cos x \mathrm{d}x = \sin x + C;$$

$$\int \sec^2 x \mathrm{d}x = \tan x + C;$$

$$\int \csc^2 x \mathrm{d}x = -\cot x + C;$$

$$\int \sec x \tan x \mathrm{d}x = \sec x + C;$$

$$\int \csc x \cot x \mathrm{d}x = -\csc x + C;$$

$$\int \frac{\mathrm{d}x}{\sqrt{1-x^2}} = \arcsin x + C = -\arccos x + C;$$

$$\int \frac{\mathrm{d}x}{1+x^2} = \arctan x + C = -\mathrm{arccot}\, x + C.$$

请读者注意：在这些基本积分公式中，每一个公式都是在某个区间上成立.

6.1.4 原函数的存在条件

在研究求原函数的技巧之前，我们要回答一个问题：什么样的函数有原函数？

定理 6.1.2 如果 $f(x)$ 在区间 I 上连续，则 $f(x)$ 在 I 上存在原函数.

这个重要定理的证明将在下一章给出.

函数的连续性是存在原函数的充分条件，但不是必要条件. 例如，考察两个函数：

$$F(x) = \begin{cases} x^2 \sin \dfrac{1}{x}, & x \neq 0, \\ 0, & x = 0, \end{cases}$$

$$f(x) = \begin{cases} 2x \sin \dfrac{1}{x} - \cos \dfrac{1}{x}, & x \neq 0, \\ 0, & x = 0, \end{cases}$$

其中 $f(x)$ 在点 $x=0$ 处有第二类间断，但是在区间 $(-\infty, +\infty)$ 上，$F(x)$ 是 $f(x)$ 的原函数.

对于不连续的函数，原函数存在性是一个比较复杂的问题. 微积分课程一般不去研究与此相关的问题.

6.1.5　不定积分的线性性质

定理 6.1.3　如果 $f(x)$ 和 $g(x)$ 在区间 I 上连续,则有

(1) $\displaystyle\int\big[f(x)+g(x)\big]\mathrm{d}x = \int f(x)\mathrm{d}x + \int g(x)\mathrm{d}x$;

(2) 对于任意非零常数 α,有 $\displaystyle\int \alpha f(x)\mathrm{d}x = \alpha\int f(x)\mathrm{d}x$.

可以在等式两端分别求微分来验证这两个结论.

例 6.1.4　求不定积分 $\displaystyle\int(x^2+2^x)\mathrm{d}x$.

解　$\displaystyle\int(x^2+2^x)\mathrm{d}x = \int x^2\mathrm{d}x + \int 2^x\mathrm{d}x = \frac{1}{3}x^3 + \frac{1}{\ln 2}2^x + C.$

例 6.1.5　求不定积分 $\displaystyle\int\frac{x^4}{1+x^2}\mathrm{d}x$.

解　$\displaystyle\int\frac{x^4}{1+x^2}\mathrm{d}x = \int\frac{x^4-1+1}{1+x^2}\mathrm{d}x$

$$= \int\Big(x^2-1+\frac{1}{1+x^2}\Big)\mathrm{d}x$$

$$= \int(x^2-1)\mathrm{d}x + \int\frac{\mathrm{d}x}{1+x^2}$$

$$= \frac{1}{3}x^2 - x + \arctan x + C.$$

例 6.1.6　求不定积分 $\displaystyle\int\frac{\mathrm{d}x}{a^2-x^2}$ $(a\neq 0)$.

解　$\displaystyle\frac{1}{a^2-x^2} = \frac{1}{2a}\Big(\frac{1}{a+x}+\frac{1}{a-x}\Big)$. 所以

$$\int\frac{\mathrm{d}x}{a^2-x^2} = \int\frac{1}{2a}\Big(\frac{1}{a+x}+\frac{1}{a-x}\Big)\mathrm{d}x = \frac{1}{2a}\Big[\int\frac{\mathrm{d}x}{a+x}+\int\frac{\mathrm{d}x}{a-x}\mathrm{d}x\Big]$$

$$= \frac{1}{2a}\big[\ln|a+x| - \ln|a-x|\,\big] + C = \frac{1}{2a}\ln\left|\frac{a+x}{a-x}\right| + C.$$

例 6.1.7 求不定积分 $\displaystyle\int \frac{\cos 2x}{\sin x - \cos x}\mathrm{d}x$.

解 $\displaystyle\int \frac{\cos 2x}{\sin x - \cos x}\mathrm{d}x = \int \frac{\cos^2 x - \sin^2 x}{\sin x - \cos x}\mathrm{d}x$

$$= -\int (\cos x + \sin x)\mathrm{d}x = \cos x - \sin x + C.$$

例 6.1.8 设一质点沿 x 轴作直线运动,运动速度随时间变化的规律为 $v(t) = 2\cos 3t + 1$. 当 $t = 0$ 时,质点位于点 $x_0 = 1$. 求质点的位置 $x(t)$ 随时间变化的规律.

解 因为位置 $x(t)$ 的导数是速度 $v(t)$,所以 $x(t)$ 是 $v(t)$ 的一个原函数. 求出 $v(t)$ 的所有原函数(不定积分):

$$\int (2\cos 3t + 1)\mathrm{d}t = \frac{2}{3}\sin 3t + t + C.$$

于是 $x(t) = \dfrac{2}{3}\sin 3t + t + C$. 由初始条件 $x(0) = 1$,得到 $C = 1$. 于是位置 $x(t)$ 随时间变化的规律为 $x(t) = \dfrac{2}{3}\sin 3t + t + 1$.

例 6.1.9 设 $f(x) = \begin{cases} 2x, & x \leqslant 1, \\ 2x^2, & x > 1. \end{cases}$ 求 $\displaystyle\int f(x)\mathrm{d}x$.

解 在区间 $(-\infty, 1]$ 上求出 $2x$ 的不定积分 $x^2 + C_1$;在区间 $(1, +\infty)$ 上求出 $2x^2$ 的不定积分 $\dfrac{2}{3}x^3 + C_2$. 适当地选取 C_1 和 C_2,使得下述函数在区间 $(-\infty, +\infty)$ 上连续:

$$F(x) = \begin{cases} x^2 + C_1, & x \leqslant 1, \\ \dfrac{2}{3}x^3 + C_2, & x > 1. \end{cases}$$

为此只需要 $C_1 = 0, C_2 = \dfrac{1}{3}$,即连续可导函数

$$F(x) = \begin{cases} x^2, & x \leqslant 1, \\ \dfrac{2}{3}x^3 + \dfrac{1}{3}, & x > 1 \end{cases}$$

是 $f(x)$ 在区间 $(-\infty, +\infty)$ 上的一个原函数. 于是

$$\int f(x)\mathrm{d}x = F(x) + C, \quad -\infty < x < +\infty.$$

习 题 6.1

1. 证明 $f(x) = x^2 \operatorname{sgn}x$ 是 $|x|$ 在 $(-\infty, +\infty)$ 的一个原函数.

2. 求下列不定积分:

(1) $\displaystyle\int \cos^2 x\mathrm{d}x$;   (2) $\displaystyle\int \tan^2 x\mathrm{d}x$;   (3) $\displaystyle\int \frac{\mathrm{d}x}{\sin^2 x\cos^2 x}$;

(4) $\displaystyle\int \frac{x^2-2}{1+x}\mathrm{d}x$;   (5) $\displaystyle\int \frac{x-2}{\sqrt{1+x}}\mathrm{d}x$.

3. 设 $f(x) = \begin{cases} \mathrm{e}^x, & x \geq 0, \\ x+1, & x < 0. \end{cases}$ 求 $\displaystyle\int f(x)\mathrm{d}x$.

4. 求 $\displaystyle\int \max\{x, x^2\}\mathrm{d}x$.

6.2 换元积分法

本章的主要问题是求函数的原函数(或者不定积分). 但是,只有一些非常简单的函数,能够借助于基本积分公式和简单的恒等变形求出它们的原函数. 对于比较复杂的函数,必须运用一定的技巧. 换元积分法是求原函数的两种基本技巧之一. 在这一节,我们研究用换元积分法求原函数的技巧. 换元积分法又分为第一换元法和第二换元法. 下面分别研究这两种积分技巧.

6.2.1 第一换元法

第一换元法是由复合函数微分法导出的一种求原函数的技巧. 为了使读者理解这个方法,首先研究两个例子.

例 6.2.1 求不定积分 $\int x\sin x^2\,\mathrm{d}x$.

解 这个积分不包含在基本积分公式中. 但是如果令 $u=x^2$, 则 $\mathrm{d}u=2x\mathrm{d}x$. 原积分就变成 $\dfrac{1}{2}\int \sin u\mathrm{d}u$. 由基本积分公式 $\int \sin x\mathrm{d}x=-\cos x+C$ 推出 $\int \sin u\mathrm{d}u=-\cos u+C$. 由此得到

$$\int x\sin x^2\,\mathrm{d}x = \frac{1}{2}\int \sin u\mathrm{d}u =-\frac{1}{2}\cos u+C.$$

再将 u 变回到 $u=x^2$, 就得到 $\int x\sin x^2\,\mathrm{d}x=-\dfrac{1}{2}\cos x^2+C$.

例 6.2.2 求不定积分 $\int \dfrac{\cos(\ln x)}{x}\mathrm{d}x$.

解 这个积分不包含在基本积分公式中. 但是如果令 $u=\ln x$, 则 $\mathrm{d}u=\dfrac{\mathrm{d}x}{x}$. 则原积分就变成 $\int \cos u\mathrm{d}u$. 由基本积分公式 $\int \cos x\mathrm{d}x=\sin x+C$ 推出 $\int \cos u\mathrm{d}u=\sin u+C$. 由此得到

$$\int \frac{\cos(\ln x)}{x}\mathrm{d}x = \int \cos u\mathrm{d}u = \sin u+C.$$

再将 u 变回到 $u=\ln x$, 就得到 $\int \dfrac{\cos(\ln x)}{x}\mathrm{d}x = \sin(\ln x)+C$.

现在对于以上两个例题的方法简单进行小结:

对于不定积分 $\int f(x)\mathrm{d}x$, 如果能够找到某个中间变量 $u=u(x)$, 将 $\int f(x)\mathrm{d}x$ 变成 $\int g(u)\mathrm{d}u$ 之后, 使得后者成为一个非常容易求出的、或者已知结果的积分. 那么在求出 $\int g(u)\mathrm{d}u=G(u)+C$ 之后, 将 u 变为 $u=u(x)$, 就得到结果

$$\int f(x)\mathrm{d}x = \int g(u)\mathrm{d}u = G(u)+C = G(u(x))+C.$$

这就是第一换元法. 其要点是引入中间变量 $u = u(x)$, 将积分号下的表达式 $f(x)\mathrm{d}x$ 变为 $g(u)\mathrm{d}u$ 之后, 成为某个函数 $G(u)$ 的微分, 从而得到结果. 因此, 第一换元法又称为"凑微分法".

例 6.2.3　求不定积分 $\int \tan x \mathrm{d}x$.

解　$\displaystyle\int \tan x \mathrm{d}x = \int \frac{\sin x}{\cos x}\mathrm{d}x = -\int \frac{\mathrm{d}(\cos x)}{\cos x} = -\ln|\cos x| + C.$

同样的方法可以得到

$$\int \cot x \mathrm{d}x = \ln|\sin x| + C.$$

例 6.2.4　求不定积分 $\displaystyle\int \frac{\mathrm{d}x}{a^2 + x^2}$.

解　$\displaystyle\int \frac{\mathrm{d}x}{a^2 + x^2} = \frac{1}{a}\int \frac{\mathrm{d}\left(\dfrac{x}{a}\right)}{1 + \left(\dfrac{x}{a}\right)^2} = \frac{1}{a}\int \frac{\mathrm{d}u}{1 + u^2}$

$$= \frac{1}{a}\arctan u + C = \frac{1}{a}\arctan \frac{x}{a} + C.$$

例 6.2.5　求不定积分 $\displaystyle\int \frac{\mathrm{d}x}{\sqrt{a^2 - x^2}}$.

解　$\displaystyle\int \frac{\mathrm{d}x}{\sqrt{a^2 - x^2}} \int \frac{\mathrm{d}\left(\dfrac{x}{a}\right)}{\sqrt{1 - \left(\dfrac{x}{a}\right)^2}} = \int \frac{\mathrm{d}u}{\sqrt{1 - u^2}} = \arcsin u + C$

$$= \arcsin \frac{x}{a} + C.$$

例 6.2.6　求不定积分 $\int \sec x \mathrm{d}x$.

解　$\displaystyle\int \sec x \mathrm{d}x = \int \frac{\mathrm{d}x}{\cos x} = \int \frac{\cos x}{\cos^2 x}\mathrm{d}x = \int \frac{\mathrm{d}\sin x}{1 - \sin^2 x}.$

根据例题 6.1.6 的结果可以得到

$$\int \frac{\mathrm{d}\sin x}{1-\sin^2 x} = \int \frac{\mathrm{d}u}{1-u^2} = \frac{1}{2}\ln\left|\frac{1+u}{1-u}\right| + C$$

$$= \frac{1}{2}\ln\left|\frac{1+\sin x}{1-\sin x}\right| + C = \frac{1}{2}\ln\left|\frac{(1+\sin x)^2}{1-\sin^2 x}\right| + C$$

$$= \ln\left|\frac{1+\sin x}{\cos x}\right| + C = \ln|\sec x + \tan x| + C.$$

同样的方法可以求出

$$\int \csc x \, \mathrm{d}x = \ln|\csc x - \cot x| + C.$$

6.2.2 第二换元法

第二换元法又称为换元法. 为了解释这个方法,先分析一个简单的例题.

例 6.2.7 求不定积分 $\displaystyle\int \frac{\mathrm{d}x}{1+\sqrt{x+1}}$.

解 令 $\sqrt{x+1} = t$,即 $x = t^2 - 1$,则 $\mathrm{d}x = 2t\mathrm{d}t$. 于是

$$\int \frac{\mathrm{d}x}{1+\sqrt{x+1}} = \int \frac{2t}{1+t}\mathrm{d}t = 2\int\left(\frac{1+t}{1+t} - \frac{1}{1+t}\right)\mathrm{d}t$$

$$= 2(t - \ln|1+t|) + C.$$

代入 $t = \sqrt{x+1}$,就得到

$$\int \frac{\mathrm{d}x}{1+\sqrt{x+1}} = 2\left(\sqrt{x+1} - \ln|1+\sqrt{x+1}|\right) + C.$$

这个例题的解法是这样的:在不定积分 $\displaystyle\int f(x)\mathrm{d}x$ 中,取一个新的自变量 t,令 $x = \varphi(t)$,原积分变成 $\displaystyle\int f(\varphi(t))\varphi'(t)\mathrm{d}t$. 求出这个不定积分 $G(t) + C$ 之后,再解出 $x = \varphi(t)$ 反函数 $t = \varphi^{-1}(x)$,代

入 $G(t)+C$，就得到最后结果

$$\int f(x)\mathrm{d}x = \int f(\varphi(t))\varphi'(t)\mathrm{d}t = G(\varphi^{-1}(x)) + C.$$

我们将这个方法表示为下述定理.

定理 6.2.1（不定积分换元法） 假设 $f(x)$ 连续，$x=\varphi(t)$ 有连续导数，并且存在反函数 $t=\varphi^{-1}(x)$. 如果

$$\int f(x(t))\,\varphi'(t)\mathrm{d}t = G(t) + C,$$

则 $\displaystyle\int f(x)\mathrm{d}x = G(\varphi^{-1}(x)) + C$.

证明 假设 $F(x)$ 是 $f(x)$ 的一个原函数，则

$$\int f(x)\mathrm{d}x = F(x) + C.$$

因为 $\mathrm{d}F(\varphi(t)) = f(\varphi(t))\varphi'(t)\mathrm{d}t$，所以

$$\int f(\varphi(t))\varphi'(t)\mathrm{d}t = \int \mathrm{d}F(\varphi(t)) = F(\varphi(t)) + C.$$

又因为

$$\int f(\varphi(t))\varphi'(t)\mathrm{d}t = G(t) + C,$$

因此 $F(\varphi(t))$ 与 $G(t)$ 只差一个常数，从而 $F(x)$ 与 $G(\varphi^{-1}(x))$ 只差一个常数. 于是由 $\displaystyle\int f(x)\mathrm{d}x = F(x)+C$ 推出 $\displaystyle\int f(x)\mathrm{d}x = G(\varphi^{-1}(x))+C$.

例 6.2.8 求不定积分 $\displaystyle\int \sqrt{a^2-x^2}\,\mathrm{d}x\,(a>0)$.

解 注意函数 $\sqrt{a^2-x^2}$ 在区间 $[-a,a]$ 上连续. 所以该题是在 $[-a,a]$ 上求原函数. 令 $x=a\sin t, \mathrm{d}x=a\cos t\mathrm{d}t$，则有

$$\int \sqrt{a^2-x^2}\,\mathrm{d}x = a^2\int \cos^2 t\mathrm{d}t = \frac{a^2}{2}\int(1+\cos 2t)\mathrm{d}t$$

$$= \frac{a^2}{2}\Big(t+\frac{1}{2}\sin 2t\Big) + C = \frac{a^2}{2}(t+\sin t\cos t) + C.$$

根据函数关系 $x=a\sin t$ 可知，当 $x\in[-a,a]$ 时，$t\in$

$\left[-\dfrac{\pi}{2},\dfrac{\pi}{2}\right]$. 所以由 $\sin t=\dfrac{x}{a}$ 得到

$$\cos t = \sqrt{1-\sin^2 t} = \frac{1}{a}\sqrt{a^2-x^2}.$$

于是

$$\frac{a^2}{2}(t+\sin t\cos t)+C = \frac{a^2}{2}(t+\sin t\sqrt{1-\sin^2 t})+C.$$

用反函数 $t=\arcsin\dfrac{x}{a}$ 代入,得到

$$\int\sqrt{a^2-x^2}\,\mathrm{d}x = \frac{1}{2}\left(a^2\arcsin\frac{x}{a}+x\sqrt{a^2-x^2}\right)+C.$$

由这个例题还可以看出:求原函数(不定积分)的问题总是和某个区间联系在一起的. 在实行积分换元法的时候,要注意存在原函数的区间,以及新旧自变量 x 和 t 的取值区间的关系. 不过不定积分题目的主要目的是求原函数,为了简明起见,在求不定积分时,一般都省去关于原函数存在区间的讨论.

例 6.2.9 求不定积分 $\displaystyle\int\frac{\mathrm{d}x}{\sqrt{x^2-a^2}}$ $(a>0)$.

解 注意函数 $\dfrac{1}{\sqrt{x^2-a^2}}$ 分别在区间 $(-\infty,-a)$ 和 $(a,+\infty)$ 上连续. 所以应当分别在区间 $(-\infty,-a)$ 和 $(a,+\infty)$ 上求不定积分. 现在我们在区间 $(a,+\infty)$ 上求不定积分.

令 $x=a\sec t$, $\mathrm{d}x=a\sec t\tan t\,\mathrm{d}t$. 于是,

$$\int\frac{\mathrm{d}x}{\sqrt{x^2-a^2}} = \int\sec t\,\mathrm{d}t = \ln|\sec t+\tan t|+C \ (\text{参见例 6.2.6}).$$

用反函数 $\sec t=\dfrac{x}{a}$,$\tan t=\sqrt{\sec^2 t-1}=\dfrac{1}{a}\sqrt{x^2-a^2}$ 代入上式,得到

$$\int\frac{\mathrm{d}x}{\sqrt{x^2-a^2}} = \ln\left|\frac{x}{a}+\frac{\sqrt{x^2-a^2}}{a}\right|+C = \ln\left|x+\sqrt{x^2-a^2}\right|+C.$$

例 6. 2. 10 求不定积分 $\displaystyle\int \frac{\mathrm{d}x}{\sqrt{x^2 + a^2}} (a > 0)$.

解 令 $x = a\tan t, \mathrm{d}x = a\sec^2 t\mathrm{d}t$. 于是,

$$\int \frac{\mathrm{d}x}{\sqrt{x^2 + a^2}} = \int \sec t\mathrm{d}t = \ln|\sec t + \tan t| + C$$

$$= \ln\left|x + \sqrt{x^2 + a^2}\right| + C.$$

例 6. 2. 11 求不定积分 $\displaystyle\int \frac{\mathrm{d}x}{x^2\sqrt{1 + x^2}}$.

解 令 $x = \dfrac{1}{t}, \mathrm{d}x = -\dfrac{1}{t^2}\mathrm{d}t$. 于是

$$\int \frac{\mathrm{d}x}{x^2\sqrt{1 + x^2}} = -\int \frac{t\mathrm{d}t}{\sqrt{t^2 + 1}} = -\frac{1}{2}\int \frac{\mathrm{d}(t^2 + 1)}{\sqrt{t^2 + 1}}$$

$$= -\sqrt{t^2 + 1} + C = -\frac{\sqrt{x^2 + 1}}{x} + C.$$

习 题 6. 2

1. 求下列不定积分:

(1) $\displaystyle\int (2x + 3)^4 \mathrm{d}x$;

(2) $\displaystyle\int x3^{x^2 + 1}\mathrm{d}x$;

(3) $\displaystyle\int \frac{\ln x}{x}\mathrm{d}x$;

(4) $\displaystyle\int \frac{1}{x(2 + x)}\mathrm{d}x$;

(5) $\displaystyle\int \cos x\cos 3x\mathrm{d}x$;

(6) $\displaystyle\int \left(\frac{1}{\sqrt{4 - x^2}} + \frac{1}{1 + 2x^2}\right)\mathrm{d}x$;

(7) $\displaystyle\int \frac{1}{1 - \sin x}\mathrm{d}x$;

(8) $\displaystyle\int \frac{3x}{1 + x^2}\mathrm{d}x$;

(9) $\displaystyle\int \frac{\mathrm{e}^x}{1 + \mathrm{e}^x}\mathrm{d}x$;

(10) $\displaystyle\int \frac{1}{\sqrt{1 - x^2}\arccos x}\mathrm{d}x$;

(11) $\displaystyle\int \frac{\sin\sqrt{x}}{\sqrt{x}}\mathrm{d}x$;

(12) $\displaystyle\int \frac{1}{(1 + x^2)\arctan x}\mathrm{d}x$;

(13) $\displaystyle\int \cos^5 x\mathrm{d}x$;

(14) $\displaystyle\int \frac{1}{\cos^2 x - \sin^2 x}\mathrm{d}x$;

(15) $\displaystyle\int \frac{1}{3-2x^2}\mathrm{d}x$; (16) $\displaystyle\int \frac{1}{x^2-4x-12}\mathrm{d}x$;

(17) $\displaystyle\int \frac{2}{\mathrm{e}^x+\mathrm{e}^{-x}}\mathrm{d}x$; (18) $\displaystyle\int \frac{1}{\sin^2 x+4\cos^2 x}\mathrm{d}x$;

(19) $\displaystyle\int \frac{1}{1+\cos x}\mathrm{d}x$; (20) $\displaystyle\int \frac{\mathrm{d}x}{1+\cos x}$;

(21) $\displaystyle\int \frac{\sin 2x}{1+\cos^4 x}\mathrm{d}x$; (22) $\displaystyle\int \frac{\sqrt{x}}{1-\sqrt[3]{x}}\mathrm{d}x$;

(23) $\displaystyle\int \frac{x}{\sqrt{1-x}}\mathrm{d}x$; (24) $\displaystyle\int \frac{1}{(4-x^2)^{\frac{3}{2}}}\mathrm{d}x$;

(25) $\displaystyle\int \frac{\sqrt{3-x^2}}{x}\mathrm{d}x$; (26) $\displaystyle\int \frac{1}{1+\sqrt{3x}}\mathrm{d}x$;

(27) $\displaystyle\int \frac{1}{\sqrt{1+\sqrt{x}}}\mathrm{d}x$; (28) $\displaystyle\int \frac{\mathrm{e}^{2x}}{\sqrt[3]{1+\mathrm{e}^x}}\mathrm{d}x$;

(29) $\displaystyle\int \frac{1}{\sqrt{1+\mathrm{e}^x}}\mathrm{d}x$; (30) $\displaystyle\int \frac{x^5}{\sqrt{1+x^2}}\mathrm{d}x$.

2. 证明:
$$\int \frac{a_1\sin x+b_1\cos x}{a\sin x+b\cos x}\mathrm{d}x = Ax + B\ln|a\sin x+b\cos x|+C,$$

其中 A,B 为常数,$a^2+b^2>0$.

6.3 分部积分法

分部积分法是求原函数的两种基本技巧之一,它是由函数乘积的微分公式导出的一种方法.

注意到 $\mathrm{d}(uv)=v\mathrm{d}u+u\mathrm{d}v$,两端积分得到
$$\int \mathrm{d}(uv) = \int v\mathrm{d}u + \int u\mathrm{d}v.$$

于是有

$$\int u \mathrm{d}v = uv - \int v \mathrm{d}u. \qquad (6.3.1)$$

或

$$\int u(x)v'(x)\mathrm{d}x = u(x)v(x) - \int v(x)u'(x)\mathrm{d}x. \qquad (6.3.2)$$

这就是不定积分的分部积分公式. 分部积分公式将求 $\int u\mathrm{d}v$ 的问题转化为求 $\int v\mathrm{d}u\left(\text{或者将求}\int v\mathrm{d}u \text{ 的问题转化为求}\int u\mathrm{d}v\right)$. 这样一来, 如果在 $\int u\mathrm{d}v$ 和 $\int v\mathrm{d}u$ 这两个不定积分之中有一个能够求出, 另一个也就随之得到. 因此在许多情形, 分部积分法能使问题化简, 直至求出不定积分.

例 6.3.1　求 $\int x\sin 3x\mathrm{d}x$.

解　在分部积分公式 $\int u\mathrm{d}v = uv - \int v\mathrm{d}u$ 中, 令 $u=x, \mathrm{d}v = \sin 3x\mathrm{d}x, v = -\dfrac{1}{3}\cos 3x$. 则由分部积分公式得到

$$\int x\sin 3x\mathrm{d}x = \int x\mathrm{d}\left(-\frac{1}{3}\cos 3x\right) = -\frac{1}{3}x\cos 3x + \int \frac{1}{3}\cos 3x\mathrm{d}x$$

$$= -\frac{1}{3}x\cos 3x + \frac{1}{9}\sin 3x + C.$$

例 6.3.2　求 $\int x^2\ln x\mathrm{d}x$.

解　在分部积分公式 $\int u\mathrm{d}v = uv - \int v\mathrm{d}u$ 中, 令 $u=\ln x, \mathrm{d}v = x^2\mathrm{d}x, v = \dfrac{1}{3}x^3$. 则

$$\int x^2\ln x\mathrm{d}x = \int \ln x\mathrm{d}\left(\frac{1}{3}x^3\right) = \frac{1}{3}x^3\ln x - \frac{1}{3}\int x^3\mathrm{d}(\ln x)$$

$$= \frac{1}{3}x^3\ln x - \frac{1}{3}\int x^2\mathrm{d}x = \frac{1}{3}x^3\ln x - \frac{1}{9}x^3 + C.$$

例 6.3.3 求 $\int x^2 \mathrm{e}^{-2x} \mathrm{d}x$.

解 在分部积分公式 $\int u \mathrm{d}v = uv - \int v \mathrm{d}u$ 中,令 $u = x^2, \mathrm{d}v = \mathrm{e}^{-2x} \mathrm{d}x, v = -\dfrac{1}{2}\mathrm{e}^{-2x}$. 则

$$\int x^2 \mathrm{e}^{-2x} \mathrm{d}x = -\frac{1}{2} x^2 \mathrm{e}^{-2x} + \int x \mathrm{e}^{-2x} \mathrm{d}x. \qquad (6.3.3)$$

对于积分 $\int x\mathrm{e}^{-2x} \mathrm{d}x$,令 $u = x, \mathrm{d}v = \mathrm{e}^{-2x}\mathrm{d}x, v = -\dfrac{1}{2}\mathrm{e}^{-2x}$. 则

$$\int x\mathrm{e}^{-2x} \mathrm{d}x = -\frac{1}{2} x\mathrm{e}^{-2x} + \frac{1}{2} \int \mathrm{e}^{-2x} \mathrm{d}x = -\frac{1}{2} x\mathrm{e}^{-2x} - \frac{1}{4}\mathrm{e}^{-2x} + C.$$

将这个结果代入式(6.3.3)得到:

$$\int x^2 \mathrm{e}^{-2x} \mathrm{d}x = -\frac{1}{4}(2x^2 + 2x + 1)\mathrm{e}^{-2x} + C.$$

例 6.3.4 求 $\int \arctan x \mathrm{d}x$.

解 在分部积分公式 $\int u \mathrm{d}v = uv - \int v \mathrm{d}u$ 中,令 $u = \arctan x, \mathrm{d}v = \mathrm{d}x, v = x$. 则

$$\int \arctan x \mathrm{d}x = x\arctan x - \int \frac{x}{1 + x^2} \mathrm{d}x$$

$$= x\arctan x - \frac{1}{2}\ln(1 + x^2) + C.$$

运用分部积分法将积分求 $\int u \mathrm{d}v$ 转化为求 $\int v \mathrm{d}u$,从而将问题化简. 其中的关键有两点:

(1) 必须能够比较容易地由 $v'(x)$ 求出 $v(x)$(即由 $\mathrm{d}v$ 求出 v);

(2) 求 $\int v(x)u'(x)\mathrm{d}x$ 比求 $\int u(x)v'(x)\mathrm{d}x$ 更简单.

在某些类型的积分中,u 和 $\mathrm{d}v$ 的选择是相对确定的.

例如,对于下列积分:$\int x^k \mathrm{e}^{ax}\,\mathrm{d}x$,$\int x^k \sin ax\,\mathrm{d}x$,$\int x^k \cos ax\,\mathrm{d}x$. 在公式 (6.3.2) 中, 应当取 $u(x) = x^k$, $v(x) = \dfrac{1}{a}\mathrm{e}^{ax}$, $v(x) = -\dfrac{1}{a}\cos ax$, 或者 $v(x) = \dfrac{1}{a}\sin ax$. 这样, 运用分部积分公式可以使得问题化简.

对于下列积分:$\int x^k \arcsin x\,\mathrm{d}x$,$\int x^k \arctan x\,\mathrm{d}x$,$\int x^k \ln x\,\mathrm{d}x$. 在公式 (6.3.2) 中, 应当分别取 $u(x) = \arcsin x$, $u(x) = \arctan x$, 或者 $u(x) = \ln x$.

在一般的情形,需要灵活地选取 $u(x)$, $v(x)$ 将积分 $\int f(x)\,\mathrm{d}x$ 中的被积表达式 $f(x)\,\mathrm{d}x$ 表示为 $u(x)v'(x)\,\mathrm{d}x$,使得 $\int u(x)v'(x)\,\mathrm{d}x$ 能用分部积分法求出. 读者应当通过适量的练习,掌握其中的技巧.

例 6.3.5　求 $\displaystyle\int \frac{\ln x}{(1-x)^2}\,\mathrm{d}x$.

解
$$\int \frac{\ln x}{(1-x)^2}\,\mathrm{d}x = -\int \ln x\,\mathrm{d}\left(\frac{1}{x-1}\right)$$
$$= \frac{-\ln x}{x-1} + \int \frac{1}{x-1}\cdot\frac{1}{x}\,\mathrm{d}x$$
$$= \frac{-\ln x}{x-1} + \int \left(\frac{1}{x-1} - \frac{1}{x}\right)\mathrm{d}x$$
$$= \frac{-\ln x}{x-1} + \ln|x-1| - \ln|x| + C.$$

例 6.3.6　求 $\displaystyle\int \sqrt{a^2+x^2}\,\mathrm{d}x$.

解　这个积分也可以通过令 $x = a\tan t$,利用换元积分法求出. 在此我们用分部积分法求解.
$$\int \sqrt{a^2+x^2}\,\mathrm{d}x = x\sqrt{a^2+x^2} - \int \frac{x^2}{\sqrt{a^2+x^2}}\,\mathrm{d}x$$

$$= x \sqrt{a^2 + x^2} - \int \sqrt{a^2 + x^2}\, \mathrm{d}x + a^2 \int \frac{\mathrm{d}x}{\sqrt{a^2 + x^2}}.$$

由例 6.2.10 的结果,得

$$\int \sqrt{a^2 + x^2}\, \mathrm{d}x = \frac{1}{2}(x \sqrt{a^2 + x^2} + a^2 \ln(x + \sqrt{a^2 + x^2})) + C.$$

例 6.3.7 求 $\int \mathrm{e}^{ax} \cos bx\, \mathrm{d}x$ 和 $\int \mathrm{e}^{ax} \sin bx\, \mathrm{d}x (ab \neq 0)$.

解 由分部积分法可以得到

$$\int \mathrm{e}^{ax} \cos bx\, \mathrm{d}x = \frac{1}{a} \mathrm{e}^{ax} \cos bx + \frac{b}{a} \int \mathrm{e}^{ax} \sin bx\, \mathrm{d}x,$$

$$\int \mathrm{e}^{ax} \sin bx\, \mathrm{d}x = \frac{1}{a} \mathrm{e}^{ax} \sin bx - \frac{b}{a} \int \mathrm{e}^{ax} \cos bx\, \mathrm{d}x.$$

将所求不定积分看成未知量,求解这个线性代数方程组就会得到

$$\int \mathrm{e}^{ax} \cos bx\, \mathrm{d}x = \frac{a}{a^2 + b^2} \mathrm{e}^{ax} \left(\cos bx + \frac{b}{a} \sin bx \right) + C,$$

$$\int \mathrm{e}^{ax} \sin bx\, \mathrm{d}x = \frac{a}{a^2 + b^2} \mathrm{e}^{ax} \left(\sin bx - \frac{b}{a} \cos bx \right) + C.$$

从例 6.3.6 和例 6.3.7 可以看出,同样是利用分部积分公式求不定积分,但却不能直接得到所求结果,而是得到了所求不定积分满足的一个方程或方程组,然后求解而得. 这也是利用分部积分法时会经常碰到的一种情况.

例 6.3.8 求 $\int \cos^n x\, \mathrm{d}x$.

解 记 $I_n = \int \cos^n x\, \mathrm{d}x$,则

$$I_n = \int \cos^{n-1} x \mathrm{d} \sin x = \sin x \cos^{n-1} x + (n-1) \int \sin^2 x \cos^{n-2} x\, \mathrm{d}x$$

$$= \sin x \cos^{n-1} x + (n-1) \int \cos^{n-2} x\, \mathrm{d}x - (n-1) \int \cos^n x\, \mathrm{d}x$$

$$= \sin x \cos^{n-1} x + (n-1) I_{n-2} - (n-1) I_n,$$

所以

$$I_n = \frac{1}{n}\sin x\cos^{n-1}x + \frac{n-1}{n}I_{n-2}. \qquad (6.3.4)$$

这就是不定积分 $\int \cos^n x\,\mathrm{d}x$ 满足的递推公式. 再注意到

$$I_1 = \sin x + C,$$

$$I_2 = \frac{1}{2}x + \frac{1}{4}\sin 2x + C,$$

就可以由递推公式 (6.3.4) 求出 I_n.

例 6.3.9 求 $\int \dfrac{\mathrm{d}x}{(a^2+x^2)^n}$ ($n \geqslant 1$ 是自然数).

解 记 $I_n = \int \dfrac{\mathrm{d}x}{(a^2+x^2)^n}$, 则由分部积分法得到

$$I_n = \frac{x}{(a^2+x^2)^n} + \int \frac{2nx^2}{(a^2+x^2)^{n+1}}\mathrm{d}x$$

$$= \frac{x}{(a^2+x^2)^n} + 2n\int \frac{\mathrm{d}x}{(a^2+x^2)^n} - 2na^2\int \frac{\mathrm{d}x}{(a^2+x^2)^{n+1}}$$

$$= \frac{x}{(a^2+x^2)^n} + 2nI_n - 2na^2 I_{n+1}.$$

所以

$$I_{n+1} = \frac{2n-1}{2na^2}I_n + \frac{x}{2na^2(a^2+x^2)^n},$$

$$I_1 = \frac{1}{a}\arctan\frac{x}{a} + C.$$

在例 6.3.8 和例 6.3.9 中, 尽管没能利用分部积分法直接得到所求的不定积分或是它们所满足的方程, 但却得到了它们所满足的一个递推关系式. 通过递推公式, 同样可以得到所求的不定积分.

对求不定积分的几种基本方法要认真理解, 并能灵活地运用, 最后再看一个例子.

例 6.3.10　求 $\int \dfrac{x\mathrm{e}^x}{\sqrt{\mathrm{e}^x-3}}\mathrm{d}x$.

解　令 $\sqrt{\mathrm{e}^x-3}=t$，则 $x=\ln(t^2+3)$，$\mathrm{d}x=\dfrac{2t}{t^2+3}\mathrm{d}t$，所以，

$$\int \dfrac{x\mathrm{e}^x}{\sqrt{\mathrm{e}^x-3}}\mathrm{d}x = 2\int \ln(t^2+3)\mathrm{d}t$$

$$= 2t\ln(t^2+3) - \int \dfrac{4t^2}{t^2+3}\mathrm{d}t$$

$$= 2t\ln(t^2+3) - 4t + 4\sqrt{3}\arctan\dfrac{t}{\sqrt{3}} + C$$

$$= 2(x-2)\sqrt{\mathrm{e}^x-3} + 4\sqrt{3}\arctan\sqrt{\dfrac{\mathrm{e}^x}{3}-1} + C.$$

习　题　6.3

复习题

被积函数有何特点时适合用分部积分法求其不定积分？用分部积分法求形如 $\int P(x)\mathrm{e}^{ax}\mathrm{d}x$，$\int P(x)\sin bx\,\mathrm{d}x$ 和 $\int P(x)\ln x\mathrm{d}x$ 的不定积分时应如何选择 $u(x)$，$v(x)$？

习题

求下列不定积分：

1. $\int x\cos x\mathrm{d}x$；

2. $\int \dfrac{\ln x}{x^2}\mathrm{d}x$；

3. $\int (\ln x)^2\mathrm{d}x$；

4. $\int \left(\ln(\ln x)+\dfrac{1}{\ln x}\right)\mathrm{d}x$；

5. $\int \arctan\sqrt{x}\,\mathrm{d}x$；

6. $\int \dfrac{x\tan x}{\cos^4 x}\mathrm{d}x$；

7. $\int x^2\mathrm{e}^{-2x}\mathrm{d}x$；

8. $\int \mathrm{e}^{2x}\sin x\mathrm{d}x$；

9. $\int \sin \sqrt{x}\,dx$;

10. $\int (\arccos x)^2\,dx$;

11. $\int x\sin x\cos 2x\,dx$;

12. $\int \dfrac{x}{\cos^2 x}\,dx$;

13. $\int e^{\sqrt[3]{x}}\,dx$;

14. $\int \dfrac{\cos^2 x}{e^x}\,dx$;

15. $\int \sin(\ln x)\,dx$;

16. $\int \dfrac{\ln(1+x^2)}{x^3}\,dx$;

17. $\int \left(\dfrac{\ln x}{x}\right)^2\,dx$;

18. $\int x\ln(1+x^2)\,dx$;

19. $\int e^{2x}(1+\tan x)^2\,dx$;

20. $\int x\tan^2 2x\,dx$;

21. $\int \ln(x+\sqrt{1+x^2})\,dx$;

22. $\int \dfrac{\arcsin x}{x^2\sqrt{1-x^2}}\,dx$.

6.4　有理函数的积分

6.4.1　分式函数的积分

形如

$$\frac{P_m(x)}{Q_n(x)} \tag{6.4.1}$$

的表达式称为**有理分式函数**,其中 $P_m(x)$ 和 $Q_n(x)$ 分别是 m 次和 n 次多项式.当 $m<n$ 时,称(6.4.1)式为**真分式**,否则称为**假分式**.

由代数的有关知识知道,任何一个假分式可以分解为一个真分式与一个整式(即多项式)之和.所以,为了求分式函数的不定积分,只需研究真分式的原函数的求法.

以下四个真分式称为**最简分式**:

(1) $\dfrac{A}{ax+b}, a\neq 0$;

(2) $\dfrac{A}{(ax+b)^k}, a \neq 0, k > 1$；

(3) $\dfrac{Bx+D}{px^2+qx+r}, q^2-4pr < 0$；

(4) $\dfrac{Bx+D}{(px^2+qx+r)^k}, q^2-4pr < 0, k > 1$.

直接可以写出第一个最简分式的不定积分

$$\int \frac{A}{ax+b} dx = \frac{A}{a} \ln |ax+b| + C. \qquad (6.4.2)$$

由于 $k > 1$ 为自然数，所以用凑微分法得到

$$\int \frac{A}{(ax+b)^k} dx = \frac{A}{(1-k)a} \cdot \frac{1}{(ax+b)^{k-1}} + C. \qquad (6.4.3)$$

对于第三个最简分式，由于 $p \neq 0, q^2-4pr < 0$，所以有

$$\int \frac{Bx+D}{px^2+qx+r} dx$$

$$= \frac{B}{2p} \int \frac{2px+q}{px^2+qx+r} dx + \left(D - \frac{Bq}{2p}\right) \frac{1}{p} \int \frac{dx}{\left(x + \dfrac{q}{2p}\right)^2 + \dfrac{4pr-q^2}{4p^2}}$$

$$= \frac{B}{2p} \ln |px^2+qx+r| + \frac{2pD-qB}{p\sqrt{4pr-q^2}} \arctan\left(\frac{2px+q}{\sqrt{4pr-q^2}}\right) + C.$$

$$(6.4.4)$$

对于第四个最简分式，注意到 $p \neq 0$ 及 $q^2-4pr < 0$，并且 $k > 1$ 为自然数，利用凑微分的方法，可以得到

$$\int \frac{Bx+D}{(px^2+qx+r)^k} dx$$

$$= \frac{B}{2p(1-k)} \cdot \frac{1}{(px^2+qx+r)^{k-1}}$$

$$+ \frac{2pD-qB}{p\sqrt{4pr-q^2}} \int \frac{dx}{\left[\left(x+\dfrac{q}{2p}\right)^2 + \left(\dfrac{\sqrt{4pr-q^2}}{2p}\right)^2\right]^k}. \qquad (6.4.5)$$

上式右端中的不定积分,利用简单换元可以变为如下形式的不定积分:

$$\int \frac{\mathrm{d}x}{(x^2 + a^2)^k}.$$

这个不定积分的求法已经在例 6.3.9 中解决.

因此,以上四种最简分式都可以求出它们的原函数.

综合上面的分析,我们可以知道,对任何一个有理函数(6.4.1),都可以通过如下程序求出它的原函数:

(1) 如果式(6.4.1)是假分式,先将其表示成一个整式与一个真分式之和,分别求原函数.

(2) 如果式(6.4.1)已经是一个真分式,则可以将其分解成若干个最简分式之和,分别求原函数.

(3) 将上述过程中分别求出的原函数相加,就得到有理函数(6.4.1)的原函数.

不过这里有一个问题,即如何将一个真分式分解成若干最简分式之和? 对此,有如下定理.

定理 6.4.1 设 $\dfrac{P_m(x)}{Q_n(x)}$ 是一真分式,则它可以惟一地分解为最简分式之和,分解规则如下:

(1) $Q_n(x)$ 的一次单因式 $ax+b$ 对应一项 $\dfrac{A}{ax+b}$;

(2) $Q_n(x)$ 的一次 k 重因式 $(ax+b)^k$ 对应 k 项

$$\frac{A_1}{ax+b}, \quad \frac{A_2}{(ax+b)^2}, \quad \cdots, \quad \frac{A_k}{(ax+b)^k};$$

(3) $Q_n(x)$ 的二次单因式 px^2+qx+r 对应一项 $\dfrac{Bx+D}{px^2+qx+r}$;

(4) $Q_n(x)$ 的二次 k 重因式 $(px^2+qx+r)^k$ 对应 k 项

$$\frac{B_1x+D_1}{px^2+qx+r}, \quad \frac{B_2x+D_2}{(px^2+qx+r)^2}, \quad \cdots, \quad \frac{B_kx+D_k}{(px^2+qx+r)^k}.$$

例 6.4.1　求 $\displaystyle\int \frac{x+5}{(x-1)^2}\mathrm{d}x$.

解　$\displaystyle\int \frac{x+5}{(x-1)^2}\mathrm{d}x = \int \frac{x-1+6}{(x-1)^2}\mathrm{d}x$

$$= \int \left[\frac{1}{x-1} + \frac{6}{(x-1)^2}\right]\mathrm{d}x$$

$$= \int \frac{\mathrm{d}x}{x-1} + 6\int \frac{\mathrm{d}x}{(x-1)^2}$$

$$= \ln|x-1| - \frac{6}{x-1} + C.$$

例 6.4.2　求 $\displaystyle\int \frac{x+1}{x^2-4x+3}\mathrm{d}x$.

解　该有理式的分母可分解因式

$$x^2 - 4x + 3 = (x-1)(x-3),$$

所以,根据定理 6.4.1 可知,

$$\frac{x+1}{x^2-4x+3} = \frac{A}{x-1} + \frac{B}{x-3}.$$

用 x^2-4x+3 乘以等式两端,得

$$x+1 = A(x-3) + B(x-1),$$

即

$$x+1 = (A+B)x + (-3A-B).$$

等式两端的多项式相等,那么它们对应项的系数相等,即有

$$A+B = 1, \quad -3A-B = 1,$$

解此方程组得到 $A=-1, B=2$,所以

$$\int \frac{x+1}{x^2-4x+3}\mathrm{d}x = \int \left(\frac{-1}{x-1} + \frac{2}{x-3}\right)\mathrm{d}x$$

$$= -\ln|x-1| + 2\ln|x-3| + C.$$

例 6.4.3　求 $\displaystyle\int \frac{\mathrm{d}x}{x(x^{10}+1)^2}$.

解 令 $t = x^{10}$，则 $dx = \dfrac{1}{10} t^{-\frac{9}{10}} dt$，因此

$$\int \frac{dx}{x(x^{10}+1)^2} = \frac{1}{10} \int \frac{dt}{t(t+1)^2}$$

$$= \frac{1}{10} \int \left[\frac{1}{t} - \frac{1}{t+1} - \frac{1}{(t+1)^2} \right] dt$$

$$= \frac{1}{10} \left(\ln|t| - \ln|t+1| + \frac{1}{t+1} \right) + C$$

$$= \frac{1}{10} \left(\ln \frac{x^{10}}{x^{10}+1} + \frac{1}{x^{10}+1} \right) + C.$$

分母为二次三项式 $ax^2 + bx + c (a \neq 0)$ 的真分式，一般都可以用凑微分的方式求得其原函数.

例 6.4.4 求 $\displaystyle\int \frac{x}{5+4x+x^2} dx$.

解 $\displaystyle\int \frac{x}{5+4x+x^2} dx = \int \left(\frac{x+2}{5+4x+x^2} - \frac{2}{5+4x+x^2} \right) dx$

$$= \frac{1}{2} \int \frac{d(5+4x+x^2)}{5+4x+x^2} - 2 \int \frac{d(x+2)}{1+(x+2)^2}$$

$$= \frac{1}{2} \ln(x^2+4x+5) - 2\arctan(x+2) + C.$$

例 6.4.5 求 $\displaystyle\int \frac{2x+5}{x^2+2x-3} dx$.

解 $\displaystyle\int \frac{2x+5}{x^2+2x-3} dx = \int \left(\frac{2x+2}{x^2+2x-3} + \frac{3}{x^2+2x-3} \right) dx$

$$= \int \frac{d(x^2+2x-3)}{x^2+2x-3} + 3 \int \frac{dx}{(x-1)(x+3)}$$

$$= \ln|x^2+2x-3| + \frac{3}{4} \ln \left| \frac{x-1}{x+3} \right| + C.$$

6.4.2 三角函数有理式的积分

对 $\sin x$ 和 $\cos x$ 及常数进行有限次的四则运算后所得到的表达式称为三角有理式,记作 $R(\sin x,\cos x)$.

若干比较简单的三角有理式的不定积分,可以通过三角恒等式化简后再积分.

例 6.4.6 求下列不定积分:

$$\int \sin mx \sin nx \, \mathrm{d}x \,; \int \sin mx \cos nx \, \mathrm{d}x \,; \int \cos mx \cos nx \, \mathrm{d}x.$$

解
$$\int \sin mx \sin nx \, \mathrm{d}x$$

$$= -\frac{1}{2}\int \left[\cos(m+n)x - \cos(m-n)x\right]\mathrm{d}x$$

$$= -\frac{1}{2}\left[\frac{1}{m+n}\sin(m+n)x - \frac{1}{m-n}\sin(m-n)x\right] + C$$

$$= \frac{1}{2}\left[\frac{1}{m-n}\sin(m-n)x + \frac{1}{m+n}\sin(m+n)x\right] + C.$$

类似地可以得到

$$\int \cos mx \cos nx \, \mathrm{d}x$$

$$= \frac{1}{2}\left[\frac{1}{m-n}\sin(m-n)x + \frac{1}{m+n}\sin(m+n)x\right] + C;$$

$$\int \sin mx \cos nx \, \mathrm{d}x$$

$$= -\frac{1}{2}\left[\frac{1}{m-n}\cos(m-n)x + \frac{1}{m+n}\cos(m+n)x\right] + C.$$

例 6.4.7　求 $\displaystyle\int \frac{\mathrm{d}x}{1+\sin x+\cos x}$.

解　$\displaystyle\int \frac{\mathrm{d}x}{1+\sin x+\cos x} = \int \frac{\mathrm{d}x}{2\sin \dfrac{x}{2}\cos \dfrac{x}{2}+2\cos^2 \dfrac{x}{2}}$

$$= \int \frac{\mathrm{d}\left(1+\tan \dfrac{x}{2}\right)}{1+\tan \dfrac{x}{2}}$$

$$= \ln \left|1+\tan \dfrac{x}{2}\right|+C.$$

例 6.4.8　求 $\displaystyle\int \frac{\mathrm{d}x}{a\cos x+b\sin x}$.

解　令

$$\sin\varphi = \frac{a}{\sqrt{a^2+b^2}}, \quad \cos\varphi = \frac{b}{\sqrt{a^2+b^2}},$$

则有

$$\int \frac{\mathrm{d}x}{a\cos x+b\sin x} = \frac{1}{\sqrt{a^2+b^2}}\int \frac{\mathrm{d}(x+\varphi)}{\sin(x+\varphi)}$$

$$= \frac{1}{\sqrt{a^2+b^2}}\ln |\csc(x+\varphi)-\cot(x+\varphi)|+C.$$

在一般情形,任意一个三角有理式的积分

$$\int R(\sin x,\cos x)\mathrm{d}x,$$

若取 $t=\tan \dfrac{x}{2}$,总可将这个积分化为一个普通有理式的积分,然后可以按照前面关于有理式的积分方法求出其原函数.

取 $t=\tan \dfrac{x}{2}$,则 $x=2\arctan t$,$\mathrm{d}x = \dfrac{2}{1+t^2}\mathrm{d}t$,$\sin x = \dfrac{2t}{1+t^2}$,$\cos x = \dfrac{1-t^2}{1+t^2}$,因此有

$$\int R(\sin x,\cos x)\mathrm{d}x = \int R\left(\frac{2t}{1+t^2},\frac{1-t^2}{1+t^2}\right)\frac{2}{1+t^2}\mathrm{d}t.$$

根据 $R(\sin x, \cos x)$ 的定义知，$R\left(\dfrac{2t}{1+t^2}, \dfrac{1-t^2}{1+t^2}\right)\dfrac{2}{1+t^2}$ 就是一个有理

函数，记为 $\dfrac{P_m(t)}{Q_n(t)}$，其原函数记为 $F(t)$，则有

$$\int R(\sin x, \cos x)\,\mathrm{d}x = \int \frac{P_m(t)}{Q_n(t)}\,\mathrm{d}t = F(t) + C = F\left(\tan \frac{x}{2}\right) + C.$$

由此看来，通过变换 $t = \tan \dfrac{x}{2}$ 总能将 $\displaystyle\int R(\sin x, \cos x)\,\mathrm{d}x$ 求

出，因此变换 $t = \tan \dfrac{x}{2}$ 也称为"万能变换".

例 6.4.9　求 $\displaystyle\int \dfrac{\mathrm{d}x}{3 + 5\cos x}$.

解　取 $t = \tan \dfrac{x}{2}$，则 $\mathrm{d}x = \dfrac{2}{1+t^2}\mathrm{d}t$，所以有

$$\int \frac{\mathrm{d}x}{3 + 5\cos x} = \int \frac{1}{3 + 5\dfrac{1-t^2}{1+t^2}} \cdot \frac{2}{1+t^2}\mathrm{d}t$$

$$= \int \frac{\mathrm{d}t}{4 - t^2}$$

$$= \frac{1}{4}\ln\left|\frac{2+t}{2-t}\right| + C$$

$$= \frac{1}{4}\ln\left|\frac{2 + \tan \dfrac{x}{2}}{2 - \tan \dfrac{x}{2}}\right| + C.$$

习　题　6.4

求下列不定积分：

1. $\displaystyle\int \dfrac{x^2}{(1+x^2)^2}\,\mathrm{d}x$;

2. $\displaystyle\int \dfrac{x-1}{3+x^2}\,\mathrm{d}x$;

3. $\displaystyle\int \dfrac{x^3+1}{x(x-1)^3}\,\mathrm{d}x$;

4. $\displaystyle\int \dfrac{x^5}{x^6-x^3-2}\,\mathrm{d}x$;

5. $\displaystyle\int \frac{x^4\,\mathrm{d}x}{x^2+1}$；

6. $\displaystyle\int \frac{x^3}{(x-1)^{100}}\mathrm{d}x$；

7. $\displaystyle\int \frac{x^9}{(x^{10}+2x^5+2)^2}\mathrm{d}x$；

8. $\displaystyle\int \frac{x}{x^2+2x-8}\mathrm{d}x$；

9. $\displaystyle\int \frac{x-1}{1+2x^2}\mathrm{d}x$；

10. $\displaystyle\int \frac{x}{x^2+4x+13}\mathrm{d}x$；

11. $\displaystyle\int \frac{\sin 2x}{1+\cos x}\mathrm{d}x$；

12. $\displaystyle\int \frac{2+\cos x}{1+\cos x}\mathrm{d}x$；

13. $\displaystyle\int \frac{\mathrm{d}x}{\sin x\cos^3 x}$；

14. $\displaystyle\int \frac{\tan x\,\mathrm{d}x}{3\sin^2 x+2\cos^2 x}$；

15. $\displaystyle\int \cot^3 x\,\mathrm{d}x$；

16. $\displaystyle\int \frac{\mathrm{d}x}{1+\sin x+\cos x}$；

17. $\displaystyle\int \frac{\mathrm{d}x}{2+\cos x}$；

18. $\displaystyle\int \cos^4 x\,\mathrm{d}x$；

19. $\displaystyle\int \frac{\mathrm{d}x}{\cos^2 x-\sin^2 x}$；

20. $\displaystyle\int \frac{\mathrm{d}x}{\sin 2x+1}$.

6.5　简单无理式的积分、不定积分小结

6.5.1　简单无理式的积分

　　无理式积分的困难在于被积函数中带有开方运算,因此,求这种积分的思路就是通过适当的变量替换,将被积函数中的开方运算去掉,化无理式积分为有理函数积分.

　　以下用 $R(u,v)$ 表示关于两个变量 u,v 的有理式,即由 u,v 和常数进行有限次四则运算得到的表达式.

　　(1) 形如 $\displaystyle\int R(x,\sqrt[n]{ax+b})\mathrm{d}x\,(a\neq 0)$ 的积分,可以作变换 $ax+b=t^n$,这时,有

$$x=\frac{t^n-b}{a},\quad \mathrm{d}x=\frac{nt^{n-1}\,\mathrm{d}t}{a},$$

于是

$$\int R(x, \sqrt[n]{ax+b}) dx = \int R\left(\frac{t^n-b}{a}, t\right) \frac{nt^{n-1}}{a} dt.$$

从而将原积分化成了有理式的积分.

例 6.5.1 计算 $\int \dfrac{x dx}{\sqrt{x-1}}$.

解 令 $x-1=t^2$, $x=1+t^2$, $dx=2t dt$, 于是

$$\int \frac{x dx}{\sqrt{x-1}} = \int \frac{1+t^2}{t} 2t dt = 2 \int (1+t^2) dt$$

$$= 2t + \frac{2}{3} t^3 + C$$

$$= 2\sqrt{x-1} + \frac{2}{3}(x-1)\sqrt{x-1} + C.$$

(2) 形如 $\int R\left(x, \sqrt[n]{\dfrac{ax+b}{cx+d}}\right) dx$ 的积分(其中 a, c 不为零), 可

以取变换 $t^n = \dfrac{ax+b}{cx+d}$, 这时, $x = \dfrac{t^n d - b}{a - t^n c}$, $dx = \dfrac{n(ad-cb)t^{n-1}}{(a-ct^n)^2} dt$.

从而

$$\int R\left(x, \sqrt[n]{\frac{ax+b}{cx+d}}\right) dx = \int R\left(\frac{t^n d - b}{a - t^n c}, t\right) \frac{n(ad-cb)t^{n-1}}{(a-ct^n)^2} dt.$$

于是原积分化成了有理式积分.

例 6.5.2 求 $\int \dfrac{dx}{\sqrt[3]{(x-1)(x+1)^2}}$.

解 因为 $\dfrac{1}{\sqrt[3]{(x-1)(x+1)^2}} = \sqrt[3]{\dfrac{x+1}{x-1}} \cdot \dfrac{1}{x+1}$, 作变换

$t^3 = \dfrac{x+1}{x-1}$, 则

$$x = \frac{t^3+1}{t^3-1}, \quad dx = -\frac{6t^2}{(t^3-1)^2} dt,$$

所以

$$\int \frac{\mathrm{d}x}{\sqrt[3]{(x-1)(x+1)^2}} = \int t\frac{t^3-1}{2t^3}\left(-\frac{6t^2}{(t^3-1)^2}\right)\mathrm{d}t = \int \frac{3\mathrm{d}t}{1-t^3}$$

$$= \frac{1}{2}\ln\left(\frac{t^2+t+1}{(t-1)^2}\right) + \sqrt{3}\arctan\left(\frac{2t+1}{\sqrt{3}}\right) + C.$$

再将 $t = \sqrt[3]{\dfrac{x+1}{x-1}}$ 代入最后一式,即得原积分.

(3) 积分 $\displaystyle\int R(x, \sqrt{ax^2+bx+c})\mathrm{d}x\,(a\neq 0)$.

因为 $a\neq 0$,所以 $ax^2+bx+c = a\left(x+\dfrac{b}{2a}\right)^2 + \dfrac{4ac-b^2}{4a}$,又因为我们考虑的是无理式,故可设 $4ac-b^2\neq 0$,这时根据 $4ac-b^2$ 及 a 的符号,积分 $\displaystyle\int R(x, \sqrt{ax^2+bx+c})\mathrm{d}x$ 一定能化成下述三种积分之一:

① $\displaystyle\int R(x, \sqrt{(x+p)^2-q^2})\mathrm{d}x$;

② $\displaystyle\int R(x, \sqrt{(x+p)^2+q^2})\mathrm{d}x$;

③ $\displaystyle\int R(x, \sqrt{q^2-(x+p)^2})\mathrm{d}x$.

对这三个积分既可以分别用变换 $x+p = q\sec t, x+p = q\tan t$ 和 $x+p = q\sin t$ 将其化为三角有理式的积分后进行求解,也可以直接用基本积分表中的有关公式或其他方法进行求解.

例 6.5.3 求 $\displaystyle\int \frac{\mathrm{d}x}{x^2\sqrt{x^2+1}}$.

解 令 $t = \sqrt{x^2+1}$,则 $t^2 = x^2+1, t\mathrm{d}t = x\mathrm{d}x, x^2 = t^2-1$,于是

$$\int \frac{\mathrm{d}x}{x^2\sqrt{x^2+1}} = \int \frac{t\mathrm{d}t}{(t^2-1)^{\frac{3}{2}}t} = \int \frac{\mathrm{d}t}{(t^2-1)^{\frac{3}{2}}}.$$

再令 $t = \sec u$,则 $\mathrm{d}t = \dfrac{\sin u}{\cos^2 u}\mathrm{d}u$, $t^2-1 = \tan^2 u$,于是

$$\int \frac{\mathrm{d}t}{(t^2-1)^{\frac{3}{2}}} = \int \frac{\cos u}{\sin^2 u} \mathrm{d}u = -\frac{1}{\sin u} + C$$

$$= -\frac{t}{\sqrt{t^2-1}} + C.$$

所以

$$\int \frac{\mathrm{d}x}{x^2 \sqrt{x^2+1}} = -\frac{\sqrt{x^2+1}}{x} + C.$$

例 6.5.4　求 $\displaystyle\int \frac{\mathrm{d}x}{1+\sqrt{x^2+2x+2}}$.

解　根据 $x^2+2x+2 = (x+1)^2+1$，取 $x+1 = \tan t$，则 $\mathrm{d}x = \sec^2 t \mathrm{d}t$，所以

$$\int \frac{\mathrm{d}x}{1+\sqrt{x^2+2x+2}} = \int \frac{\sec^2 t}{1+\sec t} \mathrm{d}t$$

$$= \int \sec t \mathrm{d}t - \int \frac{1}{2}\sec^2\left(\frac{t}{2}\right)\mathrm{d}t.$$

因为 $\tan\left(\dfrac{t}{2}\right) = \dfrac{\sec t-1}{\tan t} = \dfrac{\sqrt{x^2+2x+2}-1}{x+1}$，所以，有

$$\int \frac{\mathrm{d}x}{1+\sqrt{x^2+2x+2}} = \ln(x+1+\sqrt{x^2+2x+2})$$

$$-\frac{\sqrt{x^2+2x+2}-1}{x+1} + C.$$

例 6.5.5　求 $\displaystyle\int \frac{\mathrm{d}x}{x\sqrt{5x^2+4x-1}}$.

解
$$\int \frac{\mathrm{d}x}{x\sqrt{5x^2+4x-1}} = \int \frac{\mathrm{d}x}{x^2\sqrt{5+\dfrac{4}{x}-\dfrac{1}{x^2}}}$$

$$= \int \frac{-\mathrm{d}\left(\dfrac{1}{x}\right)}{\sqrt{5+\dfrac{4}{x}-\dfrac{1}{x^2}}}$$

$$=-\int \frac{\mathrm{d}t}{\sqrt{5+4t-t^2}}$$

$$=-\int \frac{\mathrm{d}t}{\sqrt{9-(t-2)^2}}$$

$$=-\arcsin \frac{t-2}{3}+C$$

$$=-\arcsin \frac{1-2x}{3x}+C.$$

6.5.2　不定积分小结

在这一章中,介绍了几种求原函数的方法.熟记基本的积分公式,并且熟练地运用求原函数的方法,就可以求出一大批初等函数的不定积分.

然而,求原函数并不像求导数那样,有一定的法则和步骤可循.一个函数的不定积分往往可以运用不同的方法求得.有些比较复杂的问题常要连续几次运用不同的技巧才能最终获得结果,而且需要经过试探才能找到求解途径.每个读者解题的效率取决于对各种基本技巧掌握的熟练程度.

求原函数与不定积分是微积分学中的基本运算,无论是为了继续学习数学,还是为了应用,这部分内容都非常重要,因此希望大家能通过比较多的练习,熟记基本积分公式,掌握求原函数的一些基本方法.

另外,数学手册与积分表也是有用的工具,对于许多可求积分的函数,都可以在其中查到它们的不定积分.一些现代数学软件,例如 Mathematica,对于求初等函数的不定积分也有很好的功能.

不过应当指出,对于初等函数而言,只有很少的一些函数能够求出它们的原函数,大多数初等函数的原函数都不能表示为初等函数,例如下列函数:

$$e^{-x^2}, \quad \frac{\sin x}{x}, \quad \frac{1}{\ln x}, \quad \sqrt{1 - \frac{1}{2}\sin^2 x},$$

它们的原函数就不再是初等函数.

习 题 6.5

求下列不定积分:

1. $\int \dfrac{\mathrm{d}x}{1 + \sqrt{x}}$;

2. $\int \dfrac{\mathrm{d}x}{\sqrt{x} + \sqrt[3]{x}}$;

3. $\int \dfrac{\sqrt{1-x}}{x}\mathrm{d}x$;

4. $\int \dfrac{\mathrm{d}x}{x\sqrt{2x+1}}$;

5. $\int \dfrac{x\mathrm{d}x}{\sqrt[3]{1-3x}}$;

6. $\int \dfrac{\sqrt{x}}{1-x}\mathrm{d}x$;

7. $\int \dfrac{\mathrm{d}x}{\sqrt{x^2-x}}$;

8. $\int \dfrac{1}{\sqrt{x^2+2x+3}}\mathrm{d}x$;

9. $\int \dfrac{\mathrm{d}x}{\sqrt{x^2-4x}}$;

10. $\int \dfrac{x^3}{\sqrt{x^8+1}}\mathrm{d}x$;

11. $\int \dfrac{\mathrm{d}x}{\sqrt{1+\mathrm{e}^x}}$;

12. $\int \dfrac{\sqrt{1+x^2}}{x}\mathrm{d}x$;

13. $\int 2\mathrm{e}^x\sqrt{1-\mathrm{e}^{2x}}\,\mathrm{d}x$;

14. $\int \dfrac{\mathrm{d}x}{x^2\sqrt{x^2+9}}$;

15. $\int \mathrm{e}^{\sqrt{2x-1}}\,\mathrm{d}x$.

第 6 章补充题

1. 求下列不定积分:

(1) $\int \dfrac{x\cos x}{\sin^3 x}\mathrm{d}x$;

(2) $\int \dfrac{x\ln x}{(x^2-1)^{\frac{3}{2}}}\mathrm{d}x$;

(3) $\displaystyle\int \frac{\mathrm{d}x}{(\mathrm{e}^x+1)^2}$;　　　(4) $\displaystyle\int \frac{x\mathrm{e}^x}{\sqrt{\mathrm{e}^x-1}}\mathrm{d}x$;

(5) $\displaystyle\int \frac{x^2\mathrm{e}^x}{(x+2)^2}\mathrm{d}x$;　　　(6) $\displaystyle\int \sin^2(\ln x)\mathrm{d}x$;

(7) $\displaystyle\int \mathrm{e}^{2x}(1+\tan x)^2\mathrm{d}x$;　(8) $\displaystyle\int \mathrm{e}^x\left(\frac{1}{x}+\ln x\right)\mathrm{d}x$;

(9) $\displaystyle\int \frac{\mathrm{e}^{-\frac{1}{x}}}{x^4}\mathrm{d}x$;　　　(10) $\displaystyle\int \mathrm{e}^{\sin x}\frac{x\cos^3 x-\sin x}{\cos^2 x}\mathrm{d}x$.

2. 求不定积分 $\displaystyle\int \frac{\mathrm{d}x}{\sin^n x}$ 的递推公式.

第7章　定　积　分

求导数与求（定）积分是微积分学的两大基本问题. 积分的原始思想可以追溯到古希腊. 古希腊人在丈量不规则形状的土地时，将土地尽可能地分割成若干小块规则图形（例如矩形和三角形等），计算出每一小块土地的面积，然后相加，并且略去那些不规则边边角角的小块土地，就得到土地面积的近似值. 后人看来，古希腊人丈量土地的方法就是积分思想的萌芽. 在牛顿与莱布尼茨时代，数学家已能够非常熟练地运用积分这个工具研究并解决许多问题. 但是，积分的严格概念和积分理论是在一百多年以后由柯西、黎曼以及达布等人完成的.

在牛顿和莱布尼茨之前，微分（导数）和（定）积分作为两种运算是分别加以研究的. 虽然有些数学家曾经考虑过微分与积分的关系，但是只有牛顿与莱布尼茨将两者真正沟通起来，明确地揭示了微分（求导数）与积分的联系. 大约在同一个历史时期，牛顿与莱布尼茨各自独立地指出了（变上限）积分与求导数是一对互逆运算，建立了微积分基本定理（牛顿-莱布尼茨公式）. 微积分基本定理将计算定积分的问题转化为求原函数的问题，因而在微分学与积分学之间架起一座桥梁，使微积分形成一个完整的体系. 由于牛顿与莱布尼茨的关键贡献，他们被公认为微积分的创立者. 到牛顿与莱布尼茨建立微积分基本定理为止的这段历史时期，被称为微积分发展的第一阶段.

但是在牛顿和莱布尼茨时代，由于受到数学的整体发展水平的局限，微积分中的许多概念，包括积分概念缺少严密的表述，存在许多含混不清之处. 到了18世纪，法国数学家柯西用极限理论对积分给出了严格的概念，后来又经过德国数学家黎曼和法国数学家达布的进一步发展，建立了积分的近代体系. 黎曼是当时在世界上负有盛名的伟大数学家,为了纪念他,后人就将积分冠以黎曼的名字.这就是本章要研究的定积分.

7.1　积分概念和积分存在条件

7.1.1　从曲边梯形的面积说起

假定函数 $f(x)$ 在有界区间 $[a,b]$ 上非负连续,由 Ox 轴,直线 $x=a,x=b(a<b)$ 以及曲线 $y=f(x)$ 所围成的平面图形 D 称为曲边梯形.现在讨论如何定义曲边梯形 D 的面积 S,怎样计算这个面积.

在区间 $[a,b]$ 中以任意方式插入一组点 $a=x_0<x_1<\cdots<x_n=$

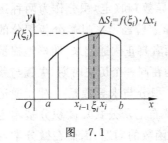

图　7.1

b,将区间 $[a,b]$ 分割为若干个子区间 $[x_{i-1},x_i](i=1,2,\cdots,n)$.用直线 $x=x_i(i=0,1,2,\cdots,n)$ 将曲边梯形 D 分成 n 个细条(图 7.1).又在每个区间 $[x_{i-1},x_i]$ 上任取一点 $\xi_i(i=1,2,\cdots,n)$,将第 i 个细条近似地看成是以小区间 $[x_{i-1},x_i]$ 为底、$f(\xi_i)$ 为高的矩形.于是第 i 个细条的面积 ΔS_i 就近似等于 $f(\xi_i)\Delta x_i$,其中 $\Delta x_i=x_{i+1}-x_i(i=1,2,\cdots,n)$.因此整个曲边梯形 D 的面积 S 就可以近似地表示为

$$S\approx\sum_{k=1}^{n}f(\xi_k)\Delta x_k.$$

当各个 $\Delta x_k=x_{k+1}-x_k$ 的最大值 $\max_{k}\{\Delta x_k\}$ 趋向于零时,如果和式 $\sum_{k=1}^{n}f(\xi_k)\Delta x_k$ 的极限存在,就定义这个极限值为曲边梯形 D 的面积 S.

7.1.2 黎曼积分的定义

假定函数 $f(x)$ 在有界区间 $[a,b]$ 上为有界函数. 在区间 $[a,b]$ 中插入一组点 $a = x_0 < x_1 < \cdots < x_n = b$,将区间 $[a,b]$ 分割为若干个子区间 $[x_{i-1}, x_i](i = 1, 2, \cdots, n)(a = x_0 < x_1 < \cdots < x_n = b$ 称为区间 $[a,b]$ 的一个分割). 在每个子区间 $[x_{i-1}, x_i]$ 上任意取一点 $\xi_i(i = 1, 2, \cdots, n)$,并构造和式 $\sum_{i=1}^{n} f(\xi_i) \Delta x_i$(其中 Δx_i 是子区间 $[x_{i-1}, x_i]$ 的长度). 用 λ 表示所有子区间的最大长度. 如果极限 $\lim_{\lambda \to 0} \sum_{i=1}^{n} f(\xi_i) \Delta x_i$ 存在,则称函数 $f(x)$ 在区间 $[a,b]$ 上(黎曼)**可积**,记作 $f \in R[a,b]$. 该极限值称为 $f(x)$ 在区间 $[a,b]$ 上的黎曼积分(定积分).

由上述定义可知,黎曼积分是用一个特殊的极限过程定义的,这个极限不同于通常意义下的数列极限和函数极限. 在这个极限过程中,变化过程是指所有子区间 $[x_{i-1}, x_i]$ 的最大长度 λ 趋向于零. 在这个过程中 $\xi_i(i = 1, 2, \cdots, n)$ 只要保持在区间 $[x_{i-1}, x_i]$ 中就可以了,至于取什么值,是否变化,都对极限的存在性和极限值没有任何影响.

如果运用 $\varepsilon\text{-}\delta$ 的语言,可以这样描述这个极限过程:

如果存在常数 I,对于任意正数 ε,总 $\exists \delta > 0$,对区间 $[a,b]$ 内的任何一个分割 $a = x_0 < x_1 < \cdots < x_n = b$,只要所有子区间的最大长度 $\lambda < \delta$,不论点 $\xi_i \in [x_{i-1}, x_i]$ 怎样取,都有 $\left| \sum_{i=1}^{n} f(\xi_i) \Delta x_i - I \right| < \varepsilon$,则称函数 $f(x)$ 在区间 $[a,b]$ 上(黎曼)可积,记作 $f \in R[a,b]$,常数 I 称为 $f(x)$ 在区间 $[a,b]$ 上的定积分,记作 $\int_a^b f(x) \mathrm{d}x = I$.

由积分定义可以看出,由于 $f(x)$ 在 $[a,b]$ 的定积分 $\int_a^b f(x)\mathrm{d}x$ 只与函数关系 f 以及积分区间 $[a,b]$ 有关,而与被积函数中的自变量的记号(x,t 或者 u 等)无关,所以也可以将定积分记号 $\int_a^b f(x)\mathrm{d}x$ 改写成 $\int_a^b f$.

根据对于曲边梯形面积的求法可以看到:假定函数 $f(x)$ 在有界区间 $[a,b]$ 非负、连续,用 D 表示由 Ox 轴,直线 $x=a,x=b(a<b)$ 以及曲线 $y=f(x)$ 所围成的曲边梯形.如果 $f(x)$ 在 $[a,b]$ 可积,那么这个曲边梯形的面积就存在,并且面积 S 等于定积分 $\int_a^b f(x)\mathrm{d}x$. 这就是定积分的几何意义.

于是,根据定积分 $\int_a^b f(x)\mathrm{d}x$ 的几何意义得到:$\int_0^b x\mathrm{d}x$ 等于以原点 O 和 $A(b,0),B(b,b)$ 为顶点的三角形面积 $\dfrac{1}{2}b^2$;$\int_{-a}^a \sqrt{a^2-x^2}\,\mathrm{d}x$ 等于以原点为中心、以 a 为半径的半圆面积 $\dfrac{1}{2}\pi a^2$.

7.1.3 积分存在的条件

上面的积分概念是柯西给出的,但是他仅仅认识到连续函数是可积的.后来,黎曼与达布等人对于积分存在的条件进行了深入的研究,黎曼给出了一个关于函数可积的充分必要条件.这个结论是判定定积分是否存在的重要途径.直到今天,这个充分必要条件仍然是教科书中的重要定理.

假定函数 $f(x)$ 在有界区间 $[a,b]$ 上为有界函数.$T:a=x_0<x_1<\cdots<x_n=b$ 是 $[a,b]$ 的一个分割.记 $m_i=\inf\{f(x)\mid x\in[x_{i-1},x_i]\}$,$M_i=\sup\{f(x)\mid x\in[x_{i-1},x_i]\}$.则称 $\omega_i=M_i-m_i$ 为 $f(x)$ 在子区间 $[x_{i-1},x_i](i=1,2,\cdots,n)$ 上的振幅.

定理 7.1.1 假定函数 $f(x)$ 在有界区间 $[a,b]$ 上为有界函数.

则 $f \in R[a,b]$ 的充分必要条件是 $\lim\limits_{\lambda \to 0} \sum\limits_{i=1}^{n} \omega_i \Delta x_i = 0$(其中 $\Delta x_i = x_i - x_{i-1}$).

用 $\varepsilon\text{-}\delta$ 语言可以这样表述上述定理:$f \in R[a,b]$ 的充分必要条件是 $\forall \varepsilon > 0, \exists \delta > 0$,对于区间 $[a,b]$ 上的任意一个分割 $T: a = x_0 < x_1 < \cdots < x_n = b$,只要 $\lambda = \max\{\Delta x_i \mid i = 1, 2, \cdots, n\} < \delta$,就有 $\sum\limits_{i=1}^{n} \omega_i \Delta x_i < \varepsilon$.

用这个定理可以证明下面的结论.

定理 7.1.2 设 $f(x)$ 是有界区间 $[a,b]$ 上的有界函数.

(1) 如果函数 $f(x)$ 在区间 $[a,b]$ 上连续,则函数 $f(x)$ 在区间 $[a,b]$ 上可积;

(2) 如果函数 $f(x)$ 在区间 $[a,b]$ 上单调,则函数 $f(x)$ 在区间 $[a,b]$ 上可积;

(3) 如果函数 $f(x)$ 在区间 $[a,b]$ 上只存在有限个间断点,则函数 $f(x)$ 在区间 $[a,b]$ 上可积.

由于篇幅所限,我们仅证明第一个结论.

证明 $\forall \varepsilon > 0$,因为函数 $f(x)$ 在区间 $[a,b]$ 上一致连续(在有界闭区间上连续的函数必定一致连续),所以存在正数 δ,使得对于区间 $[a,b]$ 中的任意两点 u, v,只要 $|u - v| < \delta$,就有 $|f(u) - f(v)| < \dfrac{\varepsilon}{2(b-a)}$.

于是区间 $[a,b]$ 上的任意一个分割 $T: a = x_0 < x_1 < \cdots < x_n = b$,只要 $\lambda = \max\{\Delta x_i \mid i = 1, 2, \cdots, n\} < \delta$,就有 $\omega_i = M_i - m_i \leqslant \dfrac{\varepsilon}{2(b-a)} < \dfrac{\varepsilon}{b-a} (i = 1, 2, \cdots, n)$. 因此,只要 $\lambda < \delta$,就有

$$\sum_{i=1}^{n} \omega_i \Delta x_i < \sum_{i=1}^{n} \frac{\varepsilon}{b-a} \Delta x_i = \frac{\varepsilon}{b-a} \sum_{i=1}^{n} \Delta x_i = \frac{\varepsilon}{b-a}(b-a) = \varepsilon.$$

于是由定理 7.1.1 推出,积分 $\displaystyle\int_a^b f(x)\mathrm{d}x$ 存在.

黎曼和达布的研究都指出:具有无限多个间断点的函数,只要满足某种条件,仍然是可积的.但是总的说来,黎曼可积的函数类很小,基本上仅限于那些"分段连续函数".例如,下面的非常简单的狄利克雷函数在任意有限区间都不是可积的:

$$\varphi(x) = \begin{cases} 1, & x \text{ 为有理数}, \\ 0, & x \text{ 为无理数}. \end{cases}$$

习 题 7.1

1. 利用积分的几何意义计算下列定积分:

(1) $\displaystyle\int_1^3 (1+2x)\mathrm{d}x$;   (2) $\displaystyle\int_{-3}^0 \sqrt{9-x^2}\,\mathrm{d}x$.

2. 利用定理 7.1.1 证明狄利克雷函数在区间 $[0,1]$ 上不可积.

3. 利用定理 7.1.1 证明:若 $f \in R[a,b]$,则 $|f| \in R[a,b]$,$f^2 \in R[a,b]$.

4. 举例说明:由 $|f| \in R[a,b]$ 一般不能推出 $f \in R[a,b]$.

7.2 定积分的性质

积分的各种性质是积分计算和应用中必不可少的工具.下面介绍黎曼积分的某些最常用的性质.

1. 积分的线性性质

若 $f \in R[a,b]$,$g \in R[a,b]$,则对任意常数 α,β,有

$$\int_a^b [\alpha f(x) + \beta g(x)]\mathrm{d}x = \alpha \int_a^b f(x)\mathrm{d}x + \beta \int_a^b \beta g(x)\mathrm{d}x.$$

2. 积分关于区间的可加性

若 $f \in R[a,b]$,$c \in (a,b)$,则 $f \in R[a,c]$,$f \in R[c,b]$,并且

$$\int_a^b f(x)\mathrm{d}x = \int_a^c f(x)\mathrm{d}x + \int_c^b f(x)\mathrm{d}x.$$

3. 积分的方向性

$$\int_b^a f(x)\mathrm{d}x = -\int_a^b f(x)\mathrm{d}x.$$

可以这样理解定积分的方向性:积分 $\int_a^b f(x)\mathrm{d}x$ 是函数 $f(x)$ 自 a 至 b 的积分;这个积分是积分和 $\sum_{i=1}^{n} f(\xi_i)(x_i - x_{i-1})$ 的极限; $\int_b^a f(x)\mathrm{d}x$ 是函数 $f(x)$ 自 b 至 a 的积分,这个积分是积分和 $\sum_{i=1}^{n} f(\xi_i)(x_{i-1} - x_i)$ 的极限.由于这两个积分和符号相反,所以作为它们的极限,两个积分的符号也相反.

由积分的方向性直接可以推出

$$\int_a^a f(x)\mathrm{d}x = 0.$$

4. 设 $f \in R[a,b]$,若 $f(x) \geqslant 0 (a \leqslant x \leqslant b)$,则

$$\int_a^b f(x)\mathrm{d}x \geqslant 0.$$

5. 设 $f \in R[a,b], g \in R[a,b]$,若 $f(x) \leqslant g(x)(a \leqslant x \leqslant b)$,则

$$\int_a^b f(x)\mathrm{d}x \leqslant \int_a^b g(x)\mathrm{d}x.$$

6. 设 $f \in R[a,b]$,则 $|f| \in R[a,b]$,并且

$$\left| \int_a^b f(x)\mathrm{d}x \right| \leqslant \int_a^b |f(x)| \,\mathrm{d}x.$$

7. 设 $f \in R[a,b]$,若 $m \leqslant f(x) \leqslant M$,则

$$m(b-a) \leqslant \int_a^b f(x)\mathrm{d}x \leqslant M(b-a).$$

8. 积分中值定理:设 $f \in C[a,b]$,则存在点 $\xi \in [a,b]$,满足

$$\int_a^b f(x)\mathrm{d}x = (b-a)f(\xi). \tag{7.2.1}$$

证明 令 $m = \min\{f(x) \mid a \leqslant x \leqslant b\}, M = \max\{f(x) \mid a \leqslant x \leqslant b\}$,则由性质 7 推出,

$$m \leqslant \frac{\int_a^b f(x)\mathrm{d}x}{b-a} \leqslant M.$$

于是由连续函数的介质定理推出:存在点 $\xi \in [a,b]$,使得

$$f(\xi) = \frac{\int_a^b f(x)\mathrm{d}x}{b-a}.$$

9. 推广的积分中值定理:设 $f \in C[a,b]$,函数 $g(x)$ 在区间 $[a,b]$ 上可积且不变号.则存在点 $\xi \in [a,b]$,使得

$$\int_a^b f(x)g(x)\mathrm{d}x = f(\xi)\int_a^b g(x)\mathrm{d}x. \tag{7.2.2}$$

证明 因为函数 $g(x)$ 在区间 $[a,b]$ 上可积且不变号,可以不妨设 $g(x) \geqslant 0$. 令 $m = \min\{f(x) \mid a \leqslant x \leqslant b\}, M = \max\{f(x) \mid a \leqslant x \leqslant b\}$,则有

$$mg(x) \leqslant f(x)g(x) \leqslant Mg(x).$$

于是由性质 5 推出,

$$m\int_a^b g(x)\mathrm{d}x \leqslant \int_a^b f(x)g(x)\mathrm{d}x \leqslant M\int_a^b g(x)\mathrm{d}x. \tag{7.2.3}$$

如果 $\int_a^b g(x)\mathrm{d}x = 0$,则由上式得到 $\int_a^b f(x)g(x)\mathrm{d}x = 0$. 于是对于任意的点 $\xi \in [a,b]$,都有

$$\int_a^b f(x)g(x)\mathrm{d}x = f(\xi)\int_a^b g(x)\mathrm{d}x.$$

如果 $\int_a^b g(x)\mathrm{d}x \neq 0$,则式(7.2.3)各端分别除以 $\int_a^b g(x)\mathrm{d}x$,就得到

$$m \leqslant \frac{\int_a^b f(x)g(x)\mathrm{d}x}{\int_a^b g(x)\mathrm{d}x} \leqslant M.$$

因此,根据连续函数的介值定理知,存在点 $\xi \in [a,b]$,使得

$$f(\xi) = \frac{\displaystyle\int_a^b f(x)g(x)\mathrm{d}x}{\displaystyle\int_a^b g(x)\mathrm{d}x}.$$

这就是式(7.2.2).

注 在积分中值定理式(7.2.1)和(7.2.2)中的点 $\xi \in [a,b]$ 可以改成点 $\xi \in (a,b)$.不过证明方法需要作适当的修改.

例 7.2.1 设 $f \in C[a,b]$, $f(x) \geqslant 0$,如果 $\displaystyle\int_a^b f(x)\mathrm{d}x = 0$,求证:$f(x) \equiv 0 (a \leqslant x \leqslant b)$.

证明 1 反证:设函数 $f(x)$ 在区间 $[a,b]$ 上不恒等于零,则存在点 $x_0 \in [a,b]$,使得 $f(x_0) > 0$,不妨设 $x_0 \in (a,b)$.这时存在正数 δ,使得在区间 $[x_0-\delta, x_0+\delta]$ 上,恒有 $f(x) > \dfrac{f(x_0)}{2} > 0$.

由于函数 $f(x)$ 非负,所以,有

$$\int_a^b f(x)\mathrm{d}x \geqslant \int_{x_0-\delta}^{x_0+\delta} f(x)\mathrm{d}x \geqslant \int_{x_0-\delta}^{x_0+\delta} \frac{f(x_0)}{2}\mathrm{d}x$$

$$= 2\delta \cdot \frac{f(x_0)}{2} = f(x_0)\delta > 0.$$

这与假设冲突,因此 $f(x) \equiv 0 (a \leqslant x \leqslant b)$.

证明 2 反证:设 $f(x)$ 在区间 $[a,b]$ 上不恒等于零,则存在点 $x_0 \in [a,b]$,使得 $f(x_0) > 0$,不妨设 $x_0 \in (a,b)$.这时存在正数 δ,使得在区间 $[x_0-\delta, x_0+\delta]$ 上,恒有 $f(x) > 0$.由于函数 $f(x)$ 非负,所以,有

$$\int_a^b f(x)\mathrm{d}x \geqslant \int_{x_0-\delta}^{x_0+\delta} f(x)\mathrm{d}x. \tag{7.2.4}$$

在区间 $[x_0-\delta, x_0+\delta]$ 上对 $f(x)$ 运用积分中值定理式(7.2.2),便知存在点 $\xi \in [x_0-\delta, x_0+\delta]$,使得 $\displaystyle\int_{x_0-\delta}^{x_0+\delta} f(x)\mathrm{d}x = f(\xi) \cdot 2\delta$.因为 $f(\xi) > 0$,所以 $\displaystyle\int_{x_0-\delta}^{x_0+\delta} f(x)\mathrm{d}x > 0$.进而由式(7.2.4)推出 $\displaystyle\int_a^b f(x)\mathrm{d}x \geqslant$

$$\int_{x_0-\delta}^{x_0+\delta} f(x)\mathrm{d}x > 0.$$ 这与题目假设冲突,因此 $f(x) \equiv 0 (a \leqslant x \leqslant b)$.

例 7.2.2 估计积分 $\displaystyle\int_0^\pi \frac{\mathrm{d}x}{\sqrt{1-\dfrac{1}{2}\sin^2 x}}$ 的值.

解 函数 $\dfrac{1}{\sqrt{1-\dfrac{1}{2}\sin^2 x}}$ 在区间 $[0,\pi]$ 上的最小值和最大值分

别为 1 和 $\sqrt{2}$,所以有

$$\pi \leqslant \int_0^\pi \frac{\mathrm{d}x}{\sqrt{1-\dfrac{1}{2}\sin^2 x}} \leqslant \sqrt{2}\,\pi.$$

例 7.2.3 设 $f(0)=0$ 且 $f'(x)$ 在区间 $[0,a]$ 上有界.求证:
$\left|\displaystyle\int_0^a f(x)\mathrm{d}x\right| \leqslant \dfrac{1}{2}a^2 M$,其中 $M = \max |f'(x)|$.

证明 依题意,$f(x)$ 在区间 $[0,a]$ 上连续,在区间 $(0,a)$ 内可导,对于任意点 $x \in [0,a]$,由拉格朗日微分中值定理可知,存在点 $\xi \in (0,x)$,使得

$$f(x) = f(x) - f(0) = xf'(\xi),$$
于是 $|f(x)| = x|f'(\xi)| \leqslant Mx$.

根据积分的几何意义得到 $\displaystyle\int_0^a x\mathrm{d}x = \dfrac{1}{2}a^2$,因而有

$$\left|\int_0^a f(x)\mathrm{d}x\right| \leqslant \left|\int_0^a Mx\mathrm{d}x\right| = M\int_0^a x\mathrm{d}x = \frac{1}{2}a^2 M.$$

例 7.2.4 假设 $f(x)$ 在区间 $[a,b]$ 上非负,并且 $f''(x) \leqslant 0$. 求证:

$$\int_a^b f(x)\mathrm{d}x \leqslant (b-a)f\left(\frac{a+b}{2}\right). \tag{7.2.5}$$

证明 由于 $f''(x) \leqslant 0$,所以曲线 $y = f(x)(a \leqslant x \leqslant b)$ 上凸.假设 l 是该曲线在点 $M = \left(\dfrac{a+b}{2}, f\left(\dfrac{a+b}{2}\right)\right)$ 的切线,则该切线位于曲

线上方(从而位于 x 轴上方).注意到切线与直线 $x=a$,$x=b$ 以及 x 轴围成的梯形的面积等于 $(b-a)f\left(\dfrac{a+b}{2}\right)$,显然,由曲线 $y=f(x)$,直线 $x=a$、$x=b$ 以及 x 轴围成的曲边梯形的面积不超过上述梯形的面积,因此式(7.2.5)成立.

习　题　7.2

1. 比较下列每组中两个积分的大小:

(1) $\displaystyle\int_0^1 \mathrm{e}^x \mathrm{d}x$,$\displaystyle\int_0^1 \mathrm{e}^{x^2} \mathrm{d}x$;　　(2) $\displaystyle\int_0^{\frac{\pi}{2}} \sin x \mathrm{d}x$,$\displaystyle\int_0^1 \sin(\sin x)\mathrm{d}x$.

2. 证明下列不等式:

(1) $\dfrac{2}{\sqrt[4]{\mathrm{e}}} < \displaystyle\int_0^2 \mathrm{e}^{x^2-x}\mathrm{d}x < 2\mathrm{e}^2$;

(2) $\displaystyle\int_0^{2\pi} |a\sin x + b\cos x|\,\mathrm{d}x \leqslant 2\pi\sqrt{a^2+b^2}$.

3. 证明下列等式:

(1) $\displaystyle\lim_{A\to+\infty}\int_A^{A+1}\dfrac{\cos x}{x}\mathrm{d}x = 0$;　　(2) $\displaystyle\lim_{p\to+\infty}\int_0^{\frac{\pi}{2}}\sin^p x\,\mathrm{d}x = 0$.

4. 证明不等式:

(1) $\displaystyle\int_1^n \ln x\mathrm{d}x < \ln n!$;

(2) $f\in C[0,1]$,$f(0)=0$,$f(1)=1$,$f''(x)>0$,则 $\displaystyle\int_0^1 f(x)\mathrm{d}x < \dfrac{1}{2}$.

7.3　变上限积分与牛顿-莱布尼茨公式

到现在为止,我们已经研究了微分(微分运算指对函数求导数的过程)和(定)积分概念. 在牛顿和莱布尼茨之前,微分和积分是被分别研究的. 牛顿和莱布尼茨通过对于变上限积分的研究,发现了积分和微分(求导数)之间的联系,并且建立了牛顿-莱布尼茨公式.这个公式在微分和积分之间架起一座桥梁,是微积分发展历史上最为重要的成果,因而被称为微积分基本定理.

7.3.1　变上限积分

假设 $f(x)$ 在区间 $[a,b]$ 上可积,则对于任意的点 $x\in[a,b]$,积分 $\int_a^x f(t)\mathrm{d}t$ 存在.令

$$F(x)=\int_a^x f(t)\mathrm{d}t, \tag{7.3.1}$$

则 $F(x)$ 是定义在区间 $[a,b]$ 上的一个函数,称之为变上限积分.注意,$F(a)=0$.

现在研究变上限积分的性质.

定理 7.3.1　设 $f(x)$ 在区间 $[a,b]$ 上可积,$F(x)=\int_a^x f(t)\mathrm{d}t(a\leqslant x\leqslant b)$.则有下列结论:

(1) $F(x)$ 在区间 $[a,b]$ 上连续;

(2) 若 $f(x)$ 在点 $x\in[a,b]$ 连续,则 $F(x)$ 在点 x 可导,并且 $F'(x)=f(x)$;

(3) 若 $f(x)$ 在区间 $[a,b]$ 上处处连续,则处处有 $F'(x)=f(x)$.

证明　(1) 因为 $f(x)$ 在区间 $[a,b]$ 上可积,所以存在正数 M,使得对于所有的点 $x\in[a,b]$,都有 $|f(x)|\leqslant M$.任意取定 $x\in[a,b]$,有

$$|F(x+\Delta x)-F(x)|=\left|\int_a^{x+\Delta x}f(t)\mathrm{d}t-\int_a^x f(t)\mathrm{d}t\right|$$

$$=\left|\int_x^{x+\Delta x}f(t)\mathrm{d}t\right|\leqslant M\left|\int_x^{x+\Delta x}\mathrm{d}t\right|=M\Delta x.$$

所以,当 $\Delta x\to 0$ 时,有 $|F(x+\Delta x)-F(x)|\to 0$.于是 $F(x)$ 在点 x

连续. 由于点 x 是在区间 $[a,b]$ 中任意取的, 所以 $F(x)$ 在区间 $[a,b]$ 上处处连续.

(2) 假设 $f(x)$ 在区间 $[a,b]$ 上可积, 在点 $x \in [a,b]$ 处连续. 为了证明 $F'(x)$ 存在, 考察极限 $\lim\limits_{\Delta x \to 0} \dfrac{F(x+\Delta x) - F(x)}{\Delta x}$.

我们有

$$\left| \frac{F(x+\Delta x) - F(x)}{\Delta x} - f(x) \right| = \left| \frac{1}{\Delta x} \int_x^{x+\Delta x} f(t)\,\mathrm{d}t - f(x) \right|$$

$$= \left| \frac{1}{\Delta x} \int_x^{x+\Delta x} [f(t) - f(x)]\mathrm{d}t \right| \leqslant \left| \frac{1}{\Delta x} \int_x^{x+\Delta x} |f(t) - f(x)|\,\mathrm{d}t \right|.$$

$$(7.3.2)$$

对于任意正数 ε, 因为 $f(x)$ 在点 $x \in [a,b]$ 处连续, 所以存在正数 δ, 使得只要 $|t-x| < \delta$, 就有 $|f(t) - f(x)| < \varepsilon$. 于是只要 $|\Delta x| < \delta$, 就有

$$\left| \int_x^{x+\Delta x} |f(t) - f(x)|\,\mathrm{d}t \right| < \left| \int_x^{x+\Delta x} \varepsilon\,\mathrm{d}t \right| = \varepsilon \Delta x.$$

将这个结果代入式 $(7.3.2)$ 可知, 只要 $|\Delta x| < \delta$, 就有

$$\left| \frac{F(x+\Delta x) - F(x)}{\Delta x} - f(x) \right| \leqslant \left| \frac{1}{\Delta x} \int_x^{x+\Delta x} |f(t) - f(x)|\,\mathrm{d}t \right|$$

$$< \frac{1}{\Delta x} \varepsilon \Delta x = \varepsilon.$$

于是根据导数定义知,

$$\lim_{\Delta x \to 0} \frac{F(x+\Delta x) - F(x)}{\Delta x} = f(x),$$

即 $F'(x) = f(x)$.

结论 (3) 可以由 (2) 推出.

上述定理的 (3) 告诉我们: 如果 $f(x)$ 在区间 $[a,b]$ 上连续, 则变上限积分 $F(x) = \displaystyle\int_a^x f(t)\,\mathrm{d}t$ 是 $f(x)$ 在区间 $[a,b]$ 上的一个原函数. 因此, 在某个区间连续的函数在这个区间上存在原函数.

例 7.3.1 设 $f \in C[a,b]$,若 $G(x) = \int_x^b f(t)\mathrm{d}t (a \leqslant x \leqslant b)$, 则有

$$G'(x) = - f(x).$$

证明 $G(x) = \int_x^b f(t)\mathrm{d}t = \int_a^b f(t)\mathrm{d}t - \int_a^x f(t)\mathrm{d}t.$ 所以,有

$$G'(x) = \left(\int_a^b f(t)\mathrm{d}t - \int_a^x f(t)\mathrm{d}t \right)' = - \left(\int_a^x f(t)\mathrm{d}t \right)' = - f(x).$$

例 7.3.2 设 $f(u)$ 是连续函数,$u(x)$ 存在导数. 则

$$\left(\int_a^{u(x)} f(t)\mathrm{d}t \right)' = f(u(x))u'(x).$$

证明 令 $F(u) = \int_a^u f(t)\,\mathrm{d}t, u = u(x)$,则

$$F(u(x)) = \int_a^{u(x)} f(t)\mathrm{d}t.$$

于是,由复合函数求导法则得到

$$\left(\int_a^{u(x)} f(t)\mathrm{d}t \right)' = \frac{\mathrm{d}}{\mathrm{d}x}F(u(x)) = F'(u)u'(x)$$

$$= f(u)u'(x) = f(u(x))u'(x).$$

例 7.3.3 求极限 $\lim\limits_{x \to 0} \dfrac{\int_0^x \left(\int_{\sin u}^0 t\,\mathrm{d}t \right)\mathrm{d}u}{x^3}$.

解 由洛必达法则,有

$$\lim_{x \to 0} \frac{\int_0^x \left(\int_{\sin u}^0 t\,\mathrm{d}t \right)\mathrm{d}u}{x^3} = \lim_{x \to 0} \frac{\left(\int_0^x \left(\int_{\sin u}^0 t\,\mathrm{d}t \right)\mathrm{d}u \right)'}{(x^3)'}$$

$$= \lim_{x \to 0} \frac{\int_{\sin x}^0 t\,\mathrm{d}t}{3x^2} = \frac{1}{3}\lim_{x \to 0} \frac{\left(\int_{\sin x}^0 t\,\mathrm{d}t \right)'}{(x^2)'}$$

$$= -\frac{1}{6}\frac{\sin x \cos x}{x} = -\frac{1}{6}.$$

例 7.3.4 设 $F(x) = \int_a^{\sin x} x\,\sqrt{1-t^3}\,\mathrm{d}t$,求 $F'(x)$.

解　$F(x) = \displaystyle\int_a^{\sin x} x\ \sqrt{1-t^3}\,\mathrm{d}t = x\int_a^{\sin x}\ \sqrt{1-t^3}\,\mathrm{d}t.$

$$F'(x) = (x)'\int_a^{\sin x}\ \sqrt{1-t^3}\,\mathrm{d}t + x\Big(\int_a^{\sin x}\ \sqrt{1-t^3}\,\mathrm{d}t\Big)'$$

$$= \int_a^{\sin x}\ \sqrt{1-t^3}\,\mathrm{d}t + x\ \sqrt{1-\sin^3 x}\cos x.$$

7.3.2　牛顿-莱布尼茨公式

在定理 7.3.1 中已经证明：若 $f \in C[a,b]$，则变上限积分 $F(x) = \displaystyle\int_a^x f(t)\,\mathrm{d}t$ 是 $f(x)$ 的一个原函数，并且由 $F(x)$ 的定义得到

$$\int_a^b f(x)\,\mathrm{d}x = F(b) - F(a). \tag{7.3.3}$$

由这个结论出发，可以得到下面的重要定理.

定理 7.3.2（牛顿-莱布尼茨公式）　设 $f \in C[a,b]$. 如果 $G(x)$ 是 $f(x)$ 在区间 $[a,b]$ 上的一个原函数，则

$$\int_a^b f(x)\,\mathrm{d}x = G(b) - G(a).$$

证明　设 $F(x) = \displaystyle\int_a^x f(t)\,\mathrm{d}t.$ 已经知道 $F(x)$ 是 $f(x)$ 的一个原函数. 若 $G(x)$ 是 $f(x)$ 在区间 $[a,b]$ 上的任何一个原函数，则存在常数 C，使得 $G(x) \equiv F(x) + C$，于是 $G(b) - G(a) = F(b) - F(a)$. 进而由式 (7.3.3) 推出，

$$\int_a^b f(x)\,\mathrm{d}x = G(b) - G(a) = G(x)\,\Big|_a^b.$$

牛顿-莱布尼茨公式把计算定积分的问题转化为求原函数的问题，因此给出了计算定积分的一个有效的方法. 同时在微分学与积分学之间搭建了一座桥梁. 从而使过去一直互相独立的两个概念、两种运算成为一门统一的科学——微积分学，因此这个公式又

称为微积分学基本定理. 微积分学基本定理的产生,标志着微积分发展历史中第一阶段的完成. 从此,微积分学开始作为一门完整的知识体系走入科学殿堂,成为人类文明的一个光辉灿烂的成就.

例 7.3.5 计算积分 $\displaystyle\int_0^1 \frac{x}{\sqrt{1+x^2}}\mathrm{d}x$.

解 在区间 $[0,1]$ 上, $\sqrt{1+x^2}$ 是 $\dfrac{x}{\sqrt{1+x^2}}$ 的一个原函数,所以根据牛顿-莱布尼茨公式得到

$$\int_0^1 \frac{x}{\sqrt{1+x^2}}\mathrm{d}x = \sqrt{1+x^2}\,\Big|_0^1 = \sqrt{1+1} - \sqrt{1+0} = \sqrt{2} - 1.$$

例 7.3.6 计算积分 $\displaystyle\int_1^{\mathrm{e}} \frac{\ln^2 x}{x}\mathrm{d}x$.

解 在区间 $[1,\mathrm{e}]$ 上, $\dfrac{1}{3}\ln^3 x$ 是 $\dfrac{\ln^2 x}{x}$ 的一个原函数,所以根据牛顿-莱布尼茨公式得到

$$\int_1^{\mathrm{e}} \frac{\ln^2 x}{x}\mathrm{d}x = \frac{1}{3}\ln^3 x\,\Big|_1^{\mathrm{e}} = \frac{1}{3}.$$

例 7.3.7 计算积分 $\displaystyle\int_{-\frac{\pi}{2}}^{\frac{\pi}{2}} \sqrt{1-\cos x}\,\mathrm{d}x$.

解 因为

$$\sqrt{1-\cos x} = \sqrt{2\sin^2 \frac{x}{2}} = \begin{cases} \sqrt{2}\sin \dfrac{x}{2}, & 0 \leqslant x \leqslant \dfrac{\pi}{2}, \\[2mm] -\sqrt{2}\sin \dfrac{x}{2}, & -\dfrac{\pi}{2} \leqslant x < 0. \end{cases}$$

所以,有

$$\int_{-\frac{\pi}{2}}^{\frac{\pi}{2}} \sqrt{1-\cos x}\,\mathrm{d}x = -\sqrt{2}\int_{-\frac{\pi}{2}}^0 \sin \frac{x}{2}\mathrm{d}x + \sqrt{2}\int_0^{\frac{\pi}{2}} \sin \frac{x}{2}\mathrm{d}x$$

$$= 2\sqrt{2}\cos \frac{x}{2}\,\Big|_{-\frac{\pi}{2}}^0 - 2\sqrt{2}\cos \frac{x}{2}\,\Big|_0^{\frac{\pi}{2}} = 4(\sqrt{2}-1).$$

请读者注意:原函数总是与某个特定区间联系在一起的,所

以在使用牛顿-莱布尼茨公式计算定积分时要正确理解原函数的概念. 例如,$\int_{-e}^{-1} \frac{\mathrm{d}x}{x} = \ln|x| \Big|_{-e}^{-1} = -1$ 是正确的,因为在区间 $[-e, -1]$ 上,$\ln|x|$ 是 $\frac{1}{x}$ 的原函数. 但是下述计算是错误的:

$\int_{-e}^{e} \frac{\mathrm{d}x}{x} = \ln|x| \Big|_{-e}^{e} = 1 - 1 = 0.$ 因为在区间 $[-e, e]$ 上,$\frac{1}{x}$ 有一个无穷间断点 $x = 0$,因此在这个区间上的积分不能运用牛顿-莱布尼茨公式.

例 7.3.8 若 $f \in C[0, 1]$,且 $f(x) > 0$. 求极限

$$\lim_{n \to \infty} \left[f\left(\frac{1}{n}\right) f\left(\frac{2}{n}\right) \cdots f\left(\frac{n}{n}\right) \right]^{\frac{1}{n}}.$$

解 $\lim_{n \to \infty} \left[f\left(\frac{1}{n}\right) f\left(\frac{2}{n}\right) \cdots f\left(\frac{n}{n}\right) \right]^{\frac{1}{n}}$

$= \lim_{n \to \infty} e^{\frac{1}{n} \left[\ln f\left(\frac{1}{n}\right) + \ln f\left(\frac{2}{n}\right) + \cdots + \ln f\left(\frac{n}{n}\right) \right]}$

$= e^{\lim\limits_{n \to \infty} \frac{1}{n} \left[\ln f\left(\frac{1}{n}\right) + \ln f\left(\frac{2}{n}\right) + \cdots + \ln f\left(\frac{n}{n}\right) \right]}.$

因为 $\ln f(x)$ 在区间 $[0, 1]$ 上可积,所以

$$\lim_{n \to \infty} \frac{1}{n} \left[\ln f\left(\frac{1}{n}\right) + \ln f\left(\frac{2}{n}\right) + \cdots + \ln f\left(\frac{n}{n}\right) \right]$$

$$= \lim_{n \to \infty} \sum_{k=1}^{n} \ln f\left(\frac{k}{n}\right) \cdot \frac{1}{n} = \int_0^1 \ln f(x) \, \mathrm{d}x.$$

于是

$$\lim_{n \to \infty} \left[f\left(\frac{1}{n}\right) f\left(\frac{2}{n}\right) \cdots f\left(\frac{n}{n}\right) \right]^{\frac{1}{n}} = e^{\int_0^1 \ln f(x) \, \mathrm{d}x}.$$

习　题　7.3

1. 求下列变限积分的导数:

(1) $\dfrac{\mathrm{d}}{\mathrm{d}x} \displaystyle\int_0^x \sqrt{1+t}\, \mathrm{d}t$;　　　　(2) $\dfrac{\mathrm{d}}{\mathrm{d}x} \displaystyle\int_x^{x^2} \dfrac{\mathrm{d}t}{\sqrt{1+t}}$;

(3) $\dfrac{\mathrm{d}}{\mathrm{d}x}\displaystyle\int_0^x \sin x \cos t^2 \,\mathrm{d}t$;　　　(4) $\dfrac{\mathrm{d}}{\mathrm{d}x}\displaystyle\int_0^{x^2}\sqrt{1+t}\,\mathrm{d}t$.

2. 求下列极限:

(1) $\displaystyle\lim_{x\to 0}\dfrac{\displaystyle\int_0^x \cos t^2 \,\mathrm{d}t}{\ln(1+x)}$;　　　(2) $\displaystyle\lim_{x\to 0}\dfrac{\left(\displaystyle\int_0^x \sin t\,\mathrm{d}t\right)^2}{\displaystyle\int_0^x \sin t^2 \,\mathrm{d}t}$.

3. 用牛顿-莱布尼茨公式计算下列积分(m,k 是整数):

(1) $\displaystyle\int_0^1 x(1-2x^2)^8 \,\mathrm{d}x$;　　　(2) $\displaystyle\int_0^{\pi}(a\cos x + b\sin x)\,\mathrm{d}x$;

(3) $\displaystyle\int_e^{e^2}\dfrac{\mathrm{d}x}{x\ln x}$;　　　(4) $\displaystyle\int_{-1}^0 (x+1)\sqrt{1-x-\dfrac{1}{2}x^2}\,\mathrm{d}x$;

(5) $\displaystyle\int_{-\pi}^{\pi}\sin mx\,\sin kx\,\mathrm{d}x$;　　　(6) $\displaystyle\int_{-\pi}^{\pi}\cos mx\,\cos kx\,\mathrm{d}x$;

(7) $\displaystyle\int_{-\pi}^{\pi}\sin mx\,\cos kx\,\mathrm{d}x$;　　　(8) $\displaystyle\int_{-\pi}^{\pi}\sqrt{1-\cos^2 x}\,\mathrm{d}x$.

4. 计算 $\displaystyle\int_{-1}^2 \max\{x,x^2\}\,\mathrm{d}x$.

5. 用定积分求下列极限:

(1) $\displaystyle\lim_{n\to\infty}\dfrac{1^p + 2^p + \cdots + n^p}{n^{p+1}}$, $p > 0$;

(2) $\displaystyle\lim_{n\to\infty}\left(\dfrac{1}{n+1} + \dfrac{1}{n+2} + \cdots + \dfrac{1}{2n}\right)$;

(3) $\displaystyle\lim_{n\to\infty}\dfrac{1}{n}\left(\sin\dfrac{\pi}{n} + \sin\dfrac{2\pi}{n} + \cdots + \sin\dfrac{(n-1)\pi}{n}\right)$;

(4) $\displaystyle\lim_{n\to\infty}\dfrac{\sqrt[n]{(2n)!}}{n\sqrt[n]{n!}}$.

6. 假设 $f(x)$ 连续、单调增加. 求证: $\displaystyle\int_{-\pi}^{\pi}f(x)\sin x\,\mathrm{d}x > 0$.

7.4　定积分的换元积分法与分部积分法

建立了牛顿-莱布尼茨公式之后,一些比较简单的定积分就可以通过求原函数的方法加以计算.但是,比较复杂的积分则需要运用定积分的换元积分法和分部积分法.

7.4.1 定积分的换元积分法

定理 7.4.1(定积分的换元积分法) 设 $f(x)$ 在区间 $[a,b]$ 上连续,函数 $x=\varphi(t)$ 在区间 $[\alpha,\beta]$ 上满足下列条件:

(1) $\varphi(\alpha)=a,\varphi(\beta)=b$;

(2) $\varphi'(t)$ 在区间 $[\alpha,\beta]$ 上连续;

(3) 当 t 在区间 $[\alpha,\beta]$ 上变动时,复合函数 $f(\varphi(t))$ 保持连续,则有

$$\int_a^b f(x)\mathrm{d}x = \int_\alpha^\beta f(\varphi(t))\varphi'(t)\mathrm{d}t. \tag{7.4.1}$$

证明 由定理条件知,式(7.4.1)两端的被积函数在各自的积分区间上都是连续的,因此两个积分都存在. 假设 $F(x)$ 是 $f(x)$ 的一个原函数,则由牛顿-莱布尼茨公式有

$$\int_a^b f(x)\mathrm{d}x = F(b) - F(a). \tag{7.4.2}$$

另一方面,$F(\varphi(t))$ 是 $f(\varphi(t))\varphi'(t)$ 的一个原函数. 于是根据牛顿-莱布尼茨公式推出

$$\int_\alpha^\beta f(\varphi(t))\varphi'(t)\mathrm{d}t = F(\varphi(\beta)) - F(\varphi(\alpha)). \tag{7.4.3}$$

将 $\varphi(\alpha)=a,\varphi(\beta)=b$ 代入式(7.4.3),得到

$$\int_\alpha^\beta f(\varphi(t))\varphi'(t)\mathrm{d}t = F(b) - F(a).$$

再由式(7.4.2)就得到式(7.4.1).

注 1 定积分的换元法要求 $\varphi'(t)$ 在区间 $[\alpha,\beta]$ 上连续. 这个条件可以放宽为 $\varphi'(t)$ 在区间 $[\alpha,\beta]$ 上可积. 这时 $F(\varphi(t))$ 是可积

函数 $f(\varphi(t))\varphi'(t)$ 的一个原函数. 牛顿 - 莱布尼茨公式 $\int_a^b f(x)\mathrm{d}x = F(b) - F(a)$ 对于可积且有原函数的函数 $f(x)$ 也是成立的(不过需要修改证明方法).

注 2 定积分记号 $\int_a^b f(x)\mathrm{d}x$ 是莱布尼茨创造的. 根据莱布尼茨的原意, 这里的 $\mathrm{d}x$ 是"无穷小区间的长度", $f(x)\mathrm{d}x$ 是以 $\mathrm{d}x$ 为宽、以 $f(x)$ 为高的"无穷窄矩形的面积". 虽然莱布尼茨的表述方法模糊不清, 缺少逻辑基础. 但是, 这个记号却有清楚的直观意义. 柯西在重新定义积分之后保留了这个记号. 因此, 积分记号 $\int_a^b f(x)\mathrm{d}x$ 是一个整体记号. 其中的 $\mathrm{d}x$ 与 $f(x)\mathrm{d}x$ 不能简单地看作是自变量 x 的微分与原函数 $F(x)$ 的微分(尽管 $F'(x) = f(x)$). 但是另一方面, 在换元积分公式 (7.4.1) 中, 左端积分中的 $\mathrm{d}x$ 变成了右端的 $\varphi'(t)\mathrm{d}t$. 在纯粹的形式上, 这与函数微分 $\mathrm{d}x(t) = \varphi'(t)\mathrm{d}t$ 完全相同. 而且, 如果在形式上将等式左端的 $f(x)\mathrm{d}x$ 看作是原函数的微分 $\mathrm{d}F(x) = f(x)\mathrm{d}x$, 那么等式右端积分中的 $f(\varphi(t))\varphi'(t)\mathrm{d}t$ 恰好就是复合函数 $f(\varphi(t))$ 的微分. 这种形式上的一致性并不是偶然的. 不过这涉及微积分的某些更为深刻的研究. 在此不能做更多的讨论. 在纯粹形式上, 将牛顿-莱布尼茨公式写成

$$\int_a^b \mathrm{d}F(x) = F\Big|_a^b \tag{7.4.4}$$

也是可以的. 不过积分号中的 $\mathrm{d}F(x)$ 不能简单地理解为原函数 $F(x)$ 的微分.

例 7.4.1 计算积分 $\int_1^4 \dfrac{\sqrt{x}}{1+\sqrt{x}}\mathrm{d}x$.

解 令 $x = \varphi(t) = t^2, \varphi'(t) = 2t$, 当 x 从 1 变化到 4 时, t 从 1 变化到 2. 于是, 根据换元积分法, 得到

$$\int_1^4 \frac{\sqrt{x}}{1+\sqrt{x}} \mathrm{d}x = \int_1^2 \frac{2t^2}{1+t} \mathrm{d}t = 2\int_1^2 \frac{t^2-1+1}{1+t} \mathrm{d}t$$

$$= 2\int_1^2 (t-1)\mathrm{d}t + 2\int_1^2 \frac{1}{1+t} \mathrm{d}t$$

$$= (t^2-2t)\Big|_1^2 + 2\ln(1+t)\Big|_1^2 = 1 + 2(\ln 3 - \ln 2).$$

例 7.4.2 计算积分 $\int_0^a \sqrt{a^2 - x^2}\,\mathrm{d}x (a > 0)$.

解 令 $x = \varphi(t) = a\sin t, \varphi'(t) = a\cos t$. 当 x 从 0 变化到 a 时, t 对应地从 0 变化到 $\frac{\pi}{2}$. 所以 $\sqrt{a^2 - x^2} = a\sqrt{1 - \sin^2 t} = a\cos t$. 于是, 根据换元积分法, 得到

$$\int_0^a \sqrt{a^2 - x^2}\,\mathrm{d}x = a^2 \int_0^{\frac{\pi}{2}} \cos^2 t \mathrm{d}t = \frac{a^2}{2} \int_0^{\frac{\pi}{2}} (1 + \cos 2t) \mathrm{d}t = \frac{1}{4}\pi a^2.$$

例 7.4.3 用定积分换元法证明:

(1) 若 $f \in C[-a, a]$ 为偶函数, 则 $\int_{-a}^a f(x)\mathrm{d}x = 2\int_0^a f(x)\mathrm{d}x$;

(2) 若 $f \in C[-a, a]$ 为奇函数, 则 $\int_{-a}^a f(x)\mathrm{d}x = 0$.

证明 (1) $\int_{-a}^a f(x)\mathrm{d}x = \int_{-a}^0 f(x)\mathrm{d}x + \int_0^a f(x)\mathrm{d}x$.

对于第一个积分 $\int_{-a}^0 f(x)\mathrm{d}x$, 令 $x = -t, x'(t) = -1$. 当 x 从 $-a$ 变化到 0 时, t 从 a 变化到 0, 于是, 由换元法得到

$$\int_{-a}^0 f(x)\mathrm{d}x = -\int_a^0 f(-t)\mathrm{d}t = -\int_a^0 f(t)\mathrm{d}t$$

$$= \int_0^a f(t)\mathrm{d}t = \int_0^a f(x)\mathrm{d}x.$$

从而 $\int_{-a}^a f(x)\mathrm{d}x = 2\int_0^a f(x)\mathrm{d}x$.

(2) $\int_{-a}^{a} f(x)\mathrm{d}x = \int_{-a}^{0} f(x)\mathrm{d}x + \int_{0}^{a} f(x)\mathrm{d}x$. 令 $x=-t, x'(t)=$
-1. 同样的方法得到

$$\int_{-a}^{0} f(x)\mathrm{d}x = -\int_{a}^{0} f(-t)\mathrm{d}t = -\int_{a}^{0} -f(t)\mathrm{d}t$$

$$= -\int_{0}^{a} f(t)\mathrm{d}t = -\int_{0}^{a} f(x)\mathrm{d}x.$$

于是

$$\int_{-a}^{a} f(x)\mathrm{d}x = \int_{-a}^{0} f(x)\mathrm{d}x + \int_{0}^{a} f(x)\mathrm{d}x = 0.$$

例 7.4.4 用定积分换元法证明：若 $f(x)$ 是以 $T(>0)$ 为周期的连续函数,则对于任意的实数 a,有 $\int_{a}^{a+T} f(x)\mathrm{d}x = \int_{0}^{T} f(x)\mathrm{d}x$, 也就是说,周期函数在每一个周期上的积分都是相等的.

证明 $\int_{a}^{a+T} f(x)\mathrm{d}x = \int_{a}^{0} f(x)\mathrm{d}x + \int_{0}^{a+T} f(x)\mathrm{d}x.$

在第一个积分中,令 $x=t-T$,得到

$$\int_{a}^{0} f(x)\mathrm{d}x = \int_{a+T}^{T} f(t-T)\mathrm{d}t = \int_{a+T}^{T} f(t)\mathrm{d}t = \int_{a+T}^{T} f(x)\mathrm{d}x.$$

于是

$$\int_{a}^{a+T} f(x)\mathrm{d}x = \int_{a}^{0} f(x)\mathrm{d}x + \int_{0}^{a+T} f(x)\mathrm{d}x$$

$$= \int_{a+T}^{T} f(x)\mathrm{d}x + \int_{0}^{a+T} f(x)\mathrm{d}x = \int_{0}^{T} f(x)\mathrm{d}x.$$

例 7.4.5 计算积分 $I = \int_{0}^{\pi} \dfrac{x\sin x}{1+\cos^2 x}\mathrm{d}x.$

解 由于被积函数没有初等原函数,所以不能直接用牛顿-莱布尼茨公式计算这个积分. 但是可以用换元积分法计算这个积分.

$$I = \int_{0}^{\pi} \frac{x\sin x}{1+\cos^2 x}\mathrm{d}x = \int_{0}^{\frac{\pi}{2}} \frac{x\sin x}{1+\cos^2 x}\mathrm{d}x + \int_{\frac{\pi}{2}}^{\pi} \frac{x\sin x}{1+\cos^2 x}\mathrm{d}x.$$

$$(7.4.5)$$

对于其中第二个积分运用换元积分法，令 $x = \pi - t$，得到

$$\int_{\frac{\pi}{2}}^{\pi} \frac{x \sin x}{1 + \cos^2 x} \mathrm{d}x = -\int_{\frac{\pi}{2}}^{0} \frac{(\pi - t)\sin t}{1 + \cos^2 t} \mathrm{d}t = \int_{0}^{\frac{\pi}{2}} \frac{(\pi - t)\sin t}{1 + \cos^2 t} \mathrm{d}t$$

$$= \int_{0}^{\frac{\pi}{2}} \frac{\pi \sin t}{1 + \cos^2 t} \mathrm{d}t - \int_{0}^{\frac{\pi}{2}} \frac{t \sin t}{1 + \cos^2 t} \mathrm{d}t$$

$$= \int_{0}^{\frac{\pi}{2}} \frac{\pi \sin t}{1 + \cos^2 t} \mathrm{d}t - \int_{0}^{\frac{\pi}{2}} \frac{x \sin x}{1 + \cos^2 x} \mathrm{d}x.$$

将这个结果代入式(7.4.5)，得到

$$I = \int_{0}^{\frac{\pi}{2}} \frac{\pi \sin t}{1 + \cos^2 t} \mathrm{d}t = -\pi \arctan(\cos t) \Big|_{0}^{\frac{\pi}{2}} = \frac{\pi^2}{4}.$$

7.4.2 定积分的分部积分法

定积分分部积分法是由不定积分的分部积分法直接得来的.

设 $u(x), v(x)$ 在区间 $[a, b]$ 上连续可导，则有

$$(uv)' = vu' + uv',$$

所以

$$\int_{a}^{b} (uv)' \mathrm{d}x = \int_{a}^{b} vu' \mathrm{d}x + \int_{a}^{b} uv' \mathrm{d}x.$$

于是

$$\int_{a}^{b} vu' \mathrm{d}x + \int_{a}^{b} uv' \mathrm{d}x = \int_{a}^{b} (uv)' \mathrm{d}x = u(x)v(x) \Big|_{a}^{b},$$

即

$$\int_{a}^{b} uv' \mathrm{d}x = [u(b)v(b) - u(a)v(a)] - \int_{a}^{b} vu' \mathrm{d}x. \quad (7.4.6)$$

这就是定积分的分部积分公式.

鉴于上面的注 2 中的说明，也可以将式(7.4.6)写成

$$\int_{a}^{b} u \mathrm{d}v = [u(b)v(b) - u(a)v(a)] - \int_{a}^{b} v \mathrm{d}u. \quad (7.4.7)$$

例 7.4.6 计算 $\int_{0}^{1} \mathrm{e}^{\sqrt{x}} \mathrm{d}x.$

解 令 $x=t^2$，则 $x'(t)=2t$，并且 $x=0,1$ 分别对应 $t=0,1$. 于是，有

$$\int_0^1 e^{\sqrt{x}} dx = 2\int_0^1 te^t dt.$$

对积分 $\int_0^1 te^t dt$ 运用分部积分法，得到

$$\int_0^1 te^t dt = te^t \Big|_0^1 - \int_0^1 e^t dt = e - e^t \Big|_0^1 = 1.$$

例 7.4.7 计算 $\int_0^{\frac{1}{2}} \arcsin x dx$.

解 令 $u=\arcsin x$，$v=x$，则 $u'=\dfrac{1}{\sqrt{1-x^2}}$. 运用分部积分法，得到

$$\int_0^{\frac{1}{2}} \arcsin x dx = \int_0^{\frac{1}{2}} uv' dx = uv \Big|_0^{\frac{1}{2}} - \int_0^{\frac{1}{2}} u'v dx$$

$$= x\arcsin x \Big|_0^{\frac{1}{2}} - \int_0^{\frac{1}{2}} \frac{x dx}{\sqrt{1-x^2}} = \frac{\pi}{12} - \int_0^{\frac{1}{2}} \frac{x dx}{\sqrt{1-x^2}},$$

其中积分

$$\int_0^{\frac{1}{2}} \frac{x dx}{\sqrt{1-x^2}} = -\sqrt{1-x^2} \Big|_0^{\frac{1}{2}} = 1 - \frac{\sqrt{3}}{2}.$$

因此

$$\int_0^{\frac{1}{2}} \arcsin x dx = \frac{\pi}{12} + \frac{\sqrt{3}}{2} - 1.$$

例 7.4.8 计算 $\int_0^\pi e^x \sin x dx$.

解 运用分部积分法，得到

$$\int_0^\pi e^x \sin x dx = e^x \sin x \Big|_0^\pi - \int_0^\pi e^x \cos x dx = -\int_0^\pi e^x \cos x dx$$

$$= -e^x \cos x \Big|_0^\pi - \int_0^\pi e^x \sin x dx = 1 + e^\pi - \int_0^\pi e^x \sin x dx,$$

由此得到

$$\int_0^\pi e^x \sin x \, dx = \frac{1}{2}(e^\pi + 1).$$

例 7.4.9 计算 $\int_0^{\frac{\pi}{2}} \sin^n x \, dx$ 和 $\int_0^{\frac{\pi}{2}} \cos^n x \, dx$.

解 用换元积分法,可以很容易得到

$$\int_0^{\frac{\pi}{2}} \sin^n x \, dx = \int_0^{\frac{\pi}{2}} \cos^n x \, dx.$$

下面用分部积分公式计算 $I_n = \int_0^{\frac{\pi}{2}} \sin^n x \, dx$.

令 $u = \sin^{n-1} x, v' = \sin x$,则

$$v = -\cos x, \quad u' = (n-1)\sin^{n-2} x \cos x,$$

于是

$$I_n = \int_0^{\frac{\pi}{2}} \sin^n x \, dx = \left[-\cos x \sin^{n-1} x \right] \Big|_0^{\frac{\pi}{2}} + (n-1)\int_0^{\frac{\pi}{2}} \sin^{n-2} x \cos^2 x \, dx$$

$$= (n-1)\int_0^{\frac{\pi}{2}} \sin^{n-2} x (1 - \sin^2 x) \, dx = (n-1)I_{n-2} - (n-1)I_n,$$

由此得到递推公式

$$I_n = \frac{n-1}{n} I_{n-2}.$$

注意到 $I_0 = \int_0^{\frac{\pi}{2}} dx = \frac{\pi}{2}, I_1 = \int_0^{\frac{\pi}{2}} \sin x \, dx = 1.$ 由上述递推公式计算

$I_n = \int_0^{\frac{\pi}{2}} \sin^n x \, dx$,就得到

$$\int_0^{\frac{\pi}{2}} \sin^n x \, dx = \frac{n-1}{n} \cdot \frac{n-3}{n-2} \cdot \cdots \cdot \frac{3}{4} \cdot \frac{1}{2} \cdot \frac{\pi}{2}, \quad n \text{ 为偶数},$$

$$\int_0^{\frac{\pi}{2}} \sin^n x \, dx = \frac{n-1}{n} \cdot \frac{n-3}{n-2} \cdot \cdots \cdot \frac{4}{5} \cdot \frac{2}{3} \cdot 1, \quad n \text{ 为奇数};$$

或者

$$\int_0^{\frac{\pi}{2}} \sin^n x \, dx = \begin{cases} \dfrac{(2m-1)!!}{(2m)!!} \dfrac{\pi}{2}, & n = 2m, \\[2ex] \dfrac{(2m-2)!!}{(2m-1)!!}, & n = 2m-1. \end{cases}$$

习 题 7.4

复习题

比较不定积分的换元积分法与定积分的换元积分法,两者之间有哪些区别?

习题

1. 求下列定积分:

(1) $\displaystyle\int_0^3 \frac{x}{1+\sqrt{1+x}}\mathrm{d}x$;

(2) $\displaystyle\int_1^{\mathrm{e}} \frac{1+\ln x}{x}\mathrm{d}x$;

(3) $\displaystyle\int_{\frac{1}{\pi}}^{\frac{2}{\pi}} \frac{\sin\frac{1}{x}}{x^2}\mathrm{d}x$;

(4) $\displaystyle\int_{\frac{1}{2}}^{\frac{3}{4}} \frac{\arcsin\sqrt{x}}{\sqrt{x(1-x)}}\mathrm{d}x$;

(5) $\displaystyle\int_1^2 \frac{\sqrt{4-x^2}}{x^2}\mathrm{d}x$;

(6) $\displaystyle\int_0^2 \sqrt{(4-x^2)^3}\,\mathrm{d}x$;

(7) $\displaystyle\int_0^4 \frac{\sqrt{x}}{1+x\sqrt{x}}\mathrm{d}x$;

(8) $\displaystyle\int_0^{\frac{\pi}{4}} \frac{\mathrm{d}x}{1+\cos^2 x}$;

(9) $\displaystyle\int_0^{\ln 2} \sqrt{\mathrm{e}^x-1}\,\mathrm{d}x$;

(10) $\displaystyle\int_{\sqrt{2}}^2 \frac{\mathrm{d}x}{x\sqrt{x^2-1}}$.

(11) $\displaystyle\int_0^1 \ln(1+x^2)\mathrm{d}x$;

(12) $\displaystyle\int_1^{\mathrm{e}} x(\ln x)^2\mathrm{d}x$;

(13) $\displaystyle\int_0^4 \cos(\sqrt{x}-1)\mathrm{d}x$;

(14) $\displaystyle\int_0^1 x\arctan x\,\mathrm{d}x$;

(15) $\displaystyle\int_0^1 \arcsin x\,\mathrm{d}x$;

(16) $\displaystyle\int_0^1 \mathrm{e}^{\sqrt{x}}\,\mathrm{d}x$;

(17) $\displaystyle\int_0^{\sqrt{\ln 2}} x^3 \mathrm{e}^{-x^2}\mathrm{d}x$;

(18) $\displaystyle\int_0^1 \frac{x\mathrm{e}^x}{(1+x)^2}\mathrm{d}x$;

(19) $\displaystyle\int_1^{\mathrm{e}} \cos(\ln x)\mathrm{d}x$;

(20) $\displaystyle\int_1^2 \frac{x\mathrm{e}^x}{(\mathrm{e}^x-1)^2}\mathrm{d}x$.

2. 设 $f(x)$ 在 $[0,1]$ 上连续,证明:

(1) $\displaystyle\int_0^{\frac{\pi}{2}} f(\sin x)\mathrm{d}x = \int_0^{\frac{\pi}{2}} f(\cos x)\mathrm{d}x$;

(2) $\displaystyle\int_0^\pi xf(\sin x)\mathrm{d}x = \frac{\pi}{2}\int_0^\pi f(\sin x)\mathrm{d}x.$

3. 证明：

(1) 连续奇函数的一切原函数都是偶函数；

(2) 连续偶函数的原函数中有一个是奇函数.

4. 设 $f(x)$ 连续,证明：

$$\int_0^R x^3 f(x^2)\mathrm{d}x = \frac{1}{2}\int_0^{R^2} xf(x)\mathrm{d}x.$$

7.5 定积分的几何应用

积分概念的产生有许多实际背景,因此积分在许多领域有广泛的应用. 在这一节,我们研究积分在几何方面的应用,包括平面图形的面积、空间图形的体积、曲线长度以及旋转曲面的面积等.

7.5.1 平面图形的面积

根据积分的几何意义,由连续曲线 $y = f(x)(a \leqslant x \leqslant b,$ $f(x) \geqslant 0)$ 与 x 轴,直线 $x = a, x = b(a < b)$ 围成的曲边梯形的面积等于积分 $\displaystyle\int_a^b f(x)\mathrm{d}x.$

如果 $f(x)$ 不是非负函数,则这个曲边梯形的面积等于 $\displaystyle\int_a^b |f(x)|\mathrm{d}x.$

如果 D 是由直线 $x = a, x = b$,以及曲线 $y = f(x)$ 与 $y = g(x)$ 围成的平面图形,则 D 的面积为

$$S = \int_a^b |f(x) - g(x)|\mathrm{d}x.$$

早在公元前 3 世纪,阿基米德就利用"穷竭法"(与求极限类似

的一种方法)计算出了圆盘和抛物弓形的面积. 在 17 世纪,更多的
面积问题也获得解决. 但是在每一个问题中,极限的计算方法只是
适合于某种特定情形的特殊技巧. 微积分的成就之一,就是用一个
一般的、有效的方法取代了这些特殊的、有局限性的计算面积的
方法.

例 7.5.1 求由曲线 $y^2 = x, y = x^2$ 所围成的图形的面积.

解 易求两曲线的交点为 $O(0,0), A(1,1)$,所围图形在 $x=0$ 和
$x=1$ 之间(如图 7.2). 于是这个图形的面积为

$$S = \int_0^1 (\sqrt{x} - x^2) \mathrm{d}x = \frac{1}{3}.$$

例 7.5.2 求旋轮线

$$L: x = a(t - \sin t), \quad y = a(1 - \cos t), \quad a > 0, 0 \leqslant t \leqslant 2\pi$$

与 x 轴围成的平面图形的面积(图 7.3).

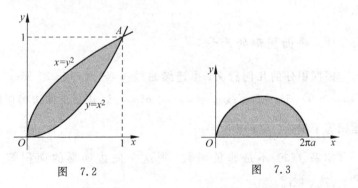

图 7.2　　　　　图 7.3

解 假设曲线 L 的方程为 $y = y(x)$,则该图形的面积为 $S = \int_0^{2\pi a} y(x) \mathrm{d}x = \int_0^{2\pi a} y \mathrm{d}x$. 由于 x, y 都是 t 的函数,所以将 x, y 都用 t
表示,就得到

$$S = \int_0^{2\pi} a^2 (1 - \cos t)(1 - \cos t) \mathrm{d}t = 3\pi a^2.$$

如果平面图形是由极坐标表示的,那么如何计算面积?

考察连续曲线 $r=r(\theta)$ $(\alpha \leqslant \theta \leqslant \beta)$ 与射线 $\theta=\alpha, \theta=\beta$ 所围成的图形 D 的面积(图 7.4). 用射线 $\theta=\theta_k$ $(k=0,1,\cdots,n)$ 将 D 分割为若干小的区域,其中 $\alpha=\theta_0<\theta_1<\cdots<\theta_n=\beta$. 在每个区间 $[\theta_{k-1}, \theta_k]$ 任取一点 ξ_k $(k=1,2,\cdots,n)$. 将第 k 个小区域 ΔD_k 近似地看作是角

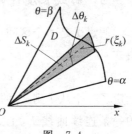

图 7.4

度为 $\Delta\theta_k=\theta_k-\theta_{k-1}$,半径为 $r(\xi_k)$ 的扇形. 因此 ΔD_k 的面积 ΔS_k 近似地等于 $\dfrac{1}{2}r^2(\xi_k)\Delta\theta_k$. 区域 D 的面积近似地等于

$$\frac{1}{2}\sum_{k=1}^{n}r^2(\xi_k)\Delta\theta_k.$$

当 $\lambda=\max\{\Delta\theta_k\,|\,k=1,2,\cdots,n\}\to 0$ 时,这个和的极限就是区域 D 的面积. 另一方面,当 $\lambda\to 0$ 时,这个和式的极限等于积分 $\dfrac{1}{2}\displaystyle\int_{\alpha}^{\beta}r^2(\theta)\mathrm{d}\theta$. 于是区域 D 的面积就是

$$S=\frac{1}{2}\int_{\alpha}^{\beta}r^2(\theta)\mathrm{d}\theta. \tag{7.5.1}$$

例 7.5.3 求双纽线

$$r^2=2a^2\cos 2\theta \quad \left(a>0,\ -\frac{\pi}{4}\leqslant\theta\leqslant\frac{\pi}{4}, \frac{3\pi}{4}\leqslant\theta\leqslant\frac{5\pi}{4}\right)$$

所围成的图形的面积(图 7.5).

解 由公式(7.5.1)及对称性,图形面积为

$$4\cdot\frac{1}{2}\int_{0}^{\frac{\pi}{4}}r^2(\theta)\mathrm{d}\theta=2\int_{0}^{\frac{\pi}{4}}2a^2\cos 2\theta\,\mathrm{d}\theta$$

$$=2a^2.$$

图 7.5

7.5.2 曲线长度计算

假设 I 是一个区间，$x(t)$ 和 $y(t)$ 是定义在 I 上的连续函数，则由式
$$x = x(t), \quad y = y(t) \quad (t \in I)$$
确定了一个从 I 到 $\mathbb{R}^2$ 的一个连续映射. 这个映射的值域是 $\mathbb{R}^2$ 中的一条连续曲线 L，上式称为曲线 L 的参数方程，其中 t 称为参数.

在建立曲线长度的计算公式之前，我们需要弄清楚曲线长度的含义.

设 L 是一条简单的连续曲线（没有自交叉点的曲线称为简单曲线），$[\alpha, \beta]$ 是一个有界闭区间，曲线 L 的参数方程为
$$x = x(t), \quad y = y(t) \quad (t \in I, \alpha \leqslant t \leqslant \beta), \quad (7.5.2)$$
两个端点分别为 $A = (x(\alpha), y(\alpha)), B = (x(\beta), y(\beta))$. 任意分割区间 $[\alpha, \beta]$：
$$T: \alpha = t_0 < t_1 < t_2 < \cdots < t_n = \beta,$$
则在 L 上得到一组点 $M_k = (x(t_k), y(t_k)) (k = 0, 1, \cdots, n)$. 将这些点依次连接成一条折线 $\overline{M_0 M_1 \cdots M_n}$. 用 $|\overline{M_{k-1} M_k}|$ 表示其中第 k 条线段的长度，则这条折线的长度为 $\sum\limits_{k=1}^{n} |\overline{M_{k-1} M_k}|$（图 7.6）.

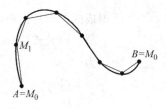

图 7.6

如果当 $\max\{\Delta t_k = t_k - t_{k-1} \mid k = 1, 2, \cdots, n\} \to 0$ 时,折线长度存在极限,则称曲线 L 是可求长的,并且称折线长度的极限为曲线的长度.

在某些条件之下,可以将曲线长度化为计算定积分的问题.

定理 7.5.1 假设平面曲线 L 的参数方程为式 $(7.5.2)$,其中 $x(t)$ 和 $y(t)$ 在区间 $[\alpha, \beta]$ 上有连续导数,则 L 是可求长曲线,并且长度等于

$$\int_\alpha^\beta \sqrt{[x'(t)]^2 + [y'(t)]^2}\, \mathrm{d}t. \qquad (7.5.3)$$

证明 任意分割区间 $[\alpha, \beta]$:$\alpha = t_0 < t_1 < t_2 < \cdots < t_n = \beta$. 令 $M_k = (x(t_k), y(t_k))$ $(k = 0, 1, \cdots, n)$,则 $M_k (k = 1, 2, \cdots, n)$ 是 $x(t)$ 和 $y(t)$ 上的一组点,将这些点依次连接成一条折线 $\overline{M_0 M_1}, \cdots M_n$,则这条折线的长度为

$$\sum_{k=1}^n |\overline{m_{k-1} M_k}| = \sum_{k=1}^n \sqrt{[x(t_k) - x(t_{k-1})]^2 + [y(t_k) - x(t_{k-1})]^2}. \qquad (7.5.4)$$

为了证明曲线 L 可求长,只需证明当

$$\lambda = \max\{\Delta t_k = t_k - t_{k-1} \mid k = 1, 2, \cdots, n\} \to 0$$

时,式 $(7.5.4)$ 存在极限.

由积分中值定理得到

$$x(t_k) - x(t_{k-1}) = x'(\xi_k)\Delta t_k, \quad y(t_k) - y(t_{k-1}) = y'(\eta_k)\Delta t_k. \qquad (7.5.5)$$

其中 $\Delta t_k = t_k - t_{k-1}, \xi_k \in [t_{k-1}, t_k], \eta_k \in [t_{k-1}, t_k]$. 将式 $(7.5.5)$ 代入式 $(7.5.4)$ 得到

$$\sum_{k=1}^n |\overline{m_{k-1} M_k}| = \sum_{k=1}^n \sqrt{[x'(\xi_k)]^2 (\Delta t_k)^2 + [y'(\eta_k)]^2 (\Delta t_k)^2}$$

$$= \sum_{k=1}^{n} \sqrt{\left[x'(\xi_k)\right]^2 + \left[y'(\eta_k)\right]^2} \, \Delta t_k. \qquad (7.5.6)$$

但是当 $\lambda \to 0$ 时,极限

$$\lim_{\lambda \to 0} \sum_{k=1}^{n} \sqrt{\left[x'(\xi_k)\right]^2 + \left[y'(\eta_k)\right]^2} \, \Delta t_k. \qquad (7.5.7)$$

不容易直接求得,因此考虑另一个极限:

$$\lim_{\lambda \to 0} \sum_{k=1}^{n} \sqrt{\left[x'(\xi_k)\right]^2 + \left[y'(\xi_k)\right]^2} \, \Delta t_k. \qquad (7.5.8)$$

这个极限恰好是连续函数 $\sqrt{\left[x'(t)\right]^2 + \left[y'(t)\right]^2}$ 在区间 $[\alpha, \beta]$ 上的定积分.

可以证明:当 $\lambda \to 0$ 时,极限(7.5.7)存在,并且与极限(7.5.8)相等(由于篇幅的原因,略去证明细节).因此曲线 L 的长度就等于积分 $\int_{\alpha}^{\beta} \sqrt{\left[x'(t)\right]^2 + \left[y'(t)\right]^2} \, dt$. 于是我们得到了由参数方程(7.5.2)描述的曲线 L 的弧长(曲线长度)的计算公式:

$$l = \int_{\alpha}^{\beta} \sqrt{\left[x'(t)\right]^2 + \left[y'(t)\right]^2} \, dt. \qquad (7.5.9)$$

其中 $dl = \sqrt{\left[x'(t)\right]^2 + \left[y'(t)\right]^2} \, dt$ 称为弧长微元或弧长元素(曲线长度元素).

假定空间曲线 L 有参数方程

$$x = x(t), \quad y = y(t), \quad z = z(t) \quad (\alpha \leqslant t \leqslant \beta),$$

其中函数 $x(t), y(t)$ 与 $z(t)$ 在区间 $[\alpha, \beta]$ 有连续的导数,则 L 的长度等于积分

$$\int_{\alpha}^{\beta} \sqrt{\left[x'(t)\right]^2 + \left[y'(t)\right]^2 + \left[z'(t)\right]^2} \, dt, \qquad (7.5.10)$$

弧长元素为

$$dl = \sqrt{\left[x'(t)\right]^2 + \left[y'(t)\right]^2 + \left[z'(t)\right]^2} \, dt.$$

例 7.5.4 求星形线 L: $x = a\cos^3 t$,
$y = a\sin^3 t(0 \leqslant t \leqslant 2\pi)$ 的长度(图 7.7).

解 $x'(t) = -3a\cos^2 t\sin t$, $y'(t) =$
$3a\sin^2 t\cos t$. 于是,有
$$dl = \sqrt{[x'(t)]^2 + [y'(t)]^2}\, dt$$
$$= \sqrt{9a^2\sin^2 t\cos^2 t}\, dt$$
$$= \frac{3}{2}a \mid \sin 2t \mid dt,$$

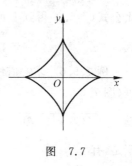

图 7.7

从而星形线 L 的长度为
$$\frac{3}{2}a\int_0^{2\pi} \mid \sin 2t \mid dt = 6a.$$

例 7.5.5 求螺线 $x = a\sin t$, $y = a\cos t$, $z = ct(0 \leqslant t \leqslant 2\pi)$ 的
长度.

解 $x'(t) = a\cos t$, $y'(t) = -a\sin t$, $z'(t) = c$, 所以,有
$$dl = \sqrt{[x'(t)]^2 + [y'(t)]^2 + [z'(t)]^2}\, dt = \sqrt{a^2 + c^2}\, dt.$$
因此螺线长度等于
$$\int_0^{2\pi} dl = \int_0^{2\pi} \sqrt{a^2 + c^2}\, dt = 2\pi\sqrt{a^2 + c^2}.$$

如果平面曲线 L 的方程为 $y = y(x)(a \leqslant x \leqslant b)$, 其中函数
$y(x)$ 有连续导数 $y'(x)$. 可以取 x 为参数, 将 L 的方程写作 $x = x$,
$y = y(x)(a \leqslant x \leqslant b)$. 由公式(7.5.9)得到 L 的长度计算公式
$$l = \int_a^b \sqrt{1 + [y'(x)]^2}\, dx. \qquad (7.5.11)$$
弧长元素为 $dl = \sqrt{1 + [y'(x)]^2}\, dx$.

如果平面曲线 L 的方程是用极坐标形式给出: $r = r(\theta)(\alpha \leqslant$
$\theta \leqslant \beta)$, 其中函数 $r(\theta)$ 在区间 $[\alpha, \beta]$ 上有连续导数 $r'(\theta)$, 可以取 θ 为
参数, 将 L 的方程写作
$$x = r\cos\theta = r(\theta)\cos\theta, \quad y = r\sin\theta = r(\theta)\sin\theta \quad (\alpha \leqslant \theta \leqslant \beta).$$

由公式(7.5.9)得到 L 的长度计算公式

$$l = \int_\alpha^\beta \sqrt{r^2(\theta) + [r'(\theta)]^2}\, \mathrm{d}\theta. \tag{7.5.12}$$

例 7.5.6 求心脏线 $r = a(1+\cos\theta)$, $0 \leqslant \theta \leqslant 2\pi$, $a > 0$ 的长度(图 7.8).

解 $\sqrt{r^2(\theta) + [r'(\theta)]^2} = 2a\left|\cos\dfrac{\theta}{2}\right|$.

于是,有

$$
\begin{aligned}
l &= \int_\alpha^\beta \sqrt{r^2(\theta) + [r'(\theta)]^2}\, \mathrm{d}\theta \\
&= 2a\int_0^{2\pi} \left|\cos\frac{\theta}{2}\right| \mathrm{d}\theta \\
&= 2a\int_{-\pi}^{\pi} \cos\frac{\theta}{2}\, \mathrm{d}\theta = 8a.
\end{aligned}
$$

图 7.8

7.5.2 平面曲线的曲率

首先介绍光滑曲线. 在参数方程(7.5.2)中,如果 $x'(t)$ 和 $y'(t)$ 都是连续函数,并且满足 $x'(t)^2 + y'(t)^2 > 0$,则称 L 为光滑曲线.

为了刻画平面曲线的弯曲程度,我们引进曲率的概念. 设 L

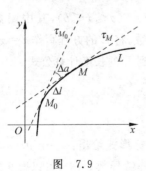

图 7.9

是一条光滑曲线,M_0 是 L 上的一点, τ_{M_0} 是 L 在 M_0 处的切向量. M 是 L 上的任意一个与 M_0 不同的点,τ_M 是 L 在 M 处的切向量. 两个切向量 τ_{M_0} 与 τ_M 之间的夹角记为 $\Delta\alpha$,L 上在 M_0,M 之间的弧长记为 Δl(图 7.9),则 $\dfrac{\Delta\alpha}{\Delta l}$ 就表示了曲线 L 在 M_0 与 M 之间的一种平均弯曲程度.

定义 7.5.1 若极限 $\left|\lim\limits_{M \to M_0} \dfrac{\Delta\alpha}{\Delta l}\right|$ 存在,则称此极限值为曲线 L 在 M_0 处的**曲率**,记为

$$k = \left|\lim_{M \to M_0} \frac{\Delta\alpha}{\Delta l}\right| = \left|\lim_{\Delta l \to 0} \frac{\Delta\alpha}{\Delta l}\right|.$$

当光滑曲线 L 的方程为 $\begin{cases} x = x(t), \\ y = y(t), \end{cases} t \in [\alpha, \beta]$ 时,L 在 $M_0 = (x(t), y(t))$ 的曲率为

$$k = \left|\lim_{M \to M_0} \frac{\Delta\alpha}{\Delta l}\right| = \left|\lim_{M \to M_0} \frac{\Delta\alpha/\Delta t}{\Delta l/\Delta t}\right| = \left|\frac{\mathrm{d}\alpha}{\mathrm{d}t}\middle/\frac{\mathrm{d}l}{\mathrm{d}t}\right|,$$

其中,$M = (x(t+\Delta t), y(t+\Delta t))$. 由于

$$\tan\alpha = \frac{\mathrm{d}y}{\mathrm{d}x} = \frac{y'(t)}{x'(t)},$$

即

$$\alpha = \arctan\left(\frac{y'(t)}{x'(t)}\right).$$

所以

$$\frac{\mathrm{d}\alpha}{\mathrm{d}t} = \frac{1}{1 + \left(\dfrac{y'(t)}{x'(t)}\right)^2}\left(\frac{y'(t)}{x'(t)}\right)' = \frac{y''x' - y'x''}{x'^2 + y'^2}.$$

又已知

$$\frac{\mathrm{d}l}{\mathrm{d}t} = \sqrt{(x')^2 + (y')^2},$$

所以,有

$$k = \left|\frac{y''x' - y'x''}{[(x')^2 + (y')^2]^{3/2}}\right|.$$

这就是曲率 k 的一个计算公式. 当 L 的方程为 $y = f(x)$ 时,上述公式变为

$$k = \left| \frac{y''}{[1+(y')^2]^{3/2}} \right|.$$

若曲线 L 的方程为 $\rho = \rho(\theta)$,则曲率的计算公式就是

$$k = \left| \frac{\rho^2 + 2(\rho')^2 - \rho\rho''}{[\rho^2 + (\rho')^2]^{3/2}} \right|.$$

如果光滑曲线 L 在 M 处的曲率是 k,则

称 $R = \dfrac{1}{k}$ 是 L 在 M 处的**曲率半径**.

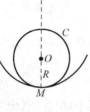

在点 M 处作 L 的法线,并在 L 凹的一侧
的法线上取一点 O,使得 $|\overline{OM}| = R$(图 7.10),
作以 O 为圆心,R 为半径的圆 C,则称圆 C 是
L 在 M 处的**曲率圆**,而 O 称为**曲率中心**.

图 7.10

由曲率圆的定义,不难证明:

(1) 圆 C 与曲线 L 在 M 处有共同的切线;

(2) 圆 C 与曲线 L 在 M 处有相同的曲率;

(3) 由(1)和(2)可知,圆 C 与曲线 L 在 M 处有相同的一阶和
二阶导数.

例 7.5.7 求曲线 $y = x^2$ 上任一点的曲率和曲率半径.

解 由于 $y' = 2x$,$y'' = 2$,所以由曲率公式,在点 (x, x^2) 处的
曲率为

$$k = \left| \frac{y''}{[1+(y')^2]^{3/2}} \right| = \frac{2}{(1+4x^2)^{3/2}};$$

曲率半径为

$$R = \frac{1}{k} = \frac{1}{2}(1+4x^2)^{3/2}.$$

所以对于 $y = x^2$ 来说,当 $x = 0$ 时,曲率 $k = 2$ 最大,即 $y = x^2$
在 $x = 0$ 处的弯曲程度最大.

7.5.3　旋转体体积与旋转曲面的面积

1. 旋转体体积

设 D 为直线 $x=a$, $x=b$, x 轴以及连续曲线 $y=y(x)$ 围成的平面区域. 该区域绕 x 轴旋转一周得到旋转体 Ω. 求 Ω 的体积(图 7.11).

用 $V(x)$ 表示 Ω 介于 a 和 x 之间的部分体积($a \leqslant x \leqslant b$), Ω 的体积就是 $V(b) - V(a)$. 如果能够求出 $V'(x)$, 就能够将 Ω 的体积化为定积分 $\int_a^b V'(x)\mathrm{d}x$.

为了求 $V'(x)$, 考虑增量 $\Delta V = V(x+\Delta x) - V(x)$. 当 $\Delta x \to 0$ 时,

$$\Delta V = V(x+\Delta x) - V(x) = \pi y^2(x)\Delta x + o(\Delta x),$$

所以 $V'(x) = \pi y^2(x)$. 于是旋转体的体积为

$$V = \pi \int_a^b y^2(x)\mathrm{d}x. \tag{7.5.13}$$

例 7.5.8　求由椭圆 $\dfrac{x^2}{a^2} + \dfrac{y^2}{b^2} = 1$ 围成的图形绕 x 轴旋转一周所得旋转体的体积(图 7.12).

解　所考虑的旋转体就是椭圆周位于 x 轴的上方的一半 $y = \dfrac{b}{a}\sqrt{a^2 - x^2}$, $-a \leqslant x \leqslant a$, 以及 x 轴围成的区域绕 x 轴旋转一周所得旋转体的体积. 根据公式(7.5.13)得到

$$V = \int_{-a}^a \pi \frac{b^2}{a^2}(a^2 - x^2)\mathrm{d}x = \pi \frac{b^2}{a^2}\left(a^2 x - \frac{1}{3}x^3\right)\Big|_{-a}^a = \frac{4}{3}\pi ab^2.$$

2. 旋转曲面的面积

设非负函数 $y(x)$ 在区间 $[a,b]$ 上有连续导数. 曲线 $y=y(x)$ ($a \leqslant x \leqslant b$) 绕 x 轴旋转一周得到旋转曲面 S(图 7.13). 下面研究 S 的面积的计算方法.

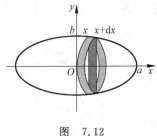

图 7.12

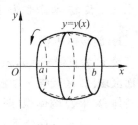

图 7.13

分割区间 $[a,b]$: $a=x_0<x_1<x_2<\cdots<x_n=b$.

$$P_k=(x_k,y(x_k)), \quad k=0,1,\cdots,n.$$

连接 $P_0,P_1,\cdots,P_n$ 成折线 $\overline{P_0P_1\cdots P_n}$. 折线绕 x 轴旋转一周得到旋转曲面是若干个圆台的侧面,其中第 k 个圆台的侧面积等于

$$\pi[y(x_{k-1})+y(x_k)]\left|\overline{P_{k-1}P_k}\right|\approx 2\pi y(x_k)\sqrt{1+[y'(x_k)]^2}\,\Delta x_k.$$

这些圆台侧面积之和近似地等于

$$2\pi\sum_{k=1}^{n}y(x_k)\sqrt{1+[y'(x_k)]^2}\,\Delta x_k.$$

当 $\lambda=\max\{\Delta x_k\}\to 0$ 时,这个近似值趋向于积分

$$2\pi\int_a^b y(x)\sqrt{1+[y'(x)]^2}\,\mathrm{d}x,$$

于是得到旋转曲面的面积计算公式为

$$S=2\pi\int_a^b y(x)\sqrt{1+[y'(x)]^2}\,\mathrm{d}x. \qquad (7.5.14)$$

例 7.5.9 求曲线 $y=\sqrt{x}\,(0\leqslant x\leqslant 1)$ 绕 x 轴旋转所得旋转面的面积.

解 根据公式(7.5.14)得到

$$S=2\pi\int_0^1 y(x)\sqrt{1+[y'(x)]^2}\,\mathrm{d}x=2\pi\int_0^1\sqrt{x}\cdot\sqrt{1+\frac{1}{4x}}\,\mathrm{d}x$$

$$= \pi \int_0^1 \sqrt{1 + 4x}\, dx = \frac{1}{6}(5\sqrt{5} - 1).$$

习 题 7.5

习题

1. 求下列曲线所围图形的面积：

(1) $y = x^2$ 与 $y = 2 - x^2$； (2) $y = |\ln x|$，$y = 0$，$x = \dfrac{1}{10}$ 及 $x = 10$；

(3) 蚌线 $\rho = a\cos\theta + b$，$b \geqslant a > 0$； (4) $\dfrac{x^2}{a^2} + \dfrac{y^2}{b^2} = 1$，$a > 0$，$b > 0$；

(5) $\sqrt{\dfrac{x}{a}} + \sqrt{\dfrac{y}{b}} = 1$，$a, b > 0$，$x = 0$ 及 $y = 0$.

2. 求下列曲线的弧长：

(1) $y = x\sqrt{x}$，$0 \leqslant x \leqslant 4$； (2) $\sqrt{x} + \sqrt{y} = 1$；

(3) 圆的渐开线 $\begin{cases} x = a(\cos t + t\sin t), \\ y = a(\sin t - t\cos t), \end{cases} t \in [0, 2\pi]$；

(4) 心脏线 $\rho = a(1 + \cos\theta)$，$\theta \in [0, 2\pi]$.

3. 求下列曲线的曲率及曲率半径：

(1) 抛物线 $y^2 = 2px$，$p > 0$；

(2) 旋轮线 $\begin{cases} x = a(t - \sin t), \\ y = a(1 - \cos t), \end{cases} a > 0$；

(3) 双纽线 $\rho^2 = 2a^2\cos2\theta$，$a > 0$.

4. 求曲线 $y = e^x$ 上弯曲程度最大的点.

5. 求下列曲面所围空间图形的体积：

(1) 椭球面 $\dfrac{x^2}{a^2} + \dfrac{y^2}{b^2} + \dfrac{z^2}{c^2} = 1$；

(2) $x^2 + y^2 + z^2 = R^2$ 与 $x^2 + y^2 = \dfrac{R^2}{4}$.

6. 求下列旋转体的体积：

(1) $y = \sin x$（$0 \leqslant x \leqslant \pi$）绕 x 轴旋转；

(2) $\begin{cases} x=a\cos^3 t, \\ y=a\sin^3 t, \end{cases} 0\leqslant t\leqslant 2\pi$ 绕 y 轴,$a>0$;

(3) $\rho=a(1+\cos\theta)$ 绕极轴,$a>0$.

7. 求下列旋转曲面的面积:

(1) $y^2=2px+a,0\leqslant x\leqslant a,a>1$ 绕 x 轴;

(2) $\begin{cases} x=a(t-\sin t), \\ y=a(1-\cos t), \end{cases} 0\leqslant t\leqslant 2\pi$ 绕 x 轴.

7.6 定积分的物理应用

积分在物理学及其他科学中有广泛的应用.但是物理学家在运用积分概念时,并不是严格地按照积分的定义,采用分割、近似、求和、取极限的模式将问题化为定积分.而是喜欢采用一种相对直观的方式,即所谓"微元法(或称元素法)",将所求的量化为积分.虽然微元法在逻辑上没有严密的基础,但是在大多数情形,由于需要处理的量(函数)都是连续的,所以积分的存在性可以得到保障,因此微元法的使用往往是有效的.在许多情形,使用微元法可以使得问题的分析与求解变得简明快捷.下面通过几个例子介绍积分在物理学中的一些应用,同时也介绍如何运用微元法将实际问题化为积分.

例 7.6.1(引力的计算) 有一个均匀细棒,长为 $2l$,质量为 M.在棒的延长线上距棒中心为 $a(a>l)$ 处有一个单位质点 P.求棒对于质点 P 的引力 F.

解 以棒中心为原点、棒所在的直线为 x 轴建立坐标系.并且使得质点 P 位于 x 轴正向的棒的右侧点 $(a,0)$ 处(图 7.14).注意到这个力是水平方向、并且指向细棒方向的.

由于是均匀分布,所以细棒有均匀质量密度 $\mu=\dfrac{M}{2l}$.在细棒上

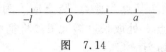

图 7.14

任一点 $x(-l \leqslant x \leqslant l)$ 处取长度微元 $\mathrm{d}x$. 由 x 到 $x + \mathrm{d}x$ 的一段细棒的质量为 $\mathrm{d}M = \dfrac{M}{2l}\mathrm{d}x$, 对质点 P 的引力为(略去引力常数)

$$\mathrm{d}F = \frac{\mathrm{d}M}{(a-x)^2} = \frac{M}{2l(a-x)^2}\mathrm{d}x,$$

这就是引力微元(元素). 将这个微元在区间 $[-l, l]$ 上积分, 就得到整个细棒对于质点 P 的引力(略去引力常数):

$$F = \int_{-l}^{l} \mathrm{d}F = \frac{M}{2l} \int_{-l}^{l} \frac{\mathrm{d}x}{(a-x)^2} = \frac{M}{a^2 - l^2}.$$

例 7.6.2(变力做功) 根据胡克定律, 弹簧的恢复力与拉伸距离成正比. 若弹簧拉伸距离为 x, 则恢复力为 $F(x) = kx$, 其中 k 是弹性系数. 今设 40N 的力使某弹簧伸长了 5cm. 在这个基础上将弹簧再拉伸 3cm 需要做多少功?

解 由已知数据求出弹簧的弹性系数

$$k = \frac{40}{0.05} = 800(\mathrm{N/m}).$$

当弹簧拉伸距离为 x 时, 恢复力为 $F(x) = kx = 800x(\mathrm{N})$. 在任意点 $x(x > 0)$ 处考察距离微元 $\mathrm{d}x$. 将弹簧从 x 拉伸到 $x + \mathrm{d}x$ 时, 外力需要做功 $\mathrm{d}W = F(x)\mathrm{d}x = 800x\mathrm{d}x$. 当弹簧从 $x = 5(\mathrm{cm})$ 继续被拉长至 8cm 时, 外力做功就是积分

$$W = \int_{0.05}^{0.08} F(x)\mathrm{d}x = 800 \int_{0.05}^{0.08} x\mathrm{d}x = 1.56(\mathrm{J}).$$

例 7.6.3 一圆柱形储水桶高为 5m, 底面半径为 3m, 桶内装满了水. 将桶内的水从顶部全部吸出需做多少功(图 7.15)?

解 以桶的顶端某点为原点、竖直向下为 x 轴正向. 在区间 $[0,5]$ 中的任意一点 x 处取长度微元 $\mathrm{d}x$. 将桶中介于 x 到 $x+\mathrm{d}x$ 的水吸出,需要做功为

$$\mathrm{d}W = x \cdot \pi \cdot 3^2 g \mathrm{d}x,$$

其中 g 为重力加速度. 将桶中的水全部吸出,需要做的功就是积分

$$W = \int_0^5 \mathrm{d}W = 9\pi g \int_0^5 x \mathrm{d}x = \frac{225}{2} \pi g (\mathrm{J}).$$

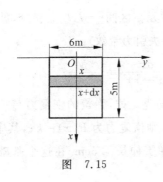

图 7.15

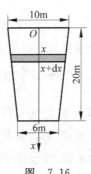

图 7.16

例 7.6.4(液体压力) 某水库的闸门形状为等腰梯形,上底长为 10m,下底长为 6m,高为 20m,闸门与水面垂直,上底恰好位于水面上. 求闸门所受的液体压力(图 7.16).

解 从物理学知,液体深度为 h 处的压强 $p = \mu g h$,其中 μ 是液体的密度,g 为重力加速度. 面积为 S 的薄板水平放置于深度为 h 处的液体中,薄板一侧所受液体压力为 $F = pS = \mu g h S$.

如图 7.15,取闸门上底边的中点为原点,垂直向下为 x 轴. 取 x 为积分变量,变化区间为 $[0,20]$. 在 $[0,20]$ 中任意取一点 x. 在该点取长度微元 $\mathrm{d}x$. 考虑闸门上介于 x 和 $x+\mathrm{d}x$ 之间的水平方向的窄条. 这个窄条各点处所受的液体压强等于 $\mu g x (\mathrm{kN/m^2})$.

这个窄条的长度等于 $10 - \dfrac{x}{5}$,宽度等于 $\mathrm{d}x$. 因此面积为

$$\mathrm{d}S = \left(10 - \frac{x}{5}\right)\mathrm{d}x.$$

这个窄条的深度为 x，于是所受液体压力为

$$\mathrm{d}F = \mu g x\,\mathrm{d}S = \mu g x\left(10 - \frac{x}{5}\right)\mathrm{d}x,$$

从而闸门所受的压力就是积分

$$\int_0^{20}\mathrm{d}F = \int_0^{20}\mu g x\left(10 - \frac{x}{5}\right)\mathrm{d}x = \frac{4400}{3}\mu g\,(\mathrm{N}).$$

习　题　7.6

1. 半径等于 r 的球沉入水中，与水面相切. 球体的质量密度与水相同. 现将球从水中取出，外力需要做多少功？

2. 边长等于 1m 的质量均匀正立方体，比重为 $0.1\mathrm{t/m^3}$. 将其全部压入水中，需要做多少功？

3. 水库的闸门是等腰梯形，上底 6m，下底 4m，高 10m. 当上底与水面相齐时，求闸门所受到的压力.

4. 圆形水池直径 20m，高 30m，水深 27m. 如果将水全部抽出，外力要做多少功？

5. 有一个质量为 M、半径等于 R 的均匀圆周. 在过圆心、且与圆所在平面垂直的直线上距离圆心等于 h 处有一个质量等于 m 的质点. 求圆周对于质点的引力.

6. 设 2kg 的力能使弹簧伸长 1cm. 求使弹簧伸长 1m 需要做的功.

7.7　反常积分

黎曼积分(定积分)有两个局限：第一是积分区间 $[a,b]$ 必须有限；第二是被积函数 $f(x)$ 在积分区间 $[a,b]$ 上有界. 因为可以证明：对于无界函数，黎曼积分概念中的极限肯定是不存在的，而对于无限区间，无法定义黎曼积分概念中的和式. 黎曼积分这两个局限性

限制了它的应用范围. 为了使积分能够用于研究更为广泛的问题, 扩展黎曼积分的应用范围, 必须对黎曼积分概念进行适当地推广.

黎曼积分的推广沿着两个方向: 第一是保持被积函数的有界性, 但是积分区间变为无限; 第二是保持积分区间的有限性, 但是被积函数变成无界. 前者称为无穷积分(有界函数 f 在无穷区间上的积分); 后者称为瑕积分(无界函数在有穷区间上的积分). 两者统称为反常积分, 或者广义积分.

7.7.1 无穷积分

定义 7.7.1 假定 $f(x)$ 在区间 $[a, +\infty)$ 上有定义, 对于任意的常数 $A > a$, 定积分 $\int_a^A f(x)\mathrm{d}x$ 存在. 称 $\int_a^{+\infty} f(x)\mathrm{d}x = \lim\limits_{A\to+\infty}\int_a^A f(x)\mathrm{d}x$ 为 $f(x)$ 在 $[a, +\infty)$ 上的**无穷积分**(不论这个极限是否存在), 记作 $\int_a^{+\infty} f(x)\mathrm{d}x$. 如果 $\lim\limits_{A\to+\infty}\int_a^A f(x)\mathrm{d}x$ 存在, 则称无穷积分 $\int_a^{+\infty} f(x)\mathrm{d}x$ 收敛, 并且这个极限值就是无穷积分的值. 否则称无穷积分 $\int_a^{+\infty} f(x)\mathrm{d}x$ 发散. 发散的积分没有值.

例 7.7.1 考察无穷积分 $\int_1^{+\infty} \dfrac{\mathrm{d}x}{x^p}(p > 0)$ 是否收敛.

解 当 $p=1$ 时, 对于任意的 $A>1$, 有

$$\int_1^A \frac{\mathrm{d}x}{x^p} = \int_1^A \frac{\mathrm{d}x}{x} = \ln x \Big|_1^A = \ln A.$$

当 $A\to+\infty$ 时, $\ln A\to+\infty$. 所以 $\lim\limits_{A\to+\infty}\int_1^A \dfrac{\mathrm{d}x}{x^p}$ 不存在. 因而无穷积分 $\int_1^{+\infty} \dfrac{\mathrm{d}x}{x}$ 发散.

当 $0<p<1$ 时,

$$\int_1^A \frac{\mathrm{d}x}{x^p} = \frac{1}{1-p}x^{1-p}\Big|_1^A = \frac{1}{1-p}(A^{1-p}-1)\to+\infty, \quad A\to+\infty,$$

所以无穷积分 $\displaystyle\int_1^{+\infty} \frac{\mathrm{d}x}{x^p}$ 发散.

当 $p > 1$ 时,

$$\int_1^A \frac{\mathrm{d}x}{x^p} = \frac{1}{1-p} x^{1-p} \Big|_1^A = \frac{1}{1-p}(A^{1-p} - 1) \to \frac{1}{p-1}, \quad A \to +\infty,$$

所以无穷积分 $\displaystyle\int_1^{+\infty} \frac{\mathrm{d}x}{x^p}$ 收敛,其值等于 $\dfrac{1}{p-1}$.

综上所述,当 $p > 1$ 时,无穷积分 $\displaystyle\int_1^{+\infty} \frac{\mathrm{d}x}{x^p}$ 收敛,其值为 $\dfrac{1}{p-1}$,其余情形发散.

例 7.7.2 计算无穷积分 $\displaystyle\int_1^{+\infty} \frac{\arctan x}{x^2} \mathrm{d}x$.

解 对于任意的 $A > 1$,有

$$\int_1^A \frac{\arctan x}{x^2} \mathrm{d}x = -\frac{\arctan x}{x} \Big|_1^A + \int_1^A \frac{\mathrm{d}x}{x(1+x^2)}.$$

其中

$$\int_1^A \frac{\mathrm{d}x}{x(1+x^2)} = \int_1^A \left(\frac{1}{x} - \frac{x}{1+x^2} \right) \mathrm{d}x$$

$$= \left[\ln x - \frac{1}{2}\ln(1+x^2) \right] \Big|_1^A$$

$$= \frac{1}{2}\ln 2 + \frac{1}{2}\ln \frac{A^2}{1+A^2}.$$

于是,有

$$\int_1^{+\infty} \frac{\arctan x}{x^2} \mathrm{d}x = \lim_{A \to +\infty} \int_1^A \frac{\arctan x}{x^2} \mathrm{d}x$$

$$= \lim_{A \to +\infty} \left(\frac{\pi}{4} - \frac{\arctan A}{A} + \ln 2 + \frac{1}{2}\ln \frac{A^2}{1+A^2} \right)$$

$$= \frac{\pi}{4} + \frac{1}{2}\ln 2.$$

与定义 7.7.1 类似的方式可以定义无穷积分 $\displaystyle\int_{-\infty}^a f(x)\mathrm{d}x$.

假定对于任意的常数 $B < a$, 定积分 $\int_B^a f(x)\mathrm{d}x$ 存在, 称

$\lim\limits_{B \to -\infty} \int_B^a f(x)\mathrm{d}x$ 为 $f(x)$ 在区间 $(-\infty, a]$ 上的**无穷积分**(不论这个

极限是否存在), 记作 $\int_{-\infty}^a f(x)\mathrm{d}x$. 如果 $\lim\limits_{B \to -\infty} \int_B^a f(x)\mathrm{d}x$ 存在, 则称

无穷积分 $\int_{-\infty}^a f(x)\mathrm{d}x$ 收敛, 并且等于这个极限值. 如果

$\lim\limits_{B \to -\infty} \int_B^a f(x)\mathrm{d}x$ 不存在, 则称无穷积分 $\int_{-\infty}^a f(x)\mathrm{d}x$ 发散.

最后说明无穷积分 $\int_{-\infty}^{\infty} f(x)\mathrm{d}x$ 的定义:

假设对于任意一个实数 a, 无穷积分 $\int_{-\infty}^a f(x)\mathrm{d}x$ 和

$\int_a^{+\infty} f(x)\mathrm{d}x$ 都收敛, 则称无穷积分 $\int_{-\infty}^{\infty} f(x)\mathrm{d}x$ 收敛. 并且规定

$$\int_{-\infty}^{\infty} f(x)\mathrm{d}x = \int_{-\infty}^a f(x)\mathrm{d}x + \int_a^{+\infty} f(x)\mathrm{d}x.$$

请注意: $\int_{-\infty}^{\infty} f(x)\mathrm{d}x$ 是否收敛与常数 a 的选取无关.

例 7.7.3 考察无穷积分 $\int_{-\infty}^{\infty} x\mathrm{e}^{-x^2}\mathrm{d}x$ 的收敛性.

解 由定义可以判定 $\int_0^{+\infty} x\mathrm{e}^{-x^2}\mathrm{d}x$ 和 $\int_{-\infty}^0 x\mathrm{e}^{-x^2}\mathrm{d}x$ 都收敛, 所

以这个无穷积分是收敛的.

7.7.2 瑕积分

无界函数在有限区间上的积分称为瑕积分. 以下我们仅考虑一种简单情形.

定义 7.7.2 假定函数 $f(x)$ 在有限区间 $(a, b]$ 上有定义. 对

于任意 $\delta \in (0, b-a)$, 定积分 $\int_{a+\delta}^b f(x)\mathrm{d}x$ 存在. 又设当 $x \to a+0$ 时,

$f(x)$ 无界. 称 $\displaystyle\int_a^b f(x)\mathrm{d}x = \lim_{\delta \to 0}\int_{a+\delta}^b f(x)\mathrm{d}x$ 为 $f(x)$ 在区间 $[a,b]$ 上的瑕积分(不论这个极限是否存在), 点 a 称为这个积分的瑕点. 如果极限 $\displaystyle\lim_{\delta \to 0}\int_{a+\delta}^b f(x)\mathrm{d}x$ 存在, 则称瑕积分 $\displaystyle\int_a^b f(x)\mathrm{d}x$ 收敛, 并且上述极限就是瑕积分的值. 如果这个极限不存在, 则称瑕积分 $\displaystyle\int_a^b f(x)\mathrm{d}x$ 发散.

例 7.7.4 设 $p > 0$, 讨论瑕积分 $\displaystyle\int_0^1 \frac{\mathrm{d}x}{x^p}$ 的收敛性.

解 当 $p = 1$ 时, 对于任意的 $\varepsilon \in (0,1)$,

$$\int_\varepsilon^1 \frac{\mathrm{d}x}{x^p} = \int_\varepsilon^1 \frac{\mathrm{d}x}{x} = \ln x \,\Big|_\varepsilon^1 = -\ln\varepsilon \to +\infty, \quad \varepsilon \to 0^+,$$

所以 $\displaystyle\lim_{\varepsilon \to 0^+}\int_\varepsilon^1 \frac{\mathrm{d}x}{x^p}$ 不存在, 因而瑕积分 $\displaystyle\int_0^1 \frac{\mathrm{d}x}{x^p}$ 发散.

当 $0 < p < 1$ 时,

$$\int_\varepsilon^1 \frac{\mathrm{d}x}{x^p} = \frac{1}{1-p}x^{1-p}\,\Big|_\varepsilon^1 = \frac{1}{1-p}(1 - \varepsilon^{1-p}) \to \frac{1}{1-p}, \quad \varepsilon \to 0^+,$$

所以瑕积分 $\displaystyle\int_0^1 \frac{\mathrm{d}x}{x^p}$ 收敛, 其值等于 $\dfrac{1}{p-1}$.

当 $p > 1$ 时,

$$\int_\varepsilon^1 \frac{\mathrm{d}x}{x^p} = \frac{1}{1-p}x^{1-p}\,\Big|_\varepsilon^1$$

$$= \frac{1}{1-p}(1 - \varepsilon^{1-p}) \to +\infty, \quad \varepsilon \to 0^+,$$

所以瑕积分 $\displaystyle\int_0^1 \frac{\mathrm{d}x}{x^p}$ 发散.

综上所述, 当 $p < 1$ 时, 瑕积分 $\displaystyle\int_0^1 \frac{\mathrm{d}x}{x^p}$ 收敛, 其值为 $\dfrac{1}{p-1}$, 其余情形发散.

7.7.3 反常积分的收敛性的判定

多数情形,反常积分不能计算得到结果,因此不能直接用定义检验积分是否收敛.于是如何用其他的方法判定反常积分的收敛性是一个重要问题.下面,我们重点研究无穷积分的收敛性判定问题.

首先考虑非负函数的无穷积分.假定 $f(x) \geqslant 0$,则变上限积分 $\int_a^A f(x) \mathrm{d}x$ 是上限 A 的单调非减函数.只要这个函数有界,极限 $\lim\limits_{A \to +\infty} \int_a^A f(x) \mathrm{d}x$ 就存在,从而无穷积分 $\int_a^{+\infty} f(x) \mathrm{d}x$ 收敛.

定理 7.7.1(比较判别法) 考察无穷积分 $\int_a^{+\infty} f(x) \mathrm{d}x$.

(1) 如果能找到一个非负函数 $g(x)$,满足 $0 \leqslant f(x) \leqslant g(x) (x \geqslant a)$,并且无穷积分 $\int_a^{+\infty} g(x) \mathrm{d}x$ 收敛,则无穷积分 $\int_a^{+\infty} f(x) \mathrm{d}x$ 收敛;

(2) 如果能找到一个非负函数 $g(x)$,满足 $0 \leqslant g(x) \leqslant f(x) (x \geqslant a)$,并且无穷积分 $\int_a^{+\infty} g(x) \mathrm{d}x$ 发散,则无穷积分 $\int_a^{+\infty} f(x) \mathrm{d}x$ 发散.

证明 (1) 假设 $\int_a^{+\infty} g(x) \mathrm{d}x$ 收敛.记 $I = \int_a^{+\infty} g(x) \mathrm{d}x$. 对于任意的 $A > a$,有

$$0 \leqslant \int_a^A f(x) \mathrm{d}x \leqslant \int_a^A g(x) \mathrm{d}x \leqslant \int_a^{+\infty} g(x) \mathrm{d}x = I,$$

所以,作为上限 A 的函数,$\int_a^A f(x) \mathrm{d}x$ 是单调有界的.因此 $\lim\limits_{A \to +\infty} \int_a^A f(x) \mathrm{d}x$ 存在,也就是无穷积分 $\int_a^{+\infty} f(x) \mathrm{d}x$ 收敛.

(2) 第二个结论实际上是第一个结论的逆否命题. 请读者自己考虑.

注 在这个定理中, 要求对所有的 $x \geqslant a$, 都有 $0 \leqslant f(x) \leqslant g(x)$(或 $0 \leqslant g(x) \leqslant f(x)$). 其实, 只需要当 x 足够大时, 这个不等式成立就可以.

下面的定理是比较判别法的极限形式, 使用更加方便.

定理 7.7.2 考察无穷积分 $\int_a^{+\infty} f(x)\mathrm{d}x, f(x) \geqslant 0, x \in [a, +\infty)$.

(1) 如果能找到一个非负函数 $g(x)$, 使得无穷积分 $\int_a^{+\infty} g(x)\mathrm{d}x$ 收敛, 并且存在极限 $\lim\limits_{x \to +\infty} \dfrac{f(x)}{g(x)}$, 则无穷积分 $\int_a^{+\infty} f(x)\mathrm{d}x$ 收敛;

(2) 如果能找到一个非负函数 $g(x)$, 使得无穷积分 $\int_a^{+\infty} g(x)\mathrm{d}x$ 发散, 并且 $\lim\limits_{x \to +\infty} \dfrac{f(x)}{g(x)}$ 存在且不等于零, 或者 $\dfrac{f(x)}{g(x)} \to \infty (x \to +\infty)$, 则 $\int_a^{+\infty} f(x)\mathrm{d}x$ 发散.

证明 (1) 若存在极限 $q = \lim\limits_{x \to +\infty} \dfrac{f(x)}{g(x)}$, 则由极限保号性推出: $\exists A > a$, 使得当 $x > A$ 时, 恒有 $0 \leqslant \dfrac{f(x)}{g(x)} < q + 1 = M$. 于是当 $x > A$ 时, 恒有 $0 \leqslant f(x) < Mg(x)$. 由积分 $\int_a^{+\infty} g(x)\mathrm{d}x$ 收敛推出 $\int_a^{+\infty} Mg(x)\mathrm{d}x$ 收敛. 进而由比较判别法推出积分 $\int_a^{+\infty} f(x)\mathrm{d}x$ 收敛.

(2) 如果 $\lim\limits_{x \to +\infty} \dfrac{f(x)}{g(x)}$ 存在且不等于零, 即 $q = \lim\limits_{x \to +\infty} \dfrac{f(x)}{g(x)} > 0$,

则由极限保号性推出：$\exists A > a$，使得当 $x > A$ 时，恒有 $\dfrac{f(x)}{g(x)} >$ $\dfrac{q}{2} > 0$. 于是当 $x > A$ 时，恒有 $f(x) > \dfrac{q}{2} g(x)$. 由积分 $\displaystyle\int_a^{+\infty} g(x)\mathrm{d}x$ 发散推出 $\displaystyle\int_a^{+\infty} \dfrac{q}{2} g(x)\mathrm{d}x$ 发散. 进而由比较判别法推出积分 $\displaystyle\int_a^{+\infty} f(x)\mathrm{d}x$ 发散.

如果 $\dfrac{f(x)}{g(x)} \to \infty (x \to +\infty)$，则同样可以推出积分 $\displaystyle\int_a^{+\infty} f(x)\mathrm{d}x$ 发散.

注意到无穷积分 $\displaystyle\int_1^{+\infty} \dfrac{\mathrm{d}x}{x^p}$，当 $p > 1$ 时收敛，当 $p \leqslant 1$ 时发散. 在定理 7.7.2 中，将 $g(x)$ 取作 $\dfrac{1}{x^p}$，就得到下面的比阶判别法（极限形式）.

定理 7.7.3（比阶判别法的极限形式）　考察无穷积分 $\displaystyle\int_a^{+\infty} f(x)\mathrm{d}x, f(x) \geqslant 0, x \in [a, +\infty)$.

(1) 如果 $\exists p > 1$，使得 $\lim\limits_{x \to \infty} x^p f(x)$ 存在，则 $\displaystyle\int_a^{+\infty} f(x)\mathrm{d}x$ 收敛；

(2) 如果 $\exists p \leqslant 1$，使得 $\lim\limits_{x \to \infty} x^p f(x)$ 存在且不等于零，或者 $x^p f(x) \to \infty (x \to +\infty)$，则 $\displaystyle\int_a^{+\infty} f(x)\mathrm{d}x$ 发散.

例 7.7.5　研究 $\displaystyle\int_0^{+\infty} x^\alpha \mathrm{e}^{-x}\mathrm{d}x$ 的收敛性，其中 α 为正数.

解　由于 $\lim\limits_{x \to \infty} x^2 x^\alpha \mathrm{e}^{-x} = 0$，所以，由比阶判别法推出 $\displaystyle\int_0^{+\infty} x^\alpha \mathrm{e}^{-x}\mathrm{d}x$ 的收敛.

例 7.7.6　研究 $\displaystyle\int_1^{+\infty} \dfrac{\big[\ln(x+2) - \ln x\big]}{\sqrt{x}}\mathrm{d}x$ 的收敛性.

解 由于

$$\lim_{x \to \infty} x^{\frac{3}{2}} \cdot \frac{\ln(x+2) - \ln x}{\sqrt{x}} = \lim_{x \to \infty} x \ln\left(1 + \frac{2}{x}\right) = 2,$$

所以由比阶判别法推出这个无穷积分收敛.

上面简单地研究了非负函数无穷积分的收敛判定问题. 对于任意函数(变号函数),无穷积分的收敛判定问题要复杂一些. 为了研究这个问题,需要介绍无穷积分的柯西收敛准则.

定理 7.7.4(无穷积分的柯西收敛准则) 无穷积分 $\int_0^{+\infty} f(x)\mathrm{d}x$ 收敛的充分必要条件是:对于任意正数 ε,都能找到正数 N,使得对任意满足 $A_1 > N, A_2 > N$ 的实数 A_1, A_2,都有

$$\left| \int_{A_1}^{A_2} f(x)\mathrm{d}x \right| < \varepsilon.$$

这个定理的必要性部分比较容易,读者可以作为练习. 充分性的证明比较复杂,我们略去证明细节.

利用柯西收敛准则可以证明下述关于任意函数的无穷积分的一个收敛判别法.

定理 7.7.5 假定对于任意的常数 $A > a$,定积分 $\int_a^A f(x)\mathrm{d}x$ 存在. 如果无穷积分 $\int_a^{+\infty} |f(x)|\mathrm{d}x$ 收敛,则无穷积分 $\int_a^{+\infty} f(x)\mathrm{d}x$ 收敛.

证明 对于任意正数 ε,由于无穷积分 $\int_a^{+\infty} |f(x)|\mathrm{d}x$ 收敛,所以,根据柯西收敛准则(必要性部分),能找到正数 N. 只要 A_1, A_2 满足 $A_1 > N, A_2 > N$,就有 $\left| \int_{A_1}^{A_2} |f(x)|\mathrm{d}x \right| < \varepsilon$.

于是,只要 A_1, A_2 满足 $A_1 > N, A_2 > N$,就有

$$\left| \int_{A_1}^{A_2} f(x)\mathrm{d}x \right| \leqslant \left| \int_{A_1}^{A_2} |f(x)|\mathrm{d}x \right| < \varepsilon.$$

因此,根据柯西收敛准则(充分性部分)推出 $\int_a^{+\infty} f(x)\mathrm{d}x$ 收敛.

例 7.7.7 研究 $\int_1^{+\infty} x^2 \mathrm{e}^{-x} \sin x \mathrm{d}x$ 的收敛性.

解 考察 $\int_1^{+\infty} |x^2 \mathrm{e}^{-x} \sin x| \mathrm{d}x$. 这是非负函数的无穷积分. 因为 $\lim\limits_{x \to +\infty} x^2 |x^2 \mathrm{e}^{-x} \sin x| = 0$,所以由比阶判别法 $\int_1^{+\infty} |x^2 \mathrm{e}^{-x} \sin x| \mathrm{d}x$ 收敛,进而由定理 7.7.5 推出, $\int_1^{+\infty} x^2 \mathrm{e}^{-x} \sin x \mathrm{d}x$ 收敛.

对于瑕积分的收敛判定,有完全类似的结论. 下面仅叙述比阶判别法的极限形式.

定理 7.7.6 假设 a 是瑕积分 $\int_a^b f(x)\mathrm{d}x$ 的瑕点.

(1) 如果存在正数 $p < 1$,使得极限 $\lim\limits_{x \to a^+} (x-a)^p f(x)$ 存在,则 $\int_a^b f(x)\mathrm{d}x$ 收敛.

(2) 如果存在正数 $p \geqslant 1$,使得极限 $\lim\limits_{x \to a^+} (x-a)^p f(x)$ 存在且不等于零,或者当 $x \to a^+$ 时, $(x-a)^p f(x) \to \infty$,则 $\int_a^b f(x)\mathrm{d}x$ 发散.

例 7.7.8 研究 $\int_0^1 \dfrac{\ln x}{x^\alpha} \mathrm{d}x$ 的收敛性,其中 α 为正数.

解 当 $\alpha < 1$ 时,令 $p = \dfrac{1+\alpha}{2}$,则 $\alpha < p < 1$. 于是,

$$\lim_{x \to 0^+} x^p \cdot \frac{\ln x}{x^\alpha} = \lim_{x \to 0^+} x^{p-\alpha} \ln x = 0.$$

因此,由定理 7.7.7 推出, $\int_0^1 \dfrac{\ln x}{x^\alpha} \mathrm{d}x$ 收敛.

当 $\alpha \geqslant 1$ 时,令 $p = \alpha \geqslant 1$. 这时有 $\lim\limits_{x \to 0^+} x^p \dfrac{\ln x}{x^\alpha} = \lim\limits_{x \to 0^+} \ln x = \infty$.

所以,由定理 7.7.7 推出, $\int_0^1 \dfrac{\ln x}{x^\alpha} \mathrm{d}x$ 发散.

例 7.7.9　研究积分 $\Gamma(\alpha) = \displaystyle\int_0^{+\infty} x^{\alpha-1} \mathrm{e}^{-x} \mathrm{d}x$ 的收敛性.

解　这个积分是无穷积分,同时还有一个可能的瑕点 0. 因此需要将它分成两个积分分别考察:

$$I_1 = \int_0^1 x^{\alpha-1} \mathrm{e}^{-x} \mathrm{d}x, \quad I_2 = \int_1^{+\infty} x^{\alpha-1} \mathrm{e}^{-x} \mathrm{d}x.$$

I_1 是瑕积分,瑕点为 0. 当 $\alpha > 0$ 时,令 $p = 1 - \alpha$,则 $p < 1$,且 $\lim\limits_{x \to 0^+} x^p \cdot x^{\alpha-1} \mathrm{e}^{-x} = 1$. 所以,由定理 7.7.6 推出,$I_1$ 收敛. 当 $\alpha \leqslant 0$ 时,令 $p = 1 - \alpha$,则 $p \geqslant 1$,且 $\lim\limits_{x \to 0^+} x^p \cdot x^{\alpha-1} \mathrm{e}^{-x} = 1 \neq 0$. 所以,由定理 7.7.6 推出,$I_1$ 发散.

I_2 是无穷积分. 对于任意实数 α,都有 $\lim\limits_{x \to 0^+} x^2 \cdot x^{\alpha-1} \mathrm{e}^{-x} = 0$. 所以,由定理 7.7.6 推出,$I_2$ 收敛.

综上所述,积分 $\Gamma(\alpha) = \displaystyle\int_0^{+\infty} x^{\alpha-1} \mathrm{e}^{-x} \mathrm{d}x$ 当 $\alpha > 0$ 时收敛,当 $\alpha \leqslant 0$ 时发散.

注　$\Gamma(\alpha) = \displaystyle\int_0^{+\infty} x^{\alpha-1} \mathrm{e}^{-x} \mathrm{d}x$ 是一个含参变量 α 的反常积分. 称为 Γ 函数,这是一个在数学物理中非常重要的特殊函数. 显然,作为参变量 α 的函数,Γ 函数的定义域是 $(0, +\infty)$.

例 7.7.10　研究积分 $\mathrm{B}(\alpha, \beta) = \displaystyle\int_0^1 x^{\alpha-1} (1-x)^{\beta-1} \mathrm{d}x$ 的收敛性.

解　这个积分有两个可能的瑕点 0 和 1,因此需要将它分成两个积分分别考察:

$$I_1 = \int_0^{\frac{1}{2}} x^{\alpha-1} (1-x)^{\beta-1} \mathrm{d}x, \quad I_2 = \int_{\frac{1}{2}}^1 x^{\alpha-1} (1-x)^{\beta-1} \mathrm{d}x.$$

I_1 的瑕点为 0. 当 $\alpha > 0$ 时,令 $p = 1 - \alpha$,则 $p < 1$,且

$$\lim_{x \to 0^+} x^p \cdot x^{\alpha-1} (1-x)^{\beta-1} = 1.$$

所以,由定理 7.7.6 推出 I_1 收敛.

当 $\alpha \leqslant 0$ 时,令 $p = 1 - \alpha$,则 $p \geqslant 1$,且

$$\lim_{x \to 0^+} x^p \cdot x^{\alpha-1}(1-x)^{\beta-1} = 1 \neq 0.$$

所以,由定理 7.7.6 推出 I_1 发散.

同样可以证明:当 $\beta > 0$ 时,I_2 收敛;当 $\beta \leqslant 0$ 时,I_2 发散.

综上所述,积分 $B(\alpha, \beta) = \int_0^1 x^{\alpha-1}(1-x)^{\beta-1}\mathrm{d}x$ 当 $\alpha > 0$ 并且 $\beta > 0$ 时收敛,其他情形发散.

注 $B(\alpha, \beta) = \int_0^1 x^{\alpha-1}(1-x)^{\beta-1}\mathrm{d}x$ 是含两个参变量 α 和 β 的反常积分,称为 B 函数,这也是在数学物理中非常重要的特殊函数. 作为参变量 α 和 β 的二元函数,B 函数的定义域是 $\{(\alpha, \beta) \mid \alpha > 0, \beta > 0\}$.

习 题 7.7

1. 计算下列反常积分:

(1) $\displaystyle\int_2^{+\infty} \frac{\mathrm{d}x}{x^2 - 1}$;

(2) $\displaystyle\int_1^{+\infty} \frac{\arctan x}{x^3}\mathrm{d}x$;

(3) $\displaystyle\int_0^{+\infty} x\mathrm{e}^{-x^2}\mathrm{d}x$;

(4) $\displaystyle\int_{\mathrm{e}}^{+\infty} \frac{\mathrm{d}x}{x(\ln x)^2}$;

(5) $\displaystyle\int_1^{+\infty} \frac{\mathrm{d}x}{x\sqrt{x^2-1}}$;

(6) $\displaystyle\int_0^1 \frac{\arcsin x}{\sqrt{1-x^2}}\mathrm{d}x$;

(7) $\displaystyle\int_0^1 \ln x\mathrm{d}x$;

(8) $\displaystyle\int_1^{\mathrm{e}} \frac{\mathrm{d}x}{x\sqrt{1-(\ln x)^2}}$.

2. 讨论下列广义积分的收敛性:

(1) $\displaystyle\int_0^{+\infty} \frac{x^2}{x^4 - x^2 + 1}\mathrm{d}x$;

(2) $\displaystyle\int_0^{+\infty} \frac{x^m}{1+x^n}\mathrm{d}x, m > 0, n > 0$;

(3) $\displaystyle\int_0^{+\infty} x^n \mathrm{e}^{-x}\mathrm{d}x, n > 0$;

(4) $\displaystyle\int_1^{+\infty} \frac{\mathrm{d}x}{x^p + x^q}, p > 0, q > 0$;

(5) $\int_0^1 x^a \ln x \mathrm{d}x, a > 0$；　　　(6) $\int_0^1 \dfrac{\ln x}{1-x} \mathrm{d}x$；

(7) $\int_0^{\frac{\pi}{2}} \dfrac{\mathrm{d}x}{\sin^p x \, \cos^q x}, p > 0, q > 0$；

(8) $\int_0^1 x^{p-1}(1-x)^{q-1} \ln x \mathrm{d}x$.

3. 设 $f(x), g(x)$ 在任意区间 $[0, A]$ 上可积 $(A > 0)$，且 $\int_0^{+\infty} f^2(x) \mathrm{d}x$，$\int_0^{+\infty} g^2(x) \mathrm{d}x$ 都收敛，试证：

(1) $\int_0^{+\infty} f(x)g(x)\mathrm{d}x$ 绝对收敛，即 $\int_0^{+\infty} |f(x)g(x)| \mathrm{d}x$ 收敛.

(2) $\int_0^{+\infty} (f(x) + g(x))^2 \mathrm{d}x$ 收敛.

第 7 章补充题

1. 设 $f \in R[a,b], g \in R[a,b]$，求证
$$\left(\int_a^b f(x)g(x)\mathrm{d}x\right)^2 \leqslant \int_a^b f^2(x)\mathrm{d}x \int_a^b g^2(x)\mathrm{d}x.$$

2. 设 $f(x)$ 在区间 $[0,1]$ 上连续且单调减少，又设 $f(x) > 0$，求证对于任意满足 $0 < \alpha < \beta < 1$ 的 α 和 β，有
$$\beta \int_0^\alpha f(x)\mathrm{d}x > \alpha \int_0^\beta f(x)\mathrm{d}x.$$

3. 设 $f(x), g(x)$ 在区间 $[0, +\infty)$ 上连续，其中 $f(x) > 0 (0 \leqslant x < +\infty)$，$g(x)$ 在区间 $[0, +\infty)$ 上单调增加，令
$$\varphi(x) = \frac{\displaystyle\int_0^x f(t)g(t)\mathrm{d}t}{\displaystyle\int_0^x f(t)\mathrm{d}t}.$$

求证 $\varphi(x)$ 在区间 $[0, +\infty)$ 上单调增加.

4. 设 $f'(x)$ 在区间 $[a,b]$ 上连续，且 $f(a) = f(b) = 0$，求证：
$$\left| \int_a^b f(x)\mathrm{d}x \right| \leqslant \frac{(b-a)^3}{4} \max_{a \leqslant x \leqslant b} |f'(x)|.$$

5. 设 $f(x)$ 在区间 $[a,b]$ 上连续且单调增加,证明:

$$\int_a^b xf(x)\mathrm{d}x \geqslant \frac{a+b}{2}\int_a^b f(x)\mathrm{d}x.$$

6. 设 $f(x)$ 在区间 $[0,1]$ 上连续,下凸且非负,$f(0)=0$,求证:

$$\int_0^{\frac{1}{2}} f(x)\mathrm{d}x \leqslant \frac{1}{4}\int_0^1 f(x)\mathrm{d}x.$$

7. 设 $f(x)$ 在区间 $[a,b]$ 上连续且 $f(x)\geqslant 0$,又令 $M=\max\limits_{a\leqslant x\leqslant b}\{f(x)\}$,求证:

$$\lim_{n\to\infty}\left(\int_a^b f^n(x)\mathrm{d}x\right)^{\frac{1}{n}} = M.$$

8. 设 $f\in C[a,b]$,如果对于任意一个满足 $g(a)=g(b)=0$ 的 $g\in C[a,b]$,都有 $\int_a^b f(x)g(x)\mathrm{d}x=0$.求证:$f(x)\equiv 0$.

9. 设 $f\in C(0,+\infty)$,并且对任意的 $a>0$ 和 $b>1$,积分值 $\int_a^{ab} f(x)\mathrm{d}x$ 与 a 无关.求证:存在常数 c,使得 $f(x)=\dfrac{c}{x}$.

10. 设 $f\in R[a,b]$,其中 $b-a=1$,求证:

(1) $\mathrm{e}^{\int_a^b f(x)\mathrm{d}x} \leqslant \int_a^b \mathrm{e}^{f(x)}\mathrm{d}x$;

(2) 若 $f(x)\geqslant c>0$,则 $\int_0^1 \ln f(x)\mathrm{d}x \leqslant \ln\int_0^1 f(x)\mathrm{d}x$.

11. 设 $f\in R[0,\pi]$,求证:

$$\lim_{n\to\infty}\int_0^\pi f(x)\,|\sin nx|\,\mathrm{d}x = \frac{2}{\pi}\int_0^\pi f(x)\mathrm{d}x.$$

12. 若 f 为连续函数,求证:

$$\int_0^x f(u)(x-u)\mathrm{d}u = \int_0^x \left(\int_0^u f(t)\mathrm{d}t\right)\mathrm{d}u.$$

13. 设 $f(x)$ 在区间 $[0,+\infty)$ 上一致连续且非负,如果无穷积分

$$\int_0^{+\infty} f(x)\mathrm{d}x$$

收敛,求证:$\lim\limits_{x\to+\infty} f(x)=0$.

14. 计算两椭圆 $\dfrac{x^2}{a^2}+\dfrac{y^2}{b^2}\leqslant 1$ 和 $\dfrac{x^2}{b^2}+\dfrac{y^2}{a^2}\leqslant 1(a>0,b>0)$ 公共部分的

面积.

15. 求曲线 $L: x^3 + y^3 - 3axy = 0 (a > 0)$

(1) 自闭部分围成的面积；

(2) 与其渐近线围成的面积.

16. 设 $f(x) \in C[0,1]$，且 $f(x) < 1$，证明：方程 $2x - \int_0^x f(t)\mathrm{d}t = 1$ 在区间 $(0,1)$ 上有且只有一个根.

17. 计算积分 $\int_0^{\frac{\pi}{2}} \ln(\sin x)\mathrm{d}x$ 和 $\int_0^{\pi} \ln(1 + \cos x)\mathrm{d}x$.

18. 设 $f(x)$ 连续，$\varphi(x) = \int_0^1 f(xt)\mathrm{d}t$，且 $\lim\limits_{x \to 0} \dfrac{f(x)}{x} = A (A \text{ 为常数})$. 求 $\varphi'(x)$ 且讨论 $\varphi'(x)$ 在 $x = 0$ 的连续性.

19. 设 $f(x) \in C^2[a,b]$，试证：$\exists \xi \in [a,b]$，使得

$$\int_a^b f(x)\mathrm{d}x = (b-a)f\left(\frac{a+b}{2}\right) + \frac{1}{24}(b-a)^3 f''(\xi).$$

第8章 级 数

无穷级数的理论在现代数学方法中占有重要的地位. 在历史上, 人们需要用有理数近似地表示某些无理数(例如圆周率 π), 这是级数概念产生的一个因素. 级数概念产生的另一个重要因素是数学家对于某些纯数学问题的兴趣. 函数项级数主要用于用简单的初等函数表示非初等函数. 对于某些非初等函数, 只有将它们表示成初等函数的函数级数, 才能够对其进行微分(即求导数)和积分运算. 级数也是用微积分研究问题的一个重要方法. 因而级数历来是微积分的一个重要组成部分. 它在自然科学的很多领域有着广泛的应用.

本章内容包括数项级数与函数项级数两部分. 对于数项级数, 主要内容是研究级数的收敛判别法. 对于函数项级数, 主要是研究函数项级数所表示的函数的分析性质. 特别是函数级数的积分法与微分法.

8.1 数项级数的概念与性质

8.1.1 基本概念

级数就是无穷多个数相加. 假设 $\{u_n\}$ 是一个数列. 数列中所有的数依次相加:

$$\sum_{n=1}^{\infty} u_n = u_1 + u_2 + \cdots + u_n + \cdots \qquad (8.1.1)$$

就称为级数. 不过这是一个纯粹形式化的定义, 因为无穷多个数怎样相加是一个尚待解释的概念.

定义 8.1.1 假设 $\{u_n\}$ 是一个数列. 对于任意正整数 n, 称 u_n

为级数 $\sum\limits_{n=1}^{\infty} u_n$ 的通项,或一般项.称

$$S_n = \sum_{k=1}^{n} u_k = u_1 + u_2 + \cdots + u_n$$

为级数 $\sum\limits_{n=1}^{\infty} u_n$ 的第 n 部分和,或者前 n 项部分和.由部分和构成的数列 $\{S_n\}$ 称为该级数的**部分和序列**.

如果级数 $(8.1.1)$ 的部分和序列 $\{S_n\}$ 存在极限 $\lim\limits_{n\to\infty} S_n = S$,则称级数 $\sum\limits_{n=1}^{\infty} u_n$ **收敛**,并称 S 为该级数的和,记作 $S = \sum\limits_{n=1}^{\infty} u_n$.如果部分和序列 $\{S_n\}$ 的极限不存在,就称级数 $\sum\limits_{n=1}^{\infty} u_n$ **发散**.发散的级数没有和数.

于是,级数是无穷多个数求和问题,无穷多个数的"求和"是一个新的问题,它是用有限个数的求和取极限确定的.

例 8.1.1 研究级数 $\sum\limits_{n=1}^{\infty} \dfrac{1}{(n+1)(n+2)}$ 的收敛性.

解 由

$$\frac{1}{(n+1)(n+2)} = \frac{1}{n+1} - \frac{1}{n+2}$$

得到第 n 部分和

$$S_n = \left(\frac{1}{2} - \frac{1}{3}\right) + \left(\frac{1}{3} - \frac{1}{4}\right) + \cdots + \left(\frac{1}{n} - \frac{1}{n+1}\right)$$
$$+ \left(\frac{1}{n+1} - \frac{1}{n+2}\right) = \frac{1}{2} - \frac{1}{n+2},$$

于是得到 $\lim\limits_{n\to\infty} S_n = \lim\limits_{n\to\infty}\left(\dfrac{1}{2} - \dfrac{1}{n+2}\right) = \dfrac{1}{2}$.因此该级数收敛,并且

$$\sum_{n=1}^{\infty} \frac{1}{(n+1)(n+2)} = \frac{1}{2}.$$

例 8.1.2　研究级数 $\displaystyle\sum_{n=1}^{\infty} \frac{1}{\sqrt{n}}$ 的收敛性.

解　由于

$$S_n = 1 + \frac{1}{\sqrt{2}} + \cdots + \frac{1}{\sqrt{n}} > \frac{n}{\sqrt{n}} = \sqrt{n} \to +\infty,$$

所以 $\lim\limits_{n\to\infty} S_n$ 不存在,因而该级数发散.

注　当部分和 $S_n \to +\infty$ 时,$\lim\limits_{n\to\infty} S_n$ 不存在.此时级数 $\displaystyle\sum_{n=1}^{\infty} u_n$ 发散,因而级数没有和.但是为了简明起见,对于这种情形也可以表示为 $\displaystyle\sum_{n=1}^{\infty} u_n = +\infty$.

8.1.2　级数的性质

下面介绍级数的某些基本性质,这些性质在研究级数的运算及收敛性判别中起着重要的作用.

定理 8.1.1(级数收敛的必要条件)　若级数 $\displaystyle\sum_{n=1}^{\infty} u_n$ 收敛,则必有 $\lim\limits_{n\to\infty} u_n = 0$.

证明　因为级数 $\displaystyle\sum_{n=1}^{\infty} u_n$ 收敛,所以有 $\lim\limits_{n\to\infty} S_n = S$,$\lim\limits_{n\to\infty} S_{n-1} = \lim\limits_{n\to\infty} S_n = S$.从而,得到

$$\lim_{n\to\infty} u_n = \lim_{n\to\infty} (S_n - S_{n-1}) = S - S = 0.$$

但是要注意,通项趋向于零只是级数收敛的必要条件,而非充分条件.例如,例 8.1.2 中的级数通项 $\dfrac{1}{\sqrt{n}} \to 0$,但 $\displaystyle\sum_{n=1}^{\infty} \frac{1}{\sqrt{n}}$ 是发散的.

定理 8.1.2(收敛级数的线性性质)　若 $\displaystyle\sum_{n=1}^{\infty} u_n$ 与 $\displaystyle\sum_{n=1}^{\infty} v_n$ 都收

敛,则对于任意常数 $\alpha,\beta,\sum\limits_{n=1}^{\infty}(\alpha u_n+\beta v_n)$ 也收敛,并且

$$\sum_{n=1}^{\infty}(\alpha u_n+\beta v_n)=\alpha\sum_{n=1}^{\infty}u_n+\beta\sum_{n=1}^{\infty}v_n.$$

定理 8.1.3 收敛的级数满足结合律,即若级数 $\sum\limits_{n=1}^{\infty}u_n$ 收敛,则在级数通项的相加过程中任意加括号(不改变原有顺序)之后,既不改变级数的收敛性,也不改变级数的和.

定理 8.1.4 级数 $\sum\limits_{n=1}^{\infty}u_n$ 是否收敛,与该级数的前有限项无关.也就是说,在级数中增加、删除或者改变前有限项之后所得级数不改变原级数的收敛与发散(当然,对于收敛的级数,改变有限项之后可能会改变级数的和).

由此我们得到一个重要启示:级数 $\sum\limits_{n=1}^{\infty}u_n$ 是否收敛,取决于 n 充分大以后 u_n 的状况,而与前面任意有限项的状况无关.

8.1.3 几何级数与 p 级数

下面介绍的两个特殊的级数,它们在级数理论中有重要的作用.

例 8.1.3 几何级数(等比级数)

$$\sum_{n=0}^{\infty}aq^{n-1}=a+aq+aq^2+\cdots+aq^n+\cdots,\quad a\neq 0,q\text{ 为常数}.$$

当 $|q|<1$ 时,

$$S_n=\frac{a(1-q^n)}{1-q}\to\frac{a}{1-q},\quad n\to\infty,$$

所以该级数收敛,其和为 $\dfrac{a}{1-q}$.

当 $|q|\geqslant 1$ 时,级数的通项不趋向于零,所以发散.

例 8.1.4 研究 p 级数 $\sum\limits_{n=1}^{\infty}\dfrac{1}{n^p}$ 的收敛性,其中 p 为任意常数.

解 注意到部分和 $S_n = \sum_{k=1}^{n} \dfrac{1}{k^p}$ 单调增加,所以该级数收敛(即部分和序列存在极限)的充分必要条件是部分和序列有界.

当 $p \leqslant 0$ 时,级数的一般项 $\dfrac{1}{n^p}$ 不趋向于零,因此级数发散.

当 $p > 1$ 时,有

$$\frac{1}{2^p} < \int_1^2 \frac{1}{x^p} \mathrm{d}x, \frac{1}{3^p} < \int_2^3 \frac{1}{x^p} \mathrm{d}x, \cdots, \frac{1}{n^p} < \int_{n-1}^n \frac{1}{x^p} \mathrm{d}x, \cdots,$$

于是,有

$$S_n = \sum_{k=1}^{n} \frac{1}{k^p} < 1 + \sum_{k=2}^{n} \int_{k-1}^k \frac{\mathrm{d}x}{x^p} = 1 + \int_1^n \frac{\mathrm{d}x}{x^p} < 1 + \int_1^{+\infty} \frac{\mathrm{d}x}{x^p}.$$

当 $p > 1$ 时,无穷积分 $\int_1^{+\infty} \dfrac{\mathrm{d}x}{x^p}$ 收敛. 所以当 $p > 1$ 时, p 级数的部分和序列单调增加且有上界,从而级数收敛.

当 $0 < p \leqslant 1$ 时,

$$1 > \int_1^2 \frac{1}{x^p} \mathrm{d}x, \frac{1}{2^p} > \int_2^3 \frac{1}{x^p} \mathrm{d}x, \cdots, \frac{1}{3^p} > \int_3^4 \frac{1}{x^p} \mathrm{d}x, \cdots, \frac{1}{n^p} > \int_n^{n+1} \frac{1}{x^p} \mathrm{d}x, \cdots,$$

于是

$$S_n = \sum_{k=1}^{n} \frac{1}{k^p} > \sum_{k=1}^{n} \int_k^{k+1} \frac{\mathrm{d}x}{x^p} = \int_1^{n+1} \frac{\mathrm{d}x}{x^p}.$$

当 $p \leqslant 1$ 时,无穷积分 $\int_1^{+\infty} \dfrac{\mathrm{d}x}{x^p}$ 发散,所以,当 $n \to \infty$ 时,$\int_1^{n+1} \dfrac{\mathrm{d}x}{x^p} \to +\infty$,从而 $S_n \to +\infty$. 于是 p 级数发散.

习 题 8.1

复习题

1. 设 $\{S_n\}$ 是级数 $\sum_{n=1}^{\infty} u_n$ 的部分和序列. 如果 $\{S_{2n}\}$ 和 $\{S_{2n-1}\}$ 都收敛于同一个极限,该级数是否收敛?

2. 试举例说明：一般项趋向于零的级数未必收敛.

3. 级数 $\sum\limits_{n=1}^{\infty} u_n$ 和 $\sum\limits_{n=1}^{\infty} (u_{2n-1} + u_{2n})$ 的敛散性有什么关系？考察级数 $\sum\limits_{n=1}^{\infty} (-1)^{n-1}$.

4. 假设 $\lim\limits_{n\to\infty} u_n = 0$，级数 $\sum\limits_{n=1}^{\infty} (u_{2n-1} + u_{2n})$ 收敛能否推出级数 $\sum\limits_{n=1}^{\infty} u_n$ 收敛？

5. 由 $\sum\limits_{n=1}^{\infty} (u_n + v_n)$ 收敛能否推出 $\sum\limits_{n=1}^{\infty} u_n$ 和 $\sum\limits_{n=1}^{\infty} v_n$ 收敛？

习题

1. 求下列级数的和：

(1) $\sum\limits_{n=1}^{\infty} \dfrac{1}{n(n+1)(n+2)}$；　　　(2) $\sum\limits_{n=1}^{\infty} \dfrac{1}{(3n-2)(3n+1)}$.

2. 利用级数的基本性质研究下列级数的收敛性：

(1) $\sum\limits_{n=1}^{\infty} \left(\dfrac{3}{2^n} - \dfrac{4}{3^n} \right)$；　　　(2) $\sum\limits_{n=1}^{\infty} \left(\dfrac{1}{n^2} - \dfrac{1}{n} \right)$；

(3) $\sum\limits_{n=1}^{\infty} \left(\dfrac{1}{n} - \dfrac{1}{n+3} \right)$；　　　(4) $\sum\limits_{n=1}^{\infty} \dfrac{n-100}{n}$.

8.2　正项级数的收敛判别法

每项都非负的级数称为正项级数. 如果 $\sum\limits_{n=1}^{\infty} u_n$ 是正项级数，则它的部分和序列 $\{S_n\}$ 是单调增加的. 于是只要部分和有上界，级数就收敛. 因此，判别正项级数是否收敛，只需要判别 $\{S_n\}$ 是否有上界.

另一方面，一般情况下，级数的部分和 S_n 的通项公式难以求得. 所以通过考察部分和来确定级数是否收敛往往比较困难. 因此在一般情形, 判定级数是否收敛的主要途径是考察级数的通项趋向于零的速度. 正项级数尤其如此.

8.2.1 比较判别法和比阶判别法

比较判别法是最基本的一种判别级数收敛性的方法. 它的主要思路是找一个收敛 (或者发散) 性已知的级数和待考察的级数进行比较.

定理 8.2.1 设 $\sum\limits_{n=1}^{\infty} u_n$ 是正项级数.

(1) 如果能找到一个收敛的正项级数 $\sum\limits_{n=1}^{\infty} v_n$, 使得当 n 充分大时 (即当 n 大于某个正整数 N 时), 恒有 $u_n \leqslant M v_n$, 其中 M 是某个正数, 则 $\sum\limits_{n=1}^{\infty} u_n$ 收敛;

(2) 如果能找到一个发散的正项级数 $\sum\limits_{n=1}^{\infty} v_n$, 使得当 n 充分大时恒有 $u_n \geqslant M v_n$, 其中 M 是某个正数, 则 $\sum\limits_{n=1}^{\infty} u_n$ 发散.

证明 (1) 由于级数是否收敛与它的前有限项无关, 可以不妨设对于所有的 $n \in \mathbb{Z}^+$ 都满足 $0 \leqslant u_n \leqslant M v_n$. 令 $U_n = \sum\limits_{k=1}^{n} u_k$,

$V_n = \sum\limits_{k=1}^{n} v_k, V = \sum\limits_{k=1}^{\infty} v_n$. 于是, 由 $0 \leqslant u_n \leqslant M v_n$ 推出 $U_n \leqslant M V_n \leqslant$

MV. 因此 $\sum\limits_{n=1}^{\infty} u_n$ 的部分和序列 $\{U_n\}$ 有界, 从而正项级数 $\sum\limits_{n=1}^{\infty} u_n$ 收敛.

结论 (2) 可以由结论 (1) 直接推出. 事实上, 在结论 (2) 的条件下,如果 $\sum\limits_{n=1}^{\infty} u_n$ 收敛,则由结论(1)推出 $\sum\limits_{n=1}^{\infty} v_n$ 也收敛,与条件冲突.

例 8.2.1　判定级数的收敛性:

(1) $\sum\limits_{n=1}^{\infty} \dfrac{3}{n^2 - 5n + 5}$;　(2) $\sum\limits_{n=1}^{\infty} \dfrac{1}{\sqrt{n^2 + 2n + 1}}$.

解　当 $n > 8$ 时,有 $n^2 - 5n + 5 > \dfrac{1}{2} n^2$,即 $\dfrac{3}{n^2 - 5n + 5} < \dfrac{6}{n^2}$. 注意到 $\sum\limits_{n=1}^{\infty} \dfrac{1}{n^2}$ 收敛,由比较判别法就推出级数(1)收敛;

当 $n > 10$ 时,有 $\dfrac{1}{\sqrt{n^2 + 2n + 100}} > \dfrac{1}{10n}$. 因为 $\sum\limits_{n=1}^{\infty} \dfrac{1}{n}$ 发散,所以由比较判别法就推出级数(2)发散.

上述比较判别法需要逐一地比较 u_n 和 v_n,因此使用不很方便. 下面的定理是比较判别法的极限形式,虽然应用的范围受到某些限制,但是使用比较方便.

定理 8.2.2　设 $\sum\limits_{n=1}^{\infty} u_n$ 是正项级数.

(1) 如果能找到一个收敛的正项级数 $\sum\limits_{n=1}^{\infty} v_n$,使得极限 $\lim\limits_{n \to \infty} \dfrac{u_n}{v_n}$ 存在,则 $\sum\limits_{n=1}^{\infty} u_n$ 收敛;

(2) 如果能找到一个发散的正项级数 $\sum\limits_{n=1}^{\infty} v_n$,使得极限 $\lim\limits_{n \to \infty} \dfrac{u_n}{v_n}$ 存在且不等于零,或者当 $n \to \infty$ 时,$\dfrac{u_n}{v_n} \to +\infty$,则 $\sum\limits_{n=1}^{\infty} u_n$ 发散.

证明　(1) 设 $\lim\limits_{n \to \infty} \dfrac{u_n}{v_n} = A (A \geqslant 0)$. 由极限的保号性推出,当 n 充分大时,恒有 $\dfrac{u_n}{v_n} < A + 1$,即 $0 \leqslant u_n < (A + 1) v_n$. 级数 $\sum\limits_{n=1}^{\infty} v_n$ 收

敛,所以由比较判别法推出 $\sum\limits_{n=1}^{\infty} u_n$ 收敛.

(2) 设 $\lim\limits_{n\to\infty}\dfrac{u_n}{v_n}=A>0.$ 由极限的保号性推出,当 n 充分大时恒

有 $\dfrac{u_n}{v_n}>\dfrac{A}{2}>0$,即 $u_n>\dfrac{A}{2}v_n$. 级数 $\sum\limits_{n=1}^{\infty} v_n$ 发散,所以由比较判别法

推出 $\sum\limits_{n=1}^{\infty} u_n$ 发散.

例 8.2.2　判定级数的收敛性:

(1) $\sum\limits_{n=1}^{\infty} 2^n \sin\dfrac{1}{3^n}$;　　(2) $\sum\limits_{n=1}^{\infty} \ln\left(1+\dfrac{1}{n}\right)$.

解　由于 $\lim\limits_{n\to\infty}\dfrac{2^n\sin\dfrac{1}{3^n}}{\left(\dfrac{2}{3}\right)^n}=1$, $\sum\limits_{n=1}^{\infty}\left(\dfrac{2}{3}\right)^n$ 收敛,所以由定理 8.2.2

推出级数(1) 收敛.

由于 $\lim\limits_{n\to\infty}\dfrac{\ln\left(1+\dfrac{1}{n}\right)}{\dfrac{1}{n}}=1$ 以及 $\sum\limits_{n=1}^{\infty}\dfrac{1}{n}$ 发散,所以由定理 8.2.2

推出级数(2) 发散.

在比较判别法(定理 8.2.1)中,将 $\sum\limits_{n=1}^{\infty} v_n$ 取作 p 级数 $\sum\limits_{n=1}^{\infty}\dfrac{1}{n^p}$,就

得到下述比阶判别法.

定理 8.2.3　设 $\sum\limits_{n=1}^{\infty} u_n$ 是正项级数.

(1) 如果能找到 $p>1$,使得当 n 充分大时,有 $0\leqslant a_n\leqslant\dfrac{M}{n^p}$,其

中 M 是一个正数,则 $\sum\limits_{n=1}^{\infty} u_n$ 收敛;

(2) 如果能找到 $p\leqslant 1$ 和正数 M,使得当 n 充分大时,有 $a_n\geqslant$

$\dfrac{M}{n^p}$，则 $\sum\limits_{n=1}^{\infty} u_n$ 发散.

在定理 8.2.2 中，将 $\sum\limits_{n=1}^{\infty} v_n$ 取作 p 级数 $\sum\limits_{n=1}^{\infty} \dfrac{1}{n^p}$，就得到下面的比阶判别法的极限形式.

定理 8.2.4   设 $\sum\limits_{n=1}^{\infty} u_n$ 是正项级数.

(1) 如果能找到 $p > 1$，使得 $\lim\limits_{n\to\infty} n^p u_n$ 存在，则 $\sum\limits_{n=1}^{\infty} u_n$ 收敛;

(2) 如果能找到 $p \leqslant 1$，使得 $\lim\limits_{n\to\infty} n^p u_n$ 存在且不等于零，或者当 $n \to \infty$ 时，$n^p u_n \to +\infty$，则 $\sum\limits_{n=1}^{\infty} u_n$ 发散.

例 8.2.3   判定级数的收敛性:

(1) $\sum\limits_{n=1}^{\infty} \dfrac{\ln n}{n^p}, p > 1$;   (2) $\sum\limits_{n=1}^{\infty} \dfrac{2}{\sqrt[3]{n^2 + n + 7}}$.

解   (1) 取 q 满足 $1 < q < p$，则 $p - q > 0$. 因为 $\lim\limits_{n\to\infty} n^q \dfrac{\ln n}{n^p} = \lim\limits_{n\to\infty} \dfrac{\ln n}{n^{p-q}} = 0$，于是由定理 8.2.4 推出级数收敛.

(2) 因为 $\lim\limits_{n\to\infty} n^{\frac{2}{3}} \dfrac{2}{\sqrt[3]{n^2 + n + 7}} = 2 \neq 0$，于是由定理 8.2.4 推出级数发散.

例 8.2.4   判定级数 $\sum\limits_{n=1}^{\infty} \left[\dfrac{1}{n} - \ln\left(1 + \dfrac{1}{n}\right) \right]$ 的收敛性.

解   写出函数 $\ln(1+x)$ 在点 $x_0 = 0$ 的泰勒公式

$$\ln(1+x) = x - \frac{x^2}{2} + o(x^2) \quad (x \to 0).$$

于是当 $n \to \infty$ 时，有 $\ln\left(1 + \dfrac{1}{n}\right) = \dfrac{1}{n} - \dfrac{1}{2n^2} + o\left(\dfrac{1}{n^2}\right)$. 所以

$\dfrac{1}{n} - \ln\left(1 + \dfrac{1}{n}\right) = \dfrac{1}{2n^2} + o\left(\dfrac{1}{n^2}\right)$，进而有

$$\lim_{n \to \infty} n^2\left[\dfrac{1}{n} - \ln\left(1 + \dfrac{1}{n}\right)\right] = n^2\left[\dfrac{1}{2n^2} + o\left(\dfrac{1}{n^2}\right)\right] = \dfrac{1}{2}.$$

于是由定理 8.2.4 推出级数收敛.

8.2.2　比值判别法与根值判别法

上面的比阶判别法是以 p 级数作为参照考察级数的收敛性. 下面的比值判别法与根值判别法实质上则是以几何级数作为参照研究级数的收敛性.

定理 8.2.5（比值判别法）　设 $\displaystyle\sum_{n=1}^{\infty} u_n$ 为正项级数. $\displaystyle\lim_{n \to \infty} \dfrac{u_{n+1}}{u_n} = q$ 存在，或者当 $n \to \infty$ 时，$\dfrac{u_{n+1}}{u_n} \to \infty$. 则有下列结论：

（1）若 $q < 1$，则级数 $\displaystyle\sum_{n=1}^{\infty} u_n$ 收敛；

（2）若 $q > 1$，或者 $\dfrac{u_{n+1}}{u_n} \to \infty (n \to \infty)$，则级数 $\displaystyle\sum_{n=1}^{\infty} u_n$ 发散.

证明　当 $q > 1$，或者 $\dfrac{u_{n+1}}{u_n} \to \infty$ 时，级数的通项 u_n 显然不趋向于零，因此级数发散.

当 $q < 1$ 时，取正数 r 满足 $q < r < 1$. 由 $\displaystyle\lim_{n \to \infty} \dfrac{u_{n+1}}{u_n} = q$ 以及极限的保号性推出：存在自然数 N，只要 $n \geqslant N$，就有 $\dfrac{u_{n+1}}{u_n} < r$. 即

$$u_{N+1} < r u_N, u_{N+2} < r u_{N+1} < r^2 u_N, \cdots, u_{N+m} < r^m u_N, \cdots,$$

于是与几何级数 $\displaystyle\sum_{n=1}^{\infty} u_N r^n$ 比较便知道 $\displaystyle\sum_{n=N}^{\infty} u_n$ 收敛. 进而推出 $\displaystyle\sum_{n=1}^{\infty} u_n$ 收敛.

比值判别法是由法国数学家达朗贝尔提出并证明的，所以也称为达朗贝尔判别法. 这个方法以及后面的柯西根值判别法的优

点是不必找另外的级数进行比较,而直接从 $\{u_n\}$ 自身的状况来判别级数的收敛性.

注   当 $\lim\limits_{n\to\infty}\dfrac{u_{n+1}}{u_n}=1$ 时,不能对级数的收敛性给出确定的结论.如果 $\lim\limits_{n\to\infty}\dfrac{u_{n+1}}{u_n}$ 不存在, $\dfrac{u_{n+1}}{u_n}$ 也不趋向于无穷,也不能确定 $\sum\limits_{n=1}^{\infty}u_n$ 是否收敛.

例如,对于 p 级数 $\sum\limits_{n=1}^{\infty}\dfrac{1}{n^p}$ 来说,不论 p 为何值,都有 $\lim\limits_{n\to\infty}\dfrac{u_{n+1}}{u_n}=1$.但是 p 级数收敛与否与 p 的值有关.

例 8.2.5   判定级数的收敛性:

(1) $\sum\limits_{n=1}^{\infty}\dfrac{n^2}{3^n}$;   (2) $\sum\limits_{n=1}^{\infty}\dfrac{1}{3^n-n^3}$.

解   (1) $\lim\limits_{n\to\infty}\dfrac{u_{n+1}}{u_n}=\lim\limits_{n\to\infty}\dfrac{(n+1)^2}{3^{n+1}}\cdot\dfrac{3^n}{n^2}=\lim\limits_{n\to\infty}\dfrac{1}{3}\left(\dfrac{n+1}{n}\right)^2=$
$\dfrac{1}{3}<1$,所以级数收敛.

(2) $\lim\limits_{n\to\infty}\dfrac{u_{n+1}}{u_n}=\lim\limits_{n\to\infty}\dfrac{3^n-n^2}{3^{n+1}-(n+1)^3}=\dfrac{1}{3}<1$,所以级数收敛.

定理 8.2.6(柯西根值判别法)   设 $\sum\limits_{n=1}^{\infty}u_n$ 为正项级数.
$\lim\limits_{n\to\infty}(u_n)^{\frac{1}{n}}=q$ 存在,或者当 $n\to\infty$ 时, $(u_n)^{\frac{1}{n}}\to\infty$,则有下列结论:

(1) 若 $q<1$,则级数 $\sum\limits_{n=1}^{\infty}u_n$ 收敛;

(2) 若 $q>1$ 时,或者 $(u_n)^{\frac{1}{n}}\to\infty(n\to\infty)$,则级数 $\sum\limits_{n=1}^{\infty}u_n$ 发散.

这个定理的证明方法与定理 8.2.5 完全类似,故不再赘述.

注　当 $\lim\limits_{n\to\infty}(u_n)^{\frac{1}{n}}=1$ 时,不能对级数的收敛性给出肯定的结论. 如果 $\lim\limits_{n\to\infty}(u_n)^{\frac{1}{n}}$ 不存在,$(u_n)^{\frac{1}{n}}$ 也不趋向于无穷,也不能确定 $\sum\limits_{n=1}^{\infty}u_n$ 是否收敛.

例 8.2.6　判定级数的收敛性:

(1) $\sum\limits_{n=1}^{\infty}\dfrac{n^2}{3^n+2^n}$;　　　(2) $\sum\limits_{n=1}^{\infty}\left(\dfrac{n+1}{n}\right)^{n^2}\cdot\dfrac{1}{3^n}$.

解　(1) $\lim\limits_{n\to\infty}(u_n)^{\frac{1}{n}}=\lim\limits_{n\to\infty}\left(\dfrac{n^2}{3^n+2^n}\right)^{\frac{1}{n}}=\lim\limits_{n\to\infty}\dfrac{1}{3}\left[\dfrac{n^2}{1+\left(\dfrac{2}{3}\right)^n}\right]^{\frac{1}{n}}=$

$\dfrac{1}{3}$. 由定理 8.2.6 推出级数收敛.

(2) $\lim\limits_{n\to\infty}(u_n)^{\frac{1}{n}}=\lim\limits_{n\to\infty}\left(\dfrac{n+1}{n}\right)^n\cdot\dfrac{1}{3}=\dfrac{1}{3}\mathrm{e}<1$. 于是由定理 8.2.6 推出级数收敛.

8.2.3　积分判别法

定理 8.2.7(积分判别法)　设 $f(x)$ 在区间 $[1,+\infty)$ 上连续、非负且单调减少,$u_n=f(n)(n=1,2,\cdots)$,则级数 $\sum\limits_{n=1}^{\infty}u_n$ 收敛的充要条件是无穷积分 $\displaystyle\int_1^{+\infty}f(x)\mathrm{d}x$ 收敛.

这个结论的证明方法与 8.1 节中关于 p 级数的研究方法完全相同,读者可以自己证明这个结论.

例 8.2.7　证明贝特朗级数 $\sum\limits_{n=2}^{\infty}\dfrac{1}{n\,(\ln n)^p}$ 当且仅当 $p>1$ 时收敛.

证明　考察无穷积分 $\displaystyle\int_2^{+\infty}\dfrac{\mathrm{d}x}{x\,\ln^p x}$. 直接计算可以验证: 这个积

分当 $p > 1$ 时收敛, 当 $p \leqslant 1$ 时发散. 因此根据积分判别法推出: 贝特朗级数当 $p > 1$ 时收敛, 当 $p \leqslant 1$ 时发散.

习　题　8.2

复习题

1. 如果 $u_n \leqslant 0 (n = 1, 2, \cdots)$, 那么正项级数的收敛判别法是否适用于这类级数? 如果级数 $\displaystyle\sum_{n=1}^{\infty} u_n$ 的通项 u_n 从某一项之后不变号, 那么正项级数的收敛判别法是否适用于这类级数?

2. 举例说明: 在比值判别法中, 如果 $\displaystyle\lim_{n \to \infty} \frac{u_{n+1}}{u_n} = 1$, 则关于级数 $\displaystyle\sum_{n=1}^{\infty} u_n$ 的收敛性是不确定的. 同样, 在根值判别法中, 如果 $\displaystyle\lim_{n \to \infty}(a_n)^{\frac{1}{n}} = 1$, 则关于级数 $\displaystyle\sum_{n=1}^{\infty} u_n$ 的收敛性也是不确定的.

习题

1. 用比阶判别法判断下列级数的收敛性:

(1) $\displaystyle\sum_{n=1}^{\infty} \frac{1}{\sqrt[3]{n^4 + 4n - 3}}$;

(2) $\displaystyle\sum_{n=1}^{\infty} \frac{\sqrt{n+2} - \sqrt{n-1}}{n^{\alpha}} \ (\alpha > 0)$;

(3) $\displaystyle\sum_{n=1}^{\infty} \left(1 - \cos \frac{1}{n}\right)$;

(4) $\displaystyle\sum_{n=1}^{\infty} n \ln\left(1 - \frac{1}{n^p}\right)$;

(5) $\displaystyle\sum_{n=1}^{\infty} \frac{n^2}{2^n}$;

(6) $\displaystyle\sum_{n=1}^{\infty} \frac{1}{(2n-1)^p}$.

2. 利用比值或根值判别法判断下列级数的收敛性:

(1) $\displaystyle\sum_{n=1}^{\infty} \frac{n^p}{a^n} \ (a > 0)$;

(2) $\displaystyle\sum_{n=1}^{\infty} \frac{a^n}{n!} \ (a > 0)$;

(3) $\displaystyle\sum_{n=1}^{\infty} \frac{(2n-1)!!}{3^n \cdot n!}$;

(4) $\displaystyle\sum_{n=1}^{\infty} \frac{2^n + 3^n}{n^p} \ (p > 0)$;

(5) $\displaystyle\sum_{n=1}^{\infty} \frac{2n-1}{2^n+2^{-n}}$; (6) $\displaystyle\sum_{n=1}^{\infty} \frac{a^n}{1+a^{2n}}$ $(a>0)$;

(7) $\displaystyle\sum_{n=2}^{\infty} \left(\frac{1+\ln n}{1+\sqrt{n}}\right)^n$; (8) $\displaystyle\sum_{n=1}^{\infty} \frac{1}{3^n}\left(\frac{n+1}{n}\right)^{n^2}$.

3. 设 $p>0$, 研究级数

$$\frac{1}{1^p}-\frac{1}{2^{2p}}+\frac{1}{3^p}-\frac{1}{4^{2p}}+\cdots+\frac{1}{(2n-1)^p}-\frac{1}{(2n)^{2p}}+\cdots$$

的收敛性.

4. 设 $a_n>0$, $\varlimsup\limits_{n\to\infty} a_n>1$, 求证 $\displaystyle\sum_{n=1}^{\infty} \frac{1}{n^{a_n}}$ 收敛.

5. 判定下列级数是否收敛:

(1) $\displaystyle\sum_{n=1}^{\infty} \frac{n!\,a^n}{n^n}$ $(a>0)$; (2) $\displaystyle\sum_{n=2}^{\infty} \frac{n^{\ln n}}{(\ln n)^n}$;

(3) $\displaystyle\sum_{n=2}^{\infty} \frac{\ln^q n}{n^p}$ $(p>0,q>0)$; (4) $\displaystyle\sum_{n=1}^{\infty} \left(\frac{1}{n^\alpha}-\sin\frac{1}{n^\alpha}\right)$ $(\alpha>0)$.

8.3 任意项级数

通项中既有正数、又有负数的级数叫做任意项级数. 任意项级数收敛性判别问题比较复杂. 在这一节, 我们首先研究一种特殊的任意项级数, 即交错级数. 然后讨论任意项级数的绝对收敛与条件收敛的问题.

8.3.1 交错级数

假设 $\{u_n\}$ 是一个正数列, 则称 $\displaystyle\sum_{n=1}^{\infty} (-1)^{n-1} u_n$ 为交错级数. 对于交错级数, 由于正负号交替出现, 收敛性判定就比较简单.

定理 8.3.1(莱布尼茨判别法) 若交错级数 $\displaystyle\sum_{n=1}^{\infty} (-1)^{n-1} u_n$

$(u_n > 0)$ 中的数列 $\{u_n\}$ 单调减少并且趋向于零,则有下列结论:

(1) $\sum\limits_{n=1}^{\infty} (-1)^{n-1} u_n$ 收敛;

(2) 用 S 表示这个级数的和,则 $0 \leqslant S \leqslant u_1$;

(3) 用 α_n 表示级数的第 n 余和: $\alpha_n = \sum\limits_{k=n+1}^{\infty} (-1)^{k-1} u_k$,则 $|\alpha_n| \leqslant u_{n+1}$.

(满足定理 8.3.1 条件的级数称为莱布尼茨型级数.)

证明 (1) 首先考察这个级数的偶数项部分和

$$S_{2n} = \sum_{k=1}^{2n} (-1)^{k-1} u_k.$$

因为 $\{u_n\}$ 单调减少,所以偶数项部分和

$$S_{2n} = (u_1 - u_2) + (u_3 - u_4) + \cdots + (u_{2n-1} - u_{2n})$$

单调增加. 另一方面,

$$S_{2n} = u_1 - (u_2 - u_3) - (u_{2n-2} - u_{2n-1}) - u_{2n} < u_1.$$

所以序列 $\{S_{2n}\}$ 有界. 于是由单调收敛定理推出,存在极限 $S = \lim\limits_{n\to\infty} S_{2n}$. 又因为 $\lim\limits_{n\to\infty} u_n = 0$,所以,有

$$\lim_{n\to\infty} S_{2n-1} = \lim_{n\to\infty} (S_{2n} - u_{2n}) = \lim_{n\to\infty} S_{2n} - \lim_{n\to\infty} u_{2n} = S.$$

序列 $\{S_n\}$ 的偶数子列和奇数字列有同样的极限,所以 $\{S_n\}$ 存在极限 $S = \lim\limits_{n\to\infty} S_n$. 从而级数 $\sum\limits_{n=1}^{\infty} (-1)^{n-1} u_n$ 收敛.

(2) 注意到

$$0 \leqslant S_{2n} = u_1 - (u_2 - u_3) - (u_{2n-2} - u_{2n-1}) - u_{2n} < u_1.$$

令 $n \to \infty$,由极限保号性就得到 $0 \leqslant S = \lim\limits_{n\to\infty} S_{2n} \leqslant u_1$.

(3) 考察第 n 余和 $\alpha_n = \sum\limits_{k=n+1}^{\infty} (-1)^{k-1} u_k$. 有

$$|\alpha_n| = \left| \sum_{k=n+1}^{\infty} (-1)^{k-1} u_k \right| = \left| \sum_{k=1}^{\infty} (-1)^{k-1} u_{n+k} \right|.$$

于是将结论(2)用于交错级数 $\sum\limits_{k=1}^{\infty}(-1)^{k-1}u_{n+k}$，就得到

$$0 \leqslant |\alpha_n| = \left| \sum_{k=n+1}^{\infty}(-1)^{k-1}u_k \right| \leqslant u_{n+1}.$$

例 8.3.1　级数 $\sum\limits_{n=1}^{\infty}(-1)^n\dfrac{1}{n}$，$\sum\limits_{n=1}^{\infty}\dfrac{(-1)^n}{\sqrt{n}}$，$\sum\limits_{n=2}^{\infty}\dfrac{(-1)^n}{n\ln n}$ 都是莱布尼茨型交错级数,因而它们都收敛.

8.3.2　绝对收敛与条件收敛

为了更深入地研究级数,需要介绍级数收敛的柯西收敛原理.

定理 8.3.2(柯西收敛原理)　级数 $\sum\limits_{n=1}^{\infty}u_n$ 收敛的充分必要条件是: $\forall \varepsilon > 0$，$\exists N \in \mathbb{Z}^+$，只要 $n > N$，则对任意的 $p \in \mathbb{Z}^+$，都有

$$\left| \sum_{k=n+1}^{n+p}u_k \right| < \varepsilon.$$

证明　级数 $\sum\limits_{n=1}^{\infty}u_n$ 收敛就是部分和序列 $\{S_n\}$ 收敛.根据数列的柯西收敛原理,$\{S_n\}$ 收敛的充分必要条件是 $\{S_n\}$ 是柯西数列.即 $\forall \varepsilon > 0$，$\exists N \in \mathbb{Z}^+$，$n > N$，则对任意的 $p \in \mathbb{Z}^+$，都有 $|S_{n+p} - S_n| < \varepsilon$，也就是 $\left| \sum\limits_{k=n+1}^{n+p}u_k \right| < \varepsilon$.

为了说明级数的绝对收敛与条件收敛这两个不同的概念,我们考察两个级数 $\sum\limits_{n=1}^{\infty}(-1)^n\dfrac{1}{n^2}$ 与 $\sum\limits_{n=1}^{\infty}(-1)^n\dfrac{1}{n}$. 第一个级数收敛,并且通项取绝对值以后得到的级数 $\sum\limits_{n=1}^{\infty}\dfrac{1}{n^2}$ 仍然收敛;第二个级数本身收敛,但是通项取绝对值以后得到的级数 $\sum\limits_{n=1}^{\infty}\dfrac{1}{n}$ 则是发散的.为了区别这两种级数,引入下述概念.

定义 8.3.1 考察级数 $\sum\limits_{n=1}^{\infty} u_n$. 如果级数 $\sum\limits_{n=1}^{\infty} |u_n|$ 收敛,则称级数 $\sum\limits_{n=1}^{\infty} u_n$ **绝对收敛**.

定理 8.3.3 若级数 $\sum\limits_{n=1}^{\infty} |u_n|$ 收敛,则级数 $\sum\limits_{n=1}^{\infty} u_n$ 收敛.

证明 用柯西收敛原理(定理 8.3.2)证明这个结论.

$\forall \varepsilon > 0$,因为级数 $\sum\limits_{n=1}^{\infty} |u_n|$ 收敛,由柯西收敛原理(必要性部分)可知,存在自然数 N,只要 $n > N$,对任意 $\rho \in \mathbb{Z}^+$ 有 $\sum\limits_{k=n+1}^{n+p} |u_k| < \varepsilon$. 于是只要 $n > N$,就有

$$\left| \sum_{k=n+1}^{n+p} u_k \right| \leqslant \sum_{k=n+1}^{n+p} |u_k| < \varepsilon.$$

于是由柯西收敛原理(充分性部分)推出级数 $\sum\limits_{n=1}^{\infty} u_n$ 收敛.

定义 8.3.2 收敛但非绝对收敛的级数称为**条件收敛**的级数.

例如, $\sum\limits_{n=1}^{\infty} (-1)^{n-1} \dfrac{1}{n}$ 与 $\sum\limits_{n=1}^{\infty} (-1)^{n-1} \dfrac{1}{\ln(n+1)}$ 都是条件收敛的级数.

例 8.3.2 判别级数 $\sum\limits_{n=1}^{\infty} (-1)^n \dfrac{a^n}{n^p}$ 的收敛性,其中 $p > 0, a \in \mathbb{R}$.

解 当 $|a| \neq 1$ 时,用达朗贝尔判别法考察 $\sum\limits_{n=1}^{\infty} |u_n|$ 的收敛性:

$$\lim_{n \to \infty} \frac{|u_{n+1}|}{|u_n|} = \lim_{n \to \infty} \frac{n}{n+1} |a| = |a|.$$

故当 $|a|<1$ 时, $\sum\limits_{n=1}^{\infty}|u_n|$ 收敛,即原级数绝对收敛;当 $|a|>1$ 时, u_n 不趋向于零,因此原级数发散.

当 $a=1$ 时,原级数变成 $\sum\limits_{n=1}^{\infty}(-1)^n\dfrac{1}{n^p}$. 这个级数在 $0<p\leqslant 1$ 时,条件收敛,在 $p>1$ 时绝对收敛.

当 $a=-1$ 时,原级数变成 $\sum\limits_{n=1}^{\infty}\dfrac{1}{n^p}$. 这个级数在 $0<p\leqslant 1$ 时发散,在 $p>1$ 时绝对收敛.

8.3.3 绝对收敛级数的性质

绝对收敛级数有以下基本性质.

性质 1 若 $\sum\limits_{n=1}^{\infty}u_n$ 和 $\sum\limits_{n=1}^{\infty}v_n$ 都是绝对收敛的级数,则对于任意常数 α,β, $\sum\limits_{n=1}^{\infty}(\alpha u_n+\beta v_n)$ 也是绝对收敛的级数.

性质 2 若级数 $\sum\limits_{n=1}^{\infty}u_n$ 绝对收敛,则该级数的求和满足交换律.也就是说,任意交换级数的求和顺序,不改变级数的收敛性,也不改变级数的和.

但是,条件收敛的级数不满足交换律.条件收敛的级数的通项中包含无穷多项正数与无穷多项负数.由正数项组成的级数和由负数项组成的级数分别发散于正无穷和负无穷.基于条件收敛级数的这个性质,通过一定的求和顺序交换,可以改变级数的和,也可以使级数的和变成正、负无穷.

例 8.3.3 考察条件收敛的级数 σ_1: $\sum\limits_{n=1}^{\infty}(-1)^{n-1}\dfrac{1}{n}$. 将这个级数交换求和顺序得到级数

$$\sigma_2 : 1 - \frac{1}{2} - \frac{1}{4} + \frac{1}{3} - \frac{1}{6} - \frac{1}{8} + \cdots$$

$$+ \frac{1}{2n-1} - \frac{1}{2(2n-1)} - \frac{1}{2 \cdot 2n} + \cdots.$$

级数 σ_1 中的任何一项都能够在级数 σ_2 中出现,且只出现一次.只不过出现的位置有所变化.因此,级数 σ_2 是级数 σ_1 交换求和顺序得到的.用 Σ_n 表示级数 σ_2 的部分和.则有 $0 < \Sigma_{3n} < 1$,并且序列 $\{\Sigma_{3n}\}$ 单调增加.于是极限 $\lim\limits_{n\to\infty}\Sigma_{3n}$ 存在.又因为级数 σ_2 的通项趋向于零,所以又推出极限 $\lim\limits_{n\to\infty}\Sigma_n$ 也存在.因而级数 σ_2 收敛.

可以证明级数 σ_2 与级数 σ_1 的和不相等.将级数 σ_2 加上括号后相加(收敛的级数满足结合律):

$$\left(1 - \frac{1}{2}\right) - \frac{1}{4} + \left(\frac{1}{3} - \frac{1}{6}\right) - \frac{1}{8} + \cdots$$

$$+ \left(\frac{1}{2n-1} - \frac{1}{2(2n-1)}\right) - \frac{1}{2 \cdot 2n} + \cdots$$

$$= \frac{1}{2} \cdot 1 - \frac{1}{2} \cdot \frac{1}{2} + \frac{1}{2} \cdot \frac{1}{3} - \frac{1}{2} \cdot \frac{1}{4} + \cdots$$

$$+ \frac{1}{2} \cdot + \frac{1}{2} \cdot \frac{1}{2n-1} - \frac{1}{2} \cdot \frac{1}{2n} + \cdots = \frac{1}{2} \sum_{n=1}^{\infty} (-1)^n \frac{1}{n}.$$

于是级数 σ_2 的和是原来的级数 σ_1 的和的一半.

在本节最后,简单介绍级数的乘法.

若 $\sum\limits_{n=1}^{\infty} u_n$ 和 $\sum\limits_{n=1}^{\infty} v_n$ 都是收敛的级数.考虑两级数的乘积 $\left(\sum\limits_{n=1}^{\infty} u_n\right) \cdot \left(\sum\limits_{n=1}^{\infty} v_n\right)$.按照分配率将所有的 u_n 分别乘以所有的 v_n 得到 $u_m v_n (m, n = 1, 2, \cdots)$.将所有的 $u_m v_n$ 按照一定顺序相加,就得到一个级数.这样的级数就是两个级数 $\sum\limits_{n=1}^{\infty} u_n$ 和 $\sum\limits_{n=1}^{\infty} v_n$ 的乘积 $\left(\sum\limits_{n=1}^{\infty} u_n\right) \cdot \left(\sum\limits_{n=1}^{\infty} v_n\right)$.对于 $u_m v_n$ 求和顺序的不同,会影响到的级数

的收敛性和级数的和. 另外, $\sum\limits_{n=1}^{\infty} u_n$ 和 $\sum\limits_{n=1}^{\infty} v_n$ 是否绝对收敛, 对于乘积级数有重要影响. 下面仅介绍一个简单、常用的结论.

定理 8.3.4　设 $\sigma_1: \sum\limits_{n=1}^{\infty} u_n$ 和 $\sigma_2: \sum\limits_{n=1}^{\infty} v_n$ 都是绝对收敛的级数, 它们的和分别为 U 和 V. 令

$$a_n = u_1 v_n + u_2 v_{n-1} + \cdots + u_n v_1, \quad n = 1, 2, \cdots, \quad (8.3.1)$$

则级数 $\sigma: \sum\limits_{n=1}^{\infty} a_n$ 绝对收敛, 并且该级数的和为 UV.

注　级数 σ_1 与 σ_2 各项的乘积可以有不同的排列顺序, 式 (8.3.1) 只不过是其中一种, 这样的求和方式得到的级数 σ 称为 σ_1 与 σ_2 柯西乘积.

还可以证明: 如果级数 σ_1 与 σ_2 都是绝对收敛的, 则可以按照任意的顺序对于所有的 $u_m v_n$ 进行求和, 所得到的级数的和都等于 UV.

习　　题　　8.3

复习题

1. 级数的收敛、条件收敛与绝对收敛有什么关系, 举例说明.

2. 假设 $\sum\limits_{n=1}^{\infty} u_n$ 与 $\sum\limits_{n=1}^{\infty} v_n$ 都是绝对收敛的级数, 那么 $\sum\limits_{n=1}^{\infty} (u_n + v_n)$ 是否绝对收敛? 假设 $\sum\limits_{n=1}^{\infty} u_n$ 绝对收敛, $\sum\limits_{n=1}^{\infty} v_n$ 条件收敛, 那么 $\sum\limits_{n=1}^{\infty} (u_n + v_n)$ 是条件收敛还是绝对收敛?

3. 假设 $\sum\limits_{n=1}^{\infty} v_n$ 条件收敛. $\sum\limits_{n=1}^{\infty} v_n^+$ 与 $\sum\limits_{n=1}^{\infty} v_n^-$ 分别是 $\sum\limits_{n=1}^{\infty} v_n$ 中的正数项和负数

项构成的级数,求证这两个级数分别发散于正、负无穷大.

4. 举例说明:在关于交错级数的莱布尼茨判别法中,两个条件都是不能缺少的.

习题

1. 判断下列级数的收敛性,对收敛的级数指出是绝对收敛,还是条件收敛:

(1) $\displaystyle\sum_{n=1}^{\infty} \frac{(-1)^{n-1}}{\ln(n+1)}$;
(2) $\displaystyle\sum_{n=1}^{\infty} \frac{\sin n\omega}{2^n}$ (ω 为常数);

(3) $\displaystyle\sum_{n=1}^{\infty} \frac{(-1)^n \ln(n+1)}{n}$;
(4) $\displaystyle\sum_{n=1}^{\infty} \frac{(-1)^n}{n - \ln n}$;

(5) $1 - \ln 2 + \dfrac{1}{2} - \ln\dfrac{3}{2} + \cdots + \dfrac{1}{n} - \ln\dfrac{n+1}{n} + \cdots$;

(6) $\displaystyle\sum_{n=2}^{\infty} \frac{(-1)^n}{\sqrt{n} + (-1)^n}$;
(7) $\displaystyle\sum_{n=2}^{\infty} \frac{(-1)^n}{\sqrt{n + (-1)^n}}$.

2. (1) 已知级数 $\displaystyle\sum_{n=1}^{\infty} u_n$ 收敛,能否断定 $\displaystyle\sum_{n=1}^{\infty} u_n^2$ 收敛?

(2) 已知级数 $\displaystyle\sum_{n=1}^{\infty} u_n$ 收敛,$\displaystyle\lim_{n\to\infty} \frac{v_n}{u_n} = 1$,能否断定 $\displaystyle\sum_{n=1}^{\infty} v_n$ 收敛?

(3) 已知级数 $\displaystyle\sum_{n=1}^{\infty} u_n$ 收敛,$\displaystyle\lim_{n\to\infty} \frac{v_n}{u_n} = 0$,能否断定 $\displaystyle\sum_{n=1}^{\infty} v_n$ 收敛?

3. 设 $a_n = \displaystyle\int_{(n-1)\pi}^{n\pi} \frac{\sin x}{x^p}\,dx$ (其中 $p > 0$). 研究 $\displaystyle\sum_{n=1}^{\infty} a_n$ 的收敛性.

8.4 函 数 级 数

设 $u_n(x)$ $(n \in \mathbb{Z}^+)$ 是定义在区间 I 上的一列函数. 如果对每个 $x \in I$,级数

$$\sum_{n=1}^{\infty} u_n(x) \qquad\qquad (8.4.1)$$

收敛,并且令

$$S(x) = \sum_{n=1}^{\infty} u_n(x) = \lim_{n \to \infty} \sum_{k=1}^{n} u_k(x), \qquad (8.4.2)$$

则 $S(x)$ 就是定义在 I 上的一个函数. 级数(8.4.1) 称为**函数级数**
(series of functions),称 $S(x)$ 为该函数级数的**和函数**.

式(8.4.2) 中的和函数 $S(x)$ 是一列函数的无穷和,一般不能
表示成初等函数,这就产生了一个问题,如何研究这个函数的连续
性、可微性和可积性等重要性质?如何求这个函数的导数和积分?
更具体地说,我们要研究下列问题:

(1) 设级数 (8.4.1) 在区间 I 上处处收敛 (convergence
everywhere),即对每个 $x \in I$,级数(8.4.1) 都收敛. 如果每个函数
$u_n(x)(n \in \mathbb{Z}^+)$ 都在 I 上连续,那么和函数 $S(x)$ 是否也连续?

(2) 设级数 (8.4.1) 在 $I = [a,b]$ 上处处收敛,并且每个
$u_n(x)(n \in \mathbb{Z}^+)$ 在 $[a,b]$ 上连续,那么和函数 $S(x)$ 在 $[a,b]$ 上是否
可积?是否可以逐项积分,即是否成立

$$\int_a^b \left[\sum_{n=1}^{\infty} u_n(x) \right] \mathrm{d}x = \sum_{n=1}^{\infty} \int_a^b u_n(x) \mathrm{d}x?$$

(3) 如果每个函数 $u_n(x)(n \in \mathbb{Z}^+)$ 都在 I 上可导,那么和函数
$S(x)$ 是否也在 I 上可导?是否可以逐项求导,即

$$\left[\sum_{n=1}^{\infty} u_n(x) \right]' = \sum_{n=1}^{\infty} u'_n(x)$$

是否成立?

这些将是本节要讨论的中心问题.

为了回答上面提出的几个问题,函数级数(8.4.1) 仅是处处
收敛是不够的. 因此在这一节引进了函数级数的一致收敛性

(uniform convergence) 概念.

本节的主要内容,就是应用函数级数的一致收敛性研究和函数的分析性质,即上面提出的三个问题.

8.4.1　函数级数及其收敛域

如果函数级数(8.4.1)在点 x_0 收敛,则称 x_0 为级数(8.4.1)的一个**收敛点**,函数级数(8.4.1)的全体收敛点组成的集合称为它的**收敛域**(domain of convengance).

例 8.4.1　级数 $\sum\limits_{n=1}^{\infty} x^{n-1}$ 的收敛域是区间 $(-1,1)$.

例 8.4.2　考察函数级数 $\sum\limits_{n=1}^{\infty} \dfrac{x^n}{n^p}$. 当 $p \leqslant 0$ 时,它的收敛域是开区间 $(-1,1)$,当 $0 < p \leqslant 1$ 时,它的收敛域是区间 $[-1,1)$,当 $p > 1$ 时,其收敛域是闭区间 $[-1,1]$.

例 8.4.3　讨论函数级数 $x + \sum\limits_{n=2}^{\infty}(x^n - x^{n-1})$ 在 $[0,1]$ 上的收敛性.

解　此级数的部分和序列为

$$S_1(x) = x,\ S_2(x) = x^2,\ \cdots,\ S_n(x) = x^n,\ \cdots,$$

因此该级数的和函数为

$$S(x) = \lim_{n \to \infty} S_n(x) = \begin{cases} 0, & 0 \leqslant x < 1, \\ 1, & x = 1. \end{cases}$$

图 8.1 给出了部分和 $S_1(x), S_2(x), \cdots, S_n(x)$ 及和函数 $S(x)$ 的图形.

在例 8.4.3 中,级数的每一项 $u_n(x)$ 都在 $[0,1]$ 上连续,但其

和函数 $S(x)$ 在点 $x=1$ 处却发生了间断. 由此可见, 有限个连续函数之和仍是连续函数这一重要的**分析性质**, 不能无条件地适用于无穷个连续函数的和式 $\sum_{n=1}^{\infty} u_n(x)$.

另外我们知道, 任意有限个可积函数之和仍可积, 并且和函数的积分等于各函数的积分之和; 任意有限个可导函数之和仍然可导, 并且和函数的导数等于各个函数的导数之和. 这些性质也不能无条件地适用于无穷个函数求和的情形. 请看下例.

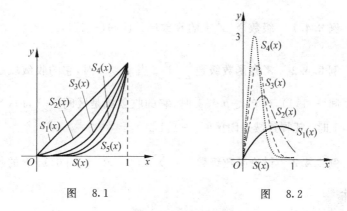

图 8.1 图 8.2

例 8.4.4 假设函数级数 $\sum_{n=1}^{\infty} u_n(x)$ 的部分和序列 $\{S_n(x)\}$ 为

$$S_n(x) = 2n^2 x e^{-n^2 x^2}, \quad x \in [0,1], n \in \mathbb{Z}^+ (\text{见图 8.2}). \text{ 显然}$$

$$S(x) = \lim_{n \to \infty} S_n(x) = 0, \quad x \in [0,1],$$

并且

$$\int_0^1 S_n(x) \, \mathrm{d}x = 1 - e^{-n^2},$$

从而

$$\lim_{n \to \infty} \int_0^1 S_n(x) \mathrm{d}x = 1,$$

然而却有

$$\int_0^1 S(x) \mathrm{d}x = \int_0^1 0 \mathrm{d}x = 0.$$

上面例 8.4.3 和例 8.4.4 的讨论促使我们考虑函数级数理论中的一个基本问题：对函数级数的收敛性附加何种条件，才能保证级数中各通项的连续性、可积性与可导性等性质能传递给级数的和函数. 下面将着手解决这个问题.

8.4.2 函数级数的一致收敛性

考察例 8.4.3 和例 8.4.4 中的收敛性可以发现，在区间中的不同点处，它们的部分和序列 $\{S_n(x)\}$ 收敛于和函数 $S(x)$ 的速度差异非常大，即在各点处的收敛速度不一致（见图 8.1 及图 8.2）. 事实上这就是造成和函数不连续等现象的本质原因. 这说明，函数级数的处处收敛性不能保证其通项 $u_n(x)$ 的连续性与可导性能够传递给和函数. 为了解决这个问题，我们需要引入一种更强的收敛性.

级数（不论是数项级数，还是函数项级数）的收敛性是通过它们的部分和序列的收敛来定义的. 也就是说，级数收敛就是级数的部分和序列收敛. 在讨论一种新的收敛概念 —— 一致收敛性时，仍然是如此.

定义 8.4.1 设 $\{f_n\}$ 是定义在区间 I 上的一列函数，f 是定义在 I 上的一个函数，如果 $\forall \varepsilon > 0$，$\exists N \in \mathbb{Z}^+$，只要 $n > N$，则对所有的 $x \in I$ 都有

$$| f_n(x) - f(x) | < \varepsilon,$$

则称函数序列 $\{f_n\}$ 在区间 I 上**一致收敛**于函数 f.

定义 8.4.2　设函数级数 $\displaystyle\sum_{n=1}^{\infty} u_n(x)$ 在区间 I 上处处收敛,如果它的部分和序列 $\{S_n(x)\}$ 在 I 上一致收敛于其和函数 $S(x)$,则称该函数级数在 I 上**一致收敛**.

对于函数级数的一致收敛性,有以下柯西收敛准则.

定理 8.4.1　函数级数 $\displaystyle\sum_{n=1}^{\infty} u_n(x)$ 在区间 I 上一致收敛的充分必要条件是: $\forall \varepsilon > 0, \exists N \in \mathbb{Z}^+$,只要 $n > N$,那么对所有的 $x \in I$,以及任意正整数 p 都有

$$\left| \sum_{k=n+1}^{n+p} u_k(x) \right| < \varepsilon.$$

这个定理的证明留给读者.

下面,对于函数级数的一致收敛性给出一个简单而且有效的判定准则.

定理 8.4.2(魏尔斯特拉斯比较判定法)　如果存在一个收敛的正项级数 $\displaystyle\sum_{n=1}^{\infty} c_n$,使得对所有的 $x \in I$ 都有

$$| u_n(x) | \leqslant c_n, \quad n \in \mathbb{Z}^+, \tag{8.4.3}$$

则函数级数 $\displaystyle\sum_{n=1}^{\infty} u_n(x)$ 在 I 上一致收敛.

证明　$\forall x \in I$,由式(8.4.3),根据级数收敛的比较判定准则知道级数 $\displaystyle\sum_{n=1}^{\infty} u_n(x)$ 绝对收敛,从而收敛,因此该函数级数在 I 上处处收敛.

另一方面,$\forall \varepsilon > 0$,由于数项级数 $\displaystyle\sum_{n=1}^{\infty} c_n$ 收敛,根据数项级数的柯西收敛准则,存在 $N \in \mathbb{Z}^+$,只要 $n > N$,则对任意的正整数 p,都有

$$\left| \sum_{k=n+1}^{n+p} c_k \right| < \varepsilon,$$

从而由式(8.4.3)得到

$$\left| \sum_{k=n+1}^{n+p} u_k(x) \right| \leqslant \left| \sum_{k=n+1}^{n+p} c_k \right| < \varepsilon. \qquad (8.4.4)$$

因此由定理 8.4.1 的充分条件部分就推出该函数级数在区间 I 上一致收敛.

上述定理中的正项级数 $\sum\limits_{n=1}^{\infty} c_n$,称为函数级数 $\sum\limits_{n=1}^{\infty} u_n(x)$ 的**控制级数**或**强级数**.

例 8.4.5 考察级数 $\sum\limits_{n=1}^{\infty} x^n (1-x)^n$ 在 $[0,1]$ 上的一致收敛性.

解 不难验证,对每个 $n \in \mathbb{Z}^+$,函数 $u_n(x) = x^n(1-x)^n$ 在 $x_0 = \dfrac{1}{2}$ 处取得最大值 $M_n = \max\limits_{0 \leqslant x \leqslant 1} | u_n(x) | = \left(\dfrac{1}{2^n} \right)^2$. 由于正项级数 $\sum\limits_{n=1}^{\infty} \dfrac{1}{2^{2n}}$ 收敛,所以由定理 8.4.2 就推出函数级数 $\sum\limits_{n=1}^{\infty} x^n(1-x)^n$ 在 $[0,1]$ 上一致收敛.

例 8.4.6 设 $\delta > 0$,证明函数级数 $\sum\limits_{n=1}^{\infty} \dfrac{1}{n^x}$ 在区间 $[1+\delta, +\infty)$ 上一致收敛.

证明 当 $x \in [1+\delta, +\infty)$ 时,

$$\left| \frac{1}{n^x} \right| = \frac{1}{n^x} < \frac{1}{n^{1+\delta}}, \quad n \in \mathbb{Z}^+,$$

由于正项级数 $\sum\limits_{n=1}^{\infty} \dfrac{1}{n^{1+\delta}}$ 收敛,所以由定理 8.4.2 推出函数级数 $\sum\limits_{n=1}^{\infty} \dfrac{1}{n^x}$ 在 $[1+\delta, +\infty)$ 上一致收敛.

下面再回过来讨论上面例 8.4.3 和例 8.4.4 中的函数级数的

一致收敛性.

对于例 8.4.3 中的函数级数,其部分和为 $S_n(x) = x^n$,在 $[0, 1)$ 上,处处有 $x^n \to 0 (n \to \infty)$. 所以该级数在区间 $[0, 1)$ 上处处收敛于它的和函数 $S(x) \equiv 0$. 但这个级数在 $[0, 1)$ 上并非一致收敛于其和函数 $S(x) = 0$. 这是因为,不论正整数 n 多么大,如果取 $x_n = 2^{-\frac{1}{n}}$,则有

$$| S_n(x_n) - S(x_n) | = x_n^n - 0 = \frac{1}{2}.$$

然而,对任意确定的正数 $\delta \in (0, 1)$,上述函数级数在区间 $[0, 1-\delta]$ 上一致收敛于它的和函数 $S(x) = 0$. 事实上,$\forall \varepsilon > 0$,取正整数 N 使 $(1-\delta)^N < \varepsilon$,则 $\forall n > N$,对所有的 $x \in [0, 1-\delta]$ 都有

$$| S_n(x) - S(x) | = x^n \leqslant (1-\delta)^N < \varepsilon,$$

因而该级数在 $[0, 1-\delta]$ 上一致收敛.

在例 8.4.4 中,级数部分和为 $S_n(x) = 2n^2 x e^{-n^2 x^2}$. 对任意确定的 $\delta \in (0, 1)$,该级数在 $[\delta, 1]$ 上一致收敛. 这是因为,对任意的 $x \in [\delta, 1]$,有

$$| S_n(x) | = 2n^2 x e^{-n^2 x^2} < 2n^2 e^{-n^2 \delta^2} \to 0, \quad n \to \infty.$$

这就是说,部分和函数列 $\{S_n(x)\}$ 在 $[\delta, 1]$ 上一致收敛于 0.

然而,在区间 $[0, 1]$ 上,$S_n(x)$ 不一致收敛于 $S(x) = 0$. 事实上,若取 $x_n = \frac{1}{n^2}$,则有

$$| S_n(x_n) - S(x_n) | \geqslant \frac{2}{e}, \quad n \in \mathbb{Z}^+.$$

8.4.3　一致收敛级数的分析性质

下面我们来回答本节开始时提出的三个问题. 在以下的讨论中,函数级数的一致收敛性起着关键的作用.

定理 8.4.3 (1) 设 $f_n \in C(I)(n \in \mathbb{Z}^+)$, I 是任一确定的区间. 如果函数列 $\{f_n\}$ 在 I 上一致收敛于函数 f, 则 $f \in C(I)$;

(2) 设 $u_n \in C(I)(n \in \mathbb{Z}^+)$, 如果函数级数 $\sum\limits_{n=1}^{\infty} u_n(x)$ 在区间 I 上一致收敛, 则其和函数 $S(x)$ 也在区间 I 上连续.

证明 (1) 任取一点 $x_0 \in I$, 证明函数 f 在 x_0 处连续, 首先注意到

$$|f(x) - f(x_0)|$$
$$= |f(x) - f_n(x) + f_n(x) - f_n(x_0) + f_n(x_0) - f(x_0)|$$
$$\leqslant |f(x) - f_n(x)| + |f_n(x) - f_n(x_0)| + |f_n(x_0) - f(x_0)|,$$
$$(8.4.5)$$

由于 $\{f_n\}$ 在 I 上一致收敛于 f, 对任意给定的正数 ε, 存在正整数 N, 只要 $n > N$, 对一切 $x \in I$ 都有

$$|f(x) - f_n(x)| < \frac{\varepsilon}{3}.$$

取定一个 $n_0 > N$, 则有

$$|f(x) - f_{n_0}(x)| < \frac{\varepsilon}{3}, \quad |f_{n_0}(x_0) - f(x_0)| < \frac{\varepsilon}{3}.$$
$$(8.4.6)$$

另一方面, 因为函数 f_{n_0} 在区间 I 上连续, 所以对上述 $\varepsilon > 0$, 存在正数 δ, 只要 $x \in I$ 满足 $|x - x_0| < \delta$, 就有

$$|f_{n_0}(x) - f_{n_0}(x_0)| < \frac{\varepsilon}{3}. \qquad (8.4.7)$$

由式(8.4.5), 式(8.4.6) 及式(8.4.7) 得到, 对任意 $x \in I$, 只要 $|x - x_0| < \delta$, 就有

$$|f(x) - f(x_0)|$$
$$\leqslant |f(x) - f_{n_0}(x)| + |f_{n_0}(x) - f_{n_0}(x_0)| + |f_{n_0}(x_0) - f(x_0)|$$
$$< \frac{\varepsilon}{3} + \frac{\varepsilon}{3} + \frac{\varepsilon}{3} = \varepsilon.$$

这就证明了极限函数 $f(x)$ 在点 x_0 连续,由于 $x_0 \in I$ 的任意性又推出 f 在 I 上处处连续.

(2) 如果函数级数 $\displaystyle\sum_{n=1}^{\infty} u_n(x)$ 在 I 上一致收敛,则该级数的部分和函数序列 $\{S_n(x)\}$ 在 I 上一致收敛于和函数 $S(x)$. 每个部分和函数 $S_n(x)$ 都是有限个连续函数之和,因而每个 $S_n(x)$ 都是连续的,因为 $S_n(x)$ 一致收敛于 $S(x)$,因此由前面证明的结论(1)就推出和函数 $S(x)$ 在 I 上连续.

例 8.4.7　级数 $\displaystyle\sum_{n=0}^{\infty} x(1-x)^n$ 的和函数为

$$S(x) = \begin{cases} 0, & x = 0, \\ 1, & 0 < x \leqslant 1. \end{cases}$$

显然 $S(x)$ 在 $[0,1]$ 上不连续. 于是,由定理 8.4.3 可以推出该级数在 $[0,1]$ 上不一致收敛.

定理 8.4.4(逐项积分)　(1) 设 $\{f_n\}$ 是一列在 $[a,b]$ 上连续的函数,如果该函数列在 $[a,b]$ 一致收敛于 f,则

$$\int_a^b f(x)\mathrm{d}x = \lim_{n \to \infty} \int_a^b f_n(x)\mathrm{d}x; \tag{8.4.8}$$

(2) 设 $u_n(x) \in C[a,b] (n \in \mathbb{Z}^+)$,如果级数 $\displaystyle\sum_{n=1}^{\infty} u_n(x)$ 在 $[a,b]$ 上一致收敛,则

$$\int_a^b \Big[\sum_{n=1}^{\infty} u_n(x) \Big] \mathrm{d}x = \sum_{n=1}^{\infty} \int_a^b u_n(x)\mathrm{d}x. \tag{8.4.9}$$

证明　(1) 由定理 8.4.3 知,$f \in C[a,b]$,因而 $f \in R[a,b]$. $\forall \varepsilon > 0$,因为 $\{f_n\}$ 在 $[a,b]$ 上一致收敛于 f,所以存在正整数 N,只要 $n > N$,就有

$$|f_n(x) - f(x)| < \frac{\varepsilon}{b-a}, \quad \forall x \in [a,b],$$

此时就有

$$\left|\int_a^b f_n(x)\mathrm{d}x - \int_a^b f(x)\mathrm{d}x\right| \leqslant \int_a^b |f_n(x) - f(x)| \mathrm{d}x$$

$$< \int_a^b \frac{\varepsilon}{b-a}\mathrm{d}x = \varepsilon.$$

这就证明了式(8.4.8).

(2) 级数 $\sum\limits_{n=1}^{\infty} u_n(x)$ 一致收敛,就是其部分和序列 $\{S_n(x)\}$ 一致收敛于和函数 $S(x)$. 于是由上面已经证明的结论推出

$$\int_a^b S(x)\mathrm{d}x = \lim_{n\to\infty}\int_a^b S_n(x)\mathrm{d}x,$$

即

$$\int_a^b \Big[\sum_{n=1}^{\infty} u_n(x)\Big]\mathrm{d}x = \lim_{n\to\infty}\int_a^b \Big[\sum_{k=1}^{n} u_k(x)\Big]\mathrm{d}x$$

$$= \lim_{n\to\infty}\sum_{k=1}^{n}\int_a^b u_k(x)\mathrm{d}x = \sum_{k=1}^{\infty}\int_a^b u_k(x)\mathrm{d}x.$$

例 8.4.8 考察连续函数序列 $f_n(x) = nx(1-x^2)^n (n \in \mathbb{Z}^+)$,易见在 $[0,1]$ 上处处有

$$\lim_{n\to\infty} f_n(x) = 0.$$

但直接计算可得

$$\int_0^1 f_n(x)\mathrm{d}x = \int_0^1 nx(1-x^2)^n \mathrm{d}x = \frac{n}{2n+2} \to \frac{1}{2}, \quad n\to\infty.$$

于是由定理 8.4.4 可知,这个函数列在 $[0,1]$ 上不一致收敛于 0.

定理 8.4.5(逐项微分)

(1) 设 $\{f_n\}$ 是 $[a,b]$ 上的一列连续可微函数,处处收敛于函数 f,又设导函数序列 $\{f'_n(x)\}$ 在 $[a,b]$ 上一致收敛. 则极限函数 f 也在 $[a,b]$ 上可导,并且

$$f'(x) = \lim_{n\to\infty} f'_n(x), \tag{8.4.10}$$

即

$$\frac{\mathrm{d}}{\mathrm{d}x}\Big[\lim_{n\to\infty} f_n(x)\Big] = \lim_{n\to\infty}\frac{\mathrm{d}}{\mathrm{d}x} f_n(x).$$

(2) 设 $u_n \in C^1[a,b](n \in \mathbb{Z}^+)$，级数 $\sum\limits_{n=1}^{\infty} u_n(x)$ 在 $[a,b]$ 上收敛，又设 $\sum\limits_{n=1}^{\infty} u'_n(x)$ 在 $[a,b]$ 上一致收敛，则有

$$\frac{\mathrm{d}}{\mathrm{d}x}\Big[\sum_{n=1}^{\infty} u_n(x)\Big] = \sum_{n=1}^{\infty}\Big[\frac{\mathrm{d}}{\mathrm{d}x}u_n(x)\Big]. \qquad (8.4.11)$$

证明 （1）设导函数序列 $\{f'_n(x)\}$ 在 $[a,b]$ 上一致收敛于 $g(x)$. 则由定理 8.4.3 推出 $g(x)$ 在区间 $[a,b]$ 上连续，进而推出 $g(x)$ 在任意区间 $[a,x](x \in (a,b))$ 上连续. 由微积分基本定理推出

$$f_n(x) = f_n(a) + \int_a^x f'_n(t)\mathrm{d}t, \quad a \leqslant x \leqslant b.$$

在上式两端同时令 $n \to \infty$，由定理 8.4.4 得到

$$f(x) = f(a) + \int_a^x g(t)\mathrm{d}t,$$

两端求导得到

$$f'(x) = g(x),$$

即

$$\frac{\mathrm{d}}{\mathrm{d}x}\Big[\lim_{n\to\infty} f_n(x)\Big] = \lim_{n\to\infty}\Big[\frac{\mathrm{d}}{\mathrm{d}x}f_n(x)\Big].$$

（2）根据定理条件，级数 $\sum\limits_{n=1}^{\infty} u_n(x)$ 的部分和序列 $\{S_n(x)\}$ 在 $[a,b]$ 上收敛于和函数 $S(x)$，并且导函数级数的部分和序列 $\{S'_n(x)\}$ 一致收敛，于是由上面已经证明的结论得到

$$S'(x) = \lim_{n\to\infty} S'_n(x),$$

即

$$\frac{\mathrm{d}}{\mathrm{d}x}\Big[\sum_{n=1}^{\infty} u_n(x)\Big] = \lim_{n\to\infty}\Big[\sum_{k=1}^{n} u_k(x)\Big]' = \lim_{n\to\infty}\Big[\sum_{k=1}^{n} u'_k(x)\Big]$$

$$= \sum_{k=1}^{\infty} u'_k(x) = \sum_{n=1}^{\infty}\frac{\mathrm{d}}{\mathrm{d}x}u_n(x).$$

注 由上述证明可以看出,如果将定理 8.4.5(1)中的条件
"$\{f_n\}$ 处处收敛"改为"$\{f_n\}$ 在某点 $c \in [a,b]$ 收敛",而其余条件
保持不变,则相应结论仍然成立. 同样,如果将定理 8.4.5(2)中的
条件"$\sum\limits_{n=1}^{\infty} u_n(x)$ 在$[a,b]$ 上收敛"改为"$\sum\limits_{n=1}^{\infty} u_n(x)$ 在某点 $x = c \in$
$[a,b]$ 收敛",而其余条件保持不变,则相应结论也成立.

以上定理 8.4.3,定理 8.4.4 和定理 8.4.5 分别回答了函数级
数的和函数是否连续,函数级数是否可以逐项积分,逐项微分等基
本问题. 在问题的研究中函数级数的一致收敛性起了关键作用. 但
是,在这些定理中,一致收敛只是充分条件而不是必要条件. 例如,
我们已经知道函数序列 $f_n(x) = x^n (n \in \mathbb{Z}^+)$ 在$[0,1]$上不一致收
敛于 0,但是却有

$$\lim_{n \to \infty} \int_0^1 x^n \mathrm{d}x = \lim_{n \to \infty} \frac{1}{n+1} = 0 = \int_0^1 0 \mathrm{d}x.$$

例 8.4.9 求证 $S(x) = \sum\limits_{n=1}^{\infty} \dfrac{\sin nx}{n^3}$ 在$(-\infty, +\infty)$ 上连续可微.

证明 该级数的每一项函数在$(-\infty, +\infty)$上连续可微. 由比
较判定法易知 $\sum\limits_{n=1}^{\infty} \dfrac{\sin nx}{n^3}$ 和 $\sum\limits_{n=1}^{\infty} \left(\dfrac{\sin nx}{n^3} \right)' = \sum\limits_{n=1}^{\infty} \dfrac{\cos nx}{n^2}$ 都在
$(-\infty, +\infty)$ 上一致收敛. 于是由定理 8.4.5 推出,$S(x)$ 在$(-\infty,$
$+\infty)$ 上处处可导,并且

$$S'(x) = \left(\sum_{n=1}^{\infty} \frac{\sin nx}{n^3} \right)' = \sum_{n=1}^{\infty} \frac{\cos nx}{n^2}.$$

进而由定理 8.4.3 推出 $S'(x)$ 在$(-\infty, +\infty)$ 上连续.

例 8.4.10 求证 $S(x) = \sum\limits_{n=1}^{\infty} n \mathrm{e}^{-nx}$ 在$(0, +\infty)$ 内连续且处处
可导.

证明 函数级数 $\sum\limits_{n=1}^{\infty} n \mathrm{e}^{-nx}$ 虽然在区间$(0, +\infty)$ 内处处收敛,
但却不一致收敛. 事实上

$$S(x) - S_n(x) = \sum_{k=n+1}^{\infty} k\,\mathrm{e}^{-kx} > (n+1)\mathrm{e}^{-(n+1)x}.$$

若取 $x_n = \dfrac{1}{n+1}$,则有

$$S(x_n) - S_n(x_n) \geqslant \frac{n+1}{\mathrm{e}}, \quad n = 1, 2, \cdots.$$

这样一来,我们不能直接在区间 $(0, +\infty)$ 上应用定理 8.4.3 证明 $S(x)$ 连续,也不能直接应用定理 8.4.5 证明 $S(x)$ 可导. 但是,任取 $\delta > 0$,我们可以证明这个级数在 $[\delta, +\infty)$ 上满足定理 8.4.3 和定理 8.4.5 的所有条件(具体证明过程留给读者). 于是 $S(x)$ 在 $[\delta, +\infty)$ 上连续可微,并且

$$\frac{\mathrm{d}}{\mathrm{d}x}\left(\sum_{n=1}^{\infty} n\,\mathrm{e}^{-nx} \right) = -\sum_{n=1}^{\infty} n^2\,\mathrm{e}^{-nx}. \tag{8.4.12}$$

然而,正数 δ 是任意的,也就是说,不论正数 δ 多么小,式(8.4.12)都成立,因此式(8.4.12)在 $(0, +\infty)$ 内处处成立.

习　题　8.4

复习题

1. 试总结:如何求函数项级数的收敛域?

2. 试比较(1)级数 $\displaystyle\sum_{n=1}^{\infty} u_n(x)$ 在区间 I 上每一点都收敛与(2)级数 $\displaystyle\sum_{n=1}^{\infty} u_n(x)$ 在区间 I 上一致收敛,指出(1)与(2)的不同.

习题

1. 求下列函数项级数的收敛域,并指出使级数绝对收敛、条件收敛的 x 的范围:

(1) $\displaystyle\sum_{n=1}^{\infty} n\,\mathrm{e}^{-nx}$;

(2) $\displaystyle\sum_{n=1}^{\infty} \left(\frac{\lg x}{2} \right)^n$;

(3) $\displaystyle\sum_{n=1}^{\infty} x^n \ln\left(1 + \frac{1}{2^n} \right)$;

(4) $\displaystyle\sum_{n=1}^{\infty} \frac{1}{n + x^n}$;

(5) $\displaystyle\sum_{n=6}^{\infty} \frac{(-1)^n}{(n^2-4n-5)^x}$;　　(6) $\displaystyle\sum_{n=1}^{\infty} \frac{x^n}{1+x^{2n}}$;

(7) $\displaystyle\sum_{n=1}^{\infty} \frac{(-1)^n}{n+x^2}$;　　(8) $\displaystyle\sum_{n=1}^{\infty} \frac{n5^{2n}}{6^n}x^n(1-x)^n$.

2. 用魏尔斯特拉斯判别法证明下列函数项级数在收敛域内一致收敛:

(1) $\displaystyle\sum_{n=1}^{\infty} \frac{nx}{1+n^5x^2}$;　　(2) $\displaystyle\sum_{n=1}^{\infty} \frac{\cos nx + \sin^2 x}{n^{1.001}}$;

(3) $\displaystyle\sum_{n=1}^{\infty} \ln\left(1+\frac{2\,|\,x\,|}{x^2+n^3}\right)$;　　(4) $\displaystyle\sum_{n=1}^{\infty} x^2 e^{-nx}$.

3. (1) 已知级数 $\displaystyle\sum_{n=1}^{\infty} u_n(x)$ 在某区间一致收敛,能否断定 $\displaystyle\sum_{n=1}^{\infty} u_n(x)$ 在此

区间内绝对收敛?试研究级数 $\displaystyle\sum_{n=1}^{\infty} (-1)^n \frac{1}{x^2+n}$ 在 $(-\infty,+\infty)$ 上的一致收敛

性与绝对收敛性;

(2) 设级数 $\displaystyle\sum_{n=1}^{\infty} u_n(x)$ 在某区间绝对收敛,能否断定该级数在该区间内一

致收敛?

4. 直接证明例 8.4.7 及例 8.4.8 的结论.

8.5　幂　级　数

一般项为 $u_n(x)=a_n(x-x_0)^n\,(n=0,1,2,\cdots)$ 的函数项级

数,即

$$\sum_{n=0}^{\infty} a_n(x-x_0)^n = a_0 + a_1(x-x_0) + \cdots + a_n(x-x_0)^n + \cdots$$

$$(8.5.1)$$

称为幂级数. 当 $x_0=0$ 时,它具有更简单的形式

$$\sum_{n=0}^{\infty} a_n x^n = a_0 + a_1 x + \cdots + a_n x^n + \cdots, \qquad (8.5.2)$$

其中$\{a_n\}$是一个数列.

8.5.1　幂级数的收敛半径与收敛域

首先观察三个幂级数：

$$(1)\ \sum_{n=0}^{\infty}\frac{x^n}{2^n};\qquad (2)\ \sum_{n=0}^{\infty}\frac{x^n}{n!};\qquad (3)\ \sum_{n=0}^{\infty}n!x^n.$$

容易看出,这三个幂级数的收敛域分别为$(-2,2),(-\infty,+\infty)$和$\{0\}$.于是它们的收敛域都是以原点为中心的区间(第三个幂级数的收敛域退化为一个点).事实上这是幂级数的一个共性.下面将要证明：任何幂级数(8.5.2)的收敛域一定是对称于原点的区间.为了研究这个问题,需要从下面的阿贝尔定理开始.

定理 8.5.1(阿贝尔定理)

(1) 若幂级数$\sum_{n=0}^{\infty}a_nx^n$在$x=b\neq 0$处收敛,则该幂级数在区间$(-|b|,|b|)$内处处绝对收敛.

(2) 若幂级数$\sum_{n=0}^{\infty}a_nx^n$在$x=b\neq 0$处发散,则该幂级数在区间$[-|b|,|b|]$外处处发散.

证明　(1) 如果级数$\sum_{n=0}^{\infty}a_nb^n$收敛,则该级数的通项趋向于零,因而有界.即存在正数M,使得对于所有的$n=0,1,2,\cdots$,有$|a_nb^n|\leqslant M$.

对于任意确定的$x\in(-|b|,|b|)$,令$r=\left|\dfrac{x}{b}\right|<1$.于是

$$|a_nx^n|=\left|a_nb^n\cdot\left(\frac{x}{b}\right)^n\right|\leqslant Mr^n.$$

于是由 $\displaystyle\sum_{n=0}^{\infty} Mr^n$ 收敛推出 $\displaystyle\sum_{n=0}^{\infty} a_n x^n$ 绝对收敛.

(2) 第二个结论可以由第一个结论直接推出. 事实上, 假定 $\displaystyle\sum_{n=0}^{\infty} a_n b^n$ 发散, $|x| > |b|$, 则 $\displaystyle\sum_{n=0}^{\infty} a_n x^n$ 必然发散. 否则根据第一个结论推出 $\displaystyle\sum_{n=0}^{\infty} a_n b^n$ 收敛.

由定理 8.5.1 可以看出, 对于幂级数 (8.5.2), 它的收敛性有以下三种情形:

(1) 当且仅当 $x = 0$ 时收敛, 即对任意 $x \neq 0$, 级数 (8.5.2) 都不收敛, 这时该级数的收敛域只有一个点 $x = 0$;

(2) 对所有 $x \in (-\infty, +\infty)$, 级数 (8.5.2) 都收敛, 这时该级数的收敛域是 $(-\infty, +\infty)$;

(3) 存在两个不同的实数 x_1, x_2, 使得当 $x = x_1$ 时, 级数 (8.5.2) 收敛, 当 $x = x_2$ 时, 级数 (8.5.2) 发散. 这时不难推出, 存在正数 R, 使得该级数在 $(-R, R)$ 内处处收敛, 在 $(-\infty, -R)$ 和 $(R, +\infty)$ 处处发散.

在第 (3) 种情形中, 正数 R 称为幂级数 (8.5.2) 的**收敛半径**. 对于第 (1)、(2) 种情形, 可以认为分别是 $R = 0$ 和 $R = +\infty$.

由以上分析可以知道, 对于幂级数 (8.5.2), 只要知道了它的收敛半径 R, 就基本上求出了它的收敛域, 只有当 $x = \pm R$ 时可能是例外. 由此幂级数的收敛域一定是一个区间 (开或闭, 有限或无限). 这个区间称为幂级数的收敛区间 (interval of convergence). 那么, 如何求级数 (8.5.2) 的收敛半径呢? 我们有下述定理.

定理 8.5.2 对于幂级数 (8.5.2), 如果

$$\lim_{n \to \infty} \left| \frac{a_{n+1}}{a_n} \right| = \rho,$$

则

(1) 当 $0 < \rho < +\infty$ 时,收敛半径 $R = \dfrac{1}{\rho}$;

(2) 当 $\rho = 0$ 时,收敛半径 $R = +\infty$;

(3) 当 $\rho = +\infty$ 时,收敛半径 $R = 0$.

证明 考察级数(8.5.2).由于

$$\lim_{n \to \infty} \left| \frac{a_{n+1} x^{n+1}}{a_n x^n} \right| = \lim_{n \to \infty} \left| \frac{a_{n+1}}{a_n} \right| |x| = \rho |x|,$$

所以,根据比值判定准则,当 $\rho |x| < 1$ 时,级数(8.5.2)绝对收敛;当 $\rho |x| > 1$ 时,它的一般项 $a_n x^n \to \infty$,因而发散.于是,有

(1) 当 $0 < \rho < +\infty$ 时,如果 $|x| < \dfrac{1}{\rho}$,则级数(8.5.2)绝对收敛;如果 $|x| > \dfrac{1}{\rho}$,则级数(8.5.2)发散,因此收敛半径为 $R = \dfrac{1}{\rho}$.

(2) 当 $\rho = 0$ 时,对任意 $x \in (-\infty, +\infty)$,级数(8.5.2)绝对收敛,因而收敛半径 $R = +\infty$.

(3) 当 $\rho = +\infty$ 时,对所有 $x \neq 0$,级数(8.5.2)的一般项 $a_n x^n$ 趋向无穷,因而发散,所以收敛半径为 $R = 0$.

上述定理是利用比值判定准则确定幂级数的收敛半径.同样,利用数项级数的根式判定准则也可以确定幂级数的收敛半径,即有下述定理.

定理 8.5.3 对于幂级数(8.5.2),如果

$$\lim_{n \to \infty} \sqrt[n]{|a_n|} = \rho,$$

则

(1) $0 < \rho < +\infty$ 时,级数(8.5.2)的收敛半径为 $R = \dfrac{1}{\rho}$;

(2) $\rho = 0$ 时,级数(8.5.2)的收敛半径为 $R = +\infty$;

(3) $\rho = +\infty$ 时,级数(8.5.2)的收敛半径为 $R = 0$.

这个定理的证明留给读者.

注 由收敛半径 R 的定义可知,当 $R>0$ 时,对于任意点 $x\in$ $(-R,R)$,幂级数(8.5.2)绝对收敛.

例 8.5.1 求级数

$$\sum_{n=1}^{\infty} \frac{x^n}{n^p}, \quad p \in \mathbb{R} \tag{8.5.3}$$

的收敛半径和收敛区间.

解 因为

$$\lim_{n\to\infty}\left|\frac{a_{n+1}}{a_n}\right| = \lim_{n\to\infty} \frac{\dfrac{1}{(n+1)^p}}{\dfrac{1}{n^p}} = \lim_{n\to\infty}\left(\frac{n}{n+1}\right)^p = 1.$$

所以它的收敛半径为 $R = 1(-\infty < p < +\infty)$.

当 $p \leqslant 0$ 时,幂级数(8.5.3)在点 $x=-1$ 与 $x=1$ 都发散,所以收敛区间为 $(-1,1)$.

当 $0 < p \leqslant 1$ 时,幂级数(8.5.3)在点 $x=-1$ 收敛,在点 $x=1$ 发散,所以收敛区间为 $[-1,1)$.

当 $p > 1$ 时,幂级数(8.5.3)在 -1 和 1 都收敛,于是收敛区间为 $[-1,1]$.

例 8.5.2 求幂级数 $\displaystyle\sum_{n=0}^{\infty} \frac{1}{n3^n}x^{2n+1}$ 的收敛区间.

解 将上述级数改写成 $x\displaystyle\sum_{n=0}^{\infty} \frac{x^{2n}}{n3^n}$,只需要研究级数 $\displaystyle\sum_{n=0}^{\infty} \frac{x^{2n}}{n3^n}$.

又令 $u = x^2$ 则后一个级数变成 $\displaystyle\sum_{n=0}^{\infty} \frac{u^n}{n3^n}$.下面研究最后一个级数的收敛性.

容易求出这个级数的收敛半径等于 3.

当 $u = 3$ 时,幂级数变为发散级数 $\displaystyle\sum_{n=0}^{\infty} \frac{1}{n}$;当 $u = -3$ 时,幂级

数变为收敛级数 $\sum\limits_{n=0}^{\infty} (-1)^n \dfrac{1}{n}$. 于是幂级数 $\sum\limits_{n=0}^{\infty} \dfrac{u^n}{n3^n}$ 的收敛区间为

$-3 \leqslant u < 3$. 因为 $u = x^2$, 所以 $\sum\limits_{n=0}^{\infty} \dfrac{x^{2n}}{n3^n}$ 的收敛区间为 $-\sqrt{3} < x <$

$\sqrt{3}$. 从而求幂级数 $\sum\limits_{n=0}^{\infty} \dfrac{1}{n3^n} x^{2n+1}$ 的收敛区间是 $(-\sqrt{3}, \sqrt{3})$.

例 8.5.3　求幂级数 $\sum\limits_{n=0}^{\infty} (2^n + 3^n) x^n$ 的收敛区间.

解　$\lim\limits_{n\to\infty} (|a_n|)^{\frac{1}{n}} = 3$, 所以收敛半径等于 $\dfrac{1}{3}$. 在区间的端点

$x = \pm \dfrac{1}{3}$, 幂级数发散, 所以幂级数的收敛区间是 $\left(-\dfrac{1}{3}, \dfrac{1}{3}\right)$.

8.5.2　幂级数的分析性质

现在研究幂级数的分析性质, 也就是和函数的连续性、幂级数的逐项积分和逐项求导问题. 为此, 首先需要证明下面的两个结论.

定理 8.5.4　假设幂级数 $\sum\limits_{n=0}^{\infty} a_n x^n$ 的收敛半径为 $R, R > 0$. 则对于任意正数 $b < R$, 这个幂级数在闭区间 $[-b, b]$ 一致收敛.

证明　因为 $x = b$ 是收敛区间内一点, 所以 $\sum\limits_{n=0}^{\infty} |a_n b^n|$ 收敛. 另一方面, 对于任意的 $x \in [-b, b]$, 有 $|a_n x^n| \leqslant |a_n b^n|$. 所以, 根据比较判别法推出幂级数 $\sum\limits_{n=0}^{\infty} a_n x^n$ 在闭区间 $[-b, b]$ 一致收敛.

定理 8.5.5　假设幂级数 $\sum\limits_{n=0}^{\infty} a_n x^n$ 的收敛半径为 $R, R > 0$. 则

该幂级数逐项求导后的幂级数

$$\sum_{n=1}^{\infty} n a_n x^{n-1} \qquad (8.5.4)$$

的收敛半径仍然等于 R.

证明 为了证明这个定理,我们分别证明幂级数(8.5.4)的收敛半径既不小于、也不大于幂级数(8.5.2)的收敛半径.

设级数(8.5.2)的收敛半径为 R,当 $R = 0$ 时,级数(8.5.4)的收敛半径自然不会小于级数(8.5.2)的收敛半径. 当 $R > 0$ 时,任取 $x_0 \in (-R, R)$,都可以证明级数(8.5.4)在点 x_0 收敛. 事实上,由于 $|x_0| < R$,可以取另一点 $x_1 \in (-R, R)$,使 $|x_0| < |x_1|$,根据前面的注释知道,幂级数(8.5.2)在点 x_1 处绝对收敛,又注意到

$$\sum_{n=1}^{\infty} |n a_n x_0^{n-1}| = \sum_{n=1}^{\infty} \left| \frac{n}{x_0} \left(\frac{x_0}{x_1} \right)^n a_n x_1^n \right|, \qquad (8.5.5)$$

其中常数 $\left| \dfrac{x_0}{x_1} \right| < 1$,所以不难看出 $\left| \dfrac{n}{x_0} \left(\dfrac{x_0}{x_1} \right)^n \right|$ 有界,即存在正数 M,使得 $\left| \dfrac{n}{x_0} \left(\dfrac{x_0}{x_1} \right)^n \right| \leqslant M (n \in \mathbb{Z}^+)$. 但是我们已经知道级数 $\displaystyle\sum_{n=1}^{\infty} |a_n x_1^n|$ 收敛,因此由式(8.5.5),根据比较判定法立即推出级数 $\displaystyle\sum_{n=1}^{\infty} n a_n x_0^{n-1}$ 也绝对收敛. 以上讨论就证明了幂级数(8.5.4)的收敛半径不小于级数(8.5.2)的收敛半径.

其次证明,级数(8.5.4)的收敛半径不大于级数(8.5.2)的收敛半径.

如果级数(8.5.2)的收敛半径为 $R = +\infty$,结论自然正确.

如果 $R < +\infty$,任取一点 x_0,使 $|x_0| > R$. 我们求证幂级数(8.5.4)在点 x_0 必定发散. 假若不然,设级数 $\displaystyle\sum_{n=1}^{\infty} n a_n x_0^{n-1}$ 收敛,再

取 x_1,使 $R < |x_1| < |x_0|$. 由定理 8.5.1 知 $\sum\limits_{n=1}^{\infty} n a_n x_1^{n-1}$ 绝对收敛,注意到当 $n > |x_1|$ 时,有

$$|na_n x_1^{n-1}| = \frac{n}{|x_1|} |a_n x_1^n| \geqslant |a_n x_1^n|,$$

于是由比较判定法推出 $\sum\limits_{n=1}^{\infty} a_n x_1^n$ 绝对收敛. 由于 $|x_1| > R$,这与幂级数(8.5.2)的收敛半径等于 R 冲突,因此 $\sum\limits_{n=1}^{\infty} n a_n x_0^{n-1}$ 发散. 这就是说,幂级数(8.5.4)的收敛半径不大于级数(8.5.2)的收敛半径.

定理 8.5.6 设幂级数(8.5.2)的收敛半径为 R,用 $f(x)$ 表示幂级数(8.5.2)在其收敛区间上的和函数. 则有:

(1) f 在 $(-R,R)$ 内连续;

(2) f 在 $(-R,R)$ 内可导,并且

$$f'(x) = \left(\sum_{n=0}^{\infty} a_n x^n\right)' = \sum_{n=0}^{\infty} (a_n x^n)' = \sum_{n=1}^{\infty} n a_n x^{n-1}$$

$$= a_1 + 2a_2 x + 3a_3 x^2 + \cdots + n a_n x^{n-1} + \cdots; \quad (8.5.6)$$

(3) 对任意的 $x \in (-R,R)$,有

$$\int_0^x f(t)\mathrm{d}t = \int_0^x \left(\sum_{n=0}^{\infty} a_n t^n\right)\mathrm{d}t = \sum_{n=0}^{\infty} \int_0^x a_n t^n \mathrm{d}t$$

$$= a_0 x + \frac{a_1}{2} x^2 + \cdots + \frac{a_n}{n+1} x^{n+1} + \cdots. \quad (8.5.7)$$

证明 (1) 只需证明和函数 f 在每一点 $x \in (-R,R)$ 连续. 任取 $x \in (-R,R)$,都存在正数 $b < R$,使 $x \in (-b,b)$,由定理 8.5.4 知,幂级数在 $[-b,b]$ 上一致收敛,因此和函数 $f(x)$,在 $[-b,b]$ 上连续,从而在 x 连续.

(2) 对任一点 $x \in (-R, R)$, 取正数 $b < R$, 使得 $x \in (-b, b)$, 幂级数(8.5.2)逐项求导后的级数(8.5.4)在闭区间 $(-b, b)$ 上一致收敛, 由定理 8.4.5 就推出式(8.5.6).

(3) 对任意 $x \in (-R, R)$, 因为幂级数(8.5.2)在 $[-|x|,$ $|x|]$ 上一致收敛, 因此根据定理 8.4.4 知

$$\int_0^x \left(\sum_{n=0}^{\infty} a_n t^n \right) \mathrm{d}t = \sum_{n=0}^{\infty} \int_0^x (a_n t^n) \mathrm{d}t = \sum_{n=0}^{\infty} \frac{a_n}{n+1} x^{n+1}.$$

反复应用定理 8.5.6 可得下面的推论.

推论 设幂级数(8.5.2)的收敛半径为 R, 则其和函数 $f(x)$ 在 $(-R, R)$ 中有任意阶导数

$$f^{(k)}(x) = \sum_{n=k}^{\infty} n(n-1) \cdots (n-k+1) a_n x^{n-k}, \quad k = 1, 2, \cdots,$$

且等式右端幂级数的收敛半径为 R.

利用逐项求导或逐项积分, 可以由已知幂级数的和函数求出另一些幂级数的和函数, 也可以把一些初等函数展开为幂级数.

例 8.5.4 几何级数在收敛域 $(-1, 1)$ 内有

$$f(x) = \frac{1}{1-x} = 1 + x + x^2 + \cdots + x^n + \cdots. \quad (8.5.8)$$

幂级数(8.5.8)在 $(-1, 1)$ 内逐项求导可得

$$\begin{aligned} f'(x) &= \frac{1}{(1-x)^2} \\ &= 1 + 2x + 3x^2 + \cdots + nx^{n-1} + \cdots, \quad |x| < 1. \end{aligned}$$
$$(8.5.9)$$

$$\begin{aligned} f''(x) &= \frac{2}{(1-x)^3} \\ &= 2 + 3 \times 2x + \cdots + n(n-1)x^{n-2} + \cdots, \quad |x| < 1. \end{aligned}$$
$$(8.5.10)$$

幂级数(8.5.8)从 0 到 $x(|x|<1)$ 逐项积分可得

$$\int_0^x \frac{\mathrm{d}x}{1-x} = \sum_{n=0}^{\infty} \int_0^x x^n \mathrm{d}x,$$

即

$$\ln \frac{1}{1-x} = x + \frac{x^2}{2} + \frac{x^3}{3} + \cdots + \frac{x^{n+1}}{n+1} + \cdots, \quad |x|<1.$$

8.5.3　函数的幂级数展开

若 f 在 x_0 的某个邻域中有任意阶导数,则称形如

$$f(x_0) + f'(x_0)(x-x_0) + \frac{f''(x_0)}{2!}(x-x_0)^2 + \cdots$$

$$+ \frac{f^{(n)}(x_0)}{n!}(x-x_0)^n + \cdots \tag{8.5.11}$$

的幂级数为 f 在 x_0 的**泰勒级数**,记为

$$f(x) \sim f(x_0) + f'(x_0)(x-x_0) + \frac{f''(x_0)}{2!}(x-x_0)^2 + \cdots$$

$$+ \frac{f^{(n)}(x_0)}{n!}(x-x_0)^n + \cdots \tag{8.5.12}$$

这一段的主要问题是讨论在什么条件下函数 f 可展开为泰勒级数,即 f 的泰勒级数在什么条件下收敛于 f. 由第 5 章的泰勒公式,若 $f(x)$ 在点 x_0 的某邻域内存在直到 $n+1$ 阶的导数,则有

$$f(x) = f(x_0) + f'(x_0)(x-x_0) + \frac{f''(x_0)}{2!}(x-x_0)^2 + \cdots$$

$$+ \frac{f^{(n)}(x_0)}{n!}(x-x_0)^n + R_n(x). \tag{8.5.13}$$

这里 $R_n(x)$ 为余项,它可以表示为拉格朗日余项形式:

$$R_n(x) = \frac{f^{(n+1)}(x_0 + \theta(x-x_0))}{(n+1)!}(x-x_0)^{n+1}, \tag{8.5.14}$$

其中 $0 < \theta < 1$.

由泰勒公式直接推出下述定理.

定理 8.5.7 设 f 在 $(x_0 - R, x_0 + R)$ 上具有任意阶导数,则 f 在 $(x_0 - R, x_0 + R)$ 内可展开为泰勒级数的充分必要条件是

$$\lim_{n \to \infty} R_n(x) = 0, \quad x \in (x_0 - R, x_0 + R).$$

这里 $R_n(x)$ 是 f 在 x_0 处泰勒公式的余项.

这个定理的证明留给读者自己完成.

定理 8.5.8 如果存在常数 M,使对 $(x_0 - R, x_0 + R)$ 中的所有 x 及一切正整数 n,都有

$$| f^{(n)}(x) | \leqslant M,$$

则 f 在 $(x_0 - R, x_0 + R)$ 中可展开为泰勒级数.

证明 只需证明在上述条件下,有

$$\lim_{n \to +\infty} R_n(x) = 0, \quad x \in (x_0 - R, x_0 + R).$$

事实上,由式(8.5.14),有

$$
\begin{aligned}
| R_n(x) | &= \left| \frac{f^{(n+1)}(x_0 + \theta(x - x_0))}{(n+1)!} (x - x_0)^{n+1} \right| \\
&\leqslant \frac{M}{(n+1)!} | x - x_0 |^{n+1} \leqslant M \frac{R^n}{(n+1)!}.
\end{aligned}
$$

所以

$$\lim_{n \to \infty} R_n(x) = 0, \quad x \in (x_0 - R, x_0 + R).$$

在实际应用中,通常考虑的是 $x_0 = 0$ 的特殊情况,此时的泰勒级数称为麦克劳林(Maclaurin)级数:

$$f(x) \sim f(0) + f'(0)x + \frac{f''(0)}{2!}x^2 + \cdots + \frac{f^{(n)}(0)}{n!}x^n + \cdots.$$

$$(8.5.15)$$

下面我们给出几个常见初等函数的麦克劳林级数.

例 8.5.5 设 $f(x)$ 为 k 次多项式函数

$$f(x) = c_0 + c_1 x + c_2 x^2 + \cdots + c_k x^k,$$

由于

$$f^{(n)}(0) = \begin{cases} n! c_n, & n \leqslant k, \\ 0, & n > k, \end{cases}$$

总有

$$\lim_{n \to \infty} R_n(x) = 0.$$

因而

$$f(x) = f(0) + f'(0)x + \frac{f''(0)}{2!}x^2 + \cdots + \frac{f^{(k)}}{k!}x^k$$

$$= c_0 + c_1 x + c_2 x^2 + \cdots + c_k x^k.$$

即多项式函数的麦克劳林级数就是它本身.

　　例 8.5.6　函数 $f(x) = e^x$, 由于

$$f^{(n)}(x) = e^x, \quad f^{(n)}(0) = 1, \quad n = 0, 1, 2, \cdots,$$

故其麦克劳林级数为

$$e^x \sim \sum_{n=0}^{\infty} \frac{1}{n!} x^n.$$

　　为了证明上式等号成立, 任取 $R > 0$, 当 $|x| < R$ 时, 对任意自然数 n 有

$$|f^{(n)}(x)| = e^x < e^R.$$

由定理 8.5.8 得

$$e^x = \sum_{n=0}^{\infty} \frac{x^n}{n!}$$

在 $(-R, R)$ 中成立, 由 R 的任意性, 上式在 $(-\infty, \infty)$ 中成立.

　　例 8.5.7　函数 $\sin x, \cos x$, 由于

$$(\sin x)^{(n)} \Big|_{x=0} = \sin\left(x + \frac{n\pi}{2}\right)\Big|_{x=0} = \sin\frac{n\pi}{2}$$

$$= \begin{cases} 0, & n = 2k, \\ (-1)^k, & n = 2k+1, \end{cases}$$

又因为

$$\mid (\sin x)^{(n)} \mid = \left| \sin\left(x + \frac{n\pi}{2} \right) \right| \leqslant 1,$$

对一切 x 和一切自然数 n 成立,由定理 8.5.8 得

$$\sin x = \sum_{k=0}^{\infty} \frac{(-1)^k}{(2k+1)!} x^{2k+1}, \quad -\infty < x < +\infty.$$

同样地,可得

$$\cos x = \sum_{k=0}^{\infty} \frac{(-1)^k}{(2k)!} x^{2k}, \quad -\infty < x < +\infty.$$

例 8.5.8　函数 $f(x) = \ln(1+x)$,由于

$$f^{(n)}(x) = (-1)^{n-1} \frac{(n-1)!}{(1+x)^n}, \quad n = 1, 2, 3, \cdots,$$

从而

$$f^{(n)}(0) = (-1)^{n-1}(n-1)!, \quad n = 1, 2, \cdots,$$

所以 $f(x)$ 的麦克劳林级数为

$$\ln(1+x) \sim x - \frac{x^2}{2} + \frac{x^3}{3} - \frac{x^4}{4} + \cdots + (-1)^{n-1} \frac{x^n}{n} + \cdots.$$

$$(8.5.16)$$

用比值判别法可求得级数 (8.5.16) 的收敛半径为 $R = 1$,且当 $x = 1$ 时收敛, $x = -1$ 时发散,故级数 (8.5.16) 的收敛域是 $(-1, 1]$,可以证明它的和函数是 $\ln(1+x)$(略去证明过程).

例 8.5.9　考察二项式函数 $f(x) = (1+x)^{\alpha}$.

当 α 为正整数时,由例 8.5.5 就得 $f(x)$ 的泰勒级数.

下面讨论 α 不为正整数的情形. 这时,有

$$f^{(n)}(x) = \alpha(\alpha-1)\cdots(\alpha-n+1)(1+x)^{\alpha-n}, \quad n = 1, 2, \cdots,$$
$$f^{(n)}(0) = \alpha(\alpha-1)\cdots(\alpha-n+1), \quad n = 1, 2, \cdots,$$

于是 $f(x)$ 的麦克劳林级数为

$$(1+x)^{\alpha} \sim 1 + \alpha x + \frac{\alpha(\alpha-1)}{2!} x^2 + \cdots$$
$$+ \frac{\alpha(\alpha-1)\cdots(\alpha-n+1)}{n!} x^n + \cdots. \quad (8.5.17)$$

由比值判别法可得级数(8.5.17)的收敛半径为 $R = 1$.

关于 $f(x)$ 在 $x_0 = 0$ 处的泰勒公式余项,可以证明(略去证明过程):当 $|x| < 1$ 时,有

$$\lim_{n \to +\infty} R_n(x) = 0,$$

所以,在 $(-1, 1)$ 上,有

$$(1 + x)^\alpha = 1 + \alpha x + \frac{\alpha(\alpha - 1)}{2!} x^2 + \cdots$$
$$+ \frac{\alpha(\alpha - 1) \cdots (\alpha - n + 1)}{n!} x^n + \cdots.$$

关于收敛区间端点的情形,我们不加证明地给出下述结果:

当 $\alpha < -1$ 时,收敛域为 $(-1, 1)$;

当 $-1 < \alpha < 0$ 时,收敛域为 $(-1, 1]$;

当 $\alpha > 0$ 时,收敛域为 $[-1, 1]$.

特别地,当 $\alpha = -1$ 时,得

$$\frac{1}{1 + x} = 1 - x + x^2 + \cdots + (-1)^n x^n + \cdots, \quad x \in (-1, 1);$$

当 $\alpha = -\frac{1}{2}$ 时,得

$$\frac{1}{\sqrt{1 + x}} = 1 - \frac{1}{2} x + \frac{1 \times 3}{2 \times 4} x^2 - \frac{1 \times 3 \times 5}{2 \times 4 \times 6} x^3 + \cdots, \quad x \in (-1, 1].$$

函数的幂级数展开,只有极少数较简单的函数可由定义出发直接得到,大量的函数幂级数展开是根据幂级数四则运算、逐项求导与逐项积分等性质,由某些已知函数的幂级数出发通过间接的方法得到.

例 8.5.10 求函数 $\dfrac{1}{(1 - x)(2 - x)}$ 的麦克劳林级数.

解 因为 $\dfrac{1}{(1 - x)(2 - x)} = \dfrac{1}{1 - x} - \dfrac{1}{2 - x}$,而

$$\frac{1}{1 - x} = \sum_{n=0}^{\infty} x^n, \quad -1 < x < 1,$$

$$\frac{1}{2-x} = \frac{1}{2}\frac{1}{1-\dfrac{x}{2}} = \frac{1}{2}\sum_{n=0}^{\infty}\left(\frac{x}{2}\right)^n, \quad -2 < x < 2;$$

因而当 $-1 < x < 1$ 时,有

$$\frac{1}{(1-x)(2-x)} = \sum_{n=0}^{\infty}\left(1 - \frac{1}{2^{n+1}}\right)x^n.$$

例 8.5.11 将 $\ln x$ 展开为 $x-2$ 的幂级数.

解 $\ln x = \ln[2 + (x-2)] = \ln 2 + \ln\left(1 + \dfrac{x-2}{2}\right).$

因为当 $x \in (-1,1]$ 时,有

$$\ln(1+x) = \sum_{n=1}^{\infty}\frac{(-1)^{n-1}}{n}x^n,$$

所以,当 $\dfrac{x-2}{2} \in (-1,1]$,即 $x \in (0,4]$ 时,有

$$\ln x = \ln 2 + \sum_{n=1}^{\infty}\frac{(-1)^{n-1}}{n}\frac{1}{2^n}(x-2)^n.$$

例 8.5.12 将函数 $f(x) = \dfrac{1}{(1-x)^2}$ 在 $x_0 = 0$ 展成幂级数.

解 注意到 $\dfrac{1}{(1-x)^2} = \left(\dfrac{1}{1-x}\right)'$ 和

$$\frac{1}{1-x} = 1 + x + x^2 + \cdots + x^n + \cdots,$$

所以,有

$$\frac{1}{(1-x)^2} = \left(\frac{1}{1-x}\right)'$$
$$= 1 + 2x + 3x^2 + \cdots + nx^{n-1} + \cdots, \quad -1 < x < 1.$$

例 8.5.13 将 $\arctan x$ 在 $x_0 = 0$ 展开为幂级数.

解 当 $x \in (-1,1)$ 时,有

$$\frac{1}{1+x^2} = \sum_{n=0}^{\infty}(-1)^n x^{2n}.$$

上式右端的幂级数从 0 到 x 逐项积分即得 $\arctan x$ 的展开式

$$\arctan x = \sum_{n=0}^{\infty} \frac{(-1)^n}{2n+1} x^{2n+1}, \quad |x| < 1.$$

下面的例子说明并非任一函数的泰勒级数都收敛于该函数.

例 8.5.14 考察函数

$$f(x) = \begin{cases} e^{-1/x^2}, & x \neq 0, \\ 0, & x = 0. \end{cases}$$

由于在 $x = 0$ 处 f 的任意阶导数都等于零(读者可自己验证),即

$$f^{(n)}(0) = 0, \quad n = 1, 2, \cdots,$$

所以 f 在 $x_0 = 0$ 的泰勒级数为

$$0 + 0x + \frac{0}{2!} x^2 + \cdots + \frac{0}{n!} x^n + \cdots.$$

显然它在 $(-\infty, \infty)$ 上收敛且其和函数为 $S(x) \equiv 0$,但当 $x \neq 0$ 时,$f(x) \neq S(x)$.

8.5.4 幂级数求和

函数的泰勒级数可以用于级数求和.

例 8.5.15 求下列级数的和:

(1) $\displaystyle\sum_{n=1}^{\infty} \frac{n}{(n+1)!}$;   (2) $\displaystyle\sum_{n=1}^{\infty} (-1)^n \frac{n(n+1)}{2^n}$.

解 (1) 令 $S(x) = \displaystyle\sum_{n=1}^{\infty} \frac{n}{(n+1)!} x^{n-1}$,则

$$\sum_{n=1}^{\infty} \frac{n}{(n+1)!} = S(1),$$

$$\int_0^x S(t) \, \mathrm{d}t = \sum_{n=1}^{\infty} \int_0^x \frac{n}{(n+1)!} t^{n-1} \, \mathrm{d}t = \sum_{n=1}^{\infty} \frac{x^n}{(n+1)!}$$

$$= \frac{1}{x} \sum_{n=1}^{\infty} \frac{x^{n+1}}{(n+1)!}$$

$$= \frac{1}{x} (e^x - 1 - x), \quad x \neq 0.$$

两端求导,得

$$S(x) = \left[\frac{1}{x} (e^x - 1 - x) \right]' = -\frac{1}{x^2} e^x + \frac{1}{x} e^x + \frac{1}{x^2},$$

所以,有

$$\sum_{n=1}^{\infty} \frac{n}{(n+1)!} = S(1) = 1.$$

(2) 令

$$S(x) = \sum_{n=1}^{\infty} (-1)^n n(n+1) x^{n-1},$$

则

$$\sum_{n=1}^{\infty} (-1)^n \frac{n(n+1)}{2^n} = \frac{S\left(\frac{1}{2}\right)}{2},$$

对 $S(x)$ 逐项积分,得

$$\int_0^x S(t) \, dt = \sum_{n=1}^{\infty} (-1)^n (n+1) x^n.$$

上式再逐项积分,得

$$\int_0^x \left[\int_0^t S(s) \, ds \right] dt = \sum_{n=1}^{\infty} (-1)^n x^{n+1} = -\left(\frac{1}{1+x} - 1 + x \right).$$

两端分别求两阶导数,得

$$S(x) = \frac{-2}{(1+x)^3}.$$

于是,有

$$\sum_{n=1}^{\infty} (-1)^n \frac{n(n+1)}{2^n} = \frac{1}{2} S\left(\frac{1}{2}\right) = -\frac{8}{27}.$$

习 题 8.5

复习题

1. 幂级数的收敛域是一个区间,这个结论是怎样得到的?

2. 如何求幂级数的收敛半径?

3. 为什么对幂级数可以逐项积分,逐项求导?

4. 函数在某点的泰勒级数与泰勒公式的区别是什么?联系是什么?

5. 总结求函数在指定点的泰勒级数的两种方法 —— 利用求导的直接展开法和利用已知函数的泰勒公式的间接展开法.

习题

1. 求下列幂级数的收敛半径和收敛区间:

(1) $\sum_{n=1}^{\infty} \dfrac{2^{n+1}}{n^2} x^n$;

(2) $\sum_{n=1}^{\infty} \dfrac{x^{2n+1}}{9^n}$;

(3) $\sum_{n=1}^{\infty} n!(x-1)^n$;

(4) $\sum_{n=1}^{\infty} \dfrac{\ln(n+1)}{n+1} x^n$;

(5) $\sum_{n=1}^{\infty} \left(\dfrac{1}{2^n} + (-2)^n\right) x^n$;

(6) $\sum_{n=1}^{\infty} \left(\dfrac{n+1}{n}\right)^{n^2} x^n$;

(7) $\sum_{n=1}^{\infty} x^{n^2}$;

(8) $\sum_{n=1}^{\infty} \left(1 + \dfrac{1}{2} + \cdots + \dfrac{1}{n}\right) x^n$.

2. 求下列幂级数的收敛区间及和函数:

(1) $\sum_{n=0}^{\infty} \dfrac{x^n}{2^n}$;

(2) $\sum_{n=1}^{\infty} (2n+1) x^n$;

(3) $\sum_{n=1}^{\infty} \dfrac{2n-1}{2^n} x^{2n-2}$;

(4) $\sum_{n=1}^{\infty} \dfrac{n(n+1)}{2} x^{n-1}$.

3. 利用直接展开法求下列函数在指定点处的泰勒级数:

(1) $f(x) = a^x (a > 0), x_0 = 0$;

(2) $g(x) = \dfrac{1}{2}(e^x - e^{-x}), x_0 = 0$;

(3) $\varphi(x) = \cos x, x_0 = \dfrac{\pi}{2}$;

(4) $\psi(x) = \sin x, x_0 = a$.

4. 利用间接展开法求下列函数在指定点的泰勒级数,并指出收敛区间:

(1) $f_1(x) = \dfrac{1}{1 - x^2}$, $x_0 = 0$;

(2) $f_2(x) = \ln x$, $x_0 = 1$;

(3) $f_3(x) = \dfrac{1}{2}(e^x + e^{-x})$, $x_0 = 0$;

(4) $f_4(x) = \dfrac{1}{2x^2 + x - 3}$, $x_0 = 3$;

(5) $f_5(x) = (x - 2)e^{-x}$, $x_0 = 1$;

(6) $f_6(x) = \dfrac{1}{(1 + x)^2}$, $x_0 = 0$;

(7) $f_7(x) = x(1 - x^2)^{-\frac{1}{2}}$, $x_0 = 0$;

(8) $f_8(x) = \ln(x + \sqrt{1 + x^2})$, $x_0 = 0$.

5. 求下列函数的麦克劳林级数中指定的项:

(1) $f(x) = e^x \sin x$,0 至 4 次项;

(2) $g(x) = \tan x$,0 至 3 次项.

6. 求下列数的近似值,精确到指定的误差范围:

(1) e,误差不超过 10^{-4};

(2) $\sqrt[3]{500}$,误差不超过 10^{-3}.

7. 求下列积分的级数表达式,取前三项求其近似值并估计误差:

(1) $\displaystyle\int_0^{\frac{1}{2}} \dfrac{1}{\sqrt{1 + x^4}} \mathrm{d}x$; (2) $\displaystyle\int_0^{\frac{1}{4}} e^{-\frac{x^2}{2}} \mathrm{d}x$.

8. 设 $R > 0$,证明:若 $\displaystyle\sum_{n=0}^{\infty} a_n x^n$ 与 $\displaystyle\sum_{n=0}^{\infty} b_n x^n$ 在 $(-R, R)$ 有相同的和函数,则 $a_n = b_n (n = 0, 1, 2, \cdots)$.

9. 设 $f(x) = \sum\limits_{n=0}^{\infty} a_n x^n, x \in (-R, R), R > 0$,证明:

(1) 若 $f(x)$ 为偶函数,则 $a_{2k+1} = 0(k = 0, 1, 2, \cdots)$;

(2) 若 $f(x)$ 为奇函数,则 $a_{2k} = 0(k = 0, 1, 2, \cdots)$.

10. 设幂级数 $\sum\limits_{n=0}^{\infty} a_n x^n$ 在点 $x = 3$ 处条件收敛,试求幂级数 $\sum\limits_{n=1}^{\infty} n a_n (x-1)^{n+1}$ 的收敛半径.

8.6 傅里叶级数

8.6.1 周期函数的傅里叶级数

设 f 是定义在 $(-\infty, +\infty)$ 上的函数,如果存在常数 $T > 0$,使得

$$f(x + T) = f(x), \quad -\infty < x < +\infty,$$

则称 f 是以 T 为周期的函数.如果 x 代表时间,则 $f(x)$ 就表示一种以 T 为周期的周期运动.

在自然界中有许多现象都是周期运动,例如机械振动、天体运动、电学中的周期讯号及声波等.

以 T 为周期的最简单的周期运动之一是正弦波

$$A\sin(\omega x + \phi), \quad \omega = \frac{2\pi}{T}.$$

这个函数称为**简谐波**或**简谐振动**,其中 $A > 0$ 为**振幅**;ω 为**振动频率**;ϕ 为**初始相位**.

对任意的 $n \in \mathbb{Z}^+$,函数

$$A_n \sin(n\omega x + \phi_n), \quad A_n > 0 \qquad (8.6.1)$$

也是以 T 为周期的运动,称为 n 次谐波.

也可将 n 次谐波 $A_n \sin(n\omega x + \phi_n)$ 表示为

$$a_n \cos n\omega x + b_n \sin n\omega x, \tag{8.6.2}$$

其中

$$a_n = A_n \sin\phi_n, \quad b_n = A_n \cos\phi_n.$$

对任意的 $n \in \mathbb{Z}^+$,由不超过 n 次的周期为 T 的谐波叠加而成的函数

$$\frac{a_0}{2} + \sum_{k=1}^{n} (a_k \cos k\omega x + b_k \sin k\omega x) \tag{8.6.3}$$

仍是以 $T = \dfrac{2\pi}{\omega}$ 为周期的函数. 现在要问,对于任意一个以 T 为周期的函数 f,是否可以用形如式(8.6.3)的函数(即由有限个简谐波的叠加)去逼近它?或者等价地问,是否可以将任一个周期为 T 的函数 f 表示为一个由谐波(8.6.2)组成的级数

$$\frac{a_0}{2} + \sum_{k=1}^{\infty} (a_k \cos k\omega x + b_n \sin k\omega x)? \tag{8.6.4}$$

其中常数项 $\dfrac{a_0}{2}$ 是一个零次谐波$\left(\text{至于为什么要写成} \dfrac{a_0}{2}, \text{这将在下}\right.$

文中看出$\Big)$.本章将以这个问题为主要线索,讨论傅里叶级数的若干问题.

19 世纪初,法国数学家傅里叶(Fourier,1768—1830)在研究热传导方程的解法时,首先提出了将函数表示为三角级数的问题:已知定义在区间 $[0, l]$ 上的函数 $f(x)$ 满足 $f(0) = f(l) = 0$,求 $b_1, b_2, \cdots, b_n, \cdots$,使

$$f(x) = \sum_{n=1}^{\infty} b_n \sin \frac{n\pi x}{l}.$$

对于定义在 $[-l,l]$ 上的任意函数,问题变为:求 $a_0,a_1,b_1,\cdots,a_n,b_n,\cdots$ 使

$$f(x) = \frac{a_0}{2} + \sum_{n=1}^{\infty}\left(a_n\cos\frac{n\pi x}{l} + b_n\sin\frac{n\pi x}{l}\right). \quad (8.6.5)$$

傅里叶的这个开创性的工作后来发展成数学中的一个重要分支 —— 傅里叶分析,今天我们只讨论这个分支中最简单的一点知识.

傅里叶级数的理论依赖于三角函数系的正交性(orthogonality)这样一个事实.

定义 8.6.1 设区间 $[a,b]$ 是一个(有限或无限)区间,f、g 是定义在区间 $[a,b]$ 上的函数,如果

$$\int_a^b f(x)g(x)\mathrm{d}x = 0,$$

则称 f 与 g(在 $[a,b]$ 上)**互相正交**.

又设 $\varphi_0,\varphi_1,\varphi_2,\cdots$ 是定义在区间 $[a,b]$ 上的一列函数,如果

$$\int_a^b \varphi_m(x)\varphi_n(x)\mathrm{d}x = 0, \quad m \neq n,$$

则称 $\{\varphi_n \mid n = 0,1,2,\cdots\}$ 是 $[a,b]$ 上的一个**正交函数系**(orthogonal system of functions). 如果还满足

$$\int_a^b \varphi_n^2(x)\mathrm{d}x = 1, \quad n = 0,1,2,\cdots,$$

则称这个正交函数系是**规范的**(normal).

如果 $[a,b]$ 为有限区间,令 $l = \dfrac{b-a}{2}$,则读者不难验证,函数列

$$1, \cos\frac{n\pi x}{l}, \sin\frac{n\pi x}{l}, \quad n = 1,2,\cdots$$

是 $[a,b]$ 上的一个正交函数系.特别地,函数列

$$1, \cos x, \sin x, \cdots, \cos nx, \sin nx, \cdots$$

是$[-\pi, \pi]$上的一个正交函数系.

现在回到我们的主要问题. 首先看一看, 如果以2π为周期的函数可以表示为级数$(8.6.4)$, 即有

$$f(x) = \frac{a_0}{2} + \sum_{n=1}^{\infty} (a_n \cos nx + b_n \sin nx), \qquad (8.6.6)$$

那么右端的系数$a_n (n = 0, 1, 2, \cdots), b_n (n = 1, 2, \cdots)$应当怎样确定.

为此我们假设$f \in R[-\pi, \pi]$, 并且式$(8.6.6)$右端的函数级数可以逐项求积分, 则有

$$\int_{-\pi}^{\pi} f(x) \mathrm{d}x = \int_{-\pi}^{\pi} \left[\frac{a_0}{2} + \sum_{n=1}^{\infty} (a_n \cos nx + b_n \sin nx) \right] \mathrm{d}x$$

$$= \int_{-\pi}^{\pi} \frac{a_0}{2} \mathrm{d}x + \sum_{n=1}^{\infty} \left(a_n \int_{-\pi}^{\pi} \cos nx \, \mathrm{d}x + b_n \int_{-\pi}^{\pi} \sin nx \, \mathrm{d}x \right)$$

$$= \pi a_0,$$

于是得到

$$a_0 = \frac{1}{\pi} \int_{-\pi}^{\pi} f(x) \mathrm{d}x. \qquad (8.6.7)$$

用$\cos nx$乘式$(8.6.6)$两端并逐项积分, 注意到三角函数系的正交性, 则得到

$$\int_{-\pi}^{\pi} f(x) \cos nx \, \mathrm{d}x = \int_{-\pi}^{\pi} \frac{a_0}{2} \cos nx \, \mathrm{d}x$$

$$+ \sum_{m=1}^{\infty} \left(a_m \int_{-\pi}^{\pi} \cos mx \cos nx \, \mathrm{d}x \right.$$

$$\left. + b_m \int_{-\pi}^{\pi} \sin mx \cos nx \, \mathrm{d}x \right) = \pi a_n,$$

于是

$$a_n = \frac{1}{\pi} \int_{-\pi}^{\pi} f(x) \cos nx \, \mathrm{d}x, \quad n = 1, 2, \cdots. \qquad (8.6.8)$$

同样可以得到

$$b_n = \frac{1}{\pi}\int_{-\pi}^{\pi} f(x)\sin nx\,\mathrm{d}x. \qquad (8.6.9)$$

对于任意的 $f \in R[-\pi,\pi]$，我们称由式(8.6.8)和式(8.6.9)确定的 $a_n\,(n=0,1,2,\cdots)$ 和 $b_n\,(n=1,2,\cdots)$ 为 f 的**傅里叶系数**；由这些傅里叶系数组成的三角函数级数(8.6.6)为 f 的**傅里叶级数**(Fourier series)，并记作

$$f(x) \sim \frac{a_0}{2} + \sum_{n=1}^{\infty}(a_n\cos nx + b_n\sin nx). \qquad (8.6.10)$$

这就是说，对任意的可积函数 f，总可以写出它的傅里叶级数，但这并不意味着它的傅里叶级数一定收敛；即使收敛，级数的和也不一定是 $f(x)$。当 f 满足什么条件时，它的傅里叶级数收敛，并收敛于 $f(x)$ 本身，这是傅里叶级数理论的一个基本问题。

为了方便，我们先给出一个关于傅里叶级数收敛的条件，但限于篇幅，略去它的证明。

定理8.6.1(狄利克雷判别法)　设 f 在 $[-\pi,\pi]$ 上分段单调，并且至多只有有限个第一类间断点，则 f 的傅里叶级数处处收敛，并且

(1) 如果 f 在 $x_0 \in (-\pi,\pi)$ 连续，则级数的和等于 $f(x_0)$；

(2) 如果 f 在 $x_0 \in (-\pi,\pi)$ 间断，则级数的和等于 $\frac{1}{2}[f(x_0-0)+f(x_0+0)]$；

(3) 在区间端点 $-\pi$ 与 π，级数的和等于 $\frac{1}{2}[f(-\pi+0)+f(\pi-0)]$。

例8.6.1　设 f 是一个以 2π 为周期，振幅为 2 的方波，即

$$f(x) = \begin{cases} -1, & (2k-1)\pi \leqslant x < 2k\pi, \\ 1, & 2k\pi \leqslant x < (2k+1)\pi. \end{cases}$$

试求 f 的傅里叶级数。

解

$$a_n = \frac{1}{\pi} \int_{-\pi}^{\pi} f(x)\cos nx \, dx$$

$$= -\frac{1}{\pi} \int_{-\pi}^{0} \cos nx \, dx + \frac{1}{\pi} \int_{0}^{\pi} \cos nx \, dx = 0, \quad n = 0,1,2,\cdots,$$

$$b_n = \frac{1}{\pi} \int_{-\pi}^{\pi} f(x)\sin nx \, dx$$

$$= -\frac{1}{\pi} \int_{-\pi}^{0} \sin nx \, dx + \frac{1}{\pi} \int_{0}^{\pi} \sin nx \, dx$$

$$= \begin{cases} \dfrac{4}{n\pi}, & n = 1,3,\cdots, \\ 0, & n = 2,4,\cdots. \end{cases}$$

于是 f 的傅里叶级数为

$$f(x) \sim \frac{4}{\pi}\sin x + \frac{4}{3\pi}\sin 3x + \cdots = \frac{4}{\pi} \sum_{n=1}^{\infty} \frac{\sin(2n-1)x}{2n-1}.$$

记 $S_n(x)$ 为傅里叶级数的部分和:

$$S_n(x) = \sum_{k=1}^{n} \frac{\sin(2k-1)x}{2k-1}, \quad n = 0,1,2,\cdots$$

图 8.3 画出了 $f(x)$ 的图形及 S_1, S_3, S_7 的图形.

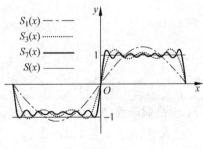

图 8.3

在这个例子中, f 在点 $0, \pi, -\pi$ 间断,所以由定理 8.6.1 得到

$$\frac{4}{\pi}\sum_{n=1}^{\infty}\frac{\sin(2n-1)x}{2n-1}=0, \quad x=0,\pm\pi;$$

$$\frac{4}{\pi}\sum_{n=1}^{\infty}\frac{\sin(2n-1)x}{2n-1}=\begin{cases}1, & 0<x<\pi, \\ -1, & -\pi<x<0.\end{cases}$$

例 8.6.2

$$f(x)=\begin{cases}\dfrac{\pi}{2}+x, & -\pi\leqslant x\leqslant 0, \\[2mm] \dfrac{\pi}{2}-x, & 0<x\leqslant\pi.\end{cases}$$

试写出 f 的傅里叶级数.

解 这个问题应当这样理解:有一个周期为 2π 的函数 f,它在 $[-\pi,\pi]$ 上由上式确定,求 f 的傅里叶级数.

根据以上公式,有

$$a_n=\frac{1}{\pi}\int_{-\pi}^{\pi}f(x)\cos nx\,\mathrm{d}x$$

$$=\frac{1}{\pi}\int_{-\pi}^{0}\left(\frac{\pi}{2}+x\right)\cos nx\,\mathrm{d}x+\frac{1}{\pi}\int_{0}^{\pi}\left(\frac{\pi}{2}-x\right)\cos nx\,\mathrm{d}x$$

$$=\frac{2}{n^2\pi}(1-\cos n\pi), \quad n=1,2,3,\cdots,$$

$$a_0=\frac{1}{\pi}\int_{-\pi}^{\pi}f(x)\mathrm{d}x=0.$$

于是,有

$$a_{2n}=0, \quad a_{2n+1}=\frac{4}{(2n+1)^2\pi}, \quad n=0,1,\cdots.$$

另外,由于 $f(x)$ 是偶函数,所以

$$b_n=0, \quad n=1,2,\cdots.$$

因此

$$f(x)\sim\frac{4}{\pi}\sum_{n=0}^{\infty}\frac{\cos(2n+1)x}{(2n+1)^2}=\frac{4}{\pi}\sum_{n=1}^{\infty}\frac{\cos(2n-1)x}{(2n-1)^2}.$$

注意到 f 在 $(-\pi, \pi)$ 内处处连续,并且 $f(-\pi) = f(\pi)$,所以

$$f(x) \equiv \frac{4}{\pi} \sum_{n=1}^{\infty} \frac{\cos(2n-1)x}{(2n-1)^2}.$$

特别地,令 $x = 0$,就得到

$$\frac{\pi}{2} = \frac{4}{\pi} \sum_{n=1}^{\infty} \frac{1}{(2n-1)^2},$$

即

$$\sum_{n=1}^{\infty} \frac{1}{(2n-1)^2} = \frac{\pi^2}{8}.$$

如果 f 是以 $2l(l>0)$ 为周期的函数,则同样可以写出 f 的傅里叶级数.

注意到三角函数系

$$1, \cos n\frac{\pi}{l}x, \sin n\frac{\pi}{l}x, \quad n \in \mathbb{Z}^+$$

是区间 $[-l, l]$ 上的一个正交函数系,重复上面的讨论过程,可以写出 f 在 $[-l, l]$ 上的傅里叶级数为

$$f(x) \sim \frac{a_0}{2} + \sum_{n=1}^{\infty} \left(a_n\cos n\frac{\pi}{l}x + b_n\sin n\frac{\pi}{l}x \right), \quad (8.6.11)$$

其中傅里叶系数 a_0, a_n 和 b_n 由下列公式确定

$$a_0 = \frac{1}{l}\int_{-l}^{l} f(x)\mathrm{d}x, \quad\quad\quad (8.6.12)$$

$$a_n = \frac{1}{l}\int_{-l}^{l} f(x)\cos n\frac{\pi}{l}x\,\mathrm{d}x,$$

$$\quad\quad\quad\quad\quad n = 1, 2, \cdots. \quad (8.6.13)$$

$$b_n = \frac{1}{l}\int_{-l}^{l} f(x)\sin n\frac{\pi}{l}x\,\mathrm{d}x,$$

设 g 是一个以 $2l(l>0)$ 为周期的可积函数,则对任意的实数 a,有

$$\int_{a}^{a+2l} g(x)\mathrm{d}x = \int_{-l}^{l} g(x)\mathrm{d}x,$$

因此,对于一个以 $2l$ 为周期的函数 f,它的傅里叶系数 a_n,b_n 可以通过在任何一个长度为 $2l$ 的区间 $[a,a+2l]$ 上的积分求得,即

$$a_n = \frac{1}{l}\int_a^{a+2l} f(x)\cos n\frac{\pi}{l}x\,\mathrm{d}x, \quad n=0,1,2,\cdots, \quad (8.6.14)$$

$$b_n = \frac{1}{l}\int_a^{a+2l} f(x)\sin n\frac{\pi}{l}x\,\mathrm{d}x, \quad n=1,2,\cdots. \quad (8.6.15)$$

这就是说,对于一个以 $2l$ 为周期的函数 f,只要知道了它在任一个周期上的值,就可以通过上式确定 f 的傅里叶系数,从而求出它的傅里叶级数.

例 8.6.3 在区间 $[0,2)$ 上将 $f(x)=2x+1$ 表示为傅里叶级数.

解 按照题意,f 是一个以 2 为周期的函数,它在 $[0,2)$ 上等于 $2x+1$,根据上面的说明,有

$$a_0 = \int_0^2 (2x+1)\mathrm{d}x = 6,$$

$$a_n = \int_0^2 (2x+1)\cos n\pi x\,\mathrm{d}x = 0, \quad n=1,2,\cdots,$$

$$b_n = \int_0^2 (2x+1)\sin n\pi x\,\mathrm{d}x = -\frac{4}{n\pi}, \quad n=1,2,\cdots.$$

于是

$$f(x) \sim 3 - \frac{4}{\pi}\sum_{n=1}^\infty \frac{\sin n\pi x}{n}.$$

根据定理 8.6.1,对任意的 $x\in(0,2)$,有

$$2x+1 = 3 - \frac{4}{\pi}\sum_{n=1}^\infty \frac{\sin n\pi x}{n}.$$

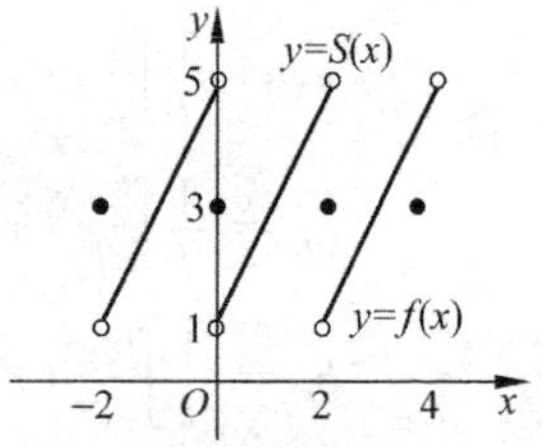

在区间 $[0,2]$ 的两个端点,级数和为

图 8.4

$$3 - \frac{4}{\pi}\sum_{n=1}^\infty \frac{\sin n\pi x}{n} = 3 = \frac{1}{2}\big[f(0)+f(2-0)\big].$$

图 8.4 分别画出了 $f(x)$ 与它的傅里叶级数的图形.

8.6.2 正弦级数与余弦级数

设 f 是定义在 $[-\pi, \pi]$ 上的一个奇函数,则对任意的 $n = 0, 1,$ $2, \cdots, f(x)\cos nx$ 仍是奇函数,因此有

$$a_n = \int_{-\pi}^{\pi} f(x)\cos nx \, \mathrm{d}x = 0, \quad n = 0, 1, 2, \cdots.$$

这就是说,在奇函数的傅里叶级数中,只含有正弦波,即

$$f(x) \sim \sum_{n=1}^{\infty} b_n \sin nx. \tag{8.6.16}$$

这样的傅里叶级数称为**正弦级数**(sine series).

同样,如果 f 是 $[-\pi, \pi]$ 上的偶函数,则 f 的傅里叶级数中只出现余弦波,即可以将偶函数 f 表示为**余弦级数**(cosine series):

$$f(x) \sim \frac{a_0}{2} + \sum_{n=1}^{\infty} a_n \cos nx. \tag{8.6.17}$$

在上述两种情形,傅里叶系数可以分别写成

$$a_n = \frac{1}{\pi} \int_{-\pi}^{\pi} f(x)\cos nx \, \mathrm{d}x$$

$$= \frac{2}{\pi} \int_0^{\pi} f(x)\cos nx \, \mathrm{d}x, \quad n = 0, 1, 2, \cdots, \tag{8.6.18}$$

$$b_n = \frac{1}{\pi} \int_{-\pi}^{\pi} f(x)\sin nx \, \mathrm{d}x$$

$$= \frac{2}{\pi} \int_0^{\pi} f(x)\sin nx \, \mathrm{d}x, \quad n = 1, 2, \cdots. \tag{8.6.19}$$

对于一个仅在 $[0, \pi]$ 上有定义的函数 f,既可以将它表示为正弦级数,又可以将它表示为余弦级数.

如果将 f 延拓为 $[-\pi, \pi]$ 上的奇函数,即

$$f(x) = -f(-x), \quad -\pi < x < 0,$$

则根据上面的说明,f 在 $[-\pi, \pi]$ 上的傅里叶级数是一个正弦级数 (8.6.16),其中的系数 $b_n(n = 1, 2, \cdots)$ 由式(8.6.19)确定.

同样,如果要将 f 在 $[0, \pi]$ 上表示为余弦级数(8.6.17),可以

将 f 延拓为 $[-\pi, \pi]$ 上的偶函数,即令

$$f(x) = f(-x), \quad -\pi < x < 0,$$

则按照上面的说明,f 在 $[-\pi, \pi]$ 上的傅里叶级数就是余弦级数 (8.6.17),其中的系数 $a_n(n = 0, 1, 2, \cdots)$ 由式 (8.6.18) 确定.

有了以上的说明,在实际计算时,可以略去上述延拓过程,直接运用式 (8.6.18) 和式 (8.6.19) 求出 f 在 $[0, \pi]$ 上的余弦级数或正弦级数.

例 8.6.4 将 $f(x) = x$ 在 $[0, \pi]$ 上分别展成余弦级数和正弦级数.

解 先展成余弦级数,由式 (8.6.18),得

$$a_n = \frac{2}{\pi} \int_0^\pi x \cos nx \, \mathrm{d}x$$

$$= \begin{cases} 0, n = 2k, & k = 1, 2, \cdots, \\ \dfrac{-4}{\pi(2k+1)^2}, n = 2k+1, & k = 0, 1, \cdots, \end{cases}$$

$$a_0 = \frac{2}{\pi} \int_0^\pi x \, \mathrm{d}x = \pi.$$

于是,有

$$x \sim \frac{\pi}{2} - \frac{4}{\pi} \sum_{k=1}^\infty \frac{1}{(2k-1)^2} \cos(2k-1)x, \quad 0 \leqslant x \leqslant \pi.$$

再求 x 的正弦级数,由式 (8.6.19),得

$$b_n = \frac{2}{\pi} \int_0^\pi x \sin nx \, \mathrm{d}x = \frac{2}{n}(-1)^{n-1}, \quad n = 1, 2, \cdots.$$

于是,有

$$x \sim 2 \sum_{n=1}^\infty \frac{(-1)^{n-1}}{n} \sin nx, \quad 0 \leqslant x \leqslant \pi.$$

同样,对任意的 $l > 0$,可以将定义在 $[0, l]$ 上的函数分别表示为正弦级数

$$\sum_{n=1}^{\infty} b_n \sin n \frac{\pi}{l} x$$

和余弦级数

$$\frac{a_0}{2} + \sum_{n=1}^{\infty} b_n \cos n \frac{\pi}{l} x,$$

其中

$$a_0 = \frac{2}{l} \int_0^l f(x) \mathrm{d}x,$$

$$a_n = \frac{2}{l} \int_0^l f(x) \cos n \frac{\pi}{l} x \mathrm{d}x, \quad n = 1, 2, \cdots, \quad (8.6.20)$$

$$b_n = \frac{2}{l} \int_0^l f(x) \sin n \frac{\pi}{l} x \mathrm{d}x, \quad n = 1, 2, \cdots. \quad (8.6.21)$$

例 8.6.5 设

$$f(x) = \begin{cases} \sin \dfrac{\pi}{l} x, & 0 < x < \dfrac{l}{2}, \\ 0, & \dfrac{l}{2} \leqslant x < l. \end{cases}$$

试将 f 在 $[0, l]$ 上展为正弦级数.

解 由式 (8.6.21), 得

$$b_1 = \frac{2}{l} \int_0^l f(x) \sin \frac{\pi}{l} x \mathrm{d}x = \frac{2}{l} \int_0^{\frac{l}{2}} \sin^2 \frac{\pi}{l} x \mathrm{d}x = \frac{1}{2},$$

$$b_n = \frac{2}{l} \int_0^l f(x) \sin \frac{n\pi x}{l} \mathrm{d}x = \frac{2}{l} \int_0^{\frac{l}{2}} \sin \frac{\pi x}{l} \sin \frac{n\pi x}{l} \mathrm{d}x$$

$$= \begin{cases} 0, & n = 2k+1, k = 1, 2, \cdots, \\ -\dfrac{(-1)^k 4k}{\pi(4k^2 - 1)}, & n = 2k, k = 1, 2, \cdots. \end{cases}$$

于是 f 在 $[0, l]$ 上的正弦级数为

$$f(x) \sim \frac{1}{2} \sin \frac{\pi}{l} x - \frac{4}{\pi} \sum_{k=1}^{\infty} \frac{(-1)^k k}{4k^2 - 1} \sin \frac{2k\pi}{l} x.$$

由定理 8.6.1 知,这个级数的和在 $\left(0,\dfrac{l}{2}\right)$ 上等于 $\sin\dfrac{\pi}{l}x$；在 $\left(\dfrac{l}{2},l\right)$ 上等于 0；当 $x=\dfrac{l}{2}$ 时,级数的和等于 $\dfrac{1}{2}$.

8.6.3　傅里叶级数的复数形式

在 $f(x)$ 的傅里叶级数

$$f(x)\sim\frac{a_0}{2}+\sum_{n=1}^{\infty}(a_n\cos nx+b_n\sin nx)\qquad(8.6.22)$$

中,注意到

$$\cos nx=\frac{1}{2}(\mathrm{e}^{\mathrm{i}nx}+\mathrm{e}^{-\mathrm{i}nx}),$$

$$\sin nx=\frac{1}{2\mathrm{i}}(\mathrm{e}^{\mathrm{i}nx}-\mathrm{e}^{-\mathrm{i}nx})=-\frac{\mathrm{i}}{2}(\mathrm{e}^{\mathrm{i}nx}-\mathrm{e}^{-\mathrm{i}nx}).$$

将其代入式(8.6.22),就得到

$$f(x)\sim\frac{a_0}{2}+\sum_{n=1}^{\infty}\left(\frac{a_n-\mathrm{i}b_n}{2}\mathrm{e}^{\mathrm{i}nx}+\frac{a_n+\mathrm{i}b_n}{2}\mathrm{e}^{-\mathrm{i}nx}\right).$$

再令

$$c_0=\frac{a_0}{2},$$

$$c_n=\frac{1}{2}(a_n-\mathrm{i}b_n)=\frac{1}{2\pi}\int_{-\pi}^{\pi}f(x)(\cos nx-\mathrm{i}\sin nx)\mathrm{d}x$$

$$=\frac{1}{2\pi}\int_{-\pi}^{\pi}f(x)\mathrm{e}^{-\mathrm{i}nx}\mathrm{d}x,\quad n=1,2,\cdots,$$

$$c_{-n}=\frac{1}{2}(a_n+\mathrm{i}b_n)=\frac{1}{2\pi}\int_{-\pi}^{\pi}f(x)(\cos nx+\mathrm{i}\sin nx)\mathrm{d}x$$

$$=\frac{1}{2\pi}\int_{-\pi}^{\pi}f(x)\mathrm{e}^{\mathrm{i}nx}\mathrm{d}x,\quad n=1,2,\cdots,$$

就得到傅里叶级数的复数形式

$$f(x) \sim \sum_{n=-\infty}^{\infty} c_n \, \mathrm{e}^{\mathrm{i}nx}, \tag{8.6.23}$$

其中

$$c_n = \frac{1}{2\pi} \int_{-\pi}^{\pi} f(x) \mathrm{e}^{-\mathrm{i}nx} \, \mathrm{d}x, \quad n = 0, \pm 1, \pm 2, \cdots. \tag{8.6.24}$$

如果 f 的周期为 $2l(l>0)$，则 f 的傅里叶级数的复数形式为

$$f(x) \sim \sum_{n=-\infty}^{\infty} c_n \, \mathrm{e}^{\mathrm{i}n\frac{\pi}{l}x}, \tag{8.6.25}$$

其中

$$c_n = \frac{1}{2l} \int_{-l}^{l} f(x) \mathrm{e}^{-\mathrm{i}n\frac{\pi}{l}x} \, \mathrm{d}x. \tag{8.6.26}$$

利用傅里叶级数的复数形式 (8.6.23)，可以将其部分和写成积分形式

$$S_n(x) = \sum_{k=-n}^{n} c_k \mathrm{e}^{\mathrm{i}kx} = \frac{1}{2\pi} \sum_{k=-n}^{n} \int_{-\pi}^{\pi} f(u) \mathrm{e}^{\mathrm{i}k(x-u)} \, \mathrm{d}u. \tag{8.6.27}$$

令 $t = u - x$，则有

$$S_n(x) = \frac{1}{2\pi} \sum_{k=-n}^{n} \int_{-\pi-x}^{\pi-x} f(x+t) \mathrm{e}^{-\mathrm{i}kt} \, \mathrm{d}t,$$

由于被积函数的周期性，又有

$$\begin{aligned}
S_n(x) &= \frac{1}{2\pi} \sum_{k=-n}^{n} \int_{-\pi}^{\pi} f(x+t) \mathrm{e}^{-\mathrm{i}kt} \, \mathrm{d}t \\
&= \frac{1}{2\pi} \int_{-\pi}^{\pi} f(x+t) \Big[\sum_{k=-n}^{n} \mathrm{e}^{-\mathrm{i}kt} \Big] \mathrm{d}t \\
&= \frac{1}{2\pi} \int_{0}^{\pi} \big[f(x+t) + f(x-t) \big] \Big(\sum_{k=-n}^{n} \mathrm{e}^{-\mathrm{i}kt} \Big) \mathrm{d}t. \tag{8.6.28}
\end{aligned}$$

注意到

$$\begin{aligned}
\sum_{k=-n}^{n} \mathrm{e}^{-\mathrm{i}kt} &= \frac{\mathrm{e}^{\mathrm{i}nt} - \mathrm{e}^{-\mathrm{i}(n+1)t}}{1 - \mathrm{e}^{-\mathrm{i}t}} \\
&= \frac{\mathrm{e}^{\mathrm{i}\left(n+\frac{1}{2}\right)t} - \mathrm{e}^{-\mathrm{i}\left(n+\frac{1}{2}\right)t}}{\mathrm{e}^{\mathrm{i}\frac{1}{2}t} - \mathrm{e}^{-\mathrm{i}\frac{1}{2}t}}
\end{aligned}$$

$$= \frac{\sin\left(n + \frac{1}{2}\right)t}{\sin\frac{1}{2}t}, \tag{8.6.29}$$

代入式(8.6.28)便得

$$S_n(x) = \frac{1}{2\pi}\int_{-\pi}^{\pi} f(x+t)\, \frac{\sin\left(n + \frac{1}{2}\right)t}{\sin\frac{1}{2}t}\mathrm{d}t$$

$$= \frac{1}{2\pi}\int_{0}^{\pi}\left[f(x+t)+f(x-t)\right]\frac{\sin\left(n + \frac{1}{2}t\right)}{\sin\frac{1}{2}t}\mathrm{d}t.$$

$$\tag{8.6.30}$$

称函数

$$D_n(t) = \frac{1}{2\pi}\,\frac{\sin\left(n + \frac{1}{2}\right)t}{\sin\frac{1}{2}t}$$

为**狄利克雷积分核**，又称式(8.6.30)为**狄利克雷积分**. 这时式(8.6.30)又可写成

$$S_n(x) = \int_{-\pi}^{\pi} f(x+t)D_n(t)\mathrm{d}t. \tag{8.6.31}$$

不难看出

$$\int_{-\pi}^{\pi} D_n(t)\mathrm{d}t = \frac{1}{2\pi}\int_{-\pi}^{\pi}\left(\sum_{k=-n}^{n}\mathrm{e}^{-\mathrm{i}kt}\right)\mathrm{d}t = 1, \tag{8.6.32}$$

于是得到

$$S_n(x) - f(x) = \int_{-\pi}^{\pi}\left[f(x+t)-f(x)\right]D_n(t)\mathrm{d}t. \tag{8.6.33}$$

此式是讨论傅里叶级数收敛性的出发点,因为证明 f 的傅里叶级数在点 x 收敛于 $f(x)$ 等价于证明

$$\lim_{n \to +\infty} \big[S_n(x) - f(x) \big]$$

$$= \lim_{n \to +\infty} \int_{-\pi}^{\pi} \big[f(x+t) - f(x) \big] D_n(t) \mathrm{d}t$$

$$= \lim_{n \to +\infty} \frac{1}{2\pi} \int_{-\pi}^{\pi} \big[f(x+t) - f(x) \big] \frac{\sin\left(n + \frac{1}{2}\right)t}{\sin\frac{1}{2}t} \mathrm{d}t = 0.$$

(8.6.34)

由于篇幅的原因,关于这一方面的讨论,就不再展开了.

8.6.4 傅里叶级数的平均收敛

1. 傅里叶级数的逐点收敛与平均收敛

在上面的讨论中,主要是研究函数 $f(x)$ 的傅里叶级数是否逐点收敛于 $f(x)$,即如果

$$f(x) \sim \frac{a_0}{2} + \sum_{k=1}^{\infty} (a_k \cos kx + b_k \sin kx),$$

那么对任意确定的 x,是否有

$$\lim_{n \to \infty} \left[\frac{a_0}{2} + \sum_{k=1}^{n} (a_k \cos kx + b_k \sin kx) \right] = f(x).$$

现在用另一种观点观察傅里叶级数的收敛性,即研究是否有

$$\lim_{n \to \infty} \int_{-\pi}^{\pi} \left\{ f(x) - \left[\frac{a_0}{2} + \sum_{k=1}^{n} (a_k \cos kx + b_k \sin kx) \right] \right\}^2 \mathrm{d}x = 0.$$

(8.6.35)

如果式(8.6.35)成立,则称傅里叶级数

$$\frac{a_0}{2} + \sum_{k=1}^{\infty} (a_k \cos kx + b_k \sin kx)$$

在区间$[-\pi, \pi]$上(二次)平均收敛于函数 $f(x)$.

一般情形有如下定义.

定义 8.6.2 设 f 和 $f_n (n = 1, 2, \cdots)$ 都是区间$[a, b]$上的可积函数,如果

$$\lim_{n \to \infty} \int_{a}^{b} [f(x) - f_n(x)]^2 \mathrm{d}x = 0,$$

则称函数列$\{f_n\}$在$[a,b]$上(二次)**平均收敛**于f.

由定义 8.6.2 看出,平均收敛与逐点收敛的主要区别在于:函数序列$\{f_n\}$的平均收敛不拘泥于在哪些点x处有$\lim\limits_{n\to\infty}f_n(x)=f(x)$与在哪些点$x$处$\lim\limits_{n\to\infty}f_n(x)\neq f(x)$,而是描述了一种整体的收敛效果,即$[f_n(x)-f(x)]^2$的平均值趋向于零(当$n\to\infty$时).沿这一方向展开傅里叶级数的研究,可以得到非常丰富和系统的理论,并且有着广泛的应用.但是由于数学知识方面准备还不够充分,我们在这里只能作非常初步的讨论.

2. 正交函数系与广义傅里叶级数

在欧氏空间$\mathbb{R}^n$中,任意n个两两互相正交的单位向量e_1,e_2,$\cdots$,e_n都可以构成一个标准正交基,$\mathbb{R}^n$中任一个向量$\boldsymbol{\xi}$都可以惟一地表示成e_1,e_2,$\cdots$,e_n的线性组合

$$\boldsymbol{\xi}=x_1e_1+x_2e_2+\cdots+x_ne_n, \tag{8.6.36}$$

其中$x_k=(\boldsymbol{\xi},e_k)(k=1,2,\cdots,n)$,这里$(\boldsymbol{\xi},e_k)$表示两个向量$\boldsymbol{\xi}$与$e_k$的内积.

设$[a,b]$是一个区间,用$R[a,b]$表示所有在$[a,b]$上黎曼可积的函数构成的集合(这是一个由函数构成的线性空间),对于$R[a,b]$中的任意两个函数f与g,定义它们的内积为

$$(f,g)=\int_a^b f(x)g(x)\mathrm{d}x. \tag{8.6.37}$$

如果$(f,g)=0$,则称f与g互相**正交**.

对任意的$f\in R[a,b]$,定义它的范数为

$$\|f\|=\left(\int_a^b f^2(x)\mathrm{d}x\right)^{\frac{1}{2}}=(f,f)^{\frac{1}{2}} \tag{8.6.38}$$

类似于$\mathbb{R}^n$中的标准正交基,可以在函数空间$R[a,b]$引入规范正交系.

定义 8.6.3 设$\varphi_n(n=1,2,\cdots)$是$R[a,b]$中的一列函数,如果它们满足

$$(\varphi_n, \varphi_m) = \int_a^b \varphi_n(x)\varphi_m(x)\,\mathrm{d}x = \begin{cases} 1, & m = n, \\ 0, & m \neq n, \end{cases} \qquad (8.6.39)$$

则称 $\{\varphi_n\}$ 是 $[a,b]$ 上的一个**规范正交系**.

显然,这里的规范是指 $\|\varphi_n\| = 1(n = 1, 2, \cdots)$.

例如,容易验证三角函数系

$$\frac{1}{\sqrt{2\pi}}, \frac{\cos x}{\sqrt{\pi}}, \frac{\sin x}{\sqrt{\pi}}, \cdots, \frac{\cos nx}{\sqrt{\pi}}, \frac{\sin nx}{\sqrt{\pi}}, \cdots \qquad (8.6.40)$$

是区间 $[-\pi, \pi]$(或 $[0, 2\pi]$)上的一个规范正交系.

余弦函数列

$$\frac{1}{\sqrt{\pi}}, \sqrt{\frac{2}{\pi}} \cos x, \cdots, \sqrt{\frac{2}{\pi}} \cos nx, \cdots \qquad (8.6.41)$$

和正弦函数列

$$\sqrt{\frac{2}{\pi}} \sin x, \sqrt{\frac{2}{\pi}} \sin 2x, \cdots, \sqrt{\frac{2}{\pi}} \sin nx, \cdots \qquad (8.6.42)$$

都是区间 $[0, \pi]$(或 $[-\pi, 0]$)上的规范正交系.

定义 8.6.4 设 $\{\varphi_n\}$ 是区间 $[a,b]$ 上的一个规范正交系,$f \in R[a,b]$,令 $c_k = (f, \varphi_k) = \int_a^b f(x)\varphi_k(x)\,\mathrm{d}x$,称 $c_k(k = 1, 2, \cdots)$ 为函数 f 关于 $\{\varphi_n\}$ 的傅里叶系数,并且称函数项级数

$$\sum_{k=1}^{\infty} c_k \varphi_k(x) = \sum_{k=1}^{\infty} (f, \varphi_k)\varphi_k(x) \qquad (8.6.43)$$

为函数 f 关于 $\{\varphi_n\}$ 的**(广义)傅里叶级数**.

例如,若将 f 的傅里叶级数(8.6.10)的系数 a_n, b_n 做如下修改:

$$a_0' = \frac{a_0 \sqrt{2\pi}}{2}, \quad a_n' = a_n \sqrt{\pi}, \quad b_n' = b_n \sqrt{\pi}, \quad n = 1, 2, \cdots,$$

则得到 f 关于规范正交系(8.6.40)的傅里叶级数

$$a_n' \frac{1}{\sqrt{2\pi}} + \sum_{n=1}^{\infty} \left(a_n' \frac{\cos nx}{\sqrt{\pi}} + b_n' \frac{\sin nx}{\sqrt{\pi}} \right).$$

设 $\{\varphi_n\}$ 是区间 $[a,b]$ 上的一个规范正交系，$f \in R[a,b]$. 那么 f 与它关于 $\{\varphi_n\}$ 的傅里叶级数 (8.6.43) 有什么关系？这个问题将在下面作简单的讨论.

3. 最佳逼近与平均收敛

设 $\{\varphi_n\}$ 是 $[a,b]$ 上的一个规范正交系，$f \in R[a,b]$.

现在研究这样一个问题：如果用 $\varphi_1, \varphi_2, \cdots, \varphi_N$（$N$ 是某个确定的正整数）的线性组合

$$\alpha_1 \varphi_1 + \alpha_2 \varphi_2 + \cdots + \alpha_N \varphi_N$$

逼近 f，应当如何选取系数 $\alpha_1, \alpha_2, \cdots, \alpha_N$，才能使

$$\int_a^b \Big[f(x) - \sum_{k=1}^N \alpha_k \varphi_k(x) \Big]^2 \mathrm{d}x \qquad (8.6.44)$$

最小？这是一个用 $\varphi_1, \varphi_2, \cdots, \varphi_N$ 对 f 作最佳逼近的问题. 对此，有以下结论.

定理 8.6.2　当 $\alpha_k = (f, \varphi_k)$ $(k = 1, 2, \cdots, N)$ 时，即 $\alpha_k (k = 1, 2, \cdots, N)$ 等于函数 f 关于 $\{\varphi_k\}$ 的傅里叶系数时，式 (8.6.44) 达到其最小值.

在证明定理 8.6.2 之前，我们首先指出这样一个事实.

若 $f, g \in R[a,b]$ 互相正交，则有

$$\| f - g \|^2 = \| f \|^2 + \| g \|^2, \qquad (8.6.45)$$

即

$$\int_a^b \big[f(x) - g(x) \big]^2 \mathrm{d}x = \int_a^b f^2(x) \mathrm{d}x + \int_a^b g^2(x) \mathrm{d}x. \qquad (8.6.46)$$

这个结论的证明留给读者去完成.

现在来证明定理 8.6.2，设

$$c_k = (f, \varphi_k) = \int_a^b f(x) \varphi_k(x) \mathrm{d}x, \quad k = 1, 2, \cdots, N,$$

对任意的 $\alpha_1, \alpha_2, \cdots, \alpha_N$，有

$$\int_a^b \Big[f(x) - \sum_{k=1}^N \alpha_k \varphi_k(x) \Big]^2 \mathrm{d}x$$

$$= \int_a^b \Big[\Big(f(x) - \sum_{k=1}^N c_k \varphi_k(x) \Big) + \sum_{k=1}^N (c_k - \alpha_k) \varphi_k(x) \Big]^2 \mathrm{d}x. \qquad (8.6.47)$$

不难验证 $f(x) - \sum\limits_{k=1}^{N} c_k \varphi_k(x)$ 与 $\varphi_1(x), \varphi_2(x), \cdots, \varphi_N(x)$ 都正交，

从而也与 $\sum\limits_{k=1}^{N}(c_k - \alpha_k)\varphi_k(x)$ 正交，从而由式(8.6.46)及 $\|\varphi_k\|^2 = 1$

可以推出式(8.6.47)中后面一式等于

$$\int_a^b \Big[f(x) - \sum_{k=1}^{N} c_k \varphi_k(x) \Big]^2 \mathrm{d}x + \sum_{k=1}^{N}(c_k - \alpha_k)^2. \qquad (8.6.48)$$

由式(8.6.48)立即看出：当且仅当 $\alpha_k = c_k (k = 1, 2, \cdots, N)$ 时，式(8.6.44)达到它的最小值.

　　由定理 8.6.2 可以得到这样的结论：对于一个在 $[-\pi, \pi]$ 上可积的函数 $f(x)$，如果用函数

$$1, \cos x, \sin x, \cdots, \cos Nx, \sin Nx$$

（这里 N 是某个确定的正整数）的线性组合

$$\frac{\alpha_0}{2} + \sum_{k=1}^{N}(\alpha_k \cos kx + \beta_k \sin kx)$$

去逼近 $f(x)$，那么，当且仅当

$$\alpha_0 = a_0 = \frac{1}{\pi}\int_{-\pi}^{\pi} f(x)\,\mathrm{d}x,$$

$$\alpha_k = a_k = \frac{1}{\pi}\int_{-\pi}^{\pi} f(x)\cos kx\,\mathrm{d}x,$$

$$\beta_k = b_k = \frac{1}{\pi}\int_{-\pi}^{\pi} f(x)\sin kx\,\mathrm{d}x, \qquad k = 1, 2, \cdots, N$$

时，能使

$$\int_{-\pi}^{\pi} \Big(f(x) - \Big[\frac{\alpha_0}{2} + \sum_{k=1}^{N}(\alpha_k \cos kx + \beta_k \sin kx) \Big] \Big)^2 \mathrm{d}x$$

达到它的最小值.

　　请读者自己证明这个结论.

　　现在考虑傅里叶级数的平均收敛问题，即若 $\{\varphi_n\}$ 是 $[a, b]$ 上的一个规范正交系，那么对任意的 $f \in R[a, b]$，f 的傅里叶级数

(8.6.43)是否平均收敛于函数 f?即是否有

$$\lim_{n\to\infty}\int_a^b\Big[f(x)-\sum_{k=1}^n c_k\varphi_k(x)\Big]^2\mathrm{d}x=0. \qquad (8.6.49)$$

回答这个问题比回答最佳逼近问题(即定理 8.6.2)要复杂得多.为了回答这个问题,需要引进一个新概念.

定义 8.6.5　设$\{\varphi_k\}$是$[a,b]$上的一个规范正交系,如果在$R[a,b]$中存在一个满足 $\|g\|\neq 0$,即$\int_a^b g^2(x)\mathrm{d}x>0$ 的函数$g(x)$与所有 $\varphi_k(x)$ $(k=1,2,\cdots)$ 都正交,即

$$\int_a^b g(x)\varphi_k(x)\mathrm{d}x=0, \quad k=1,2,\cdots,$$

则称$\{\varphi_k\}$是**不完全的**,否则称$\{\varphi_k\}$是**完全的规范正交系**.

定理 8.6.3　设$\{\varphi_k\}$是$[a,b]$上的一个规范正交系,如果$\{\varphi_k\}$是完全的,则对任意的 $f\in R[a,b]$,都有

$$\lim_{n\to\infty}\int_a^b\Big[f(x)-\sum_{k=1}^n c_k\varphi_k(x)\Big]^2\mathrm{d}x=0,$$

其中$\sum_{k=1}^n c_k\varphi_k(x)$ 是 $f(x)$ 关于$\{\varphi_n\}$的傅里叶级数.

可以证明(由于篇幅的原因,略掉证明过程),三角函数系(8.6.40)、(8.6.41)及(8.6.42)分别是区间$[-\pi,\pi]$和$[0,\pi]$上完全的规范正交系.由此又可以推出:对任意的$f\in R[-\pi,\pi]$,有

$$\lim_{n\to\infty}\int_{-\pi}^{\pi}\Big[f(x)-\Big(\frac{a_0}{2}+\sum_{k=1}^n a_k\cos kx+b_k\sin kx\Big)\Big]^2\mathrm{d}x=0,$$

$$(8.6.50)$$

对任意的 $f\in R[0,\pi]$,有

$$\lim_{n\to\infty}\int_0^{\pi}\Big[f(x)-\Big(\frac{a_0}{2}+\sum_{k=1}^n a_k\cos kx\Big)\Big]^2\mathrm{d}x=0, \quad (8.6.51)$$

$$\lim_{n\to\infty}\int_0^{\pi}\Big[f(x)-\sum_{k=1}^n b_k\sin kx\Big]^2\mathrm{d}x=0. \quad (8.6.52)$$

习 题 8.6

复习题

1. 什么样的函数族称为正交函数族?试对正交函数族与线性空间的正交基做一比较.

2. 周期函数与它的傅里叶级数的关系是什么?

3. 试找出几个不连续的周期函数,画出它们的图形以及它们的傅里叶级数的和函数的图形.

4. 逐点收敛与平均收敛有何异同?

习题

1. 将下列函数在所给长度为 $2l$ 的区间上,展成以 $2l$ 为周期的傅里叶级数:

(1) $f(x) = \dfrac{\pi}{4} - \dfrac{x}{2}, x \in (-\pi, \pi)$;

(2) $f(x) = x^2, x \in (0, 2\pi)$;

(3) $f(x) = |x|, x \in (-l, l)$;

(4) $f(x) = \begin{cases} -\pi, & -\pi \leqslant x < 0, \\ 3x^2 + 1, & 0 \leqslant x < \pi. \end{cases}$

2. 将下列函数在所给长度为 l 的区间上,展成以 $2l$ 为周期的余弦级数:

(1) $f(x) = e^x, x \in (0, \pi)$;

(2) $f(x) = \begin{cases} 1, & 0 \leqslant x \leqslant h, \\ 0, & h < x < \pi; \end{cases}$

(3) $f(x) = \begin{cases} x, & 0 \leqslant x \leqslant \pi, \\ 0, & \pi < x < 2\pi. \end{cases}$

3. 将下列函数在所给长度为 l 的区间上,展成以 $2l$ 为周期的正弦级数:

(1) $f(x) = \dfrac{\pi - x}{2}, \quad x \in (0, \pi)$;

(2) $f(x) = x(\pi - x), \quad x \in (0, \pi)$;

4. 把函数 $f(x) = -x + 1$ 按下列要求展开,并比较各和函数的图形.

(1) 在 $(0, 2\pi)$ 展成以 2π 为周期的傅里叶级数;

(2) 在 $(0, \pi)$ 展成以 2π 为周期的正弦级数;

(3) 在 $(0, \pi)$ 展成以 π 为周期的傅里叶级数;

(4) 在 $(-1, 1)$ 展成以 2 为周期的傅里叶级数;

第 8 章补充题

1. 讨论下列级数的收敛性.

(1) $\displaystyle\sum_{n=1}^{\infty} \frac{n!}{n^n} a^n \ (a > 0)$;　　　(2) $\displaystyle\sum_{n=2}^{\infty} \frac{2}{2^{\ln n}}$;

(3) $\displaystyle\sum_{n=2}^{\infty} \frac{1}{(\ln n)^{\ln n}}$;　　　(4) $\displaystyle\sum_{n=1}^{\infty} \frac{\sin^2(\pi \sqrt{n^2 + n})}{n}$;

(5) $\displaystyle\sum_{n=1}^{\infty} \ln\left(1 + \frac{(-1)^n}{n^p}\right) \ (p > 0)$;

(6) $\displaystyle\sum_{n=1}^{\infty} (-1)^n \left(e^{\frac{1}{\sqrt{n}}} - 1 - \frac{1}{\sqrt{n}}\right)$;

(7) $\displaystyle\sum_{n=2}^{\infty} \sin\left(n\pi + \frac{1}{\ln n}\right)$.

2. 设 $a_n \geqslant 0$ 且 $\displaystyle\sum_{n=1}^{\infty} a_n$ 发散,讨论下列级数的收敛性:

(1) $\displaystyle\sum_{n=1}^{\infty} \frac{a_n}{1 + a_n}$;　　　(2) $\displaystyle\sum_{n=1}^{\infty} \frac{a_n}{1 + n^2 a_n}$;　　　(3) $\displaystyle\sum_{n=1}^{\infty} \frac{a_n}{1 + a_n^2}$.

3. 设 $a > 0, b_n = a^{\frac{n(n+1)}{2}} / [(1+a)(1+a^2)\cdots(1+a^n)]$,讨论级数 $\displaystyle\sum_{n=1}^{\infty} b_n$ 的收敛性.

4. 设 $a_n > 0$ 且 $\displaystyle\lim_{n \to \infty} \frac{\ln \dfrac{1}{a_n}}{\ln n} = l > 1$,求证 $\displaystyle\sum_{n=1}^{\infty} a_n$ 收敛.

5. 已知 $\lim\limits_{n\to\infty}(n^{2n\sin\frac{1}{n}}\cdot a_n)=1$,试讨论 $\sum\limits_{n=1}^{\infty}a_n$ 的收敛性.

6. 设 $p>0,\lim\limits_{n\to\infty}[n^p(\mathrm{e}^{\frac{1}{n}}-1)a_n]=1$,试讨论 $\sum\limits_{n=1}^{\infty}a_n$ 的收敛性.

7. 设 $a_n>0,\sum\limits_{n=1}^{\infty}a_n$ 发散,令 $S_k=a_1+a_2+\cdots+a_k$,试证 $\sum\limits_{k=1}^{\infty}\dfrac{a_k}{S_k}$ 也发散.

8. 设 $\varphi(x)$ 在 $(-\infty,+\infty)$ 上连续,周期为 1,且 $\int_0^1\varphi(x)\mathrm{d}x=0,f(x)$ 在 $[0,1]$ 上连续可导,令 $a_n=\int_0^1 f(x)\varphi(nx)\mathrm{d}x$,求证级数 $\sum\limits_{n=1}^{\infty}a_n^2$ 收敛.

9. 确定下列函数级数的收敛域:

(1) $\sum\limits_{n=1}^{\infty}\dfrac{x^{n^2}}{2^n}$;

(2) $\sum\limits_{n=1}^{\infty}\dfrac{n}{x^n}$;

(3) $\sum\limits_{n=1}^{\infty}n!\left(\dfrac{x}{n}\right)^n$;

(4) $\sum\limits_{n=1}^{\infty}\left(1-\cos\dfrac{x}{n}\right)$;

(5) $\sum\limits_{n=1}^{\infty}\sin\dfrac{1}{n}\frac{x+1}{x}$;

(6) $\sum\limits_{n=1}^{\infty}\dfrac{x^n}{1+x^{2n}}$.

10. 讨论下列函数级数在指定区间上的一致收敛性:

(1) $\sum\limits_{n=1}^{\infty}n\mathrm{e}^{-nx},(0,+\infty)$ 与 $[\delta,+\infty),\delta>0$ 为常数;

(2) $\sum\limits_{n=1}^{\infty}\dfrac{x^2}{(1+x^2)^n},(0,+\infty)$ 与 $[\delta,+\infty),\delta>0$;

(3) $\sum\limits_{n=1}^{\infty}(-1)^n\dfrac{1}{x+n},[0,+\infty)$.

11. 设函数 $f(x)$ 在 $(-\infty,+\infty)$ 上有任意阶导数,记 $f_n(x)=f^{(n)}(x)$ $(n=1,2,\cdots)$,设函数序列 $\{f_n(x)\}$ 在任意有限区间上一致收敛于某个函数 $\varphi(x)$,求证:存在常数 c,使 $\varphi(x)=c\mathrm{e}^x$.

12. 已知 $\{a_n\}$ 是一单增有界的正数列,试证级数 $\sum\limits_{n=1}^{\infty}\left(1-\dfrac{a_n}{a_{n+1}}\right)$ 收敛.

13. 设 a_n 是方程 $\tan\sqrt{x}=x$ 的正根 $(n=1,2,\cdots)$.研究 $\sum\limits_{n=1}^{\infty}\dfrac{1}{a_n}$ 是否收敛.

14. 判定级数 $\sum\limits_{n=1}^{\infty}\left(\ln n+\ln\sin\dfrac{1}{n}\right)$ 的收敛性.

15. 设正项数列 $\{a_n\}$ 单调减少且 $\displaystyle\sum_{n=1}^{\infty}(-1)^n a_n$ 发散,试问级数 $\displaystyle\sum_{n=1}^{\infty}\left(\frac{1}{1+a_n}\right)^n$ 是否收敛,并说明理由.

16. 试证函数级数 $\displaystyle\sum_{n=1}^{\infty}\frac{nx}{1+n^5 x^2}$ 在其收敛域内一致收敛.

17. 设 $u_n > 0, v_n > 0, \dfrac{u_{n+1}}{u_n} \leqslant \dfrac{v_{n+1}}{v_n}(n=1,2,\cdots)$. 证明由 $\displaystyle\sum_{n=1}^{\infty}v_n$ 收敛可以推出 $\displaystyle\sum_{n=1}^{\infty}u_n$ 收敛.

18. 设 $\lim\limits_{n\to\infty}a_n > 1$. 求证 $\displaystyle\sum_{n=1}^{\infty}\frac{1}{n^{a_n}}$ 收敛.

19. 研究下列级数的收敛性:

(1) $\displaystyle\sum_{n=1}^{\infty}\int_0^{n^{-p}}\ln(1+x^2)\mathrm{d}x\ (p>0)$;   (2) $\displaystyle\sum_{n=1}^{\infty}\int_0^{\frac{1}{n}}(\mathrm{e}^{\sqrt{x}}-1)\mathrm{d}x$;

(3) $\displaystyle\sum_{n=1}^{\infty}\int_0^{\frac{1}{\sqrt{n}}}(\mathrm{e}^{\sqrt{x}}-1)\mathrm{d}x$;   (4) $\displaystyle\sum_{n=1}^{\infty}\int_n^{n+1}\mathrm{e}^{\frac{1}{x}}\mathrm{d}x$.

20. 求函数级数 $\displaystyle\sum_{n=1}^{\infty}x^{1+\frac{1}{2}+\cdots+\frac{1}{n}}$ 的收敛域.

21. 设 $p>0$. 求证当且仅当 $p>1$ 时,曲线 $y=x^p\cos\dfrac{\pi}{x}(0<x\leqslant 1)$ 具有有限的长度.

附录 A　探索与发现

A.1　观察函数各种变换后的图形

实验 1

1. 设 $f(x) = \dfrac{1}{1+x^2}(x+\cos x)$. 用数学软件 Mathematica 作图观察下列图形：

(1) $y = f(x)$ 与 $y = f(-x)$；

(2) $y = f(x-2)$ 与 $y = f(x+2)$；

(3) $y = f(2x)$ 与 $y = f\left(\dfrac{1}{2}x\right)$.

打开数学软件 Mathematica，输入并执行下列命令：

Int[1] := f[x_] = (x + Cos[x])/(1 + x2)

Int[2] := Plot[f[x],{x, −8,8},PlotRange −> {−0.5,2}]

Int[3] := Plot[f[−x],{x, −8,8}, PlotRange −> {−0.5,2}]

Int[4] := Plot[f[x−2],{x, −8,8}, PlotRange −> {−0.5,2}]

Int[5] := Plot[f[x+2],{x, −8,8}, PlotRange −> {−0.5,2}]

Int[6] := Plot[f[2 ∗ x],{x, −8,8}, PlotRange −> {−0.5,2}]

Int[7] := Plot[f[x/2],{x, −8,8}, PlotRange −> {−0.5,2}]

观察：指出上述函数的图形与曲线 $y = f(x)$ 的关系.

2. 描绘 $\dfrac{1}{2}[f(x)+f(-x)]$ 与 $\dfrac{1}{2}[f(x)-f(-x)]$ 的图形.

输入并执行下列命令：

Int[8] := Plot[(f[x]+f[−x])/2,{x, −8,8}]

Int[9] := Plot[(f[x]−f[−x])/2,{x, −8,8}]

观察这两个函数的奇偶性.

实验 2　从已知函数 $f(x)$ 出发，构造图形对称于直线 $x = a$ 的函

数 $g(x)$：

> Int[8] := f[x_] := x2－2*x＋2
>
> Int[9] := g[x_] := f[2*a－x]＋f[x]
>
> Int[10] := Plot[g[x],{x,a－4,a＋4}]

可以取 $a = 1, 2, \cdots$.

观察：发现曲线 $y = g(x)$ 关于直线 $x = a$ 对称.

理论分析　假设 $f(x)$ 在 $(-\infty, +\infty)$ 定义. 求证曲线 $y = g(x) \overset{\text{def}}{=\!=} f(2a - x) + f(x)$ 关于直线 $x = a$ 对称，即对于所有 x，满足曲线 $g(a + x) = g(a - x)$.

A.2　用迭代法求不动点

如果点 ξ 满足方程 $x = f(x)$，则称点 ξ 是 $f(x)$ 的一个不动点. 用迭代法求 $f(x)$ 的不动点的程序是：适当地选取初始点 x_0，构造点列：$x_1 = f(x_0), x_n = f(x_{n-1})(n = 1, 2, \cdots)$. 在一定条件下，点列 $\{x_n\}$ 收敛，此时 $\xi = \lim\limits_{n \to \infty} x_n$ 就是 $f(x)$ 的一个不动点.

从图形上看，$f(x)$ 的不动点 ξ 就是曲线 $y = f(x)$ 和直线 $y = x$ 的交点 $P(\xi, f(\xi))$ 的横坐标.

那么在 $f(x)$ 满足什么条件时，点列 $\{x_n\}$ 收敛？仔细观察下面的图 A.1 ～ 图 A.6. 图中的点 x_0 是初始值，点 x_1, x_2, x_3, x_4 是迭代点列的前四项.

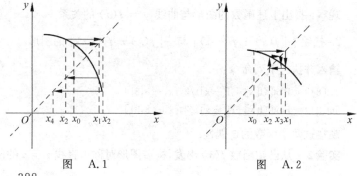

图　A.1　　　　　　　　图　A.2

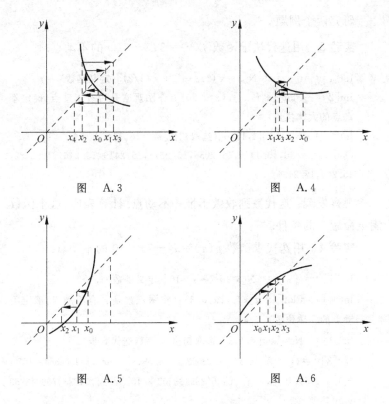

图 A.3   图 A.4

图 A.5   图 A.6

在图 A.1、图 A.3、图 A.5 中,迭代点列发散,在图 A.2、图 A.4、图 A.6 中,迭代点列收敛.从图形分析,迭代点列的收敛性与函数 $f(x)$ 的增减性无直接关系;与曲线 $y = f(x)$ 的凸凹性也没有直接关系.但是似乎与 $|f'(\xi)|$ 的大小有关.于是猜想到这样的结论.

命题 1 假设函数 $f(x)$ 在不动点 ξ 的某个对称邻域中满足 $|f'(x)| \leqslant q < 1$,则当初值 x_0 属于这个邻域时,迭代点列 $\{x_n\}$ 收敛于不动点 ξ.

请读者证明这个结论.

研究两个例题.

实验 3　用迭代法求函数 $f(x) = 3x^{\frac{1}{3}} + 2\sqrt{x}$ 的不动点.

Int[1] := f[x_] := N[3 * x^(1/3) + 2 * x^(1/2)](定义函数)

Int[2] := Plot[{x,f[x]},{x,0,20}](作图观察是否有不动点,确定不动点的大体位置)

Int[3] := NestList[f,15,8](选取初值 $x_0 = 15$,迭代 8 步)

Out[3] := {15,15.1446,15.2055,15.2311,15.2419,15.2464,15.2482,15.249,15.2494}

观察发现:迭代数列收敛于惟一不动点.计算表明,这个函数满足命题 1 的条件.

实验 4　用迭代求函数 $g(x) = x^3 + 7x - 10$ 的不动点.

Int[1] := g[x_] := N[x^3 + 7 * x - 10](定义函数)

Int[2] := Plot[{x,g[x]},{x,0,3}](作图观察是否有不动点,确定不动点的大体位置)

Int[3] := NestList[g,1,8](选取初值 $x_0 = 1$,迭代 8 步)

Out[3] := {1, -2., -32., -33002., -3.59435×10^{13}, -4.64368×10^{40}, -1.00135×10^{122}, -1.004063389483503×10^{366}, -1.012239768943963 ×10^{1098}}

观察发现:迭代数列发散.计算表明,这个函数不满足命题 1 的条件.

命题 2(压缩映射定理)　假设 $f(x)$ 在区间 $(-\infty, +\infty)$ 上有定义,q 是小于 1 的正数,并且对于任意两个实数 u, v,满足 $|f(u) - f(v)| \leqslant q|u - v|$,则存在惟——点 ξ,满足 $f(\xi) = \xi$.

命题 3　假设 $f(x)$ 在区间 I 处处可导,存在正数 $q \in (0,1)$,使得 $|f'(x)| \leqslant q$.又设对于任意的 $x \in I$,有 $f(x) \in I$.则存在惟——点 ξ,满足 $f(\xi) = \xi$.

A.3 函数零点的发现与证明

研究方程 $f(x) = 2^x - x^3 + 2x^2 + 5x - 6 = 0$ 有几个根,并确定这些根的大体位置.

用 Mathematica 作图:

Int[1] := Plot[2^x − x^3 + 2 * x^2 + 5 * x − 6,{x,−3,5}]

发现三个根,并且能确定大体位置,如图 A.7. 扩大自变量 x 的区间,作图未发现新的零点. 因此猜测只有这些零点. 由于函数图形的提示,分别计算 $f(-3)$,$f(-1)$,$f(2)$,$f(6)$,$f(10)$,发现 $f(x)$ 四次变号. 所以用连续函数的零点定理可以证明至少有 4 个根.

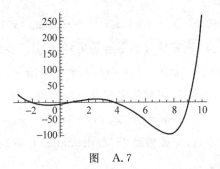

图 A.7

理论分析 是否只有这 4 个零点,需要严格证明. 用罗尔定理可以证明至多有 4 个根.

相关运算 用 Mathematica 求方程 $f(x) = 2^x - x^3 + 2x^2 + 5x - 6 = 0$ 的位于 $4,0,-2,10$ 附近的根:

Int[1] := FindRoot[2^x − x^3 + 2 * x^2 + 5 * x − 6,{x,4}]
Out[1] := {x→3.86752}

Int[2] := FindRoot[2^x−x^3+2*x^2+5*x−6,{x,0}]

Out[2] := {x→0.731951}

Int[3] := FindRoot[2^x−x^3+2*x^2+5*x−6,{x,−2}]

Out[3] := {x→−1.98298}

Int[4] := FindRoot[2^x−x^3+2*x^2+5*x−6,{x,10}]

Out[4] := {x→9.09828}

A.4 导数零点的发现与研究

如果函数 $f(x)$ 存在两个以上的零点,导数 $f'(x)$ 的零点比 $f(x)$ 更少了,还是更多了?

分析下列问题,借助于 Mathematica 作图、观察,并且用微分中值定理证明.

(1) 多项式 $p(x) = x^n + a_1 x^{n+1} + \cdots + a_{n-1} x + a_n$,如果存在两个以上的零点,则其导数的零点是更多,还是更少?研究多项式

$$p(x) = x(x-1)(x-2)(x-3)(x-4),$$

这个函数有 5 个零点.用罗尔定理可以证明导数有 4 个零点.

$$q(x) = x^3 (x-1)^3,$$

研究 $q'(x)$ 的零点,需要借助于 Mathematica 作图观察:

Int[1] := f = x^3(x−1)^3

Int[2] := g = D[f,x]

Int[3] := h = D[f,x,x]

Int[4] := Plot[f,{x,−1,2}]

Int[5] := Plot[g,{x,−1,2}]

Int[4] := Plot[h,{x,−1,2}]

从图形发现 $q(x),q'(x)$ 与 $q''(x)$ 的零点个数,并且用微分学有关定理证明你的发现.

(2) 函数 $f(x) = x^5 e^{-x}$ 在区间 $(0, +\infty)$ 上没有零点. 用 Mathematica 作图观察寻找 $f(x)$ 的各阶导数的零点. 并且利用费马定理与罗尔定理证明你的结论.

A.5 求函数的最大值

例 1 求函数 $f(x) = \displaystyle\int_x^{x+1} \sin e^t \, dt$ 的最大值.

解 $f'(x) = \sin e^{x+1} - \sin e^x = 2\sin \dfrac{e^{x+1} + e^x}{2} \cos \dfrac{e^{x+1} - e^x}{2}$.

令 $f'(x) = 0$, 得到 $e^{x+1} + e^x = 2n\pi$ 等. 因此有无穷多个驻点, 而且不难发现也有无穷多个极值. 很难用计算和比较的方法求函数最大值. 因此用常规的方法不能解决这个问题.

用 Mathematica 试一试.

实验 5 求 $f(x)$ 的最大值:

Int[1] := f[x_] = Integrate[Sin[Exp[t]], {t, x, x + 1}]
Int[2] := Maximize[f[x], x]

得到:

Out[2] :=
Maximize[− SinIntegral[e^x] + SinIntegral[e^{1+x}], {x}]

这说明 Mathematica 求不出最大值(Mathematica 能力有限), 改用数值计算:

Int[3] := NMaximize[f[x], x]
Out[3] := {0.909026, {x → −0.168532}}

计算结果出来了! 但是我们需要从理论上分析这个结果的可靠性: 由于 $f'(x)$ 有无穷多个零点, 并且无穷多次变号, 从而有无穷多个极大值. 怎样相信这个函数的最大值在点 $x_0 \approx -0.168532$ 达到?

理论分析

1. 求证 $\lim\limits_{x\to\infty}f(x)$ 等于零.

2. 若函数 $f(x)$ 不恒等于零,且 $\lim\limits_{x\to\infty}f(x)=0$,那么这个函数是否一定有正的最大值或者负的最小值?请给出明确结论,并进行证明.

现在能否相信 $f(x_0)$ 是最大值?

3. 用 Mathematica 画 $f(x)$ 和 $f'(x)$ 的图形(图 A.8),进一步从直观上确认上述结论.

$\text{Int}[4] := f[x\_] := \text{Integrate}[\text{Sin}[\text{Exp}[t]],\{t,x,x+1\}]$

$\text{Int}[5] := \text{Plot}[f[x],\{x,-3,2\}]$

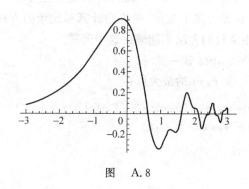

图　A.8

A.6　函数的有理式逼近

背景:假设 $f(x)$ 在点 x_0 有 1 到 n 阶的导数,

$$P_n(x) = f(x_0) + f'(x_0) + \frac{1}{2!}f''(x_0)\,(x-x_0)^2$$

$$+ \cdots + \frac{1}{n!}f^{(n)}(x_0)\,(x-x_0)^n$$

是 $f(x)$ 在点 x_0 的 n 次泰勒多项式,则当 $x \to x_0$ 时,有

$$f(x) - P_n(x) = o((x-x_0)^n).$$

泰勒多项式对于函数的近似效果是局部的. 只有在 $\Delta x = (x - x_0)$ 的绝对值很小时, 误差 $|f(x) - P_n(x)|$ 的绝对值才达到较为理想的效果. 如果在某个确定的区间上要求误差 $|f(x) - P_n(x)|$ 的最大绝对值很小, 则未必取得很好的效果.

现在考虑用简单的有理式 $g(x) = \dfrac{ax + bx^3}{1 + cx^2}$ 在区间 $[0, 1]$ 上近似地表示函数 $\arctan x$ 的问题. 如何确定系数 a, b, c 使得 $\max\{|\arctan x - g(x)| \,|\, 0 \leqslant x \leqslant 1\}$ 尽可能地小?

可以从两种不同的途径考虑这个问题:

(1) 求 $g(x) = [\arctan x - g(x)]^2$ 的最小值 $m(a, b, c)$, 然后对于 a, b, c 求最小值. 不过这是一个三元函数的极值问题, 必然会涉及繁杂的计算.

(2) 适当地选取常数 a, b, c, 使得 $g(x)$ 在点 $x = 0$ 的泰勒多项式尽可能地与 $\arctan x$ 的泰勒多项式一致. 也就是使得函数 $f(x) = \arctan x - g(x)$ 在点 $x = 0$ 的泰勒多项式中前面尽可能多的项等于零. 然后计算得到的有理式 $g(x) = \dfrac{ax + bx^3}{1 + cx^2}$ 在区间 $[0, 1]$ 上近似地表示函数 $\arctan x$ 的最大误差, 并且与 $\arctan x$ 的泰勒多项式的近似效果相比较. 这些工作可以借助于 Mathematica 完成.

实验 6 用 Mathematica 研究 $\arctan x$ 的最佳有理式逼近, 并且与泰勒多项式逼近相比较.

求有理式:

Int[1] := g = (a * x + b * x^3)/(1 + c * x^2)

Out[1] = $\dfrac{ax + bx^3}{1 + cx^2}$

Int[2] := f = ArcTan[x] − g

Out[2] = $-\dfrac{ax + bx^3}{1 + cx^2} + \text{ArcTan}[x]$

Int[3] := Series[ArcTan[x] − g, {x, 0, 5}]

$\text{Out}[3] = (1-a)x + \left(-\dfrac{1}{3} - b + ac\right)x^3 + \left(\dfrac{1}{5} + bc - ac^2\right)x^5 + O[x]^6$

解方程组：$1 - a = 0, -\dfrac{1}{3} - b + ac = 0, \dfrac{1}{5} + bc - ac^2 = 0.$

$\text{Int}[4] = \text{NSolve}[\{1 - a == 0, -1/3 - b + a*c == 0, 1/5 + b*c - a*c\hat{}2 == 0\}, \{a, b, c\}]$
$\text{Out}[4] = \{\{a\ \ 1., b\ \ 0.266667, c\ \ 0.6\}\}$

现在已经求出 $g(x) = \dfrac{x + 0.266667x^3}{1 + 0.6x^2}.$

$\text{Int}[5] = g = (x + 0.266667*x\hat{}3)/(1 + 0.6*x\hat{}2)$
$\text{Out}[5] = \dfrac{x + 0.266667x^3}{1 + 0.6x^2}$

求 $\arctan x$ 在点 $x = 0$ 的 5 次泰勒多项式：

$\text{Int}[6] = \text{Series}[\text{ArcTan}[x], \{x, 0, 5\}]$
$\text{Out}[6] = x - \dfrac{x^3}{3} + \dfrac{x^5}{5} + o[x]^5$

$\text{Int}[7] = u = \text{Normal}[\%]$
$\text{Out}[7] = x - \dfrac{x^3}{3} + \dfrac{x^5}{5}$

用 $\arctan x$ 在点 $x = 0$ 的 5 次泰勒多项式作为 $\arctan x$ 的近似值，作图（图 A.9）观察近似效果：

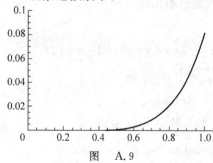

图　A.9

Int[8] := Plot[u − ArcTan[x],{x,0,1},PlotRange −> {0,0.1}]

用有理函数 $g = \dfrac{x + 0.266667x^3}{1 + 0.6x^2}$ 作为 arctan$x$ 的近似值，作图（图 A.10）观察近似效果：

Int[9] := Plot[u − ArcTan[x],{x,0,1},PlotRange −> {0,0.1}]

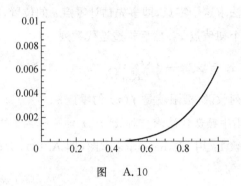

图　A.10

前者最大误差约 0.0813，后者最大误差约 0.00627.

练习 1　用有理式 $g = \dfrac{ax + bx^3 + dx^5}{1 + cx^2}$ 作为 arctan$x$ 的近似值，作图（图 A.11）观察在区间 $[0,1]$ 上的误差.

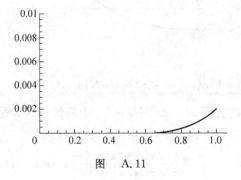

图　A.11

A.7　牛顿迭代法

用牛顿法求函数零点.

方法：设有函数 $f(x)$ 和它的一个零点 α. 在一定条件下，可以用牛顿迭代法求这个零点，即事先估计零点 α 的位置，在零点 α 的附近任取一个初值点 x_0. 然后构造迭代数列

$$x_n = x_{n-1} - \frac{f(x_{n-1})}{f'(x_{n-1})}, \quad n = 0,1,2,\cdots. \tag{1}$$

如果这个数列收敛，极限就是 $f(x)$ 的零点 α.

例 2　用牛顿迭代法求方程 $x^3 - 2x^2 + x - 7 = 0$ 的实根.

解　步骤 1：用 Mathematica 作图（图 A.12），大体确定根的位置.

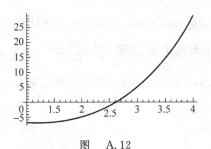

图　A.12

Int[1] := Plot[x^3 − 2 * x^2 + x − 7,{x,1,5}]

大体确定方程 $x^3 - 2x^2 + x - 7 = 0$ 有惟一的实根 ξ，并且 ξ 位于 2.5 附近. 因此选取 $x_0 = 4$，这时式(1)变为

$$x_n = x_{n-1} - \frac{x_{n-1}^3 - 2x_{n-1}^2 + x_{n-1} - 7}{3x_{n-1}^2 - 4x_{n-1} + 1}, \quad n = 0,1,2,\cdots. \tag{2}$$

在 Mathematica 运行下述程序：

```
f[x_]:=x-(x^3-2*x^2+x-7)/(3*x^2-4*x+1)
NestList[f,4,5]
```

得到下述结果：

$$\left\{4,\frac{103}{33},\frac{248117}{91080},\frac{12311979625855493}{4671844678949580},\right.$$

$$\frac{15150177079116628098947474470054102527373773330737}{575809607052189968049613106216712273311278829730},$$

$$\frac{4034202399964538081926267102065213039968459517988 67563\dot{.}}{1922335034222291191111665999199519905483235681398 20426\dot{.}}$$

$$\frac{0290046123156060153314395251651288669}{1533276377545238310753974891404323029015537370409 6079\dot{.}}\Big/$$

$$\frac{8563496494722654062187818711313872828940513471472085\dot{.}}{326147981739844386751943893011623475065}\right\}$$

```
N[%]
```

得到四次迭代结果：

{4.,3.12121,2.72417,2.63536,2.63111,2.6311}

用 Mathematica 直接求上述方程的根，得到下述结果：

```
Int3:=NSolve[x^3-2*x^2+x-7 ==    0,x]
Out3:={{x   -0.31555-1.60029   },{x   -0.31555+1.60029},
{x    2.6311}}
```

但是我们需要研究这样的问题：在什么条件下，牛顿迭代法可以求出函数零点？

理论分析

定理 4(牛顿迭代法)   设 $f(x)$ 在 $[a,b]$ 二阶可导，并且满足下列条件：

(1) $f(a)f(b) < 0$；

(2) $f'(x) \neq 0$, $a \leqslant x \leqslant b$；

（3）$f''(x)$ 在 $[a,b]$ 不变号；

（4）初值 $x_0 \in [a,b]$ 满足 $f''(x_0)f(x_0) > 0$.

则牛顿迭代数列收敛到 $f(x)$ 在区间 $[a,b]$ 上的惟一零点 ξ.

提示 不妨设 $f(a) < 0, f(b) > 0, f'(x) > 0, f''(x) > 0$, $f(x_0) > 0$. 这时可以归纳地证明 $\xi < x_n < x_{n-1}$. 由单调收敛定理可以证明 $\lim\limits_{n\to\infty} x_n = \xi$.

A.8 定积分的近似计算

1. 用近似公式 $\displaystyle\int_a^b f(x)\mathrm{d}x \approx \sum_{i=1}^n f(\xi_i)\Delta x_i$ 近似计算积分 $\displaystyle\int_a^b f(x)\mathrm{d}x$，其中 $\Delta x_i = x_i - x_{i-1}, x_i = \dfrac{i}{n}(b-a), i = 1,2,\cdots,n$, $x_{i-1} \leqslant \xi_i \leqslant x_i$. 当 ξ_i 在区间 $[x_{i-1},x_i]$ 中取法不同时，计算误差一般来说是不同的. 例如分别取 $\xi_i = \dfrac{i}{n}(b-a)$ 与 $\xi_i = \dfrac{2i-1}{2n}(b-a)$ 产生的误差可能不同.

例 3 近似计算积分 $\displaystyle\int_0^{\frac{\pi}{2}} \sin x \mathrm{d}x$. 与精确值 $\displaystyle\int_0^{\frac{\pi}{2}} \sin x \mathrm{d}x = 1$ 相比较.

解 （1）$n = 10$, 取 $\xi_i = x_i = \dfrac{i}{2n}\pi$（小区间的端点）：

```
Input1 := f[x_] := Sin[x]
NSum[f[i * Pi/20] * (Pi/20),{i,10}]
Out[1] = 1.07648
```

（2）$n = 10, \xi_i = \dfrac{2i-1}{2n}\pi$（小区间的中点）：

```
Input2 := f[x_] := Sin[x]
NSum[f[(2 * i - 1) * Pi/40] * (Pi/20),{i,10}]
```

Out2 := 1.00103

2. 用切线近似公式计算定积分 $\int_a^b f(x)\,\mathrm{d}x$.

当 $x_{i-1} \leqslant x \leqslant x_i$ 时，$f(x) \approx f(x_{i-1}) + f'(x_{i-1})(x - x_i)$.

$$\int_a^b f(x)\,\mathrm{d}x = \sum_{i=1}^n \int_{\frac{i-1}{n}}^{\frac{i}{n}} f(x)\,\mathrm{d}x$$

$$\approx \sum_{i=1}^n \int_{x_{i-1}}^{x_i} \left[f(x_{i-1}) + f'(x_{i-1})(x - x_{i-1}) \right] \mathrm{d}x$$

$$= \frac{b-a}{n} \sum_{i=1}^n f\left(\frac{i-1}{n}(b-a) \right)$$

$$+ \frac{(b-a)^2}{2n^2} \sum_{i=1}^n f'\left(\frac{i-1}{n}(b-a) \right).$$

计算 $\int_0^{\frac{\pi}{2}} \sin x\,\mathrm{d}x$：

NSum[Sin[((i−1) ∗ Pi)/20] ∗ (Pi/20)＋(Pi^2/800) ∗ Cos[((i−1) ∗ Pi)/20],{i,10}]

Out2 := 1.00395

分析上述计算结果，你感觉哪个近似公式比较精确，可以加大 n 的数值进行更细致的研究.

练习 2　用微分中值定理和泰勒公式证明下列结论：

（1）设 $f(x)$ 在区间 $[a, b]$ 上处处可导，并且 $|f'(x)| \leqslant M_1, x_i = \dfrac{i}{n}(b-a), i = 1, 2, \cdots, n, \Delta x_i = x_i - x_{i-1}$. 则

$$\left| \int_a^b f(x)\,\mathrm{d}x - \sum_{i=1}^n f(x_i)\Delta x_i \right| \leqslant \frac{M_1}{n}(b-a);$$

$$\left| \int_a^b f(x)\mathrm{d}x - \sum_{i=1}^n f\left(\frac{x_{i-1}+x_i}{2}\right)\Delta x_i \right| \leqslant \frac{M_1}{2n}(b-a).$$

（2）设 $f(x)$ 在区间 $[a,b]$ 上处处存在二阶导数，并且 $|f''(x)| \leqslant M_2$. 则

$$\left| \int_a^b f(x)\mathrm{d}x - \frac{b-a}{n}\sum_{i=1}^n f\left(\frac{i-1}{n}(b-a)\right) \right.$$

$$\left. + \frac{(b-a)^2}{2n^2}\sum_{i=1}^n f'\left(\frac{i-1}{n}(b-a)\right) \right| \leqslant \frac{M_2}{6n^2}(b-a)^3.$$

将理论分析与上面的计算结果比较，进一步印证你的结论.

附录 B 习题答案

第 1 章

习题 1.2

1. (1) 最小值 1; (2) 上确界 1,下确界 0;
(3) 有最小值和最大值; (4) 上确界 2,下确界 -2;
(5) $[0,1]$ 有最小值和最大值,$(0,1)$ 只有上、下确界;
(6) $\{x \in \mathbb{R} \mid x^2 - 2x - 3 < 0\}$ 只有上、下确界,$\{x \in \mathbb{R} \mid x^2 - 2x - 3 \leqslant 0\}$ 有最小值和最大值.

2. (2) $\bigcup\limits_{\varepsilon > 0} G_\varepsilon = \mathbb{Z}^+$; (3) $A = $ 某个 a_k 时,$\bigcap\limits_{\varepsilon > 0} G_\varepsilon$ 非空.

习题 1.3

1. $f \circ g(x) = \begin{cases} 1, & x > 0, \\ 3, & x \leqslant 0, \end{cases}$ $g \circ f(x) = \begin{cases} 0, & x \geqslant 0, \\ 2, & x < 0. \end{cases}$

2. $f(x) = 2x^2 - 5x + 4, g(x) = x^2 - 2$.

5. 一定;不一定.

6. 反证法.

7. 反证法.

8. $f(x) = (x - [x])^2, x \in (-\infty, +\infty)$.

12. $(0,1)$ 到 $(-\infty, +\infty)$ 的双射: $f(x) = \tan\left(x - \dfrac{1}{2}\right)\pi$.

习题 1.4

1. (1) $[-1, 0] \cup \{1\}$; (2) $(10, +\infty)$; (3) $(-\infty, 0]$;
(4) $(-\infty, -1) \cup (1, +\infty)$.

2. $f(x) = x + x^2, x \in (-\infty, 0)$.

4. 提示:先证明当 x 为整数时成立;其次证明当 $x = \dfrac{1}{n}$ 时成立;再证

明当 $x=\dfrac{m}{n}$ 时成立.

第 2 章

习题 2.2

1. (1) 1； (2) 1； (3) $\dfrac{1}{2}$ ； (4) 1.

8. (1) 0； (2) 1.

习题 2.3

2. (1) 不存在； (2) 不存在； (3) 不存在； (4) $a=0,b$ 任意.

习题 2.4

1. (1) -2； (2) 1； (3) $\dfrac{1}{2}n(n+1)$； (4) $\dfrac{m}{n}$； (5) 0；

(6) $\dfrac{q}{p}$.

2. (1) 2； (2) 1； (3) $\dfrac{a}{b},b\neq0$； (4) -1； (5) 1； (6) 1；

(7) $\dfrac{1}{2}$； (8) $\sin18°$； (9) 8； (10) 1； (11) e^k； (12) e^{2n}；

(13) e； (14) e^{-km}.

3. (1) $a=1,b=-1$； (2) $a=-1,b=\dfrac{1}{2}$.

4. (1) e^2； (2) $4\sqrt{2}$.

习题 2.5

2. 由高到低：$e^{x^3}-1,\sin x^2,\sin(\tan x),\ln(1+\sqrt{x})$.

3. 由高到低：$n^n,n!,e^n,n^2,\sqrt{n}$.

4. (1) -2 ； (2) $\dfrac{1}{2}$； (3) $\dfrac{1}{2}$； (4) $\ln a$； (5) 1； (6) $\dfrac{k^2}{4}$；

(7) 1； (8) 1； (9) 0； (10) -1； (11) 2； (12) 1； (13) 0；
(14) 1； (15) $2^a\ln2$.

第 3 章

习题 3.1

1. (1) 连续； (2) 不连续； (3) 不连续； (4) 连续；
(5) 不连续； (6) 不连续.

2. (1) $x=0$,第二类； (2) $x=k\pi,k$ 为整数,第一类；
(3) $x=0$,第一类.

3. $0,1,-1$.

第 4 章

习题 4.1

1. $T'(t)=\lim\limits_{\Delta t\to 0}\dfrac{T(t+\Delta t)-T(t)}{\Delta t}$.

2. $\dfrac{\sqrt{3}}{2}a$.

3. $4\pi R^2$.

4. (1) 0； (2) -2； (3) $\dfrac{1}{4}$； (4) $0,-1$； (5) $\dfrac{1}{4}$； (6) $\dfrac{1}{2}$.

5. (1) a； (2) $\dfrac{\sqrt{3}}{2}\sqrt{x},x>0$； (3) $-\dfrac{1}{2x^2},x\neq 0$； (4) $3\cos 3x$；

(5) $\dfrac{1}{n}x^{\frac{1}{n}-1}$.

6. (1) 不可导； (2) 1； (3) 不可导； (4) 不可导； (5) 不可导；
(6) 不可导.

7. $f'(x_0)$.

9. $-f'(a)$.

11. $a=2x_0,b=-x_0^2$.

习题 4.2

1. (1) $3x^2-4$；   (2) $8x^3-9x^2+1+\dfrac{2}{3x^3}-\dfrac{21}{x^4}$；

(3) $\dfrac{1}{3}-\dfrac{3}{x^2}+\dfrac{1}{\sqrt{x}}$;

(4) $14x-\sin x-\dfrac{1}{x}$;

(5) $\dfrac{\cos x}{2\sqrt{x}}-\sqrt{x}\sin x$;

(6) $\mathrm{e}^x(\sin x+\cos x)$;

(7) $\dfrac{x\cot x-(1+x^2)\csc^2 x}{\sqrt{x^2+1}}$;

(8) $2t(1+t)(1+2t)$;

(9) $\dfrac{x\sec^2 x-\tan x}{x^2}$;

(10) $\dfrac{1-\cos x-x\sin x}{(1-\cos x)^2}$;

(11) $\dfrac{2}{x(1-\ln x)^2}$;

(12) $\csc^2 x(1-2x\cot x)$;

(13) $\dfrac{1}{\sqrt{x}}\dfrac{1}{\sqrt{1-x^2}}-\dfrac{\arcsin x}{2x^{\frac{3}{2}}}$;

(14) $\dfrac{\sec x}{x}+\ln x\sec x\tan x$;

(15) $\dfrac{\sec x}{2\sqrt{x}}+\sqrt{x}\sec x\tan x$;

(16) $\sec x\tan^2 x+\sec^3 x$;

(17) $\dfrac{\arctan x}{2\sqrt{x}}+\dfrac{\sqrt{x}+1}{1+x^2}$;

(18) $\dfrac{\csc z(z\cot z+2)}{z^3}$;

(19) $-\dfrac{1}{x^2}-\dfrac{1}{2x\sqrt{x}}+\dfrac{1}{3x^3\sqrt{x}}$;

(20) $\dfrac{x^2}{(\cos x+x\sin x)^2}$.

2. $1,0,-1,21$.

3. (1) 8;　(2) ± 3;　(3) $2k\pi+\dfrac{\pi}{6},k\in\mathbb{Z}$.

4. (1) $6\cos 3x$;　(2) $\mathrm{e}^{-x^2}(1-2x^2)$;　(3) $\dfrac{2}{2t-1}$;

(4) $\dfrac{1}{x\ln x}$;　(5) $\dfrac{\sec^2 x}{\sqrt{1+2\tan x}}$;　(6) $-\tan x$;

(7) $-\dfrac{1}{x\sqrt{x^2-1}}$;　(8) $-\dfrac{\sqrt{2}}{\sqrt{1+2x-2x^2}}$;　(9) $-2^{\ln\frac{1}{x}}\dfrac{\ln 2}{x}$;

(10) $\dfrac{1-2x^2}{\sqrt{1-x^2}}$;　(11) $\dfrac{\sqrt{2-x}}{3(3+x)^{\frac{2}{3}}}-\dfrac{(3+x)^{\frac{1}{3}}}{2\sqrt{2-x}}$;　(12) $\dfrac{a^2}{(a^2-x^2)^{\frac{3}{2}}}$;

(13) $\dfrac{2}{3(1-x)^{\frac{2}{3}}(1+x)^{\frac{4}{3}}}$;　(14) $\dfrac{1}{\sqrt{1+x^2}}$;　(15) $\dfrac{2\sqrt{x}-1}{4\sqrt{x}\sqrt{x-\sqrt{x}}}$;

(16) $\dfrac{\sin 2x\sin^2 x-2x\sin^2 x\cos x^2}{\sin^2 x^2}$;

(17) $e^{-3x}(2\cos 2x-3\sin 2x)$;

(18) $\dfrac{6\lg^2 x}{x\ln 10}$;　　　　　(19) $\sqrt{x^2+a^2}$;

(20) $\sec x$;　　　　　(21) $\dfrac{\sin 2x}{\sqrt{1-\sin^4 x}}$;

(22) $\dfrac{1}{\sqrt{1-x^2}}$;　　　　(23) $-\dfrac{1}{2\sqrt{x}(1+x)}$;

(24) $\sqrt{a^2-x^2}$;　　　　(25) $-\dfrac{1}{2\sqrt{x}\,\sqrt{1+x}}$.

5. (1) $-\dfrac{x}{\sqrt{1-x^2}}f'(\sqrt{1-x^2})$;　　　(2) $-\dfrac{1}{x^2}f'\left(\dfrac{1}{x}\right)$;

(3) $\dfrac{1}{x}f'(\ln x)$;　　　　(4) $f(e^x)e^{f(x)}(e^x+f'(x))$;

(5) $f'(x)f'(f(x))f'(f(f(x)))$;　　　　(6) $\dfrac{f(x)f'(x)}{\sqrt{f^2(x)}}$.

习题 4.3

1. (1) $\dfrac{x^2}{1-x}\sqrt[3]{\dfrac{x+1}{1+x+x^2}}\left(\dfrac{2}{x}+\dfrac{1}{1-x}+\dfrac{1}{3(x+1)}-\dfrac{1+2x}{3(1+x+x^2)}\right)$;

(2) $(x-a_1)^{a_1}\cdots(x-a_n)^{a_n}\left(\dfrac{a_1}{x-a_1}+\cdots+\dfrac{a_n}{x-a_n}\right)$;

(3) $x^{\sin x}\left(\ln x\cos x+\dfrac{\sin x}{x}\right)$;

(4) $\left(1+\dfrac{1}{x}\right)^x\left[\ln\left(1+\dfrac{1}{x}\right)-\dfrac{1}{1+x}\right]$;

(5) $\dfrac{\sqrt[x]{x}}{x^2}(1-\ln x)$;

(6) $1+x^x(\ln x+1)+x^{x^x}[x^x(\ln x+1)\ln x+x^{x-1}]$.

2. (1) -1;　(2) $-\dfrac{b}{a}\cot t$;　(3) $\dfrac{\sin t}{1-\cos t}$;　(4) $\dfrac{\tan t(\sin t+\cos t)}{\cos t-\sin t}$;

(5) $\dfrac{3t^2}{1-2t^3}$;　(6) $\dfrac{e^y\cos t}{2(3t+1)(1-e^y\sin t)}$.

3. $\dfrac{\pi}{4}$.

4. (1) $-\dfrac{x(1+y^2)}{y(1+x^2)}$;　(2) $\dfrac{1-x(3x+2y)}{1+x^2}$;　(3) $-\sqrt[3]{\dfrac{y}{x}}$;

(4) $\dfrac{x+y}{x-y}$.

5. $\dfrac{e^{x+y}-x}{y-e^{x+y}}$.

6. 1.

习题 4.4

1. (1) $\dfrac{x(3+2x)}{(1+x^2)^{\frac{3}{2}}}$;　(2) $\dfrac{x}{(1-x^2)^{\frac{3}{2}}}$;　(3) $\dfrac{2+x^2}{(1-x^2)^2\sqrt{1-x^2}}$;

(4) $\dfrac{1}{x}$;　(5) $2e^{-x^2}(2x^2-1)$;　(6) $-\dfrac{2\sin(\ln x)}{x}$;

(7) $2\sec^2 x(3\sec^2 x-2)$;　(8) $\dfrac{f''(x)f(x)-(f'(x))^2}{f^2(x)}$.

2. (1) $2f'(x^2)+4x^2 f''(x^2)$;　(2) $e^x f'(e^x)+e^{2x} f''(e^x)$;

(3) $\dfrac{2}{x^3}f'\left(\dfrac{1}{x}\right)+\dfrac{1}{x^4}f''\left(\dfrac{1}{x}\right)$;　(4) $-\dfrac{1}{x^2}f'(\ln x)+\dfrac{1}{x^2}f''(\ln x)$.

3. $\dfrac{1}{(x-y)[2+\ln(x-y)]^3}$.

4. $-\dfrac{f'''(t)}{[f''(t)]^3}$.

5. (1) $-\dfrac{1}{4(1+x)\sqrt{1+x}}$;　　　(2) $-\dfrac{17!!}{2^{10}}\dfrac{1}{x^9\sqrt{x}}$;

(3) $e^x(x^4+16x^3+72x^2+96x+24)$;　(4) $\dfrac{274-120\ln x}{x^6}$;

(5) $-2^{50}x^2\sin 2x+50\times 2^{50}x\cos 2x+25\times 49\times 2^{49}\sin 2x$;

(6) $\dfrac{(-1)^n(n-1)!}{(1+x)^n}$;　　(7) $\sum_{k=0}^{n}C_n^k a^k b^{n-k}\sin\left(bx+\dfrac{k\pi}{2}\right)$;

(8) $x\sinh x+100\cosh x$;　(9) $\dfrac{20!}{3}\left[\dfrac{1}{(1-x)^{21}}+\dfrac{1}{(1+x)^{21}}\right]$;

(10) $e^x[x^3+3nx^2+3n(n-1)x+n(n-1)(n-2)]$.

习题 4.5

1. (1) 0.05;　(2) $-\dfrac{1}{27}$;　(3) -0.01.

2. (1) $-\dfrac{1}{x^2}\mathrm{d}x$;　(2) $2x\cos x^2\,\mathrm{d}x$;　(3) $-\sin x\cos(\cos x)\mathrm{d}x$;

(4) $\left(\sqrt{1-x}-\dfrac{x}{2\sqrt{1-x}}\right)\mathrm{d}x$;　(5) $-\dfrac{x^4+6x^2+6x}{(x^3-3)^2}\mathrm{d}x$;　(6) $x\sin x\,\mathrm{d}x$;

(7) $\dfrac{\mathrm{d}x}{x^2-1}$;　(8) $\dfrac{\mathrm{d}x}{\sqrt{x^2+a^2}}$.

3. (1) $\mathrm{e}^{-x}(1-x)\mathrm{d}x$;　(2) $\dfrac{2(1-2x)}{(1-x+x^2)^2}\mathrm{d}x$;　(3) $\dfrac{2-\ln x}{2x\sqrt{x}}\mathrm{d}x$;

(4) $\dfrac{\mathrm{d}x}{(1-x^2)^{\frac{3}{2}}}$;　(5) $\dfrac{2x}{x^2-1}\mathrm{d}x$;　(6) $\dfrac{\mathrm{d}x}{x\sqrt{x^2-1}}$;　(7) $\sec x\,\mathrm{d}x$;

(8) $\csc x\cot^2 x\,\mathrm{d}x$.

4. (1) $vw\,\mathrm{d}u+uw\,\mathrm{d}v+uv\,\mathrm{d}w$;　(2) $\dfrac{v\,\mathrm{d}u-2u\,\mathrm{d}v}{v^3}$;　(3) $\dfrac{v\,\mathrm{d}u-u\,\mathrm{d}v}{u^2+v^2}$;

(4) $\dfrac{u\,\mathrm{d}u+v\,\mathrm{d}v}{u^2+v^2}$.

5. (1) 1.00667;　(2) 0.484885;　(3) -0.874752;　(4) 0.810398.

6. (1) 3.07407;　(2) 1.99531.

7. 增长 2.228(cm).

第 5 章

习题 5.1

7. (1) 在区间 $(-\infty,+\infty)$ 上单调减少;　(2) 单调增加;

(3) 在区间 $(-\infty,-1)$ 上和区间 $(2,+\infty)$ 上单调增加,在区间 $(-1,2)$ 上单调减少;

(4) 在区间 $(0,n)$ 上单调增加,在区间 $(n,+\infty)$ 上单调减少.

习题 5.2

1. (1) 1;　(2) $\dfrac{\sqrt{3}}{3}$;　(3) 1;　(4) 2;　(5) 1;　(6) $\dfrac{1}{2}$;　(7) 1;

(8) 0;　(9) $-\dfrac{4}{\pi^2}$;　(10) 0;　(11) 1;　(12) $\dfrac{1}{\mathrm{e}}$;　(13) $-\dfrac{1}{2}$;

(14) 0.

2. (1) 1;　　　　　(2) 0;　　　　　(3) 0;

(4) 0;　　　　　(5) $a^a(\ln a-1)$;　　(6) $e^{\frac{2}{\pi}}$;

(7) 1;　　　　　(8) $\dfrac{1}{\sqrt{e}}$;　　　　(9) $e^{-\frac{2}{\pi}}$;

(10) $e^{\frac{2}{\pi}}$;　　　(11) $\dfrac{1}{2}$;　　　　(12) $-\dfrac{e}{2}$.

3. $f''(a)$.(提示：先用洛必达法则,后用导数定义.)

4. 1.(提示：用导数定义).

习题 5.3

1. (1) 极小值 -1,极大值 1;　　(2) 极小值 2,极大值 -2;

(3) 极小值 0,极大值 $\dfrac{4}{e^2}$;

(4) 极小值 -1 与 $\dfrac{\sqrt{2}}{2}$,极大值 1 与 $-\dfrac{\sqrt{2}}{2}$.

2. (1) 2,-10;　　(2) 132,0;　　(3) 最小值 $-\dfrac{2}{e}$.

3. $\sqrt[3]{3}$.

4. 第一象限中的顶点 $\left(\dfrac{\sqrt{2}}{2}a,\dfrac{\sqrt{2}}{2}b\right)$.

5. 下午 2 时.

6. $\left(1-\sqrt{\dfrac{2}{3}}\right)2\pi$.

7. $h=2,r=\sqrt[3]{\dfrac{500}{\pi}}$.

8. $v=30$.

9. 圆周长为 $\dfrac{\pi a}{4+\pi}$,正方形周长为 $\dfrac{4a}{4+\pi}$.

10. $h=2r,r=\sqrt[3]{\dfrac{500}{\pi}}$.

11. $S(3)=6\sqrt{3}$.

习题 5.4

1. (1) 上凸区间 $(2,+\infty)$,下凸区间 $(-\infty,2)$,拐点横坐标 $x=1$;

(2) 上凸区间 $(1,+\infty)$ 与 $(-\infty,-1)$,下凸区间 $(-1,1)$ 拐点横坐标

$x=-1, x=1$；

(3) 上凸区间$(2n\pi, (2n+1)\pi)$，下凸区间$((2n-1)\pi, 2n\pi)$，拐点横坐标
$x=2n\pi$；

(4) 上凸区间$(-\infty, 0)$，下凸区间$(0, +\infty)$.

4. $a=1, b=-\dfrac{2}{3}$.

习题 5.5

1. (1) $1+2x+2x^2-2x^4$；　(2) $-\dfrac{1}{2}x^2-\dfrac{1}{12}x^4-\dfrac{1}{45}x^6$；

(3) $1+\dfrac{1}{2}(x-1)-\dfrac{1}{8}(x-1)^2+\dfrac{1}{16}(x-1)^3-\dfrac{5}{128}(x-1)^4$；

(4) $6+21(x-1)+35(x-1)^2+25(x-1)^3+6(x-1)^4$；

(5) $2-(x-2)+(x-2)^2+\cdots+(-1)^n(x-2)^n$；

(6) $(x-1)+\dfrac{5}{2}(x-1)^2+\dfrac{11}{6}(x-1)^3+\dfrac{1}{4}(x-1)^4-\dfrac{1}{20}(x-1)^5$.

3. (1) 1.9961；　(2) 0.0198.

第 6 章

习题 6.1

2. (1) $\dfrac{1}{2}x+\dfrac{1}{4}\sin 2x+C$；　(2) $-x+\tan x+C$；

(3) $\tan x-\cot x+C$；　(4) $-2(1+x)+\dfrac{1}{2}(1+x)^2-\ln(1+x)+C$；

(5) $\dfrac{2}{15}\sqrt{1+x}(-22-4x+3x^2)+C$.

3. $F(x)=\begin{cases}e^x, & x\geqslant 0, \\ x+\dfrac{1}{2}x^2, & x<0.\end{cases}$

4. $F(x)=\begin{cases}\dfrac{1}{2}x^2+\dfrac{1}{2}, & 0\leqslant x\leqslant 1, \\ \dfrac{1}{3}x^3+\dfrac{2}{3}, & x>10.\end{cases}$

习题 6.2

1. (1) $\dfrac{1}{10}(2x+3)^5+C$;　　　　(2) $\dfrac{3^{x^2+1}}{2\ln 3}+C$;

(3) $\dfrac{1}{2}\ln^2 x+C$;　　　　(4) $\dfrac{1}{2}\ln|x|-\dfrac{1}{2}\ln|2+x|+C$;

(5) $\dfrac{1}{8}\sin 4x+\dfrac{1}{4}\sin 2x+C$;　　(6) $\arcsin\dfrac{x}{2}+\dfrac{1}{\sqrt{2}}\arctan\sqrt{2}\,x+C$;

(7) $\tan x+\sec x+C$;　　　　(8) $\dfrac{3}{2}\ln(1+x^2)+C$;

(9) $\ln(1+\mathrm{e}^x)+C$;　　　　(10) $-\ln|\arccos x|+C$;

(11) $-2\cos\sqrt{x}+C$;　　　　(12) $\ln|\arctan x|+C$;

(13) $\dfrac{5}{8}\sin x-\dfrac{5}{16}\cos^3 x+\dfrac{1}{16}\cos 5x+C$;

(14) $\dfrac{1}{2}\ln\left|\dfrac{\cos x+\sin x}{\cos x-\sin x}\right|+C$;　(15) $\dfrac{1}{2\sqrt{6}}\ln\left|\dfrac{\sqrt{3}+\sqrt{2}\,x}{\sqrt{3}-\sqrt{2}\,x}\right|+C$;

(16) $\dfrac{1}{8}\ln\left|\dfrac{x-6}{x+2}\right|+C$;　　(17) $2\arctan\mathrm{e}^x+C$;

(18) $-\dfrac{1}{2}\arctan(2\cot x)+C$;　(19) $\tan\dfrac{x}{2}+C$;

(20) $-\cot x+\csc x+C$;　　　(21) $-\arctan(\cos^2 x)+C$;

(22) $6\left[-\dfrac{1}{7}x^{\frac{7}{6}}-\dfrac{1}{5}x^{\frac{5}{6}}-\dfrac{1}{3}\sqrt{x}-x^{\frac{1}{6}}+\dfrac{1}{2}\ln\left|\dfrac{1+x^{\frac{1}{6}}}{1-x^{\frac{1}{6}}}\right|\right]+C$;

(23) $\dfrac{4}{3}(\sqrt{x}-2)\sqrt{1-\sqrt{\pi}}+C$;　(24) $\dfrac{1}{4}\dfrac{x}{\sqrt{4-x^2}}+C$;

(25) $\sqrt{3}\ln\dfrac{x}{\sqrt{3}-\sqrt{3-x^2}}+\sqrt{3-x^2}+C$;

(26) $\dfrac{2}{3}\left[\sqrt{3x}-\ln(1+\sqrt{3x})\right]+C$;　(27) $4\sqrt{1+\sqrt{x}}\left(\dfrac{\sqrt{x}-2}{3}\right)+C$;

(28) $(1+\mathrm{e}^x)^{\frac{2}{3}}\left[\dfrac{3\mathrm{e}^x}{5}-\dfrac{9}{10}\right]+C$;　(29) $\ln\dfrac{\sqrt{1+\mathrm{e}^x}-1}{\sqrt{1+\mathrm{e}^x}+1}+C$;

(30) $\dfrac{1}{5}(1+x^2)^2\sqrt{1+x^2}-\dfrac{2}{3}(1+x^2)\sqrt{1+x^2}+\sqrt{1+x^2}+C$.

习题 6.3

1. $x\sin x + \cos x + C$.

2. $-\dfrac{1}{x}(\ln x + 1) + C$.

3. $x(\ln x)^2 - 2(x\ln x - x) + C$.

4. $x\ln(\ln x) + C$.

5. $(1+x)\arctan\sqrt{x} - \sqrt{x} + C$.

6. $\dfrac{1}{4}x(1+\tan^2 x)^2 - \dfrac{1}{4}(\tan x + \dfrac{1}{3}\tan^3 x) + C$.

7. $-\dfrac{1}{2}x^2 e^{-2x} - \dfrac{1}{2}xe^{-2x} - \dfrac{1}{4}e^{-2x} + C$.

8. $\dfrac{1}{5}(2e^{2x}\sin x - \cos x e^{2x}) + C$.

9. $2\sin\sqrt{x} - 2\sqrt{x}\cos\sqrt{x} + C$.

10. $x(\arccos x)^2 - 2\sqrt{1-x^2}\arccos x - 2x + C$.

11. $-\dfrac{1}{6}x\cos 3x + \dfrac{1}{18}\sin 3x + \dfrac{1}{2}x\cos x - \dfrac{1}{2}\sin x + C$.

12. $x\tan x + \ln|\cos x| + C$.

13. $3\sqrt[3]{x^2}e^{\sqrt[3]{x}} - 6\sqrt[3]{x}e^{\sqrt[3]{x}} + 6e^{\sqrt[3]{x}} + C$.

14. $-\dfrac{1}{2}e^{-x} + \dfrac{1}{10}(2\sin 2x e^{-x} - e^{-x}\sin 2x) + C$.

15. $\dfrac{1}{2}x(\sin(\ln x) - \cos(\ln x)) + C$.

16. $\dfrac{1}{2}\ln x^2 - \dfrac{1}{2x^2}\ln(1+x^2) - \dfrac{1}{2}\ln(1+x^2) + C$.

17. $-\dfrac{1}{x}(\ln x)^2 - \dfrac{2}{x}\ln x - \dfrac{2}{x} + C$.

18. $\dfrac{1}{2}(1+x^2)\ln(1+x^2) - \dfrac{1}{2}(1+x^2) + C$.

19. $e^{2x}\tan x + C$.

20. $\dfrac{1}{2}x\tan 2x + \dfrac{1}{4}\ln|\cos 2x| - \dfrac{1}{2}x^2 + C$.

21. $x\ln(x+\sqrt{1+x^2})-\sqrt{1+x^2}+C.$

22. $-\dfrac{\sqrt{1-x^2}}{x}\arcsin x+\ln x+C.$

习题 6.4

1. $\dfrac{1}{2}\arctan x-\dfrac{1}{2}\dfrac{x}{1+x^2}+C.$

2. $\dfrac{1}{2}\ln(3+x^2)-\dfrac{1}{\sqrt{3}}\arctan\dfrac{x}{\sqrt{3}}+C.$

3. $-\ln|x|+2\ln|x-1|-\dfrac{1}{x-1}-\dfrac{1}{(x-1)^2}+C.$

4. $\dfrac{2}{9}\ln|x^3-2|+\dfrac{1}{9}\ln|1+x^3|+C.$

5. $\dfrac{1}{3}x^3-x+\arctan x+C.$

6. $-\dfrac{1}{(x-1)^{96}}\left[\dfrac{1}{96}+\dfrac{3}{97(x-1)}+\dfrac{3}{98(x-1)^2}+\dfrac{1}{99(x-1)^3}\right]+C.$

7. $-\dfrac{1}{10}\left[\dfrac{2+x^5}{x^{10}+2x^5+2}+\arctan(x^5+1)\right]+C.$

8. $\dfrac{1}{2}\ln|x^2+2x-8|+\dfrac{1}{6}\ln\left|\dfrac{x+4}{x-2}\right|+C.$

9. $\dfrac{1}{4}\ln(1+2x^2)-\dfrac{1}{\sqrt{2}}\arctan\sqrt{2}\,x+C.$

10. $\dfrac{1}{2}\ln(x^2+4x+13)-\dfrac{2}{3}\arctan\dfrac{x+2}{3}+C.$

11. $2[\ln(1+\cos x)-\cos x]+C.$

12. $x-\cot x+\csc x+C.$

13. $\dfrac{1}{2}\tan^2 x+\ln|\tan x|+C.$

14. $\dfrac{1}{6}\ln(3\tan^2 x+2)+C.$

15. $-\dfrac{1}{2}\cot^2 x-\ln|\sin x|+C.$

16. $\ln\left|1+\tan\dfrac{x}{2}\right|+C.$

17. $\dfrac{2}{\sqrt{3}}\arctan\left(\dfrac{\tan\dfrac{x}{2}}{\sqrt{3}}\right)+C.$

18. $\dfrac{3}{8}x+\dfrac{1}{4}\sin 2x+\dfrac{1}{32}\sin 4x+C.$

19. $\dfrac{1}{2}\ln\left|\dfrac{\cos x+\sin x}{\cos x-\sin x}\right|+C.$

20. $\dfrac{\sin x}{\cos x+\sin x}+C.$

习题 6.5

1. $2[\sqrt{x}-\ln(1+\sqrt{x})]+C.$

2. $6\left[\dfrac{1}{3}\sqrt{x}-\dfrac{1}{2}\sqrt[3]{x}+\sqrt[6]{x}-\ln(\sqrt[6]{x}+1)\right]+C.$

3. $\sqrt{x-x^2}+\arctan[x]+C.$

4. $\ln\left|\dfrac{\sqrt{2x+1}-1}{\sqrt{2x+1}+1}\right|+C.$

5. $-\dfrac{1}{10}(1-3x)^{\frac{2}{3}}(1+2x)+C.$

6. $-2\sqrt{x}+\ln\left|\dfrac{1+\sqrt{x}}{1-\sqrt{x}}\right|+C,\ t=\sqrt{\dfrac{1-x}{x}}.$

7. $2\ln(\sqrt{x}+\sqrt{x-1})+C.$

8. $\operatorname{arcsinh}\dfrac{x+1}{\sqrt{2}}+C.$

9. $\ln|(x-2)+\sqrt{x^2-4x}|+C.$

10. $\dfrac{1}{4}\operatorname{arcsinh}x+C.$

11. $\ln\left(\dfrac{\sqrt{1+e^x}-1}{\sqrt{1+e^x}+1}\right)+C.$

12. $\sqrt{1+x^2}-\dfrac{1}{2}\ln\left(\dfrac{\sqrt{1+x^2}+1}{\sqrt{1+x^2}-1}\right)+C.$

13. $e^x\sqrt{1-e^{2x}}+\arcsin(e^x)+C.$

14. $-\dfrac{\sqrt{x^2+9}}{9x}+C.$

15. $\sqrt{2x-1}\,\mathrm{e}^{\sqrt{2x-1}}-\mathrm{e}^{\sqrt{2x-1}}+C.$

第 7 章

习题 7.1

1. (1) 10;　　(2) $\dfrac{9\pi}{4}.$

习题 7.3

2. (1) 1;　　(2) 0.

3. (1) $\dfrac{1}{18}$;　　(2) $2a$;　　(3) $\ln2$;　　(4) $\sqrt{\dfrac{3}{2}}-\dfrac{2}{3}$;

(5) $\begin{cases}\pi,m=n,\\0,m\neq n;\end{cases}$　　(6) $\begin{cases}\pi,m=n,\\0,m\neq n;\end{cases}$　　(7) 0;　(8) 4.

4. $\dfrac{19}{6}.$

5. (1) $\dfrac{1}{p+1}$;　　(2) $\ln2$;　　(3) $\dfrac{2}{\pi}$;　　(4) $\dfrac{4}{\mathrm{e}}.$

习题 7.4

1. (1) $\dfrac{5}{3}$;　　(2) $\dfrac{3}{2}$;　　(3) 1;　　(4) $\dfrac{7}{144}\pi^2$;　　(5) $\sqrt{3}-\dfrac{\pi}{3}$;

(6) 3π;　　(7) $\dfrac{4}{3}\ln3$;　　(8) $\dfrac{\sqrt{2}}{2}\arctan\dfrac{\sqrt{2}}{2}$;　　(9) $2-\dfrac{\pi}{2}$;　　(10) $\dfrac{\pi}{12}$;

(11) $\ln2-2+\dfrac{\pi}{2}$;　　(12) $\dfrac{1}{4}(\mathrm{e}^2-1)$;　　(13) $4\sin1$;

(14) $\dfrac{\pi}{4}-\dfrac{1}{2}$;　　(15) $\dfrac{\pi}{2}-1$;　　(16) 2;　　(17) $\dfrac{1}{4}(1-\ln2)$;

(18) $\dfrac{\mathrm{e}}{2}-1$;　　(19) $\dfrac{1}{2}(\mathrm{e}\sin1+\mathrm{e}\cos1-1)$;

(20) $\ln(1+e)+\dfrac{1}{1+e}-1$.

习题 7.5

1. (1) $\dfrac{8}{3}$； (2) $\dfrac{99}{10}\ln10-\dfrac{81}{10}$； (3) $\dfrac{\pi}{2}(a^2+2b^2)$； (4) $ab\pi$；

(5) $\dfrac{1}{6}ab$.

2. (1) $\dfrac{8}{27}(10\sqrt{10}-1)$； (2) $1+\dfrac{1}{2\sqrt{2}}\ln\dfrac{\sqrt{2}+1}{\sqrt{2}-1}$； (3) $2a\pi^2$；

(4) $8a$.

3. (1) $\dfrac{\sqrt{p}}{(p+2x)^{\frac{3}{2}}}$，$\dfrac{1}{\sqrt{p}}(p+2x)^{\frac{3}{2}}$；

(2) $\dfrac{1}{2\sqrt{2}\,a\,\sqrt{1-\cos t}}$，$2\sqrt{2}\,a\sqrt{1-\cos t}$；

(3) $\dfrac{3}{a}\sqrt{\dfrac{\cos2\theta}{2}}$，$\dfrac{a}{3}\sqrt{\dfrac{2}{\cos2\theta}}$.

4. $\left(-\dfrac{1}{2}\ln2,\dfrac{\sqrt{2}}{2}\right)$.

5. (1) $\dfrac{4}{3}\pi abc$； (2) $\left(\dfrac{4}{3}-\dfrac{\sqrt{3}}{2}\right)\pi R^3$.

6. (1) $\dfrac{\pi^2}{2}$； (2) $\dfrac{288}{945}\pi a^3$； (3) $\dfrac{8}{3}\pi a^3$.

7. (1) $\dfrac{2\pi}{3p}\left[(2pa+a+p^2)^{\frac{3}{2}}-(a+p^2)^{\frac{3}{2}}\right]$； (2) $\dfrac{64}{3}\pi a^2$.

习题 7.6

1. $\dfrac{4}{3}\pi r^4$.

2. $405(\mathrm{J})$.

3. $\dfrac{700}{3}(\mathrm{N})$.

4. $4.455\times10^7\pi g(\mathrm{J})$.

5. $\dfrac{mMh}{(h^2+R^2)\sqrt{h^2+R^2}}$.

6. $100g(\mathrm{J})$.

习题 7.7

1. (1) $\frac{1}{2}\ln 3$；　(2) $\frac{1}{2}$　(3) $\frac{1}{2}$；　(4) 1；　(5) $\frac{\pi}{2}$；　(6) $\frac{\pi^2}{8}$；

(7) -1；　(8) $\frac{\pi}{2}$.

2. (1) 收敛；　(2) $n>m+1$ 收敛；　(3) 收敛；

(4) $\max\{p,q\}>1$ 收敛；　(5) 收敛；　(6) 收敛；

(7) $\max\{p,q\}<1$ 收敛；　(8) $p>0$ 且 $q>-1$ 收敛.

第 8 章

习题 8.1

1. (1) $S_n=\frac{1}{2}\left[\frac{1}{2}-\frac{1}{(n+1)(n+2)}\right]$,$S=\frac{1}{4}$；

(2) $S_n=\frac{1}{3}\left(1-\frac{1}{3n+1}\right)$,$S=\frac{1}{3}$.

2. (1) 收敛；　(2) 发散；　(3) 收敛；　(4) 发散.

习题 8.2

1. (1) 收敛；　(2) $\alpha>\frac{1}{2}$ 时收敛；　(3) 收敛；　(4) $p>2$ 时收敛；

(5) 收敛；　(6) $p>1$ 时收敛.

2. (1) $a>1$ 时收敛,$a<1$ 时发散,当 $a=1,p<-1$ 时收敛；

(2) 收敛；　(3) 收敛；　(4) 发散；　(5) 收敛；　(6) $a\neq1$ 时收敛；

(7) 收敛；　(8) 收敛.

3. $p>1$ 时收敛.

5. (1) $a<\mathrm{e}$ 时收敛,$a\geqslant\mathrm{e}$ 时发散；　(2) 收敛；

(3) $p>1$ 时收敛,$p\leqslant1$ 时发散；　(4) $\alpha>\frac{1}{3}$ 时收敛.

习题 8.3

1. (1) 条件收敛；　(2) 绝对收敛；　(3) 条件收敛；　(4) 条件收敛；

(5) 条件收敛；　(6) 发散；　(7) 条件收敛.

2.(1) 不能；　(2) 不能；　(3) 不能.

3. 条件收敛.

习题 8.4

1.(1) $(0,+\infty)$,绝对收敛；

(2) $\left(\dfrac{1}{100},100\right)$,绝对收敛；

(3) $(-2,2)$,绝对收敛；

(4) $(-\infty,-1)\bigcup(1,+\infty)$,绝对收敛；

(5) $\left(0,\dfrac{1}{2}\right]$,条件收敛,$\left(\dfrac{1}{2},+\infty\right)$,绝对收敛；

(6) $(-\infty,+\infty)\backslash\{-1,1\}$,绝对收敛；

(7) $(-\infty,+\infty)$,条件收敛；

(8) $\left(-\dfrac{1}{5},\dfrac{2}{5}\right)\bigcup\left(\dfrac{3}{5},\dfrac{6}{5}\right)$,绝对收敛.

3.(1) 不能；　(2) 不能.

习题 8.5

1.(1) $\dfrac{1}{2}$,$\left[-\dfrac{1}{2},\dfrac{1}{2}\right]$;　(2) $3,(-3,3)$;　(3) $0,\{1\}$;

(4) $1,[-1,1)$;　(5) $\dfrac{1}{2},\left(-\dfrac{1}{2},\dfrac{1}{2}\right)$;　(6) $\dfrac{1}{e},\left(-\dfrac{1}{e},\dfrac{1}{e}\right)$;

(7) $1,(-1,1)$;　(8) $1,(-1,1)$.

2.(1) $(-2,2),\dfrac{2}{2-x}$;　(2) $(-1,1),\dfrac{2x}{(1-x)^2}+\dfrac{x}{1-x}$;

(3) $(-\sqrt{2},\sqrt{2}),\dfrac{4}{(x^2-2)^2}+\dfrac{1}{x^2-2}$;　(4) $(-1,1),\dfrac{1}{(1-x)^3}$.

3.(1) $\displaystyle\sum_{n=0}^{\infty}\dfrac{(\ln a)^n}{n!}x^n$;　(2) $\displaystyle\sum_{n=0}^{\infty}\dfrac{x^{2n+1}}{(2n+1)!}$;

(3) $\displaystyle\sum_{n=0}^{\infty}\dfrac{(-1)^n}{(2n-1)!}\left(x-\dfrac{\pi}{2}\right)^{2n-1}$;　(4) $\displaystyle\sum_{n=0}^{\infty}\dfrac{\sin\left(a+\dfrac{n\pi}{2}\right)}{n!}(x-a)^n$.

4.(1) $\displaystyle\sum_{n=0}^{\infty}x^{2n},(-1,1)$;

(2) $\displaystyle\sum_{n=1}^{\infty}\frac{(-1)^{n-1}}{n}(x-1)^n,(0,2]$;

(3) $\displaystyle\sum_{n=0}^{\infty}\frac{x^{2n}}{(2n)!},(-\infty,+\infty)$;

(4) $\displaystyle\frac{1}{5}\sum_{n=0}^{\infty}\left[\frac{1}{2^{n+1}}-\frac{2^{n+1}}{9^{n+1}}\right](-1)^n(x-3)^n x^n,(1,5)$;

(5) $\displaystyle\frac{1}{e}\sum_{n=1}^{\infty}\left[\frac{1}{(n+1)!}-\frac{1}{n!}\right](-1)^{n-1}(x-1)^n-\frac{1}{e},(-\infty,+\infty)$;

(6) $\displaystyle\sum_{n=1}^{\infty}(-1)^{n-1}nx^{n-1},(-1,1)$;

(7) $\displaystyle x+\sum_{n=2}^{\infty}\frac{(2n-3)!!}{(n-1)!2^{n-1}}x^{2n-1},(-1,1)$;

(8) $\displaystyle x+\sum_{n=1}^{\infty}\frac{(-1)^n(2n-1)!!}{n!(2n+1)2^n}x^{2n+1},(-1,1)$.

5. (1) $x+x^2+\dfrac{1}{3}x^3-\dfrac{1}{6}x^4$; (2) $x+\dfrac{1}{3}x^3$.

6. (1) 2.71825; (2) 7.9375.

7. (1) $0.46925,3.18\times10^{-6}$; (2) $0.2474,1.817\times10^{-7}$.

10. $(-2,4)$.

习题 8.6

1. (1) $\displaystyle\frac{\pi}{4}+\sum_{n=1}^{\infty}\frac{(-1)^n}{n}\sin nx$;

(2) $\displaystyle\frac{4}{3}\pi^2+\sum_{n=1}^{\infty}\left(\frac{4}{n^2}\cos nx-\frac{4\pi}{n}\sin nx\right)$;

(3) $\displaystyle\frac{l}{2}+\sum_{n=1}^{\infty}\frac{-4l}{\pi^2(2n-1)^2}\cos\frac{(2n-1)\pi}{l}x$;

(4) $\displaystyle\frac{\pi^2-\pi-1}{2}+\sum_{n=1}^{\infty}\left\{\frac{(-1)^n6}{n^2}\cos nx+\left[\frac{(-1)^{n-1}3\pi}{n}+\left(\frac{1}{n}+\frac{1}{n\pi}-\frac{6}{n^2\pi}\right)\right.\right.$

$\left.\left.(1-(-1)^n)\right]\sin nx\right\}$.

2. (1) $\displaystyle\frac{e^\pi-1}{\pi}+\sum_{n=1}^{\infty}\frac{2[e^\pi(-1)^n-1]}{\pi(1+n^2)}\cos nx$;

(2) $\dfrac{h}{\pi} + \displaystyle\sum_{n=1}^{\infty} \dfrac{2\sin nh}{n\pi} \cos nx$;

(3) $\dfrac{\pi}{4} + \displaystyle\sum_{n=1}^{\infty} \left[\dfrac{2}{n} \sin \dfrac{n\pi}{2} + \dfrac{4}{n^2\pi} \left(\cos \dfrac{n\pi}{2} - 1 \right) \right] \cos \dfrac{nx}{2}$.

3. (1) $\displaystyle\sum_{n=1}^{\infty} \dfrac{1}{n} \sin nx$;   (2) $\dfrac{8}{\pi} \displaystyle\sum_{n=1}^{\infty} \dfrac{\sin(2n-1)x}{(2n-1)^3}$;

4. (1) $1 - \pi + \displaystyle\sum_{n=1}^{\infty} \dfrac{2}{n} \sin nx$;

(2) $\displaystyle\sum_{n=1}^{\infty} \dfrac{2}{n} \left[(-1)^n + \dfrac{1}{\pi}(1 - (-1)^n) \right] \sin nx$;

(3) $1 - \dfrac{\pi}{2} + \displaystyle\sum_{n=1}^{\infty} \dfrac{1}{n} \sin 2nx$;   (4) $1 + \displaystyle\sum_{n=1}^{\infty} \dfrac{(-1)^n 2}{n\pi} \sin n\pi x$.

附录 C　补充题提示或答案

第 2 章

1. (1) 0；　(2) 0.

2. 先证明对于任意正整数 k, $\lim\limits_{x \to +\infty} \dfrac{f(2^k x)}{f(x)} = 1$, $\lim\limits_{x \to +\infty} \dfrac{f(x)}{f(2^{-k} x)} = 1$.

3. $\ln a (p=2)$.

4. 无穷.

5. $-\dfrac{1}{4}$.

7. 容易推出 $a_2 + a_4 + \cdots + a_{2n} \to +\infty, n \to \infty$.

$$0 \leqslant \frac{a_1 + a_{2n-1} + \cdots + a_{2n-1}}{a_2 + a_4 + \cdots + a_{2n}} - 1 \leqslant \frac{a_1}{a_2 + a_4 + \cdots + a_{2n}} \to 0, n \to \infty.$$

9. 利用题 8 中的 (2).

10. (1) 这是一个 1^∞ 型极限.

$$原式 = b_n = 1 + \frac{1}{m} \left\{ \left[(a_1)^{\frac{1}{n}} - 1 \right] + \left[(a_2)^{\frac{1}{n}} - 1 \right] + \cdots + \left[(a_m)^{\frac{1}{n}} - 1 \right] \right\}^n$$

$$= (1 + \alpha_n)^n,$$

$$\lim_{n \to \infty} b_n = \lim_{n \to \infty} \frac{\alpha_n}{\dfrac{1}{n}} = \frac{1}{m} (\ln a_1 + \ln a_2 + \cdots + \ln a_m);$$

(2) 利用例 2.2.2 的结果.

第 3 章

1. 当 $x \to \lambda_1 + 0$ 时, $f(x) \to -\infty$; 当 $x \to \lambda_2 - 0$ 时, $f(x) \to +\infty$. 所以方程在区间 (λ_1, λ_2) 有一个根.

2. 令 $g(x) = f(x+a) - f(x)$, 则 $g(0) + g(a) = 0$. 由零点定理推出 $g(x)$ 在区间 $(0, a)$ 内存在零点.

3. 第一问同上题. 第二问：令 $g(x) = f\left(x + \dfrac{1}{n}\right) - f(x)$，则

$$\sum_{i=0}^{n-1} g\left(\frac{1}{n}\right) = 0.$$

4. $\forall x, f(x) = f\left(\dfrac{1}{2}x\right) = f\left(\dfrac{1}{4}x\right) = \cdots = f\left(\dfrac{1}{2^n}x\right) \to f(0)$，故 $f(x) = f(0)$.

5. $\forall x > 0, f(x) = f(\sqrt{x}) = f(x^{\frac{1}{4}}) = \cdots = f(x^{\frac{1}{2^n}}) \to f(1)$，故 $f(x) = f(1)$.

6. 证明 $\{a_n\}$ 是柯西数列，该数列的极限就是惟一不动点.

第 4 章

1. (1) $p > 0$； (2) $p > 1$； (3) $p > 2$.

2. $\sqrt{2}$.

4. $\dfrac{3}{4}\pi - \arctan\dfrac{1}{2}$.

5. -1. 提示：令 $t = \dfrac{y}{x}$.

6. $\dfrac{3[f''(x_0)]^2 - f'(x_0)f'''(x_0)}{[f'(x_0)]^5}$.

7. $\exp\left[\dfrac{f'(a)}{f(a)}\right]$.

8. $\sqrt{2}$.

9. $f(x) = \begin{cases} x^2, & x \text{ 为有理数,} \\ -x^2, & x \text{ 为无理数.} \end{cases}$

第 5 章

1. 令 $f(x) = x^n \mathrm{e}^{-x}$，则 $f(0) = 0, f(+\infty) \overset{\mathrm{def}}{=\!=} \lim\limits_{x \to +\infty} f(x) = 0$. 由此推出

$f_1(x) = \dfrac{\mathrm{d}}{\mathrm{d}x}f(x)$ 在区间 $(0, +\infty)$ 上有一个零点 ξ. 于是，

$$f_1(0) = 0, \quad f_1(\xi) = 0, \quad f_1(+\infty) \overset{\mathrm{def}}{=\!=} \lim_{x \to +\infty} f(x) = 0.$$

由此推出 $f_2(x) = \dfrac{\mathrm{d}^2}{\mathrm{d}x^2} f(x)$ 在区间 $(0, +\infty)$ 上有两个零点. 依此类推就得到结论.

2. 不妨设 $f'(a) > 0$, $f'(b) < 0$. 由此推出 $f(a)$ 和 $f(b)$ 都不是最大值, 因此 $\max\{f(x) \mid a \leqslant x \leqslant b\}$ 在区间 (a, b) 内某点 ξ 达到, 于是 ξ 为极值点.

3. 对于函数 $g(x) = f(x) - \mu x$ 运用上题结果.

4. 方法1: 利用拉格朗日中值定理. 设 $g(x) = f(x) - f(0)$. 对于任意实数 a, 存在正数 N, 使得 $g(N) - g(0) > Mx$, $g(-N) - g(0) > Mx$, 其中 $M \geqslant |a|$. 然后利用拉格朗日中值定理及题3的结果.

方法2: 令 $g(x) = f(x) - ax$, 证明 $g(x)$ 有最小值.

5. $f(x)$ 在区间 $[a, b]$ 上有最大、最小值. 由题目条件推出最大、最小值不可能在端点达到, 进而推出 $f(x)$ 在区间 (a, b) 上至少有两个驻点.

6. 反证: 若 $x_0 \in (a, b)$ 是第一类间断点, 则 $\lim\limits_{x \to x_0^+} f'(x)$ 存在. 于是,

$$f'(x_0) = \lim_{x \to x_0^+} \frac{f(x) - f(x_0)}{x - x_0} = \lim_{x \to x_0^+} f'(\xi_x) = \lim_{x \to x_0^+} f'(x).$$

同样可证 $f'(x_0) = \lim\limits_{x \to x_0^-} f'(x)$. 于是 $f'(x_0) = \lim\limits_{x \to x_0} f'(x)$.

7. $f(x) = \begin{cases} x^2 \sin \dfrac{1}{x}, & x \neq 0, \\[2mm] 0, & x = 0. \end{cases}$

8. 设 $f(x_0)$ 为最大值. $f'(x_0) = 0$. 对于 $f'(x)$ 分别在区间 $[0, x_0]$ 上和区间 $[x_0, a]$ 上运用拉格朗日定理. 取绝对值再相加.

9. 设 $x_0 \in (0, 1)$ 使得 $f(x_0) \neq x_0$. 分别就 $f(x_0) < x_0$ 和 $f(x_0) > x_0$ 在区间 $[0, x_0]$ 上或者区间 $[x_0, 1]$ 上应用拉格朗日定理.

10. $a = \dfrac{4}{3}$, $b = -\dfrac{1}{3}$.

11. (1) 2;　(2) -3;　(3) $-\dfrac{7}{12}$.

12. 将 $f(x)$ 在点 $\dfrac{a+b}{2}$ 展开一阶带有拉格朗日余项的泰勒公式, 分别令 $x = a, x = b$, 将得到的两个等式相加.

13. 将 $f(x)$ 分别在点 a, b 展开一阶带有拉格朗日余项的泰勒公式, 两式相减后令 $x = \dfrac{a+b}{2}$.

14.　(1) 设 $|f(x_0)|=\max\{|f(x)|:a\leqslant x\leqslant b\}$ 在点 x_0 展开一阶带有拉格朗日余项的泰勒公式. 在展开式中, 分别令 $x=a,b$, 分别就 $x\in\left(a,\dfrac{a+b}{2}\right)$ 和 $x\in\left(\dfrac{a+b}{2},b\right)$ 研究两个等式.

(2) 设 $|f'(x_0)|=\max\{|f'(x)|:a\leqslant x\leqslant b\}$. 将 $f(x)$ 在点 x_0 展开一阶带有拉格朗日余项的泰勒公式. 在展开式中分别令 $x=a,b$, 得到的两式相减再研究.

15.　利用题目条件证明 $f'(x)=af(x)$, 进而得到 $f(x)=\mathrm{e}^{ax}$.

16.　假设 $|f(x)|\leqslant M$, 则 $|f(2^{k+1})-f(2^{k-1})|\leqslant 2M$, 再用拉格朗日定理.

第 6 章

1.　(1) $-\dfrac{1}{2}(\cot x+x\csc^2 x)+C$;

(2) $-\arctan\dfrac{1}{\sqrt{x^2-1}}-\dfrac{\ln x}{\sqrt{x^2-1}}+C$;

(3) $\dfrac{1}{1+\mathrm{e}^x}+x-\ln(1+\mathrm{e}^x)+C$;

(4) $2x\sqrt{\mathrm{e}^x-1}-4\sqrt{\mathrm{e}^x-1}+4\arctan\sqrt{\mathrm{e}^x-1}+C$;

(5) $\dfrac{\mathrm{e}^x(x-2)}{x+2}+C$.

(6) $\dfrac{x}{2}-\dfrac{1}{10}x\cos(2\ln x)-\dfrac{1}{5}x\sin(2\ln x)+C$;

(7) $\mathrm{e}^{2x}\tan x+C$;　(8) $\mathrm{e}^x\ln x+C$;　(9) $\mathrm{e}^{-\frac{1}{x}}\left(2+\dfrac{1}{x^2}+\dfrac{2}{x}\right)+C$;

(10) $x\mathrm{e}^{\sin x}-\dfrac{\mathrm{e}^{\sin x}}{\cos x}+C$.

2.　$I_n=-\dfrac{\cos x}{(n-1)\sin^{n-1}x}+\dfrac{n-2}{n-1}I_{n-2}$.

第 7 章

2.　$\beta\displaystyle\int_0^\alpha f(x)\mathrm{d}x-\alpha\int_0^\beta f(x)\mathrm{d}x$

$=\beta\displaystyle\int_0^\alpha f(x)\mathrm{d}x-\alpha\int_0^\alpha f(x)\mathrm{d}x-\alpha\int_\alpha^\beta f(x)\mathrm{d}x$

$=(\beta-\alpha)\displaystyle\int_0^\alpha f(x)\mathrm{d}x-\alpha\int_\alpha^\beta f(x)\mathrm{d}x.$

根据积分中值定理, 分别存在 $\xi_1\in(0,\alpha)$ 和 $\xi_2\in(\alpha,\beta)$, 使得

$$\int_0^a f(x) \mathrm{d}x = af(\xi_1), \int_a^\beta f(x) \mathrm{d}x = (\beta - a) f(\xi_2).$$

代入上式再研究(本题还可以用换元积分法等方法).

3. 求导数,利用积分中值定理.

4. $f(x) = f'(\xi_x)(x-a), f(x) = f'(\eta_x)(x-b).$

$$\left| \int_0^{\frac{a+b}{2}} f(x) \mathrm{d}x \right| = \left| \int_0^{\frac{a+b}{2}} f'(\xi_x)(x-a) \mathrm{d}x \right|$$

$$\leqslant \max \left\{ |f'(x)| \cdot \frac{1}{8}(b-a)^2 \right\};$$

$$\left| \int_{\frac{a+b}{2}}^0 f(x) \mathrm{d}x \right| = \left| \int_{\frac{a+b}{2}}^0 f'(\eta_x)(x-b) \mathrm{d}x \right|$$

$$\leqslant \max \left\{ |f'(x)| \cdot \frac{1}{8}(b-a)^2 \right\}.$$

两式相加.

5. $$\int_a^b \left(x - \frac{a+b}{2} \right) f(x) \mathrm{d}x = \int_a^{\frac{a+b}{2}} \left(x - \frac{a+b}{2} \right) f(x) \mathrm{d}x$$

$$+ \int_{\frac{a+b}{2}}^b \left(x - \frac{a+b}{2} \right) f(x) \mathrm{d}x.$$

对于两个积分分别用推广的积分中值定理,注意 $f(x)$ 单调增加.

6. 由于 $f(x)$ 下凸,对于任意的 $x_1, x_2 \in [0,1]$,有

$$f\left(\frac{x_1 + x_2}{2} \right) \leqslant \frac{1}{2} [f(x_1) + f(x_2)].$$

于是

$$\int_0^{1/2} f(x) \mathrm{d}x = \frac{1}{2} \int_0^1 f\left(\frac{u}{2} \right) \mathrm{d}u = \frac{1}{2} \int_0^1 f\left(\frac{u+0}{2} \right) \mathrm{d}u$$

$$\leqslant \frac{1}{2} \int_0^1 \frac{1}{2} [f(u) + f(0)] \mathrm{d}u = \frac{1}{4} \int_0^1 f(u) \mathrm{d}u.$$

7. 设 $f(x_0) = \max\{f(x) | a \leqslant x \leqslant b\}$. 由于 $f(x)$ 在区间 $[a,b]$ 上连续,所以对于任意正数 ε,存在 $[a,b]$ 的一个长度等于 $\delta(>0)$ 的子区间 I,使得对所有 $x \in I$,都有 $f(x) > M - \varepsilon$. 于是,

$$M = \lim_{n \to \infty} \left(\int_a^b M^n dx \right)^{\frac{1}{n}} \geqslant \lim_{n \to \infty} \left(\int_a^b f^n(x) dx \right)^{\frac{1}{n}} \geqslant \lim_{n \to \infty} \left(\int_I f^n(x) dx \right)^{\frac{1}{n}}$$

$$\geqslant \lim_{n \to \infty} \left(\int_I (M - \varepsilon)^n dx \right)^{\frac{1}{n}} = M - \varepsilon.$$

由 $\varepsilon > 0$ 的任意性,就可以推出 $\lim_{n \to \infty} \left(\int_a^b f^n(x) dx \right)^{\frac{1}{n}} = M$.

8. 反证. 若 $\exists x_0 \in [a, b], f(x_0) \neq 0$. 不妨设 $x_0 \in (a, b), f(x_0) > 0$. 这时存在包含点 x_0 的区间 $[x_1, x_2] \subset [a, b]$,使得 $\forall x \in [x_1, x_2]$,有 $f(x) > 0$. 构造函数

$$g(x) = \begin{cases} (x - x_1)^2 (x - x_2)^2, & x_1 < x < x_2, \\ 0, & \text{其他}. \end{cases}$$

则有 $\int_a^b f(x) g(x) dx = \int_{x_1}^{x_2} f(x) g(x) dx = f(\xi) \int_{x_1}^{x_2} g(x) dx > 0$.

9. 令 $F(a) = \int_a^{ab} f(x) dx, a > 0, b > 1. \dfrac{dF}{da} = bf(ab) - f(a) \equiv 0$. 记 $c = f(1)$,并令 $a = 1$,则由上式得到 $bf(b) = c, f(b) = \dfrac{c}{b}, b > 1$. 利用连续性,可以得到 $f(1) = \dfrac{c}{1}$. 于是 $\forall x \geqslant 1$,有 $f(x) = \dfrac{c}{x}$.

当 $0 < b < 1$ 时,

$$\int_b^1 f(x) dx = \int_1^{\frac{1}{b}} f\left(\frac{1}{u} \right) \frac{1}{u^2} du = \int_1^{\frac{1}{b}} cu \frac{1}{u^2} du = c \int_1^{\frac{1}{b}} \frac{1}{u} du = -c \ln b.$$

两端对于 b 求导,得到 $f(b) = \dfrac{c}{b}, 0 < b < 1$,于是 $\forall x \in (0, 1)$,有 $f(x) = \dfrac{c}{x}$.

10. 利用函数的凸性,并利用积分定义,取极限,将和式变为积分.

11. $\int_0^\pi f(x) |\sin nx| dx = \sum_{k=1}^n \int_{\frac{k-1}{n}\pi}^{\frac{k}{n}\pi} f(x) |\sin x| dx$

$$= \sum_{k=1}^n f(\xi_k) \int_{\frac{k-1}{n}\pi}^{\frac{k}{n}\pi} |\sin x| dx = \frac{2}{n} \sum_{k=1}^n f(\xi_k),$$

$$\lim_{n \to \infty} \frac{2}{n} \sum_{k=1}^n f(\xi_k) = \frac{2}{\pi} \int_0^\pi f(x) dx.$$

12. 用分部积分法.

13. 反证:若 $\lim_{x \to +\infty} f(x) = 0$ 不成立,则存在正数 a,以及一列单调增加趋向于 $+\infty$ 得点列 $\{x_n\}$,使得 $f(x_n) \geqslant 2a$. 不妨设 $x_{n+1} - x_n > 1$. 由一致连续

性推出,存在正数 $b\left(\text{不妨设 } b<\dfrac{1}{2}\right)$,使得当 $|x-x_n|<b$ 时,恒有 $f(x_n)\geqslant a$. 于是

$$\int_0^{x_{n+1}} f(x)\mathrm{d}x \geqslant \sum_{k=1}^n \int_{x_k-b}^{x+b} f(x)\mathrm{d}x \geqslant 2nab \to +\infty.$$

由此推出 $\int_0^{+\infty} f(x)\mathrm{d}x$ 发散.

14. $S=8\displaystyle\int_0^{\frac{ab}{\sqrt{a^2+b^2}}} \dfrac{b}{a}\sqrt{a^2-x^2}\,\mathrm{d}x - 4x_0 y_0 = 4ab\,\arcsin\dfrac{b}{\sqrt{a^2+b^2}}$.

15. 曲线的极坐标方程为

$$r = \dfrac{3a\cos\theta\sin\theta}{\cos^3\theta+\sin^3\theta}.$$

计算分析可以得知:(1)当 $\theta=\dfrac{\pi}{4}$ 时,r 达到极大;(2)曲线图形关于直线 $\theta=\dfrac{\pi}{4}$ 对称;(3)$r''(\theta)<0$,所以曲线向外凸;(4)$r(0)=r\left(\dfrac{\pi}{2}\right)$,所以 $r=r(\theta)$,$0\leqslant\theta\leqslant\dfrac{\pi}{2}$,是曲线的自闭部分.

于是自闭部分的面积为 $S_1 = \dfrac{1}{2}\displaystyle\int_0^{\frac{\pi}{2}} r^2(\theta)\mathrm{d}\theta = \dfrac{3}{2}a^2$.

再求渐近线. 当 $\theta\to\dfrac{3\pi}{4}$ 时,$r\to\infty$. 所以曲线若有渐近线,必然是在 $\theta\to\dfrac{3\pi}{4}$ 时;当 $\theta\to\dfrac{3\pi}{4}$ 时,$x\to\infty$,$y\to\infty$;$\dfrac{y}{x}\to-1$,$y+x\to-a$. 于是曲线无限伸展,并有斜渐近线 $x+y+a=0$.

曲线与渐近线围成的面积:

$$S_2 = 2\,\dfrac{1}{2}\int_{\frac{\pi}{2}}^{\frac{3\pi}{4}} \left[\dfrac{a^2}{(\cos\theta+\sin\theta)^2} - \dfrac{9a^2\cos^2\theta\sin^2\theta}{(\cos^3\theta+\sin^3\theta)^2}\right]\mathrm{d}\theta + \dfrac{a^2}{2} = \dfrac{3}{2}a^2.$$

16. 令 $F(x) = 2x - \displaystyle\int_0^x f(t)\mathrm{d}t - 1$,则

$$F(0) = -1 < 0,$$

$$F(1) = 1 - \int_0^1 f(t)\mathrm{d}t = 1 - f'(\xi) > 0,$$

$$F'(x) = 2 - f(x) > 1 > 0.$$

17. (1) $I = \int_0^{\frac{\pi}{2}} \ln(\sin x) dx = \int_0^{\frac{\pi}{2}} \ln(\cos x) dx$

$= \frac{1}{2} \int_0^{\pi} \ln(\sin x) dx$,

$2I = \int_0^{\frac{\pi}{2}} \ln(\sin x \cos x) dx$,

$2I + \frac{\pi}{2} \ln 2 = \int_0^{\frac{\pi}{2}} \ln(\sin x) dx + \int_0^{\frac{\pi}{2}} \ln(\sin x) dx + \frac{\pi}{2} \ln 2$

$= \int_0^{\frac{\pi}{2}} \ln(\sin 2x) dx = \frac{1}{2} \int_0^{\pi} \ln(\sin x) dx = I$.

于是 $I = -\frac{1}{2} \ln 2$；

(2) 利用(1)的结果.

18. 利用洛必达法则.

19. 在点 $\frac{a+b}{2}$ 将 $f(x)$ 展开为一阶泰勒公式,再积分.

第 8 章

1. (1) $a < e$ 收敛, $a \geqslant e$ 发散；　　(2)发散, $2^{\ln n} = n^{\ln 2}$；　　(3)收敛,当 n 充分大时, $\ln n > 3$,从而 $(\ln n)^{\ln n} > 3^{\ln n} = n^{\ln 3}$；　　(4)发散；

(5) $p \leqslant \frac{1}{2}$,发散, $\frac{1}{2} < p \leqslant 1$ 条件收敛； $p > 1$ 绝对收敛；

(6) 条件收敛；　　(7)条件收敛.

2. (1)发散；　　(2)收敛；　　(3)不确定,分别考察 $a_n = n$ 和 $a_n = n^2$.

3. 当 $a < 1$ 时,收敛,可以与 $\sum_{n=1}^{\infty} a^n$ 比较；当 $a = 1$ 时,显然收敛；当 $a > 1$ 时发散. $b_n = \dfrac{1}{\left(1 + \dfrac{1}{a}\right)\left(1 + \dfrac{1}{a^2}\right) \cdots \left(1 + \dfrac{1}{a^n}\right)}$,容易证明分母有界,从而 $b_n \to 0$ 不成立.

4. 此时存在 $q \in (1, l)$,当 n 充分大时 $\ln \dfrac{1}{a_n} > q \ln n$,于是 $a_n < \dfrac{1}{n^q}$,收敛.

5. $\lim\limits_{n\to\infty}\dfrac{a_n}{n^2}=\lim\limits_{n\to\infty}\dfrac{a_n}{n^{2n\sin\frac{1}{n}}}\cdot\dfrac{n^{2n\sin\frac{1}{n}}}{n^2}=1$，所以 $\sum\limits_{n=1}^{\infty}a_n$ 收敛.

6. $e^x=1+x+o(x)$，$e^{\frac{1}{n}}-1=\dfrac{1}{n}+o\Big(\dfrac{1}{n}\Big)$. 由题目条件推出，

$$\lim\limits_{n\to\infty}\dfrac{a_n}{n^p\Big[\dfrac{1}{n}+o\Big(\dfrac{1}{n}\Big)\Big]}=1,$$

即 $\lim\limits_{n\to\infty}\dfrac{a_n}{n^{p-1}}=1$. 于是 $p>2$ 时，$\sum\limits_{n=1}^{\infty}a_n$ 收敛；$p\leqslant 2$ 时，$\sum\limits_{n=1}^{\infty}a_n$ 发散.

7. 令 $b_k=\dfrac{a_k}{S_k}$，对于任意自然数 n,p，

$$\sum\limits_{k=n+1}^{n+p}b_k\geqslant\dfrac{a_{n+1}+\cdots+a_{n+p}}{S_{n+p}}\to 1,\quad p\to\infty,$$

根据柯西收敛原则可知，$\sum b_n$ 发散.

8. 令 $G(x)=\displaystyle\int_0^x\varphi(nt)\mathrm{d}t$，则易知 $G(1)=0$. 于是

$$a_n=\int_0^1 f(x)\varphi(nx)\mathrm{d}x$$

$$=f(x)G(x)\Big|_0^1-\int_0^1 G(x)f'(x)\mathrm{d}x=-\int_0^1 G(x)f'(x)\mathrm{d}x.$$

令 $M_1=\max|f'(x)|$，$M_2=\max|\varphi(x)|$，则

$$|a_n|\leqslant\int_0^1|G(x)|\cdot|f'(x)|\,\mathrm{d}x\leqslant M_1\int_0^1|G(x)|\,\mathrm{d}x,$$

又有

$$|G(x)|=\left|\int_0^x\varphi(nt)\mathrm{d}t\right|=\dfrac{1}{n}\left|\int_0^{nx}\varphi(u)\mathrm{d}u\right|=\dfrac{1}{n}\left|\int_{[nx]}^{nx}\varphi(u)\mathrm{d}u\right|\leqslant\dfrac{1}{n}M_2,$$

所以，$a_n^2<\dfrac{1}{n^2}(M_1M_2)^2$，从而 $\sum a_n^2$ 收敛.

9. (1) $(-1,1)$；　(2) $(-\infty,-1)\bigcup(1,+\infty)$；　(3) $(-e,e)$；

(4) $(-\infty,+\infty)$；　(5) $x>0$；　(6) $x\neq 1$ 收敛.

10. (1) 在区间 $[\delta,+\infty)$ 上一致收敛，在区间 $(0,+\infty)$ 上非一致收敛；

(2) 在区间 $[\delta,+\infty)$ 上一致收敛，在区间 $(0,+\infty)$ 上非一致收敛；

(3) 一致收敛.

12. $\sum\limits_{n=1}^{\infty}\left(1-\dfrac{a_n}{a_{n+1}}\right)$ 是一个正项级数,注意到

$$\sum_{k=1}^{n}\left(1-\frac{a_k}{a_{k+1}}\right)=\sum_{k=1}^{n}\frac{a_{k+1}-a_n}{a_{k+1}}\leqslant\sum_{k=1}^{n}\frac{a_{k+1}-a_n}{a_1}=\frac{1}{a_1}(a_n-a_1).$$

当 $n\to\infty$ 时,该极限存在,所以,级数 $\sum\limits_{n=1}^{\infty}\left(1-\dfrac{a_n}{a_{n+1}}\right)$ 收敛.

13. 收敛. 注意到 $n\pi-\dfrac{\pi}{2}<\sqrt{a_n}<n\pi+\dfrac{\pi}{2}$.

14. 收敛.

19. (1) $p>\dfrac{1}{3}$ 时收敛;　(2) 收敛;　(3) 发散;　(4) 发散.

20. $\left[0,\dfrac{1}{e}\right)$.

索　引

索 引